KB199833

피보나치넘버스

피보나치 넘버스

지은이 / 알프레드 S. 포사멘티어 · 잉그마 레만 · 헤르트 A. 하우프트만
옮긴이 / 김준열
펴낸이 / 조유현
편　집 / 이부섭
디자인 / 박민희
펴낸곳 / 늘봄

등록번호 / 제1-2070 1996년 8월 8일
주　소 / 서울시 종로구 충신동 189-11
전　화 / (02)743-7784
팩　스 / (02)743-7078

초판발행 / 2011년 2월 28일
초판 2쇄 / 2012년 7월 30일

ISBN 978-89-88151-99-0 93410

*가격은 표지에 있습니다.

F_n

세계 최고의 수학자들이 재미있게 설명하는
수학 역사상 최고의 발견, 피보나치수열

피보나치 넘버스

FIBONACCI NUMBERS

헤르트 A. 하우프트만(노벨상 수상)

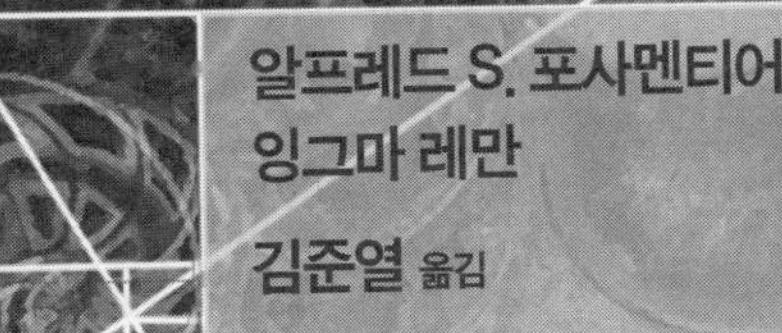

알프레드 S. 포사멘티어
잉그마 레만
김준열 옮김

늘봄

차례

384 79757008057644623350300078764807923712509139103039448418553259155159833079730688
385 12904954987826823325688338130281501246783567219010955253435512138999781850616O385
386 20880655793591285660718346006762293618034481129314900095290838054515765158589l073
387 33785610781418108986406684137043794864818048348325855348726350193515554700920514 58
388 54666266575009394647125030143806088482852529477640755444017188248031312167794253l
389 88451877356427503633531714280849883347670577825966610792743538441546859176999398 9
390 14311814393143689828065674442465597183052310730360736623676072668957817134479365 20
391 23157002128786440191418845870550585517819368512957397702950426513112503052179305 09
392 37468816521930130019484520313016182700871679243318134326626499182070320186658670 29
393 60625818650716570210903366183566768218691047756275532029576925695182823238837975 38
394 98094635172646700230387886496582950919562726999593666356203424877253143425496645 67
395 15872045382336327044129125268014971913825377475586919838578035057243596666433462105
396 25681508899600997067167913917673267005781650175546286474198377544968911008983126672
397 41553554281937324111297039185688238919607027651133206312776412602212507675416588777
398 67235063181538321178464953103361505925388677826679492786974790147181418684
399 10878861746347564528976199228904974484499570547781269909975120274939392
400 17602368064501396646822694539241125077038438330449219188672599289657
401 284812298108489611757988937681460995615380
402 460835978753503578226215883073872246385
403 74564827686199318998420482075533324200
404 120648425561549676821042070382920548833
405 19521325324774899581946255245845387303
406 31586167880929867264050462284137442187
407 51107493205704766845996717529982829491
408 82693661086634634110047179814120271679
409 13380115429233940095604389734410310117
410 21649481537897403506609107715822337285
411 35029596967131343602213497450232647402
412 56679078505028747108822605166054984687
413 91708675472160090711036102616287632089
414 14838775397718883781985870778234261677
415 24009642944934892853089481039863024886
416 38848418342653776635075351818097286564
417 62858061287588669488164832857960311450
418 10170647963024244612324018467605759801
419 16456454091783111561140501753401790946
420 26627102054807356173464520221007550748
421 43083556146590467734605021974409341694
422 69710658201397823908069542195416892442
423 11279421434798829164267456416982623413

서론_
멋쟁이 피보나치 수

오스트리아 알프스 깊숙한 곳, 오랫동안 버려진 소금 광산 입구에 'anno 1180' 이라 새겨진 비석이 있다. 광산이 세워진 년도를 의미한다. 그러나 이 비명(碑銘)엔 뭔가 오류가 있다. 학자들의 연구에 따르면, 힌두 숫자Hindu numerlas 체계(지금 우리가 사용하고 있는 숫자)는 서양에서는 1202년에 처음으로 사용되었다고 했기 때문이다. 1202년은 피사Pisa의 레오나르도Leonardo(우리에게는 피보나치Fibonacci로 잘 알려져 있다)가 『산술의 서』Liber Abaci(계산에 관한 책)를 발간하였을 때이다. 『산술의 서』 1장은 다음과 같이 시작한다.

> 인디안 숫자는 다음과 같다 : 9 8 7 6 5 4 3 2 1.
> 이 숫자 9개와 아랍사람들이 산들바람Zephyr이라 부르는 0이라는 기호를 가지고 어떠한 숫자든지 만들어 낼 수 있다.

이것이 서양에서 십진법 체계를 공식적으로 언급한 처음이다. 그러나 이미 10세기 후반부터 아랍인들이 비공식적이고 개별적인 루트를 통해 스페인 지역에 이 숫자체계를 전했다는 주장도 있다.

과거의 단 하나의 업적으로 오늘날 유명해진 인물들이 있다. 예를 들어 카르멘으로 유명한 죠르쥬 비제Georges Bizet, 1838-1875나, 헨젤과 그레텔의 잉글버트 험퍼딩크Engelbert Humperdinck, 1854-1921, 호밀밭의 파수꾼의 저자 샐린저J. D. Salinger 1919가 그러한데, 이러한 인물들처럼, 피보나치가 자신의 이름이 붙은 수열 때문에 유명인사가 되었다고 생각하면 오산이다.

그는 서양세계에 수학적으로 절대적인 영향을 준 사람 중 하나이고 의심할 나위 없이 시대를 앞서간 수학적 능력을 가지고 있었다. 게다가 토끼 번식 문제에서 발현된 수열이 오늘날 그를 유명하게 만든 것이다.

피보나치는 생각의 깊이가 남다른 수학자로서 어린 시절 부기아Bugia 지방(아프리카 바버리 코스트Barbary Coast에 위치한 도시로 피사Pisa에서 건너온 상인들에 의해 발전되었다)에서 수학을 처음 접하였다. 상업적인 목적으로 중동지방을 여행하며 여러 수학자들을 접하며 진지한 연구 활동을 하였다. 피보나치는 유클리드Euclid의 방법론에 친숙하였고, 이러한 수학적 테크닉을 굉장히 유용한 형태로 유럽 수학에 접목시켰다. 그는 실용적인 숫자체계를 소개하였고, 알고리즘과 대수적 방법론의 계산법을 발전시켰으며, 그중에서도 특히 분수개념을 새로이 정비하였다. 그 결과 투스카니Tuscany 지방의 학교에서는 곧 피보나치의 계산법을 가르치기 시작하였다. 실에 꿴 구슬의 개수를 셈하여 로마 숫자로 계산의 결과를 기록하는 장치였던 주판Abacus을 쓰지 않아도 되었다. 주판 같은 귀찮은 장치로서는 해결 불가였던 문제들을 알고리즘Algorithm의 개념을 토대로 계산 가능하게 하였고, 이에 따라 수학 교육은 큰 발전을 이루었다. 그가 저술한 일련의 혁명적인 저서들을 통하여, 유럽인들이 수학을 사용하고 이해하는 태도에 막대한 변화가 생겼다.

아쉬운 점은, 수학의 일대 혁신적인 변화를 일으킨 공로로 피보나치가 유명해진 것이 아니라는 사실이다. 피보나치가 저서 『산술의 서』 제12장에서 다룬 문제 중 토끼의 번식에 관련한 문제가 있다. 다소 자연스럽지 않은 상황을 설정한 문제이지만, 넘쳐나는 훌륭한 아이디어의 모태가 되었고, 이로 인해 오늘날 유명세를 타게 된 것이다. 그림 1-2에 설명한 문제의 결론을 미리 보자면, 다달이 토끼 쌍의 수를 헤아려 본 결과 다음의 수열 : 1, 1, 2, 3, 5, 8, 13, 21, 34, 55, 89, 144, 233, 377,…,을 얻는다. 이것이 바로 오늘날 피보나치수열로 알려진 것이다. 얼핏 봐서는 왜 이 수열이 이토록 각광을 받는지 의아하다. 이 수열은 두 개의 1로 시작해서, 연이은 두 수를 더해 다음 항을 찾는 방법으로 얻어진다. 즉, 1+1 = 2, 1+2 = 3, 2+3 = 5 이런 식으로. 하지만 이것만으로는 강한 인상을 심어줄 수 없다. 독자들이 앞으로 보게 될 텐데, 피보나치수열만큼 수학 전반에 걸쳐 등장하는 것도 없다. 기하학뿐만 아니라 대수학, 정수론, 그밖에 수학의 다양한 분야에서 그 모습을 드러낸다. 뿐만 아니라 기가 막히게도, 자연 속에서도 등장한다. 예를 들어 솔방울 포엽 나선의 개수는 피보나치 수를 따른다. 또 파인애플 포엽의 나선의 수 역시 피보나치 수이다. 자연 속에 등장하는 피보나치 수는 무궁무진하다. 다양한 종의 나무의 나뭇가지 배열과도 관련이 있고, 수벌의 가계도에도 등장한다. 실제로 피보나치 수가 등장하는 자연현상은 끝이 없다.

이 책은 피보나치 수와 관련된 많은 예를 다루었고, 어쩌면 독자들도 이것 이외의 다른 자연 현상에서 피보나치 수를 발견하게 될 수도 있을 것이다. 피보나치 수는 뜻밖의 성질들을 많이 가지고 있고, 필자는 이것들에 대해 차분하고 구체적으로 설명하려 한다. 주식 시장과 같이 전혀 수학과 관계되어 있지 않은 것처럼 보이는 다양한 분야에 피보나치 수가 적용되는 사례도 다루어 볼 것이다.

독자들이 이 책을 접함으로써 피보나치수열과 조우할 수 있는 기회를 마련하는 것이 필자의 바람이다. 피보나치 수의 발전사, 말하자면 피보나치 수의 역사 같은 것도 독자들에게 제공할 것이고, 다양한 주제를 통하여 이 수를 조명해볼 것이다. 예를 들어, 기하학 분야에서는 피보나치 수와, 세상에서 가장 아름다운 비율로 알려진 '황금 비율'의 관계를 탐구할 것이다. 연속한 두 피보나치 수의 비율은 거의 황금 비율

$$\phi = 1.61803398874989484820458683436563\ldots$$

과 근사하다. 피보나치 수들이 크면 클수록 그 비율은 더 황금 비율에 가깝게 된다.

예를 들어, 상대적으로 작은 수인 피보나치 수의 연속한 비율은

$$\frac{13}{8} = 1.625$$

이다. 어느 정도 큰 피보나치 수의 연속한 비율은

$$\frac{55}{34} = 1.617\overline{6470588235294117}$$

이고, 더 큰 피보나치 수들의 연속한 비율은

$$\frac{144}{89} = 1.\overline{61797752808988764044943820224719101123595505}$$

이렇게 연속한 큰 피보나치 수 2개의 비율을 구하면 점점 황금 비율 ϕ의 실제값으로 다가감에 주목하자. 더욱더 큰 수들의 비율을 구하면, 황금 비율의 실제값에 거의 가깝게 된다.

예를 들어,

$$\frac{4{,}181}{2{,}584} = 1.61803405572755417956656346749 23\ldots$$

$$\frac{165,580,141}{102,334,155} = 1.6180339887498948909091006809994180339 88\ldots$$

이다.

바로 위의 분수의 값과 황금 비율

$$\varnothing = 1.6080339887498948482045868343 56\ldots$$

를 비교해보라.

필자는 또한 황금 비율의 성질과 아름다움에 대해 다룰 것이다. 건축이나 예술 분야에서 황금 비율이 등장하는 것은 단순히 우연이 아니다. 그리스 아테네의 파르테논 신전의 정면 사진에 신전 앞모습을 둘러싸는 윤곽은 황금 직사각형이다. 즉, 가로와 세로의 비율이 황금 비율을 이루는 직사각형이다. 많은 예술가들은 황금 비율을 염두에 두고 작업을 하였다.

예를 들어『아담과 이브』로 유명한 중세 독일 예술가 알브레히트 뒤러Albrecht Durer, 1471-1528는 황금 직사각형을 사용하여 그림의 구도를 결정하였다.

19세기 후반 프랑스 수학자인 에두아르 뤼카Edouard Lucas, 1842-1891가 등장하기 전까진 피보나치 수가 각광을 받지 못하였고, 피보나치라는 이름도 붙지 않았다는 사실은 꽤 흥미롭다. 그는 수열이 1, 1에서 시작하지 않고 1과 3으로부터 출발하면 어떠한 현상이 생길 것인가에 대해 의문을 품고 곰곰이 생각하여, (더하는 규칙은 피보나치수열과 같은) 새로운 수열을 착안하고, 이것을 기존의 피보나치 수와 비교 연구하였다. 루카스 수란 1, 3, 4, 7, 11, 18, 29, 47, 76, 123,…,로써 피보나치 수와 상호 밀접한 관계가 있다. 후에 관계식들을 탐구해 볼 것이다.

피보나치수가 등장하고 적용되는 사례는 끝이 없다 해도 과언이 아니다. 이 책에서는 피보나치 수의 심오한 성질 뿐 아니라, 그와 관련된 재밌는 퍼즐도 다룰 것이므로, 수학에 정통해 있는 독자들은 물론이거니와 수학 초보자들에게도 꽤 매력을 줄 것으로 기대한다. 이 책을 읽어가며, 독자들이 이 멋있는 수열을 사랑하게 될 것이고 앞으로는 피보나치 수를 의식적으로 관찰하고 찾아 나서게 될 것만 같다. 이 책이 다양한 독자층에 꼭꼭 들어맞는 기쁨을 주었으면 좋겠지만, 일반적인 독자를 염두에 두고 쓸 수밖에 없었다. 수학 실력이 충분한 독자들을 위해서 각 장에서 다루는 내용의 수학적 증명들을 부록에 실었다. 아무쪼록 독자들이 수학의 힘과 아름다움을 느낄 수 있길 바라며….

384 79757008057644623350300078764807923712509139103039448418553259155159833079730688
385 129049549878268233256883381302815012467835672190109552534355121389997818506160385
386 208806557935912856607183460067622936180344811293149000952908380545157651585891073
387 337856107814181089864066841370437948648180483483258553487263501935155470092051458
388 546662665750093946471250301438060884828525294776407554440171882480313121677942531
389 884518773564275036335317142808498833476705778259666107927435384415468591769993989
390 1431181439314368982806567444246559718305231073036073662367607266895781713447936520
391 2315700212878644019141884587055058551781936851295739770295042651311250305217930509
392 3746881652193013001948452031301618270087167924331813432662649918207032018665867029
393 6062581865071657021090336618356676821869104775627553202957692569518282323883797538
394 9809463517264670023038788649658295091956272699959366635620342487725314342549664567
395 15872045382336327044129125268014971913825377475586919838578035057243596666433462105
396 25681508899600997067167913917673267005781650175546286474198377544968911008983126672
397 41553554281937324111297039185688238919607027651133206312776412602212507675416588777
398 6723506318153832117846495310336150592538867782667949278697479014718141868439
399 1087886174634756452897619922890497448449957054778126990997512027493939
400 176023680645013966468226945392411250770384383304492191886725992896575
401 2848122981084896117579889376814609956153800
402 46083597875350357822621588307387224638576
403 745648276861993189984204820755333242001
404 12064842556154967682104207038292054883
405 19521325324774899581946255245845387303
406 31586167880929867264050462284137442187
407 51107493205704766845996717529982829491
408 82693661086634634110047179814120271679
409 13380115429233940095604389734410310117
410 21649481537897403506609107715822337285
411 35029596967131343602213497450232647402
412 56679078505028747108822605166054984687
413 91708675472160090711036102616287632089
414 14838775397718883781985870778234261677
415 24009642944934892853089481039863024886
416 38848418342653776635075351818097286564
417 62858061287588669488164832857960311450
418 10170647963024244612324018467605759801504
419 16456454091783111561140501753401790946585
420 26627102054807356173464520221007550748090
421 43083556146590467734605021974409341694676008
422 69710658201397823908069542195416892442766242
423 112794214347988291642674564169826234137442250

제1장_
피보나치 수란

저서『산술의 서』

토끼 문제

피보나치 수란?

피보나치수열의 여러 성질

요약

13세기 초부터 중세 시대가 끝나고 르네상스 시대가 도래하면서 많은 학자들과, 개혁운동가, 예술가, 상인들이 시대의 변화를 준비하고 있었다. 당시 문예 부흥에 대한 활약이 가장 두드러졌던 곳은 이탈리아의 여러 상업도시들이었다. 13세기 말 마르코 폴로Marco Polo, 1254-1324는 비단길로 중국을 여행했고, 지오또 디 본도네Giotto di Bondone, 1266-1337는 미술 양식에 일대 변화를 주어 기존의 비잔틴 양식과는 다른 작품을 선보였으며, 피보나치로 잘 알려진 수학자 레오나르도 피사노Leonardo Pisano는 서부유럽에서 쓰였던 계산법에 변화를 주어 환율계산이나 교역에 쓰이는 수학을 용이하게 하였다. 또한 여러 미해결의 난제들을 제시하여 오늘날의 수학자들에게 많은 연구 주제를 남기기도 하였다. 왕성한 활동을 보인 피보나치를 기리기 위해 1963년부터 피보나치학회Fibonacci Association가 열리고 있다.

레오나르도 피사노, 또는 피사의 레오나르도라고도 불리는 피보나치Fibonacci[1)]라는 이름은 라틴어인 'Filius Bonacci'(보나치의 아들)에서

---

1) 처음으로 피보나치(Fibonacci)라는 이름을 붙인 사람은 불분명하지만, 1790여 년 경, 지오반니 가브리엘로 그리말디(Giovanni Gabriello Grimaldi, 1757-1837)나 피에트로 코살리(Pietro Cossali, 1748-1815)가 이 이름을 붙였다는 견해가 있다.

유래되었다고 알려졌지만, 이것보다는 'de Filius Bonacci'(보나치家의 아들)에서 유래되었다는 생각이 맞을 듯하다. 피보나치는 약 1175년 경, 그러니까 피사의 사탑the Leaning Tower of Pisa이 준공된 지 얼마 지나지 않은 시점에 Guilielmo(Wiliam) Bonacci 부부사이에서 태어난 인물로서 이탈리아의 항구도시인 피사가 고향이다. 당시 유럽은 격변의 시대였다. 십자군Crusades이 본격적으로 활동하기 시작하였고, 신성로마제국Holy Roman Empire과 교황사이엔 크고 작은 마찰이 일어났다. 피사, 제노바Genoa, 베니스Venice, 아말피Amalfi의 도시들 간에 잦은 분쟁이 일어나기도 하였지만, 이 도시들은 지중해 연안의 나라들과 교역하는 통로로써 특별한 역할을 하였다. 이 중에서도 로마시대 이래로, 그보다 더 전에는 그리스 무역에 있어서 중요한 역할을 했던 공화국이 바로 피사로서, 식민지를 상대로 한 무역이나 무역통로로써 주요한 역할을 담당하던 지역이었다.

그림 1-1 피보나치

1192년에 피보나치의 아버지는 세관 공무원으로 발령받아 피사 공화국의 식민지였던 부기아(나중엔 Bougie로 불렸고, 현재는 알제리의 도시 베자이아Bejaia를 말한다)로 떠났다. 머지않아 피보나치도 그의 아버지를 따라가 함께 생활하며 상인이 되고 여러 계산 기법들을 습득하게 된다. 각각의 공화국마다 쓰는 화폐 단위가 달랐기 때문에 상인들은 돈과 관련된 계산에 실수가 있어서는 안 되었다. 즉 하루하루 정확한 환율을 계산해 내는 것이 문제가 되었던 것이다. 부기아 지방에서 피보나치는 처음으로 인디안 숫자Indian figures(피보나치는 이것을 힌두Hindu 숫자라 불렀다)와 숫자 0(아랍에서는 산들바람라 불림)을 도입하였다. 그가 지은 가장 유명한 책인 『산술의 서』의 도입부에도 이 숫자들을 사용한 계산법에 대해 얼마나 높게 평가했는지 쓰여 있다. 피사에서 떠나 있을 동안, 그는 이슬람계 선생님께 교육을 받았다. 피보나치는 선생님의 추천으로 페르시아 수학자 알고리즈미al-Khowarizmi, c.a.780-ca.850가 지은 대수학 관련 저서 『Hisab al-jabr w'almuqabâlah』[2]를 읽고 많은 영향을 받게 되었다.

평생 동안 피보나치는 이집트, 시리아, 그리스, 시실리, 프로방스 지역을 두루 다니면서 사업 수완을 익혀갔고 또한 여러 수학자들을 만나면서 수학 실력을 쌓았다. 피보나치는 자기 스스로를 '비골로'Bigollo라 칭했는데, 마냥 좋다, 또는 보다 긍정적인 의미로, 여행자라는 뜻으로 해석되는 단어이다. 피보나치는 두 가지 의미 모두 좋아하였던 것 같다. 세기가 바뀔 무렵 다시 피사로 돌아와 상업분야에 적용시킬 목적으로 인디안 숫자를 사용한 계산법에 대해 책 하나를 저술하였다. 그것이 바로 『산술의 서』[3]다. 이 책에는 대수학에 관련된 많은

2) 이 책의 제목이 바로 수학의 한 분야인 대수학(algebra)이라는 명칭의 유래이다.

문제가 수록되어 있고, 추상대수학을 써서 풀 수 있는 '생활에 관련된 문제' 들도 많았다. 그는 이 책을 통해 새로운 계산 기법이 널리 알려지길 바랐다.

그때 당시에는 물론 인쇄기가 없었기 때문에 사본 필경자들이 이 책을 직접 손으로 베껴 쓸 수밖에 없었다. 1202년에 처음 집필되었으며, 1228년에 재교정본이 나온 이 책이 현재 복사본이 남아 있다는 것은 참 행운이다[4]. 피보나치의 다른 저서들 가운데 기하학에 관련된 『실용 기하학』Practica geometriae이라는 책이 있다. 기하학과 삼각법 분야에서 유클리드 업적에 견줄만한 내용을 담았고, 역시 인디안 숫자를 사용하여 매우 편리하게 증명이나 공식을 기술해 놓았다. 이 책에서는 기하학 문제를 해결하기 위해 대수학 기법을 사용하였고, 또 대수학 관련 문제를 기하학적 생각으로 해결해 내었다. 1225년에 쓴 『플로스』Flos(꽃)와 『제곱근서』Liber quadratorum라는 제목의 두 저서는 피보나치가 왜 위대한 정수론자의 반열에 오를 수 있는가를 보여준다. 또한 몇 권의 책을 더 집필하였으나 이것들은 현재 전해지지 않고 있다. 예를 들어 상업 수학을 다른 저서 『디 마이너 구이사』Di minor guisa는 유클리드의 『원론』Elemenets 제10권에 대한 설명으로써, 유클리드가 무리수[5]를 기하학적으로 다루었던 반면, 피보나치는 산술적인 방법을 써서 무리수를 연구하였다. 1220년대에 정치와 학문의 교류가 일어나면서 피보나치는 신성로마제국의 황제 프레데릭 2세Frederick II를 접할 기회가 있었다. 프레데릭 2세는 1198년에 시실리의 왕좌에 올랐고, 1212년 독일의 왕이 되었으며, 1220년에는 로마의 세인트 폴 대성당St. Peter's Cathedral에서 로

3) "계산을 위한 책" 이라는 뜻이다. 주판에 관한 내용은 다루지 않았다.

4) 발다싸르 본콤파니(Baldassarre Boncompagni)의 1857년 라틴어 버전은 최근 로렌스 시글러(Laurence E. Sigler)에 의해 다시 발간되었다(New York: Springer-Verlag, 2002).

5) 정수의 비율로 표현되지 않은 즉, 유리수가 아닌 수를 무리수라 한다.

마 교황으로부터 왕의 직위를 받고, 1227년까지 이탈리아에서 그의 지위를 굳건히 하였다. 그는 제노바나 루카Lucca, 플로랑스 공화국들과의 마찰 속에서도 피사 공화국을 지원했고 인구수는 거의 만 명에 육박하였다. 프레드릭 2세는 학문과 예술분야의 지원자로서, 궁정의 여러 학자들을 통하여 피보나치의 업적을 알게 되었고, 그가 피사로 돌아온 약 1200년 경부터 피보나치와 어울리기 시작했다. 피보나치와 함께했던 여러 학자들 중에는 궁정 점성가였던 마이클 스코투스Michael Scotus, 1175-1236가 있었다. 피보나치는 자신의 저서 『산술의 서』를 그에게 선물하기도 했다. 이밖에 궁중 철학자인 테오도로스 피지쿠스Theodorus Physicus도 있었고, 특히 1225년 피보나치와 프레데릭 2세의 만남을 권유한 도미니쿠스 히스파누스Dominicus Hispanus가 있다. 실제 이 만남은 1년 안에 이루어졌다.

한편 팔레르모Palermo 출신의 요하네스Johannes라는 학자가 여러 가지 문제를 제시하며 피보나치에 도전장을 내밀기도 하였다. 피보나치는 이중 세 문제를 해결하여 자신의 저서 『플로스』에 풀이법을 싣고 프레데릭 2세에게 보냈다. 이 중 한 문제는 오마르 하이얌Omar Khayyam, 1048-1122이 저술한 대수학 관련 저서에서 가지고 온 것인데, 문제는 다음과 같다 : 방정식 $x^3+2x^2+10x=20$을 만족하는 해를 구하여라. 피보나치는 로마의 수 체계 범위에서는 이 방정식의 해를 찾을 수 없다는 사실을 발견하였다. 이 문제의 답은 정수도 아니고, 또한 유리수, 또는 유리수의 제곱근 형태로 나타내어 질 수도 없다는 것을 알고, 대신 근사해를 찾았다. 그는 1.22.7.42.33.4.40 이라는 육십진법[6] 기반의 근사해를 찾았는데, 풀이과정은 없었다. 이 수는 다음의 값을 뜻한다.

6) 60을 밑으로 하는 기수법을 말한다.

$$1+\frac{22}{60}+\frac{7}{60^2}+\frac{42}{60^3}+\frac{33}{60^4}+\frac{4}{60^5}+\frac{40}{60^6}$$

요즘엔 대수적 이론이 발달하여, 다음과 같이 정확한 실수해를 찾을 수 있다. 하지만 쉬운 문제는 결코 아니다.

$$x=-\sqrt[3]{\frac{2\sqrt{3,930}}{9}-\frac{352}{27}}+\sqrt[3]{\frac{2\sqrt{3,930}}{9}+\frac{352}{27}}-\frac{2}{3}$$

$$\approx 1.3688081078$$

두 번째 문제를 살펴보자. 기초적 계산법만 필요로 하는 문제이므로 이 책에서 다룰만하다. 물론 지금은 우리에게 익숙하고 쉬운 것이지만. 피보나치가 살던 때에는 어려운 문제에 대한 도전이었을 것이다. 문제는 이렇다. (유리수 범위의) 어떤 완전 제곱수에 5를 더하거나 빼서 다시 완전 제곱수[7]가 되는 수들을 찾을 수 있겠는가?

피보나치는 이 문제의 해로써 $\left(\frac{41}{12}\right)^2$을 제시하였다. 맞는지 확인해 보기 위해 직접 계산을 해 보면,

$$\left(\frac{41}{12}\right)^2+5=\frac{1,681}{144}+\frac{720}{144}=\frac{2,401}{144}=\left(\frac{49}{12}\right)^2$$

$$\left(\frac{41}{12}\right)^2-5=\frac{1,681}{144}-\frac{720}{144}=\frac{961}{144}=\left(\frac{31}{12}\right)^2$$

이므로, $\frac{41}{12}$가 문제의 조건에 맞는다는 것을 알 수 있다. 다행이도 문제에서 5라는 조건 때문에 풀릴 수 있었지, 만일 1, 2, 3, 4 중에 하나로 주어졌다면 문제가 안 풀릴 수도 있는 노릇이다. 풀이가 궁금한 독자들은 부록 B를 참고하라.

---

7) 완전 제곱수란 16, 36, 81과 같이 어떤 수의 제곱이 되는 수를 뜻한다.

세 번째는 다음과 같은 문제로, 또한 『플로스』에 수록되어 있기도 하다.

3명의 사람이 주어진 돈을 나눠 가졌다. 첫 번째 사람이 자기가 가지고 있던 돈의 $\frac{1}{2}$를 다시 내놓고, 두 번째 사람은 $\frac{1}{3}$, 세 번째 사람은 $\frac{1}{6}$을 다시 내놓았다. 이렇게 해서 모인 돈을 똑 같은 양으로 다시 나눠 가졌다. 이러한 과정을 거친 후 첫 번째, 두 번째, 세 번째 사람이 가지고 있는 돈이 전체 돈의 각각 $\frac{1}{2}$, $\frac{1}{3}$, $\frac{1}{6}$이 되었다면, 처음에 주어진 돈은 과연 얼마일까?

피보나치의 경쟁자들 이 세 가지 문제를 손도 못 댄 반면에, 피보나치는 위 문제의 답이 47일 뿐만 아니라, 답이 이것 하나만이 아니라는 것도 증명하였다.

이후에 피보나치는 피사 공화국에서 봉급을 받아가며, 회계를 필요로 하는 사람들을 종종 무보수로 도와주면서 존경받는 인물로 여생을 살았다는 것이 피보나치에 대한 1240년 마지막 기록이다.

저서 『산술의 서』

피보나치의 여러 저서 중, 『산술의 서』를 집중 조명해보자. 이 책에는 아주 흥미로운 문제들이 많이 수록되어 있다. 그가 각지로 여행을 다니면서 쌓아온 산술, 대수학 실력을 기반으로 쓴 이 책은 힌두-아라비아 숫자를 사용한 십진법 체계를 유럽전역에 전파하는 역할을 하였다. 향후 2세기 동안 베스트셀러로 폭넓게 읽혔던 작품이다.

피보나치는 이 책 머리말에서,

인디안 숫자는[8] 9 8 7 6 5 4 3 2 1[9]이라는 숫자이다. 이러한 숫자 9개와, 아랍사람들이 산들바람이라 부르는 0이라는 기호를 가지고 어떤 숫자든 만들어 낼 수 있다. 즉, 인디안 숫자를 배열하여 숫자 하나를 만들 수 있고, 자릿수들을 하나씩 덧붙여 나가면서 끝없이 커지는 수들을 만들 수 있다. 우선 1부터 10까지를 인디안 숫자로부터 만들고, 자릿수를 늘려서 10부터 100까지의 모든 수를 만들 수 있게 된다. 똑같은 방법으로 100부터 1000까지의 숫자를 얻는다. 어떤 수이든지 간에 숫자들을 결합하여 만들어 낼 수 있다. 숫자를 쓸 때에는 일의 자리가 맨 오른쪽에 써지게끔 하고, 십의 자리는 일의 자리 왼쪽에 써지도록 한다.

비교적 쉬운 숫자 표기 방법이었지만, 이 방법에 의구심을 가진 사람들이 많아서 널리 쓰이지는 못했다. 그들은 단순히 자신들이 이 방법에 속을 수 있다는 점에서 의구심을 품었던 것이다. 피사의 사탑이 완공되는데 300년이 걸렸는데, 이 숫자 표기 방법 역시 그 정도 시간이 지나서야 인기를 얻기 시작했다.

『산술의 서』에는 연립 일차 방정식에 대한 내용도 들어 있다. 사실, 아랍에서 연구된 내용과 흡사했는데, 그렇다고 해서 이 책의 가치가 폄하돼서는 안 된다. 수학의 발전에 많은 영향을 끼친 이론들이 넘쳐나기 때문이다. 일례로, 요즘에 쓰이는 많은 수학 용어들을 이 책에서 찾아볼 수 있다. 피보나치가 이 책에서 쓴 'Factus ex multiplication'[10]이라는 단어가 요즘에는 인수Factors of a number 또는 곱셈에 대한 인수Factors of a multiplication라 불린다. 분자Numerator나 분모Denumerator라는 단어도 이 책이 출생지이다.

---

8) 피보나치는 힌두-아라비아 숫자를 인디안 숫자라 칭했다.

9) 아랍에서는 글을 오른쪽에서 왼쪽으로 쓰기 때문에, 여기에 영향을 받은 피보나치는 9부터 1의 순서대로 기술하였다.

10) David Eugene Smith, History of Mathematics, vol 2.(New York: Dover, 1958), p.105

『산술의 서』 2절에서는 상업 관련의 많은 문제들이 수록되어 있다. 상품의 가격을 어떻게 구할 것인가, 다양한 지방의 다양한 화폐의 환율을 어떻게 구할 것인가, 거래에서 생기는 이익을 어떻게 산출할 것인가와 같은 문제들뿐 아니라, 중국에서 연구되던 문제들도 눈에 띤다.

그때 당시 상인들은 교회의 '빌려준 돈에 대한 이자금지령' 을 피하고 싶었다. 그런 상인들을 위해 새로운 이자계산법을 도입하였는데, 실제 빌려주는 돈에 이자를 셈하여 더 많은 돈을 빌려준 셈이 되게끔 하는 방법을 썼다. 이러한 이자 계산법은 복리를 기반으로 하고 있다.

3절에는 다음과 같은 다양한 문제들이 수록되어 있다.

> 일정하게 증가하는 속도로 달리는 토끼를 사냥개가 뒤에서 쫓고 있다. 사냥개 역시 일정하게 증가하는 속도로 달린다고 할 때, 토끼를 잡을 때까지 사냥개가 움직인 거리는 얼마나 될까?
> 거미가 벽을 기어오르는데, 낮 동안 얼마만큼의 거리를 기어오르며 밤에 쉬면서 다시 얼마만큼을 미끄러져 내려온다. 이때, 거미가 이 벽 천장까지 오르는데 걸리는 시간은 얼마나 되겠는가?
> 두 사람이 각자 가지고 있던 돈의 일부를 일정한 비율에 따라서 교환한 후, 가지고 있는 돈의 양을 계산하라.

또한 3절에는 완전수[11)]관련 문제, 중국인의 나머지 정리Chinese remainder theorem에 관한 문제, 또 산술급수Arithmetic series와 기하급수Geometric series에 관한 문제가 실려 있다. 4절에서는 $\sqrt{10}$과 같은 수들을 다루고 있다. 이러한 수들의 유리수[12)] 근사값을 구하는 방법, 기하학적인 방법으로 이러

11) 완전수란, 자기를 제외한 약수의 모든 합이 자기 자신과 같아지는 수를 뜻한다. 예를 들어 6의 자기 자신을 제외한 약수는 1,2,3 인데, 이를 모두 더하면 자기 자신과 같은 6이 된다. (1+2+3=6) 따라서 6은 완전수이다. 그 다음으로 큰 완전수는 28이다.

12) 유리수란 정수/정수로 표현할 수 있는 수를 말한다. 물론 분모가 1인 경우를 생각하면 정수도 유리수집합에 속한다.

한 수들을 연구하는 방법론을 다룬다. 지금은 머리를 식힐 때나 풀법한 퍼즐형식의 수학문제들도 이 책에서 찾아볼 수 있다. 이 책은 제시된 문제들의 해법을 익히는데 많은 비중을 두고 있다. 이 책은 로마숫자를 대신하여 힌두 숫자체계를 서방에 알린 첫 번째 책이라는 점, 유리수를 표현할 때 분자, 분모 사이에 수평의 선기호를 사용하였다는 점, 12장에서는 아래에 소개할 문제를 포함하여 여러 재미있는 수학문제들을 다루었다는 점 등으로 지금도 많은 흥미를 끌고 있다. 이 중 토끼의 번식과 관련된 다음의 문제를 소개한다.

토끼 문제

그림 1-2를 보고 문제를 파악해보자.(여백의 주석들도 주목하자.)

시작 1	어떤 우리 안에 어른 토끼 한 쌍이 있다. 토끼 주인은 이 토끼가 1
	년이 지나면 몇 쌍이 되는지 알고 싶다. 조건은, 어른 토끼 한 쌍은
	한 달 안에 새끼 토끼 한 쌍을 낳고, 이 토끼 쌍은 한 달 동안 어른
첫째 달 2	토끼가 돼서, 둘째 달부터 또 새끼 토끼 한 쌍을 낳는다. 그러면 첫
	째 달 동안, 토끼 쌍은 2가 된다. 이 중에 한 쌍, 첫 번째 달부터 있
둘째 달 3	었던 어른 토끼는 다시 새끼 토끼 한 쌍을 낳으므로 둘째 달까지
	토끼 쌍은 3쌍이다. 이 중 두 쌍은 한 달 뒤에 새끼 토끼 쌍을 낳고,
셋째 달 5	한 쌍은 어른 토끼가 되므로 총 5쌍이 된다. 네 번째 달에는 3쌍이
넷째 달 8	새끼를 낳으므로 총 8쌍이 되고, 이 중 5쌍이 5번째 달에 각각 한
다섯째 달 13	쌍씩의 새끼를 낳으므로 총 13쌍이 된다. 13쌍 중, 8쌍이 6번째 달
여섯째 달 21	에 새끼 토끼 쌍을 각각 낳으므로 8쌍이 추가돼서 21쌍이 되고, 7
	번째 달에는 21쌍 중 13쌍의 토끼가 새끼를 낳아서 총 토끼 쌍은
일곱째 달 34	34쌍이 된다. 이 중 21쌍의 토끼가 8번째 달에 21쌍의 새끼 토끼를
여덟째 달 55	낳으므로 55쌍이 되고, 9번째 달에 34쌍의 토끼가 새끼를 낳아서
아홉째 달 89	총 89쌍이 된다. 10번째 달에는 89쌍 중 55쌍의 토끼가 새끼를 낳
열 째 달 144	아서 합쳐져 144쌍이 되고, 11번째 달에는 144쌍의 토끼 중 89쌍

열한째 달 233 이 새끼를 낳아서 233쌍이 된다. 마지막으로 12번째 달에는 233쌍

열두째 달 377 중 144쌍의 토끼가 새끼를 낳아서 377쌍이 된다.

왼쪽 여백에 적힌 숫자들이 어떻게 얻어져 가는가를 보면, 처음 수에 두 번째 수 즉, 1과 2를 더하여 3을 얻고, 두세 번째 수, 세네 번째 수, 네다섯 번째 수 이렇게 차례로 연이어진 수를 더해간다. 마지막으로 10번째와 11번째 수인 144와 233을 더해서 377쌍이라는 결과를 얻는다. 이러한 방법으로 몇 달이 지났든지 간에 토끼 쌍을 모두 구할 수 있다.

그림 1-2

이 문제가 다달이 어떻게 되는지 보려면 그림 1-3의 도표를 참고하자. 새끼 토끼 한 쌍(B)이 한 달 동안 자라 새끼를 낳을 수 있는 어른 토끼(A)가 된다는 가정을 하면 다음과 같은 도표를 얻는다.

달	토끼 쌍	어른 토끼 쌍 (A)의 수	새끼 토끼 쌍 (B)의 수	전체 쌍의 수
1월 1일	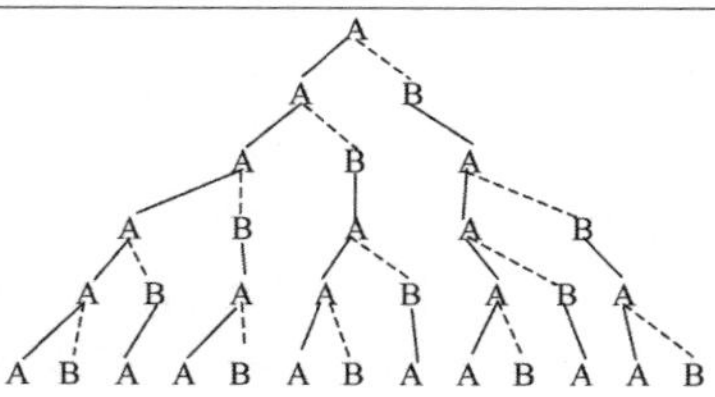 A	1	0	1
2월 1일	A B	1	1	2
3월 1일	A B A	2	1	3
4월 1일	A B A A B	3	2	5
5월 1일	A B A A B A B A	5	3	8
6월 1일	A B A A B A B A A B A A B	8	5	13
7월 1일		13	8	21
8월 1일		21	13	34
9월 1일		34	21	55
10월 1일		55	34	89
11월 1일		89	55	144
12월 1일		144	89	233
1월 1일		233	144	377

그림 1-3

위 문제에서 다음의 수열이 등장한다.

$$1, 1, 2, 3, 5, 8, 13, 21, 34, 55, 89, 144, 233, 377, \cdots$$

이수들을 피보나치 수Fibonacci number라 부른다. 새로운 항이 생기는 관계식 외에는 특별한 성질은 없어 보인다. 이 수열의 모든 항은 (처음 두 항을 제외하고) 바로 전에 위치한 두 수의 합으로 얻어진다는 것에 주목하자.

피보나치수열은 다음처럼 명확한 재귀적 방법으로 얻어진다. 피보나치 수는 바로 전 두 수의 합으로 얻어진다.

1
1
1+1 = 2
1+2 = 3
2+3 = 5
3+5 = 8
5+8 = 13
8+13 = 21
13+21 = 34
21+34 = 55
34+55 = 89
55+89 = 144
89+144 = 233
144+233 = 377
233+377 = 610
377+610 = 987
610+987 = 1,597···

피보나치수열은 점화식이 알려진 가장 오래된 수열이다. 피보나치가 이 점화식[13)]을 알고 있었는지에 대한 증거는 없다. 하지만 기재가 뛰어나고 통찰력이 깊었던 그가 과연 몰랐을까 싶다. 400년 후에야 비로소 이 점화식이 활자화되어 적힌 책이 발견되었다.

---

13) 연이은 두 피보나치 수로부터 그 다음 항이 생성된다는 관계로 인해 점화식이 탄생한다. 이에 대해서는 9장에서 심도 있게 다룰 것이다.

피보나치 수란?

피보나치가 『산술의 서』를 집필하는 동안에도 피보나치 수는 어떤 특별한 의미를 가지지 않았었다. 사실, 유명한 독일 수학자이자 천문학자인 케플러Johannes Kepler, 1571-1630가 1611년 발표한 논문[14]에서 비율에 관련된 언급을 할 때, '5와 8의 비율은 8과 13의 비율, 13과 21의 비율과 거의 같다' 고 하였다. 그 후로도 많은 시간동안 피보나치 수는 주목 받지 못하였다.

1830년대, 심퍼C. F. Schimper와 브라운A. Braun이 솔방울 포엽 나선에서 발견되는 피보나치 수를 주목하였다. 1800년대 중반부터 피보나치 수는 수학자들에게 매력을 끌기 시작하였다. 피보나치 수라는 이름은 프랑수아 에두아르 아나톨 뤼카François-Édouard-Anatole Lucas, 1842-1891[15]라는 프랑스 수학자에 의해 붙여졌는데, 보통 에두아르 뤼카Edouard Lucas라고 불리며, 후에 피보나치 수와 거의 같은 패턴을 가지는 자신만의 수를 고안하기도 하였다. 루카스수열은 피보나치 수와 굉장히 흡사하며 밀접한

그림 1-4 프랑수아 에두아르 아나톨 뤼카[16]

14) 맥시 브룩(Maxey Brooke), "Fibonacci Numbers and Their History through 1900," 피보나치 계간지(Fibonacci Quartely) 2(1964년 4월):149

연관성이 있다. 피보나치수열이 1, 1, 2, 3,…,으로 시작하는데 반해 루카스 수는 1, 3, 4, 7, 11,…,로 시작한다. 그가 만일 1, 2, 3, 5, 8, …, 이라는 수열을 착안했더라면, 첫 항만 없앤 피보나치수열 그대로였을 텐데 말이다. (이번 장에서 루카스 수에 대해 알아볼 것이다.)

이때쯤 프랑스 수학자 자크 필립 마리 비네Jacques Philippe Marie Binet, 1786-1856는 피보나치수열의 일반항을 구하는 공식을 발견하였다. 비네의 공식Binte's formula을 사용하면, 117번째 수까지 모두 구할 필요 없이 118번째 피보나치 수를 바로 구할 수 있는 것이다. (이것에 대해서 나중에 9장에서 다룰 기회가 있다.)

오늘날에도 피보나치 수는 세계 도처의 수학자들로부터 사랑받고 있다. 1960년대 초에 출범한 피보나치 학회Fibonacii Association는 이 흥미로운 수의 매력에 흠뻑 빠져 있는 학자들이 서로 아이디어를 교환하고 공유하는 장을 마련해 주었다.

공식 발간물인 계간 『피보나치』Fibonacci Quarterly[17]를 통하여 피보나치 수의 새로운 많은 사실들, 응용, 관계식 등이 전 세계적으로 널리 알려지게 되었다. 공식 인터넷 사이트인 http://www.mscs.dal.ca/Fibonacci/에는 다음과 같은 소개가 있다. '계간 『피보나치』는 피보나치 수에 관한 흥미로운 사실, 관련 질문을 다루고, 특히 새로운 연

15) 뤼카(Lucas)는 하노이의 탑(Tower of Hanoi) 문제를 비롯한 여러 수학 퍼즐의 고안자로도 유명한 인물이다. 하노이의 탑 문제는 1883년 클라우스(M.Claus)라는 사람에 의해 등장하였는데, 클라우스(Claus)는 뤼카(Lucas)의 아나그램(철자 순서 바꾸기를 통해 얻어진 단어)이였던 것이다. 퍼즐 수학에 관한 4권으로 된 그의 저서(1882-1894)는 고전으로 통하고 있는 작품이다. 괴이한 사건으로 죽음을 맞이하였는데, 연회에 갔다가 바닥에 떨어진 접시 파편이 튀어올라 뺨에 상처를 냈고, 며칠 후 단독(erysipelas, 피부질환의 일종-역자 주)으로 사망하였다.

16) 프랑수아 뤼카(Francis Lucas)의 홈페이지 http://edouardlucas.free.fr의 허락하에 사용.

17) 에디터는 브루킹스(Brrokings), SD57005, 사우스 다코다 주립 대학(South Dakota State University) 컴퓨터 공학부의 제라드 베르굼(Gerald E.Bergum) 교수이다.

구 결과나 제안, 도전할 연습문제, 기존 아이디어에 대한 색다른 증명 방법을 제공한다' 고 한다.

"그런데 왜 피보나치 수가 그렇게 특별한 거야?" 아직도 재미없는 독자들이 있을 것이다. 필자는 이 책을 통하여 피보나치 수를 낱낱이 밝혀주고 싶은 바람이 있다. 피보나치 수의 홍수에 빠지기 전에 우선 피보나치수열에 대해서 간단히 알아보고, 놀라운 성질 몇 개를 살펴보자.

앞으로, 7번째 피보나치 수를 F_7이라 쓰고, 일반적으로 n번째 피보나치 수(이것을 피보나치수열의 일반항이라 한다)를 F_n이라 쓰자. 처음 30개의 피보나치 수를 살펴보자(그림 1-5). 처음 2개의 수가 1이고, 바로 전에 오는 두 피보나치 수의 합으로 각각의 수를 얻어간다.

$F_1 = 1$	$F_{11} = 89$	$F_{21} = 10,946$
$F_2 = 1$	$F_{12} = 144$	$F_{22} = 17,711$
$F_3 = 2$	$F_{13} = 233$	$F_{23} = 28,657$
$F_4 = 3$	$F_{14} = 377$	$F_{24} = 46,368$
$F_5 = 5$	$F_{15} = 610$	$F_{25} = 75,025$
$F_6 = 8$	$F_{16} = 987$	$F_{26} = 121,393$
$F_7 = 13$	$F_{17} = 1,597$	$F_{27} = 196,418$
$F_8 = 21$	$F_{18} = 2,584$	$F_{28} = 317,811$
$F_9 = 34$	$F_{19} = 4,181$	$F_{29} = 514,229$
$F_{10} = 55$	$F_{20} = 6,765$	$F_{30} = 832,040$

그림 1-5

부록 A에 처음 500개의 피보나치 수를 실어놓았다. 부록의 목록을 뒤적거려본 독자들은 아마 몇 가지 특정한 성질을 발견했을 수도 있겠다. 우선 목록을 보면, 피보나치 수가 증가하면 할수록, 자릿수 역시 증가한다. 프랑스 수학자 가브리엘 라메Gabriel Lame, 1795-1870는 같은 자릿수를 가지는 피보나치 수가 최소 4개이고 최대 5개라는 사실을 증명하였다. 같은 자릿수를 가지는 피보나치 수가 세 개 일수가 없고 6개도 있을 수도 없다는 뜻이다. 흥미로운 것은 이 증명과정에서 '피보나치 수'라는 용어를 쓰지 않았다는 점이다. 그래서 피보나치 수는 이 증명 때문에 종종 '라메 수'Lame number라는 명칭으로도 불린다.

또 한 가지 흥미로운 성질은 60번째(F_{60})에서 70번째(F_{70}) 사이의 피보나치 수들을 훑곳 보면, 끝자리 숫자에서 흥미로운 패턴을 발견할 수 있다. 끝자리 수들은 0, 1, 1, 2, 3, 5, 8, 13, 21, 34, 55, …,[18] 이런 식으로 계속해서 나열된다.

이처럼 반복되는 패턴을 보이는 성질을 수학자들은 '주기성periodicity'이라 부른다. 주기성은 대부분 유리수에서 많이 발견할 수 있다. 예를 들어

$$\frac{1}{7} = 0.142857142857142857142857142857\ldots$$

을 보면, 142857이라는 숫자가 계속 반복된다. 이것을 $\frac{1}{7} = 0.\overline{142857}$이라고 표현하는데, 숫자 위의 바(bar)로 묶인 숫자들이 무한정 반복된다는 뜻이다. 이 수의 주기는 6이다. 피보나치 수는 이보다는 덜 명확한 주기성을 보여주고 있다. 처음 31개의 피보나치 수를 관찰하자. (여기에 첫째항 이전의 수 F_0라는 수를 가정하여 첨가하자.) 그림 1-6을 보자. F_0부터 F_{31}까지 수를 7로 나눈 몫과 나머지를 정리해 놓은 결과이다.[19]

나머지가 0인 수 즉, 7의 배수인 피보나치 수를 목록에서 찾으면

---

18) $F_1 = 1$, $F_2 = 1$ 대신 $F_0 = 0$, $F_1 = 1$로 시작하는 피보나치수열로 생각하면 된다.

19) 말로 쓰지 않고, 수식으로 표현해 놓은 결과이다. 즉, $55 = 7 \cdot 7 + 6$는 55를 7로 나누었을 때, 몫이 7이고 나머지가 6이라는 것의 수식 표현이다.

F_0, F_8, F_{16}, F_{24}이다. 나머지들의 패턴은

$$0, 1, 1, 2, 3, 5, 1, 6, 0, 6, 6, 5, 4, 2, 6, 1$$

이다. F_n이 그 전과 전전 단계의 피보나치 수의 합으로 표현되기 때문에 이러한 결과가 나오는 것이다.

그리 자명해 보이진 않지만, 주기성이 피보나치 수에 숨어 있는 것이다. 다른 방법으로 위의 나머지들을 찾아보는데, 피보나치 수들을 직접 7로 나누지 말고, 나머지들만을 취해 전과 전전 단계의 나머지를 더하는 과정으로 계산하면, 그림 1-6의 패턴과 똑같은 결과를 얻는다.

$F_0 = 0 = 0 \cdot 7+0$
$F_1 = 1 = 0 \cdot 7+1$
$F_2 = 1 = 0 \cdot 7+1$
$F_3 = 2 = 0 \cdot 7+2$
$F_4 = 3 = 0 \cdot 7+3$
$F_5 = 5 = 0 \cdot 7+5$
$F_6 = 8 = 1 \cdot 7+1$
$F_7 = 13 = 1 \cdot 7+6$
$F_8 = 21 = 3 \cdot 7+0$
$F_9 = 34 = 4 \cdot 7+6$
$F_{10} = 55 = 7 \cdot 7+6$
$F_{11} = 89 = 12 \cdot 7+5$
$F_{12} = 144 = 20 \cdot 7+4$
$F_{13} = 233 = 33 \cdot 7+2$
$F_{14} = 377 = 53 \cdot 7+6$
$F_{15} = 610 = 87 \cdot 7+1$
$F_{16} = 987 = 141 \cdot 7+0$
$F_{17} = 1{,}597 = 228 \cdot 7+1$
$F_{18} = 2{,}584 = 369 \cdot 7+1$
$F_{19} = 4{,}181 = 597 \cdot 7+2$
$F_{20} = 6{,}765 = 966 \cdot 7+3$
$F_{21} = 10{,}946 = 1{,}563 \cdot 7+5$
$F_{22} = 17{,}711 = 2{,}530 \cdot 7+1$
$F_{23} = 28{,}657 = 4{,}093 \cdot 7+6$
$F_{24} = 46{,}368 = 6{,}624 \cdot 7+0$
$F_{25} = 75{,}025 = 10{,}717 \cdot 7+6$
$F_{26} = 121{,}393 = 17{,}341 \cdot 7+6$
$F_{27} = 196{,}418 = 28{,}509 \cdot 7+5$
$F_{28} = 317{,}811 = 45{,}401 \cdot 7+4$
$F_{29} = 514{,}229 = 73{,}461 \cdot 7+2$
$F_{30} = 832{,}040 = 118{,}862 \cdot 7+6$
$F_{31} = 1{,}346{,}269 = 192{,}324 \cdot 7+1$

그림 1-6

$$\mathbf{0}, \mathbf{1}, \mathbf{1}, \mathbf{2}, \mathbf{3}, \mathbf{5}, (8 = 7+\mathbf{1}), \mathbf{6}, (1+6 = 7+\mathbf{0}), 6, 6, (6+6 = 7+\mathbf{5}),$$
$$(5+6 = 7+\mathbf{4}), (5+4 = 7+\mathbf{2}), 6, (2+6 = 7+\mathbf{1}), \cdots$$

위에서 굵은 글씨체로 표현한 숫자들이 바로 7로 나눈 나머지들 수열이다. 이 수열 역시 피보나치수열과 굉장히 비슷한 형태를 띠고 있다.

n	F_n
60	154800875592**0**
61	250473078196**1**
62	405273953788**1**
63	655747031984**2**
64	1061020985772**3**
65	1716768017756**5**
66	2777789003528**8**
67	4494557021285**3**
68	7272346024814**1**
69	11766903046099**4**
70	19039249070913**5**

그림 1-7

120번째 피보나치 수(F_{120})부터 똑같은 패턴이 또 발생한다.(그림 1-8) 부록 A를 참고하면 역시 같은 그 다음 패턴을 발견할 수 있다. 몇

n	F_n
120	535835925499096664087184**0**
121	867000739850794865805192**1**
122	1402836665349891529892376**1**
123	2269837405200686395697568**2**
124	3672674070550577925589944**3**
125	5942511475751264321287512**5**
126	9615185546301842246877456**8**
127	15557697022053106568164969**3**
128	25172882568354948815042426**1**
129	40730579590408055383207395**4**
130	65903462158763004198249821**5**

그림 1-8

번째 피보나치 수부터일까? (힌트 : F_{180} 이후의 수를 보라.)

피보나치수열의 여러 성질

피보나치수열의 흥미진진한 특징들을 살펴볼 차례다. 피보나치 수가 가지는 여러 특징들은 대개 수학적 귀납법이라는 기법으로 증명할 수 있다. 여기서 언급한 특징들에 대해 자세한 증명을 원하면 부록 B를 참고하기 바란다.

1. 열 개의 연속된 피보나치 수들의 합은 11로 나눠진다. 독자들도 직접 임의로 열 개의 연속된 피보나치 수를 잡아서 확인해보자. 예를 들어 다음의 합

$$13+21+34+55+89+144+233+377+610+987=2,563$$

을 생각해보면, 이 수는 11로 나눠진다. 왜냐하면, $11 \cdot 233 = 2,563$ 이기 때문이다.

다른 예를 들어보자. F_{21}에서 F_{30}까지 10개의 연속된 피보나치 수를 더해보면,

$$10,946+17,711+28,657+46,368+75,025+121,393$$
$$+196,418+317,811+514,229+832,040=2,160,598$$

이고 이것 역시 $11 \cdot 196,418 = 2,160,598$이므로 11의 배수가 된다.

그런데 이렇게 두 개의 예만 보고서, 열 개의 연속된 피보나치 수의 합이 11로 나눠진다고 주장해서는 안 된다. 일반적인 확실한 증명 없이 참이라 믿으면 큰일 난다. 이 '가설'을 참이라 주장할 수

있는 한 가지 방법은 모든 임의의 열 개의 연속된 피보나치의 합을 셈하여 보는 것이다. (가능하려나?) 또는 수학적인 기법을 써서 증명을 할 수도 있다. (부록 B를 참고.)

2. 연속된 두 피보나치 수는 공통 인수를 갖지 않는다. 이를 수학용어로 '서로 소' Relatively prime 라 한다.[20] 단순한 방법으로, 연속된 두 수를 각각 소인수분해 해서 인수를 비교해보면 공통된 인수가 없음을 알 수 있다. 그림 1-9의 표에 처음 40개의 피보나치수와 소인수 분

n	F_n	소인수분해	n	F_n	소인수분해
1	1	Unit(1)	21	10,946	2·13·421
2	1	Unit(1)	22	17,711	89·199
3	2	소수	23	28,657	소수
4	3	소수	24	46,368	$2^5 \cdot 3^2 \cdot 7 \cdot 23$
5	5	소수	25	75,025	$5^2 \cdot 3{,}001$
6	8	2^3	26	121,393	233·521
7	13	소수	27	196,,418	2·17·53·109
8	21	3·7	28	317811	3·13·29·281
9	34	2·17	29	514,229	소수
10	55	5·11	30	832,040	$2^3 \cdot 5 \cdot 11 \cdot 31 \cdot 61$
11	89	소수	31	1,346,269	557·2,417
12	144	$2^4 \cdot 3^2$	32	2,178,309	3·7·47·2,207
13	233	소수	33	3,524,578	2·89·19,801
14	377	13·29	34	5,702,887	1,597·3,571
15	610	2·5·61	35	9,227,465	5·13·141,961
16	987	3·7·47	36	14,930,352	$2^4 \cdot 3^3 \cdot 17 \cdot 19 \cdot 107$
17	1,597	소수	37	24,157,817	73·149·2,221
18	2,584	$2^3 \cdot 17 \cdot 19$	38	39,088,169	37·113·9,349
19	4,181	37·113	39	63,245,986	2·233·135,721
20	6,765	3·5·11·41	40	102,334,155	3·5·7·11·41·2,161

그림 1-9

20) 두 수가 서로 소라는 뜻은 1 이외의 공통된 인수가 없다는 뜻이다.

해 결과가 있다. 연속된 두 피보나치 수가 공통 인수를 갖지 않음이 보인다. 이제는 이 명제가 참이라는 것이 확실하지 않는가? (임의로 주어진 연속된 두 피보나치 수에 대한 수학적 증명을 보고 싶으면 부록 B를 참고하라.)

3. 합성수[21]번째 있는 피보나치 수들을 생각해보자. (4번째 피보나치 수는 생각하지 말자.) 무슨 뜻이냐면, 6번째, 8번째, 9번째, 10번째, 12번째, 14번째, 15번째, 16번째, 18번째, 20번째 등등에 위치해 있는 피보나치 수를 들여다보자는 뜻인데, 이 수들은 모두 소수가 아니다. 즉, 그림 1-10에서도 바로 알 수 있듯이, 합성수(즉, 소수가 아닌 수)번째 있는 피보나치 수들은 죄다 합성수이다. 소인수분해가 어떻게 되는지를 알고 싶으면 그림 1-9를 참고하면 된다. 이러한 특징을 좀 더 많이 확인하고 싶다면 부록 A를 찾아보라. 이 명제가 맞을 것 같다는 예감은 크지만, 수학적으로 정확한 증명을 해야 한다. (부록 B를 참고)

그렇다면, 소수[22]번째 위치한 피보나치 수가 소수일 것이냐 하는

$F_6 = 8$	$F_{20} = 6,765$
$F_8 = 21$	$F_{21} = 10,946$
$F_9 = 34$	$F_{22} = 17,711$
$F_{10} = 55$	$F_{24} = 46,368$
$F_{12} = 144$	$F_{25} = 75,025$
$F_{14} = 377$	$F_{26} = 121,393$
$F_{15} = 610$	$F_{27} = 196,418$
$F_{16} = 987$	$F_{28} = 317,811$
$F_{18} = 2,584$	$F_{30} = 832,040$

그림 1-10

21) 소수가 아닌 수를 합성수라고 한다. 즉, 1과 자기 자신 외에 다른 수로 나누어지는 수를 뜻한다.

22) 1과 자기 자신 외에 약수를 가지지 않는 수를 뜻한다.

명제는 어떨까? 앞서 살펴 본 것과 매우 비슷하다. 처음 30개의 피보나치 수 중에서 2번째, 3번째, 5번째, 7번째, 11번째, 13번째, 17번째, 19번째, 23번째, 29번째 피보나치 수를 들여다보자. 이 수들을 적어보면,

$F_2 = 1$, (소수 아님)

$F_3 = 2$

$F_5 = 5$

$F_7 = 13$

$F_{11} = 89$

$F_{13} = 233$

$F_{17} = 1,597$

$F_{19} = 4,181 = 37 \cdot 113$

$F_{23} = 28,657$

$F_{29} = 514,229$

2번째, 19번째 피보나치 수를 봐도 알 수 있듯이 이것들은 소수가 아니므로 명제가 참이 아님을 알았다. 증명은 필요 없다. 단 하나의 반례만 있어도 이 명제는 참이 아니라는 뜻이다.

4. 위의 여러 아름다운 성질들과 더불어 피보나치 합에 관련된 간단한 공식을 찾을 수 있다. 이 공식만 있으면, 피보나치수열의 합을 계산해야 할 번거로움이 없어지는 것이다. 첫째항부터 n항까지의 피보나치 수를 계산하기 위하여 다음의 방법으로 접근해 보자.

피보나치 수의 기본적인 관계식을 생각하자. 우리는 다음과 같이 쓸 수 있다.

$n \geq 1$일 때, $F_{n+2} = F_{n+1} + F_n$

즉, $F_n = F_{n+2} - F_{n+1}$

이 성립한다.

n을 증가시키면서 관계식을 나열해 보면 다음을 얻는다.

$$F_1 = F_3 - F_2$$

$$F_2 = F_4 - F_3$$
$$F_3 = F_5 - F_4$$
$$F_4 = F_6 - F_5$$
$$\vdots$$
$$F_{n-1} = F_{n+1} - F_n$$
$$F_n = F_{n+2} - F_{n+1}$$

이 관계식들을 변과 변을 더하면, 오른쪽 변의 여러 항이 한 번은 더해지고 한 번은 빼짐으로서 서로 소거가 된다. 이렇게 계산해 보면, 오른쪽 변에 남는 항은 $F_{n+2} - F_2 = F_{n+2} - 1$이 된다. 왼쪽 변을 보자. 왼쪽 변이 뜻하는 것은 처음 n개의 피보나치 수들의 합, 즉 $F_1 + F_2 + F_3 + F_4 + \cdots + F_n$ 으로서 우리가 원하는 것이다. 따라서 우리는 다음을 얻는다.

$$F_1 + F_2 + F_3 + F_4 + \cdots + F_n = F_{n+2} - 1$$

즉, 처음 n개의 피보나치 수들을 더하면, $n+2$번째 피보나치 수에서 1을 뺀 값과 같다. 수학적으로, 이를 간단히 표현할 수 있는 기호를 도입해 보면, $F_1 + F_2 + F_3 + F_4 + \cdots + F_n$을 $\sum_{i=1}^{n} F_i$라 쓴다. 이것은 'i가 1부터 n까지 증가할 때, 모든 F_i들의 합'을 뜻하는 수학적 기호이다. 따라서 우리는 이 결과를 다시

$$\sum_{i=1}^{n} F_i = F_1 + F_2 + F_3 + F_4 + \cdots + F_n = F_{n+2} - 1$$

즉, 간단히 $\sum_{i=1}^{n} F_i = F_{n+2} - 1$이라 쓸 수 있다.

5. 이제 연속된 짝수 번째 피보나치 수의 합을 계산해 보자. 이 합의 첫째항은 F_2이다. 연속된 짝수 번째 피보나치 수를 직접 더해봄으로서 답을 유추해 볼 수 있다.

$F_2+F_4=1+3=4$

$F_2+F_4+F_6=1+3+8=12$

$F_2+F_4+F_6+F_8=1+3+8+21=33$

$F_2+F_4+F_6+F_8+F_{10}=1+3+8+21+55=88$

결과값들을 보면 이 수들은 어떤 피보나치 수에서 1을 뺀 값과 같음을 알 수 있다. 더 정확히 말하면, 합에 나타나는 마지막 짝수 항의 바로 다음 항에 나타나는 피보나치 수에서 1을 뺀 값이다. 이것을 기호로 쓰면 다음과 같다.

$n\geq1$일 때, $F_2+F_4+F_6+F_8+\cdots+F_{2n-1}+F_{2n}=F_{2n+1}-1$

즉, $\sum_{i=1}^{n}F_{2i}=F_{2n+1}-1$이라 표현할 수 있다. 하지만 이것은 단지 몇 개의 경우에서 유추한 결과이므로 이것이 참인 명제라고 받아드리려면 수학적인 증명이 필요하다. (부록 B를 보라.)

6. 5번에서는 F_2에서 시작하는 연속된 짝수 번째 피보나치 수들의 합을 계산하였다. 비슷한 질문을 해보자. F_1에서 시작하는 연속된 홀수 번째 피보나치 수들의 합은 어떻게 될까? 몇 개의 예를 들어 패턴을 파악해 보자.

$F_1+F_3=1+2=3$

$F_1+F_3+F_5=1+2+5=8$

$F_1+F_3+F_5+F_7=1+2+5+13=21$

$F_1+F_3+F_5+F_7+F_9=1+2+5+13+34=55$

이 결과들 모두 피보나치 수라는 것을 알 수 있다. 더욱 정확히 말하면 합에 나타난 마지막 홀수 번째 항 바로 다음에 오는 피보나치 수이다. 이것을 기호로 쓰면,

$$F_1+F_3+F_5+F_7+\cdots+F_{2n-1}=F_{2n}$$

즉, $\sum_{i=1}^{n} F_{2i-1}=F_{2n}$이 된다.(부록B 참고)

F_2에서 시작하여 짝수 번째 피보나치 수만 더한 결과와 F_1에서 시작하여 홀수 번째 피보나치 수를 더한 결과를 더해보자 :

$n \geq 1$일 때,

$$F_2+F_4+F_6+F_8+\cdots+F_{2n}=F_{2n+1}-1$$

$$F_1+F_3+F_5+F_7+\cdots+F_{2n-1}=F_{2n}$$

가 성립하므로 변과 변을 더하면,

$$F_1+F_2+F_3+F_4+\cdots+F_{2n}=F_{2n+1}-1+F_{2n}$$

즉, $F_1+F_2+F_3+F_4+\cdots+F_{2n}=F_{2n+2}-1$이 된다. 이것은 4번째 성질에서 얻은 결과와 일치한다.

7. 지금까지 피보나치 수들의 여러 합에 대해서 살펴보았다. 이번엔 첫째항부터 시작하는 피보나치 수들의 제곱의 합에 대해서 알아보자. 피보나치수열이 가지고 있는 놀라운 성질을 또 한 번 보게 될 것이다. '제곱'의 합에 대한 이야기이므로 기하학적으로 접근해 보는 방법이 적절할 것이다.

그림 1-11에서 보듯이, 1×1 정사각형에서 시작하여, 여러 정사각형 수열을 얻게 된다. 이 정사각형의 한 변은 각각이 피보나치 수이다. 이러한 방법으로 정사각형의 수열을 무한정 만들어 낼 수 있다. 이제 마지막에 얻는 직사각형의 넓이를 정사각형들의 넓이의 합으로 생각해보면 다음과 같다.

$$1^2+1^2+2^2+3^2+5^2+8^2+13^2=13\cdot 21$$

좀 더 정사각형의 개수가 적은 경우에 대해서 패턴을 계산해 보면,

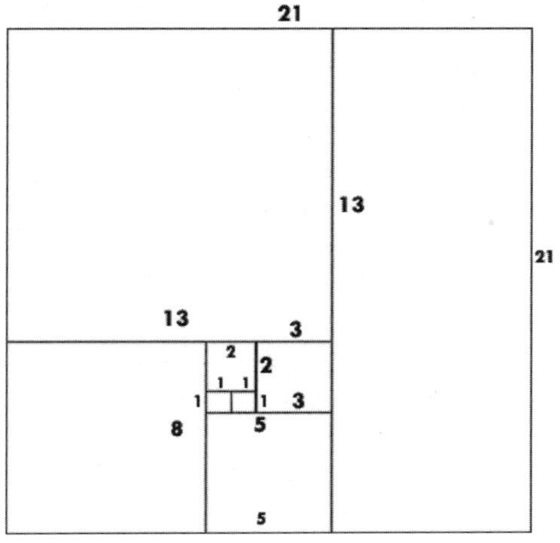

그림 1-11

$$1^2+1^2=1\cdot 2$$
$$1^2+1^2+2^2=2\cdot 3$$
$$1^2+1^2+2^2+3^2=3\cdot 5$$
$$1^2+1^2+2^2+3^2+5^2=5\cdot 8$$
$$1^2+1^2+2^2+3^2+5^2+8^2=8\cdot 13$$
$$1^2+1^2+2^2+3^2+5^2+8^2+13^2=13\cdot 21$$

이 패턴을 들여다보면 다음의 규칙을 얻는다 : 첫째항부터 특정한 항까지의 피보나치 수들의 제곱의 합은 마지막 피보나치 수와 그 다음 항의 피보나치 수의 곱으로 나타난다. 예를 들어, 피보나치 수 1, 1, 2, 3, 5, 8, 13, 21, 34 의 제곱의 합을 직접 계산해 보면,

$$1^2+1^2+2^2+3^2+5^2+8^2+13^2+21^2+34^2=1,870$$

을 얻는데, 위의 규칙을 적용해보면, 이 합은 단순히 이 합에 나타

난 마지막 피보나치 수와 그 바로 다음에 오는 피보나치 수의 곱으로 표현된다는 것이다. 즉, 34와 그 다음의 피보나치 수인 55의 곱인 1,870 이라는 것이다.

이 규칙을 수학적 기호로 나타내면 다음과 같다.

$$\sum_{i=1}^{n} F_i^2 = F_n F_{n+1}$$

처음 30개 피보나치 수들의 제곱의 합을 구한다고 생각해보자. 위의 관계식을 쓰면 계산이 아주 간단히 된다. 일일이 계산할 필요 없이, 30번째 피보나치 수와 31번째 피보나치 수를 곱하면 결과를 얻을 수 있다. 즉,

$$\begin{aligned}\sum_{i=1}^{30} F_{\mathrm{i}}^2 &= F_1^2 + F_2^2 + \cdots + F_{29}^2 + F_{30}^2 \\ &= 1^2 + 1^2 + 2^2 + 3^2 + 5^2 + 8^2 + 13^2 + \cdots + 514,229^2 + 832,040^2 \\ &= 1,120,149,658,760\end{aligned}$$

을 얻는데 간단히 위의 규칙을 적용해보면,

$$\sum_{i=1}^{30} F_{\mathrm{i}}^2 = = F_{30} \cdot F_{31} = 832,040 \ 1,346,269 = 1,120,149,658,760$$

을 얻을 수 있다. (관심이 있는 독자들을 위해 이 규칙의 증명을 부록 B에 실어 놓았다.)

8. 피보나치 수의 제곱에 관련된 공식을 알아본 김에, 새로운 관계식 하나를 더 알아보자. 피보나치 수를 하나 생각하자. 예를 들어 34라고 하자. 그 다음 이 피보나치 수보다 두 항 전에 오는 피보나치 수, 13을 생각하고 이 수들의 제곱의 차를 계산하면

$$34^2 - 13^2 = 1,156 - 169 = 987$$

인데, 이 수 역시 피보나치 수이다. 즉 9번째 피보나치 수($F_9 = 34$)와 7번째 피보나치 수($F_7 = 13$)의 제곱의 차이를 계산하면 16번째 피보나치 수($F_{16} = 987$)를 얻는다. 기호로 쓰면 $F_9^2 - F_7^2 = F_{16}$이다.

피보나치 교대쌍[23]들의 제곱의 차이는 피보나치 수가 된다. 그렇다면 임의의 피보나치 교대쌍에 대해서도 이 명제가 성립할까? 이 질문에 답을 하기 위해서는 수학적인 증명이 필요하다. (부록 B를 참고하라.) 그런데 몇 가지 예를 좀 더 보면 이 관계식이 우연히 맞아떨어지는 것이 아니라는 생각이 들 것이다. 이 규칙의 옳고 그름을 몇몇 예를 들어 더 살펴보자.

$$F_6^2 - F_4^2 = 8^2 - 3^2 = 55 = F_{10}$$
$$F_7^2 - F_5^2 = 13^2 - 5^2 = 144 = F_{12}$$
$$F_{15}^2 - F_{13}^2 = 610^2 - 233^2 = 317{,}811 = F_{28}$$

위의 세 관계식의 첨자를 들여다보면 왼쪽 변의 두 첨자의 합이 오른쪽 변의 첨자와 동일함을 알 수 있다. 이를 일반적으로 써 보면 : $F_n^2 - F_{n-2}^2 = F_{2n-2}$이다. 긴가민가한 독자들은 다른 피보나치 수에 대해서도 검사해보자. 확신이 들 때까지. (증명은 부록 B에 수록되어 있다.)

9. 이번 성질은 두 피보나치 수의 '제곱의 합'에 관련된 내용이다. $F_7(=13)$, $F_8(=21)$처럼 두 개의 연속된 피보나치 수를 생각해 보자. 이들의 제곱은 각각 169와 441로서 제곱의 합은 610이 되고, 이 수 역시 피보나치 수 F_{15}가 된다. 아무래도 좋은 규칙이 있을 것 같은 예감이 든다. 다른 두 개의 연속된 피보나치 수를 뽑아서 제

---

23) 어떤 수열의 교대쌍이라는 뜻은 하나의 항과 하나 건너뛴 항에 위치한 수의 쌍을 말한다. 예를 들어 4번째와 6번째 수의 쌍. 15번째와 17번째 수의 쌍을 교대쌍이라 한다.

곱의 합을 계산해 보자. 예를 들어 F_{10}(= 55)와 F_{11}(= 89)에 대해서, 이들의 제곱은 각각 3,025, 7,921이고 제곱의 합은 10,946이 된다. 이것 역시 피보나치 수 F_{21}이 된다. 몇몇 다른 예를 통해서도 이와 같은 결론을 얻는다. 과연 무슨 패턴을 가지고 있는 것일까? 패턴을 예상해 보기 위해 피보나치 수들이 몇 번째 항에 있는지, 즉 첨자가 무엇인지를 살펴보자. 첫 번째 예에서 쓰인 피보나치 수는 F_7과 F_8이고, 결과는 F_{15}였다. 두 번째 예에서는 F_{10}과 F_{11}에서 F_{21}의 결과가 나왔다. 즉, 두 연속된 피보나치 수의 첨자들의 합이 결과로서 나타난 피보나치 수의 첨자와 똑같다. 즉, n번째와 $n+1$번째 피보나치 수들의 제곱의 합은 $n+(n+1)=2n+1$번째 피보나치 수가 되리라는 생각이 든다. 즉, 식으로 쓰면, $F_n^2+F_{n+1}^2=F_{2n+1}$이 된다. (증명은 부록 B에 수록되어 있다.)

10. 또 하나의 흥미로운 관계식이 있는데, 이것 또한 피보나치수열 중 몇몇 수들에서 나타나는 생각지 못한 패턴이다. 피보나치수열에서 연속된 4개의 수를 선택하자. 예를 들어 3, 5, 8, 13을 선택하자. 이 4개의 수 중 중간의 두 수의 제곱의 차이를 계산하면 $8^2-5^2=64-25=39$이다. 그 다음 양 옆의 두 수를 곱해보면, $3\cdot13=39$를 얻는다. 놀랍게도 결과가 똑같지 아니한가! 우연일까 아니면 일련의 패턴일까? 다른 예를 들어 보자. 8, 13, 21, 34를 선택하자. 중간의 두 수의 제곱의 차이는 $21^2-13^2=441-169=272$이다. 만일 이 패턴이 사실이라면, 양 옆의 두 수의 곱은 272이어야 하는데, 역시나 어떤가! $8\cdot34=272$이다. 즉 패턴이 여전히 성립하고 있다. 수학적 기호로 표현해 보자면, 임의의 연속된 4개의 피보나치 수 F_{n-1}, F_n, F_{n+1}, F_{n+2}에 대해 $F_{n+1}^2-F_n^2=F_{n-1}\cdot F_{n+2}$가 된다. 이 패턴 또한 우리들이 사실이라고 믿기 위해서는 임의로 4개의 연속된 피보나치 수들을 선택해 단순히 계산해 볼

것이 아니라, 수학적인 증명을 해야 한다.(부록 B)

11. 피보나치의 교대쌍의 곱하기에서 발견되는 흥미로운 관계식이 또 있다. 몇 가지 곱하기를 하여 보자.

$F_3 \cdot F_5 = 2 \cdot 5 = 10$인데, 이것은 피보나치 수 3의 제곱의 합보다 1이 크다. 즉, $F_4^2 + 1 = 3^2 + 1$이다.

$F_4 \cdot F_6 = 3 \cdot 8 = 24$인데, 이것은 피보나치 수 5의 제곱의 합보다 1이 작다. 즉, $F_5^2 - 1 = 5^2 - 1$이다.

$F_5 \cdot F_7 = 5 \cdot 13 = 65$인데, 이것은 피보나치 수 8의 제곱의 합보다 1이 크다. 즉, $F_6^2 + 1 = 8^2 + 1$이다.

$F_6 \cdot F_8 = 8 \cdot 21 = 168$인데, 이것은 피보나치 수 13의 제곱의 합보다 1이 작다. 즉, $F_7^2 - 1 = 13^2 - 1$이다.

자 이제 패턴을 예상해 보자. 두 피보나치 교대쌍의 곱은 그 교대쌍 사이의 피보나치 수의 제곱과 ±1 차이가 난다. 언제 +1이고 언제 −1인지를 따져 보면, 제곱되는 피보나치 수의 첨자가 짝수면 1을 더하고, 홀수면 1을 빼는 규칙인 것을 알 수 있다. 이것을 일반적으로 표현하기 위해 $(-1)^n$이라는 기호를 쓸 수 있다. 즉 −1의 짝수승은 1이고, 홀수승은 −1이라는 뜻이다. 따라서 다음과 같이 쓸 수 있다.

$$n \geq 1\text{일 때, } F_{n-1}F_{n+1} = F_n^2 + (-1)^n$$

몇몇 예제를 통해 이것이 참인 것 같아 보이지만, 임의의 모든 경우에 대해서 성립함을 보이기 위해서는 역시 수학적인 증명이 필요하다.(부록 B)

이 관계식을 일반적으로 확장시킬 수 있다. 위에서 했던 것처럼 어떤 특정한 피보나치 수 바로 양 옆에 있는 두 피보나치 수를 곱하지 말고, 하나 건너 옆에 있는 두 피보나치 수를 곱해보자. 그런 다음 이 수와 특정하게 잡은 피보나치 수의 제곱을 비교해 보자. 예를 들어 피보나치 수 $F_6 = 8$을 잡고, 하나 건너 옆에 있는 두 피보나치 수 3과 21을 곱하면 63이고 8의 제곱은 64이므로 차이가 1이 된다. 또 다른 예로 $F_5 = 5$를 잡으면 하나 건너 옆에 있는 두 피보나치 수는 2와 13이므로 그 곱은 26이고 이것은 5의 제곱과 1차이가 난다. 이것을 수학적 기호로 $n \geq 1$일 때,

$$F_{n-2}F_{n+2} = F_n^2 \pm 1$$

이라 쓸 수 있다.

이제 하나 건너뛴 피보나치 수 두 개의 곱이 아니라, 두 개, 세 개, 네 개, 그 이상 건너 뛴 피보나치 두 수의 곱을 생각해보면 다음의 관계식을 얻을 수 있다. 그림 1-12의 표를 보고 패턴을 연구해보자. 특정한 피보나치 수의 제곱과 이 두 수로부터 항의 거리가 일정한 피보나치 두 수의 곱의 차이가 또 다른 피보나치 수의

가운데 피보나치 수에서 건너뛴 항	Symbolic Representation for the case of 이라고 기호로 표현했을 때		$F_7 = 13$		$F_8 = 21$		$F_{n-k} \cdot F_{n+k}$와 F_n^2의 차이
1	$F_{n-1}F_{n+1}$	F_n^2	$8 \cdot 21 = 168$	$13^2 = 169$	$13 \cdot 34 = 442$	$21^2 = 441$	± 1
2	$F_{n-2}F_{n+2}$	F_n^2	$5 \cdot 34 = 170$	$13^2 = 169$	$8 \cdot 55 = 440$	$21^2 = 441$	± 1
3	$F_{n-3}F_{n+3}$	F_n^2	$3 \cdot 55 = 165$	$13^2 = 169$	$5 \cdot 89 = 445$	$21^2 = 441$	± 4
4	$F_{n-4}F_{n+4}$	F_n^2	$2 \cdot 89 = 178$	$13^2 = 169$	$3 \cdot 144 = 432$	$21^2 = 441$	± 9
5	$F_{n-5}F_{n+5}$	F_n^2	$1 \cdot 144 = 144$	$13^2 = 169$	$2 \cdot 233 = 466$	$21^2 = 441$	± 25
6	$F_{n-6}F_{n+6}$	F_n^2	$1 \cdot 233 = 233$	$13^2 = 169$	$1 \cdot 377 = 377$	$21^2 = 441$	± 64
k	$F_{n-k}F_{n+k}$	F_n^2					$\pm F_k^2$

그림 1-12

제곱이 된다는 것을 알 수 있을 것이다. 이것을 수학적인 기호로 쓰면, $n \geq 1$이고 $k \geq 1$일 때,

$$F_{n-k}F_{n+k} - F_n^2 = \pm F_k^2$$

이다.

피보나치 수와 관련하여 정말 무궁무진한 특징들이 있다. 이들 대부분은 간단한 계산을 통해서 얻어진다. 본격적으로 피보나치 수에 대해서 알아보기 전에, 그림 1-13의 수열을 관찰해 보자.

F_1	1	F_{11}	89	F_{21}	10,946
F_2	1	F_{12}	144	F_{22}	17,711
F_3	2	F_{13}	233	F_{23}	28,657
F_4	3	F_{14}	377	F_{24}	46,368
F_5	5	F_{15}	610	F_{25}	75,025
F_6	8	F_{16}	897	F_{26}	121,393
F_7	13	F_{17}	1,597	F_{27}	196,418
F_8	21	F_{18}	2,584	F_{28}	317,811
F_9	34	F_{19}	4,181	F_{29}	514,229
F_{10}	55	F_{20}	6,765	F_{30}	832,040

그림 1-13

12. 첫 번째 피보나치 수로부터 3항씩 증가하는 피보나치수열을 생각해보자. 즉, F_3, F_6, F_9, F_{12}, F_{15}, F_{18} 등을 보면, 모두 짝수이다. 이것을 다시 표현하면, 이러한 수들은 모두 2 즉, F_3의 배수가 된다는 점이다.

더욱 깊숙이 살펴보자. 이제 4항씩 증가하는 피보나치수열을 보면 F_4, F_8, F_{12}, F_{16}, F_{20}, F_{24} 등은 3으로 나눠진다[24)]는 것을 알 수 있다. 즉, F_4, F_8, F_{12}, F_{16}, F_{20}, F_{24}는 F_4의 배수이다.

이 패턴을 고려하여 5로 나눠지는 피보나치 수들은 무엇이 있

는지 보자. 이러한 수들을 찾는 것은 쉽다. 표에서 찾아보면 5, 55, 610, 6,765, 75,025, 832,040이 있고, 이것들은 F_5, F_{10}, F_{15}, F_{20}, F_{25}, F_{30}에 대응된다. 따라서 F_5, F_{10}, F_{15}, F_{20}, F_{25}, F_{30} 등의 피보나치 수들은 F_5의 배수라고 말 할 수 있다.

8로 나누어지는 피보나치 수들을 찾아보면 F_6, F_{12}, F_{18}, F_{24}, F_{30} 등이고, 이것은 다시 F_6의 배수가 된다는 것을 알 수 있다. 그렇다! 첫째항으로부터 7항씩 증가하는 피보나치 수들은 모두 F_7 즉 13의 배수가 된다. 이제 우리가 찾은 사실을 일반화해 보자. n이 자연수일 때, F_{mn}은 F_n의 배수가 된다. 또는 이것을 다음과 같이 쓸 수도 있다 : p가 q의 배수이면 F_p는 F_q의 배수이다. (이 멋있는 관계는 부록 B에 증명되어 있다.)

13. 피보나치 수들의 관계식은 종종 기하학적인 방법에서 얻어진다. 그림 1-14와 1-15를 보자.

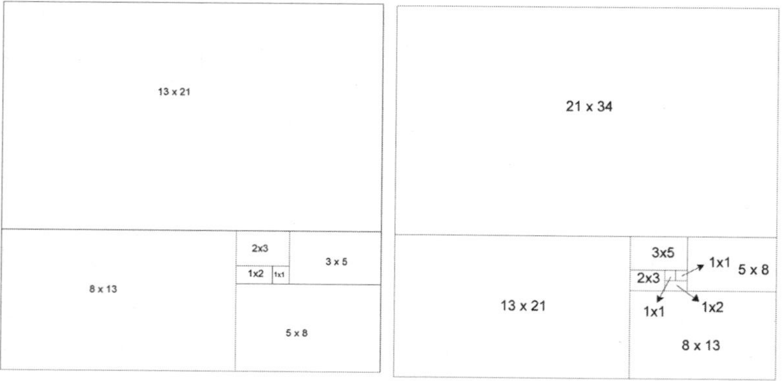

그림 1-14. 홀수개의 직사각형으로 만든 피보나치 제곱수($n=7$)

그림 1-15. 홀수개의 직사각형으로 만든 피보나치 제곱수($n=8$)

---

24) 3으로 나누어지는 것은 직접 3으로 나눠 봄으로서도 알 수 있고, 아니면 어떤 수가 3의 배수라는 것과 동치가 그 수의 각 자리 수의 합이 3의 배수라는 점을 이용하여 확인해 볼 수도 있다.

그림 1-14은 피보나치 제곱수를 넓이로 하는 정사각형을 홀수개($n=7$)의 직사각형으로 나눠 놓은 그림이다. 이 직사각형들 각각의 변의 길이는 F_i와 F_{i+1}이다. i는 1부터 n까지이다. 반면, 전체 정사각형은 한 변의 길이가 F_{n+1}이다. 정사각형의 넓이는 직사각형 넓이의 합이므로, 수학적 기호로 쓰면 다음을 얻는다.

$$n\text{이 홀수일 때, } \sum_{i=2}^{n+1} F_i F_{i+1} = F_{n+1}^2$$

그림 1-14를 보면, $n=7$일 때, 직사각형의 넓이의 합은

$$F_2F_1+F_3F_2+F_4F_3+F_5F_4+F_6F_5+F_7F_6+F_8F_7$$
$$=1+2+6+15+40+104+273=441=21^2=F_8^2$$

반면 n이 짝수인 경우에는(그림 1-15, $n=8$인 경우) 피보나치 수의 제곱수를 넓이로 가지는 정사각형은 짝수개의 직사각형과 계산의 편의를 위해 도입한 한 변의 길이가 1인 단위 정사각형을 가지고 계산할 수 있다. 그림처럼 피보나치 수의 제곱수를 뜻하는 정사각형의 넓이는 직사각형들의 합보다 1이 크다. 이것을 관계식으로 써보면,

$$n\text{이 짝수일 때, } \sum_{i=2}^{n+1} F_i F_{i-1} = F_{n+1}^2 - 1$$

그림 1-15에서 $n=9$일 때, 직사각형들의 합은 아래와 같다.

$$1+F_2F_1+F_3F_2+F_4F_3+F_5F_4+F_6F_5+F_7F_6+F_8F_7+F_9F_8$$
$$=1+2+6+15+40+104+273+714=1{,}156=34^2=F_9^2$$

14. 이 장 첫머리에 루카스 수에 대한 언급했던 것이 기억나는가? 이 수열은 1, 3, 4, 7, 11, 18, 29, 47,⋯,로 이루어졌다. 피보나치수열

에 대해서 했던 방법을 그대로 적용하여 루카스 수들의 합을 계산할 수 있다. 즉, 루카스 수들의 합을 편하게 계산할 수 있는 특정한 공식을 얻을 수 있다는 뜻이다. 루카스수열의 첫째항부터 n 번째 항까지의 합을 계산하기 위해 다음의 방법을 따르자. 우선, 루카스수열은 다음의 관계식을 만족한다.

$$n \geq 1\text{일 때, } L_{n+2} = L_{n+1} + L_n$$
$$\text{즉, } L_n = L_{n+2} - L_{n+1}$$

n을 1부터 증가시키면서 이것들을 써보면,

$$L_1 = L_3 - L_2$$
$$L_2 = L_4 - L_3$$
$$L_3 = L_5 - L_4$$
$$L_4 = L_6 - L_5$$
$$\cdots$$
$$L_{n-1} = L_{n+1} - L_n$$
$$L_n = L_{n+2} - L_{n+1}$$

이 식들을 변과 변을 더하면 우변에 있는 많은 항이 서로 소거된다. 따라서 우변의 결과는 $L_{n+2} - L_2 = L_{n+2} - 3$이다.

좌변은 루카스수열의 첫째항부터 n번째 항까지의 합 $L_1 + L_2 + L_3 + L_4 + \cdots + L_n$이고, 이것이 우리가 구하고자 하는 것이다. 따라서 다음의 등식을 얻는다.

$$L_1 + L_2 + L_3 + L_4 + \cdots + L_n = L_{n+2} - 3$$

즉, 처음 n개의 루카스 수를 모두 더하면, $n+2$번째 항의 루카스수열에서 3을 뺀 값이 된다.

간단한 기호로 표현하면, $L_1+L_2+L_3+L_4+\cdots+L_n$을 $\sum_{i=1}^{n}L_i$로 표현할 수 있으므로,

$$\sum_{i=1}^{n}L_i = L_1+L_2+L_3+L_4+\cdots+L_n = L_{n+2}-3$$

간단히, $\sum_{i=1}^{n}L_i = L_{n+2}-3$이다.

15. 피보나치 수들의 제곱의 합을 구한 것과 마찬가지로 루카스 수들의 제곱의 합을 얻을 수 있다. 자 여기, 루카스 수들의 깜짝 놀란 만한 관계식을 소개한다.

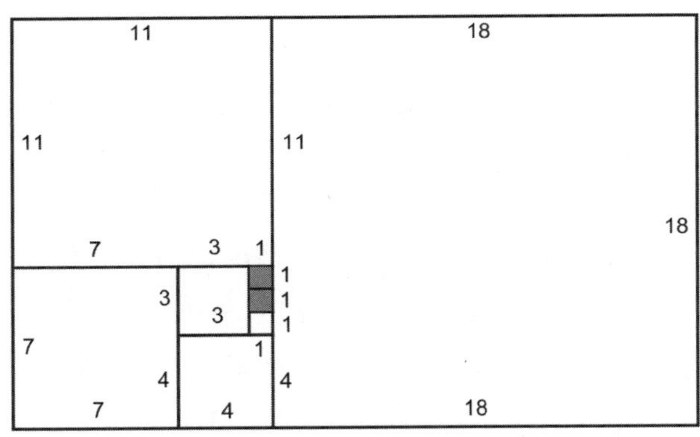

그림 1-16

그림 1-16은 세 개의 1×1 정사각형에서 시작하여 각 변의 길이가 루카스 수인 정사각형들을 만들어 낸 과정이다. 이 과정을 무한정 반복하여 계속 정사각형들을 덧붙일 수 있다. 전체 직사각형의 넓이에서 (빗금친) 작은 정사각형 두 개를 뺀 것이 정사각형들로 이루어져 있고, 따라서 그 넓이가 같을 것이므로

$$L_1^2+L_2^2+L_3^2+L_4^2+L_5^2+L_6^2$$
$$=1^2+3^2+4^2+7^2+11^2+18^2=520$$
$$=522-2=18\cdot 29-2$$
$$=L_6\cdot L_7-2$$

정사각형들의 개수를 점점 늘려 가면 다음의 패턴을 얻는다.

$$1^2+3^2=3\cdot 4-2$$
$$1^2+3^2+4^2=4\cdot 7-2$$
$$1^2+3^2+4^2+7^2=7\cdot 11-2$$
$$1^2+3^2+4^2+7^2+11^2=11\cdot 18-2$$
$$1^2+3^2+4^2+7^2+11^2+18^2=18\cdot 29-2$$
$$1^2+3^2+4^2+7^2+11^2+18^2+29^2=29\cdot 47-2$$

이 패턴에서 다음과 같은 규칙을 얻는다 : 루카스 수열의 첫째 항부터 어떤 특정 항까지의 제곱을 합하면 마지막 항과 그 다음 항의 루카스 수를 곱한 것에서 2를 뺀 수와 같다. 즉, 예를 들어 루카스 수 1, 3, 4, 7, 11, 18, 29, 47, 76을 직접 제곱하여 더해보면

$$L_1^2+L_2^2+L_3^2+L_4^2+L_5^2+L_6^2+L_7^2+L_8^2+L_9^2$$
$$=1^2+3^2+4^2+7^2+11^2+18^2+29^2+47^2+76^2$$
$$=9{,}346$$

이지만, 위의 공식을 적용하면 이 결과는 단순히 마지막 항과 그 다음 항의 곱으로서 구할 수 있다는 것이다. 좀 더 자세히, 76과 그 다음의 루카스 수인 123을 곱하여 2를 뺀 것이 결과이다. 즉, $L_9\cdot L_{10}=76\cdot 123=9{,}348=9{,}346+2$다.

간단히 요약하면 다음과 같다.

$$\sum_{i=1}^{n} L_i^2 = L_n L_{n+1} - 2$$

이 공식을 사용하면 루카스수열의 모든 항을 일일이 구하지 않아도 제곱의 합을 구할 수 있다.

첫째 항부터 30번째 항까지의 루카스수열의 제곱의 합을 구한다고 생각해 보자. 이 공식을 쓰면 계산양이 훨씬 줄어든다. 일일이 제곱하여 더하면서 시간을 낭비할게 아니라, 단순히 30번째와 31번째 루카스 수만 알면 그 둘을 곱해서 2을 뺀 것이 답이다. (이 공식은 부록 B에 증명해 놓았다.)

기하학적인 접근법이긴 하지만, 이러한 논리들은 우리가 원하는 명제가 참임을 밝히는데 유용하다. 루카스수열에 대한 흥미로운 성질들을 더 만나기 전에, 지금까지 말해왔던 성질들을 요약하고 넘어가겠다.

요약

지금까지 살펴보았던 피보나치(루카스)수열의 관계식에 대한 요약이다. (n은 자연수이고, $n \geq 1$이다.)

0. 피보나치 수 F_n과 루카스 수 L_n의 정의:

$$F_1 = 1 \ ; \ F_2 = 1 \ ; \ F_{n+2} = F_n + F_{n+1}$$

$$L_1 = 1 \ ; \ L_2 = 3 \ ; \ L_{n+2} = L_n + L_{n+1}$$

1. 열 개의 연속된 피보나치 수의 합은 11의 배수이다 :

$11 \mid (F_n + F_{n+1} + F_{n+2} + \cdots + F_{n+8} + F_{n+9})$

2. 연속된 두 피보나치 수는 '서로 소' 이다. 즉, 최대 공약수가 1이다.

3. 합성수 번째 위치한 피보나치 수(4번째 피보나치 수는 제외)들은 모두 합성수이다. 다른 말로, n이 소수가 아니면 F_n도 소수가 아니다. ($n \neq 4$이어야 한다. $F_4 = 3$이므로 소수이기 때문이다.)

4. 첫째항부터 n항까지의 피보나치 수들의 합은 $n+2$번째 피보나치 수에서 1을 뺀 값과 같다.

$$\sum_{i=1}^{n} F_i = F_1 + F_2 + F_3 + F_4 + \cdots + F_n = \mathrm{F}_{n+2} - 1$$

5. F_2에서 시작하여 짝수번째 항의 피보나치 수들을 더한 값은 마지막 항 바로 다음에 오는 피보나치 수에서 1을 뺀 값과 같다. 즉,

$$\sum_{i=1}^{n} F_{2i} = F_2 + F_4 + F_6 + F_8 + \cdots + F_{2n-2} + F_{2n} = F_{2n+1} - 1$$

6. F_1에서 시작하여 홀수번째 항의 피보나치 수들을 더한 값은 마지막 항 바로 다음에 오는 피보나치 수의 값과 같다. 즉,

$$\sum_{i=1}^{n} F_{2i-1} = F_1 + F_3 + F_5 + \cdots + F_{2n-3} + F_{2n-1} = F_{2n}$$

7. 피보나치수열의 제곱의 합은 마지막 항과 그 바로 다음의 항의 피보나치 수들의 곱으로 표현된다. 즉,

$$\sum_{i=1}^{n} F_i^2 = F_n F_{n+1}$$

8. 피보나치수열의 임의의 교대쌍 두 수의 제곱의 차이는 두 수가 위치한 항을 합한 항의 피보나치 수이다. 즉,

$F_n^2 - F_{n-2}^2 = F_{2n-2}$이다.

9. 임의의 연속된 두 피보나치 수의 제곱의 합은 두 수가 위치한 항을 합한 항의 피보나치 수와 같다. 즉,

$F_n^2 + F_{n+1}^2 = F_{2n+1}$이다.

10. 임의의 연속된 4개의 피보나치 수가 주어져 있을 때, 중간의 두 피보나치 수의 제곱의 차이는 양끝의 두 피보나치 수의 곱과 같다. 즉,

$F_{n+1}^2 - F_n^2 = F_{n-1} \cdot F_{n+2}$

11. 피보나치 교대쌍의 곱은 그 가운데 위치한 피보나치 수 제곱보다 1이 크거나 작다.

$F_{n-1}F_{n+1} = F_n^2 + (-1)^n$

(n이 짝수면 1이 크고, n이 홀수면 1이 작다.)

특정한 피보나치 수의 제곱과 이 두 수로부터 항의 거리가 일정한 피보나치 두 수의 곱의 차이는 또 다른 피보나치 수의 제곱이 된다. 기호로 쓰자면, $n \geq 1$이고 $k \geq 1$일 때,

$F_{n-k}F_{n+k} - F_n^2 = \pm F_k^2$이다.

12. F_{mn}은 F_m으로 나누어진다. 이것을 기호로 $F_m \mid F_{mn}$ 이라 쓰고, F_m이 F_{mn}을 나눈다 라고 부른다.

또는 다른 말로, p가 q로 나누어지면, F_p가 F_q로 나누어진다. 기호로는 $q \mid p \Rightarrow F_q \mid F_p$ 라 쓴다.(여기서 m, n, p, q는 양의

정수이다.)

다음의 예를 살펴보자.

$F_1 \mid F_n$, i.e., $1 \mid F_1$, $1 \mid F_2$, $1 \mid F_3$, $1 \mid F_4$, $1 \mid F_5$, $1 \mid F_6, \cdots$, $1 \mid F_n, \cdots$

$F_2 \mid F_{2n}$, i.e., $1 \mid F_2$, $1 \mid F_4$, $1 \mid F_6$, $1 \mid F_8$, $1 \mid F_{10}$, $1 \mid F_{12}, \cdots$, $1 \mid F_{2n}, \cdots$

$F_3 \mid F_{3n}$, i.e., $2 \mid F_3$, $2 \mid F_6$, $2 \mid F_9$, $2 \mid F_{12}$, $2 \mid F_{15}$, $2 \mid F_{18}, \cdots$, $2 \mid F_{3n}, \cdots$

$F_4 \mid F_{4n}$, i.e., $3 \mid F_4$, $3 \mid F_8$, $3 \mid F_{12}$, $3 \mid F_{16}$, $3 \mid F_{20}$, $3 \mid F_{24}, \cdots$, $3 \mid F_{4n}, \cdots$

$F_5 \mid F_{5n}$, i.e., $5 \mid F_5$, $5 \mid F_{10}$, $5 \mid F_{15}$, $5 \mid F_{20}$, $5 \mid F_{25}$, $5 \mid F_{30}, \cdots$, $5 \mid F_{5n}, \cdots$

$F_6 \mid F_{6n}$, i.e., $8 \mid F_6$, $8 \mid F_{12}$, $8 \mid F_{18}$, $8 \mid F_{24}$, $8 \mid F_{30}$, $8 \mid F_{36}, \cdots$, $8 \mid F_{6n}, \cdots$

$F_7 \mid F_{7n}$, i.e., $13 \mid F_7$, $13 \mid F_{14}$, $13 \mid F_{21}$, $13 \mid F_{28}$, $13 \mid F_{35}$, $13 \mid F_{42}, \cdots$, $13 \mid F_{7n}, \cdots$

13. 연속된 피보나치 수들의 곱을 합한 것은 어떤 피보나치수열의 제곱이 되거나. 그 보다 1이 더 작다. 즉,

n이 홀수일 때, $\sum_{i=2}^{n+1} F_i F_{i-1} = F_{n+1}^2$ 이고
n이 짝수일 때, $\sum_{i=2}^{n+1} F_i F_{i-1} = F_{n+1}^2 - 1$ 이다.

14. 처음 n개의 루카스 수의 합은 $n+2$번째 루카스 수에서 3을 뺀 값과 같다.

$$\sum_{i=1}^{n} L_i = L_1 + L_2 + L_3 + L_4 + \cdots + L_n = L_{n+2} - 3$$

15. 루카스 수의 제곱의 합은 마지막 항과 바로 다음 항의 루카스 수의 곱에서 2를 뺀 값과 같다. 즉,

$\sum_{i=1}^{n} L_i^2 = L_n L_{n+1} - 2$ 이다.

지금까지 피보나치수열에 대해서만 집중적으로 다뤘다. 하지만 이 수열 때문에 피보나치가 유명한 수학자가 되었을 것이라고 생각하지 말자. 피보나치는 앞에서도 언급했지만, 서방세계에 위대한 영향을

끼친 수학자 중 하나이다. 효율적인 계산을 위한 많은 수학적 기법을 발견했을 뿐 아니라(동방세계에 널리 알려진 숫자 체계 전파 등), 수학적 사고 과정을 유럽 세계에 전파함으로써 미래 후배 수학자들의 길잡이가 되었다.

피보나치수열은 토끼 번식 문제에서 발견된 것이지만, 기대 이상의 놀라운 성질들을 가지고 있다. 피보나치수열의 관계식들은 실로 경탄스럽다! 이 수는 무궁무진한 적용이 가능해 수학자들을 흥분시키는 매력이 있다. 이제부터 우리의 상상력을 뛰어넘을 정도로 응용이 가능한 피보나치 수의 매력에 흠뻑 빠져보자.

그림 1-17 피사에 위치한 피보나치의 동상

384 79757008057644623350300078764807923712509139103039448418553259155159833079730688
385 129049549878268233256883381302815012467835672190109552534355121389997818506160385
386 208806557935912856607183460067622936180344811293149000952908380545157651585891073
387 337856107814181089864066841370437948648180483483258553487263501935155470092051458
388 546662665750093946471250301438060884828525294776407554440171882480313121677942531
389 884518773564275036335317142808498833476705778259666107927435384415468591769993989
390 1431181439314368982806567444246559718305231073036073662367607266895781713447936520
391 2315700212878644019141884587055058551781936851295739770295042651311250305217930509
392 3746881652193013001948452031301618270087167924331813432662649918207032018665867029
393 6062581865071657021090336618356676821869104775627553202957692569518282323883797538
394 9809463517264670023038788649658295091956272699959366635620342487725314342549664567
395 15872045382336327044129125268014971913825377475586919838578035057243596666433462105
396 25681508899600997067167913917673267005781650175546286474198377544968911008983126672
397 41553554281937324111297039185688238919607027651133206312776412602212507675416588777
398 6723506318153832117846495310336150592538867782667949278697479014718141868439
399 1087886174634756452897619922890497448449957054778126990997512027493939226
400 176023680645013966468226945392411250770384383304492191886725992896575
401 2848122981084896117579889376814609956153800
402 4608359787535035782262158830738722463857
403 745648276861993189984204820755333242001
404 12064842556154967682104207038292054883
405 19521325324774899581946255245845387303
406 31586167880929867264050462284137442187
407 51107493205704766845996717529982829491
408 82693661086634634110047179814120271679
409 13380115429233940095604389734410310117
410 21649481537897403506609107715822337285
411 35029596967131343602213497450232647402
412 56679078505028747108822605166054984687
413 91708675472160090711036102616287632089
414 148387753977188837819858707782342616776
415 240096429449348928530894810398630248865
416 3884841834265377663507535181809728656423
417 6285806128758866948816483285796031145081
418 10170647963024244612324018467605759801504
419 164564540917831115611405017534017909465857
420 2662710205480735617346452022100755074809023
421 43083556146590467734605021974409341694676008
422 697106582013978239080695421954168924427662421
423 11279421434798829164267456416982623413744225016

제2장_ 자연 속의 피보나치 수

수벌의 가계도

식물원에 등장하는 피보나치 수

솔방울

잎사귀의 배열–잎차례

앞에서 살펴 본대로 피보나치 수는 놀라운 성질들을 지니고 있다. 이 장에서는 피보나치 수가 가지고 있는 관계식이나 그것들이 적용되는 다양한 현상에 대해 알아볼 것이다. 여기서는 자연현상 속에서 어떤 방식으로 피보나치 수들이 발견되는지를 볼 것이다. 우선 토끼 번식 문제 외에 다른 생명체의 번식 과정에서는 어떻게 피보나치 수가 드러나는지를 알아보자.

수벌의 가계도

3만여 종 이상의 벌들 중 가장 흔한 종은 꿀벌로써 벌집을 짓고 가족 제도를 이루며 산다. 꿀벌의 생태를 면밀히 들여다보자. 아주 흥미롭게도 수벌의 가계도에서 피보나치수열을 발견할 수 있다. 가계도를 살펴보기 전에 수벌의 특성부터 이해하자. 벌집 안에는 세 종류의 벌들이 있다. 일을 하지 않는 수벌, 모든 일을 도맡아 하는 암벌(일벌), 마지막으로 여왕벌이 있는데, 여왕벌은 자손의 번성을 위해 알을 낳는 역할을 담당한다. 수벌은 무정란에서 태어난다. 즉, 어머니만 있고

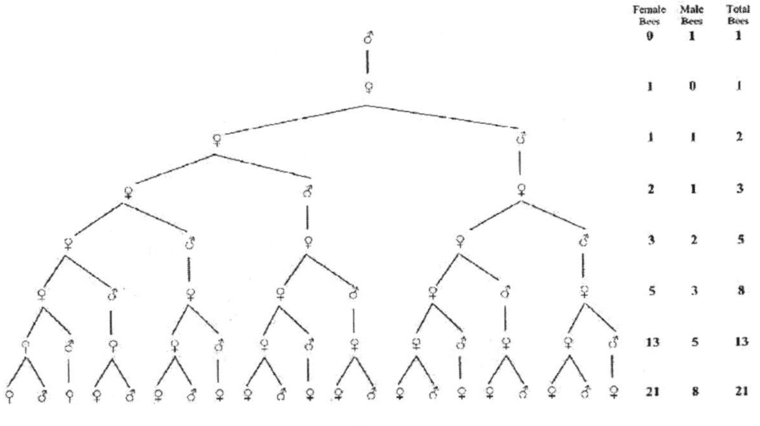

그림 2-1 수벌의 가계도

아버지는 없는 벌들이다.(할아버지는 있다.) 반면에 암벌은 어머니(여왕벌)도 있고 아버지(수벌 한 마리)도 있다. 암벌들은 보통 일벌로써 생애를 마감하지만, 로열젤리를 섭취한 암벌은 여왕벌이 되어 다른 꿀벌 사회를 꾸리게 된다.

그림 2-1에서 ♂는 수벌, ♀은 암벌을 뜻한다. 수벌 한 마리를 놓고 그 조상들을 따라가 보자. 앞서 말했듯이 수벌은 무정란에서 태어나므로 수벌 한 마리가 존재하기 위해서는 암벌 한 마리가 필요하다. 그런데 이 암벌이 태어나려면 어머니, 아버지 벌이 필요하므로 세 번째 열을 보면 수벌 암벌이 모두 표시되어 있다. 이 패턴을 쭉 따라가자. 즉, 수벌의 바로 위의 조상은 암벌 한 마리이고, 암벌의 바로 위의 조상은 수벌과 암벌 한 쌍이다. 오른쪽에 각각의 열에 표시된 벌이 몇 마리인지 셈한 결과가 있다. 숫자들에서 무언가 떠오르는가? 바로 피보나치수열이다. 놀랍지 않는가? 이것이 바로 자연현상에 등장하는 피보나치 수의 예이다. 꿀벌의 예는 토끼의 번식예제와는 사뭇 다른 것으로 자연현상에서 피보나치 수가 등장하는 첫 번째 예제라 할 수

있다.

피보나치가 꿀벌의 가계도에 대한 이해가 있었다면, 굳이 현실성이 조금은 떨어지는 토끼 번식 문제로 피보나치 수를 설명하지는 않았을 것이다. 그렇다고 해서 토끼 번식 문제가 너무 현실과 동떨어진 문제가 아닌 것이, 실제로 3개월 된 토끼는 자식을 낳을 수 있고, 다달이 낳는 것도 가능하기 때문에 토끼 번식문제도 거의 정확한 사실에 기반한 것이다.

토끼의 번식 문제나 꿀벌의 가계도 문제에서 다음의 점화식 $F_{n+2} = F_{n+1} + F_n$을 얻는데, 앞서 본 것처럼 연이은 두 항의 수를 합해서 새로운 수를 얻는 수열을 의미한다. 이제 자연현상의 범주를 넘어서, 사회현상에서 어떠한 형식의 피보나치 수를 찾을 수 있을지 알아보자. 바로 사람의 본성과 관련된 것이다. 직장에서 루머가 어떤 식으로 퍼지는가를 들여다보자[26]. 루머는 한 번에 한 사람한테만 전해진다고 하자. 구체적으로 다음과 같은 규칙을 따른다.

(1) x라는 사람이 루머를 들으면, 최대 빨라야 다음 날 루머를 퍼뜨릴 수 있다.
(2) x는 하루에 한 친구에게만 루머를 퍼뜨린다.
(3) x가 두 번 루머를 발설하면, 흥미가 떨어져서 더 이상 루머를 퍼뜨리지 않는다.

루머가 퍼지는 과정을 도표로 그려보면, 피보나치수열을 얻을 수 있다.

$P_n = F_{n+2} - 1$이라는 결과를 얻는다. 만일 위의 단계 (2)를 아래와 같이 바꾸면 루머는 엄청난 속도로 퍼질 것이다.

---

26) M.Huber, U.Manz and H.Walser, Annaherung an den Goldenen Schinitt(Approaching the Golden Section) ETH Zurich, Bericht No. 93-01, 1993, p57.

(x가 xa와 xb라는 사람에게 루머를 퍼뜨린다고 하자)

1일째

1

2일[27]째

1, 1a = 2

3일째

1, 2, 1b = 3 , 2a = 4

4일째

1, 2, 3, 4, 2b = 5, 3a = 6, 4a = 7

5일째

1, 2, 3, 4, 5, 6, 7, 3b = 8, 4b = 9, 5a = 10, 6a = 11, 7a = 12

6일째

1, 2, 3, 4, 5, 6, 7, 8, 9, 10, 11, 12, 5b = 13, 6b = 14, 7b = 15, 8a = 16, 9a = 17, 10a = 18, 11a = 19, 12a = 20

7일째

1, 2, 3, 4, 5, 6, 7, 8, 9, 10, 11, 12, 13, 14, 15, 16, 17, 18, 19, 20, 8b = 21, 9b = 22, 10b = 23, 11b = 24, 12b = 25, 13a = 26, 14a = 27, 15a = 28, 16a = 29, 17a = 30, 18a = 31, 19a = 32, 20a = 33 …

n일 째	1	2	3	4	5	6	7	8	9	10	11	12
루머를 아는사람 수 p	1	2	4	7	12	20	33	54	88	143	232	376
증가분	(1)	1	2	3	5	8	13	21	34	55	89	144

그림 2-2. 루머를 알고 있는 사람들

(2) 사람 x가 루머를 첫날 p명의 사람에게 퍼뜨리고, 다음날 q명의 사람에게 퍼뜨린다.

27) 각각의 등호 옆 숫자는 새로 루머를 알게된 사람의 번호이다. 따라서, 마지막 등호 옆 숫자는 그날까지 루머를 들은 총 인원을 의미한다.

식물원에 등장하는 피보나치 수

다방면에서 그 모습을 보이는 피보나치 수를 또한 여러 식물에서도 찾을 수 있다는 것은 굉장히 놀라운 일이다. 예를 들어 파인애플을 하나 사서 관찰하면, 독자들도 스스로 피보나치 수를 찾아 볼 수 있다. 파인애플 껍질에 있는 육각형 모양의 포엽은 각기 다른 방향성을 가진 세 개의 나선 형태를 띠고 있다. 그림 2-3, 2-4, 2-5, 2-6을 보면, 각각의 방향을 따라서 5, 8, 13 나선이 위치하고 있다. 이 수들은 연속한 세 개의 피보나치 수이다.

그림 2-3

그림 2-4 그림 2-5 그림 2-6

각각의 육각형 포엽에 숫자를 매겨놓은 파인애플 그림을 보자(그림 2-7). 숫자는 다음과 같은 규칙을 따라 매겨져 있다.

가장 아래쪽의 육각형 포엽에 0을 쓰고, 바로 위쪽에 있는 포엽에 1을 쓰자(그림뒤쪽 포엽에 쓰여 있기 때문에 숫자 1이 보이지 않는다). 그 다음 위쪽에 있는 포엽엔 2를 쓰는 방식으로 진행한다. 42번 포엽이 37번 포엽보다 약간 높은 위치에 보인다. 이런 방법을 거친 후 세 방향의 나선을 얻을 수 있다 : 하나는 0, 5, 10, …의 포엽을 연결하는 나선, 또 다른 하나는 0, 13, 26,…의 포엽을 연결하는 나선, 나머지 하나는 0, 8, 16, …위치를 연결하는 나선이 그것이다. 각각의 나선의 공차를 계산해 보면 5, 8, 13인데, 이것들은 모두 피보나치 수이다.

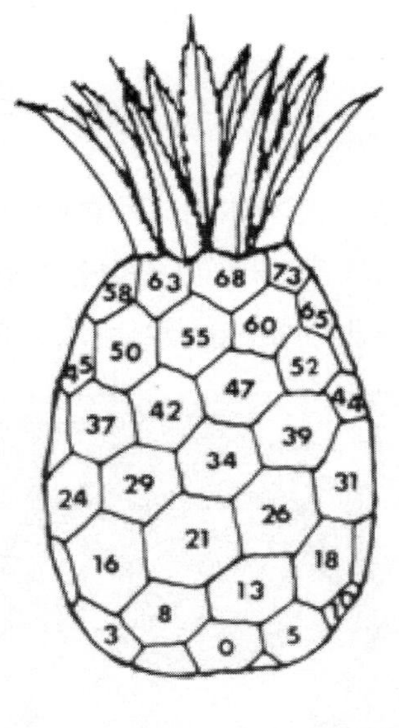

그림 2-7

솔방울

세상에는 여러 종류의 솔방울이 있다. (예를 들어 독일 가문비나무, 전나무, 낙엽송의 솔방울 등) 솔방울은 대부분 두 방향의 나선을 가진다. 나선의 배열은 눈으로 관찰 가능한 나선(사열선斜列線)의 개수에 의해 구분이 되는데, 각 방향을 따라 생성된 나선의 개수는 거의 대부분 연속된 피보나치 수가 된다. 이때[28] 연속된 두 잎이나, 또는 식물의 어떠한 요소들이 연속적으로 이루는 각은 거의 '황금 각Golden angle' 인 약 137.5°에 가깝다. 황금각과 피보나치 수의 관계는 분수 $\frac{137.5^\circ}{360^\circ}$ 에서 알

수 있는데, 5장에서 설명하겠지만,

$$\frac{137.5°}{360°} = \frac{55}{144}$$

이고, 분자와 분모는 피보나치 수이다.

그림 2-8이 이 사실을 뒷받침한다. 독자들이 직접 솔방울을 따다가 나선의 개수를 세어보면, 아마 확신이 들 것이다.

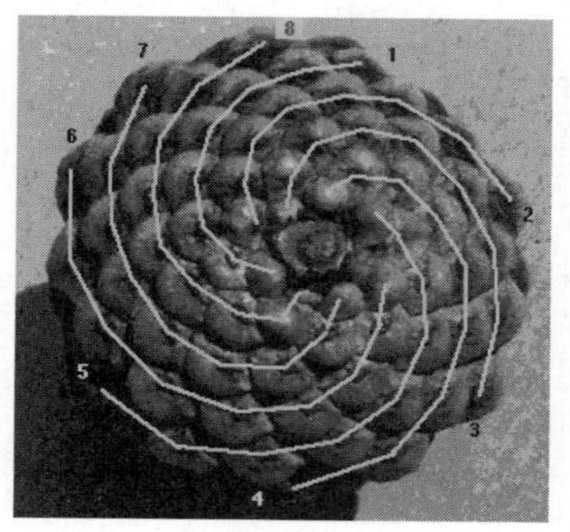

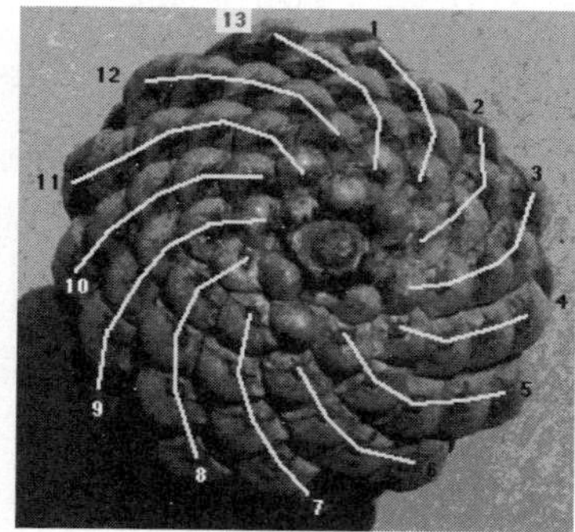

그림 2-8

솔방울은 한 방향으로는 8개의 나선을 띠고, 또 다른 방향으로는 13개의 나선을 띤다. 어떤가? 다시 피보나치 수가 등장하지 않는가?

나무(종)	한 방향으로 뻗은 나선의 개수	다른방향으로 뻗은 나선의 개수
독일 가문비 나무	13	8
전나무	3	5
낙엽송	5	3
전나무	5	8

28) 나선형 잎차례 배열에서 차례로 잎사귀가 날 때마다 바로 전 잎과 이루는 각도는 *d*이다. 이것은 가장 일반적인 현상으로, 대부분의 경우 잎 사이 각 *d*는 거의 황금각을 이룬다. 이것을 피보나치 잎차례(Fibonacci phyllotaxis) 배열이라 한다.

다른 다양한 예들을 확인하고 싶으면, 브라더 알프레드 브루소Brother Alfred Brouseau의 논문[29]을 참고하면 된다.

다음의 표에 수록한 나선 패턴이 전부가 아니다. 실제로 솔방울 포엽은 다양한 방법으로 배열될 수 있다. 다음의 목록에서 분명한 패턴을 보이는 몇 개의 예를 들었다. (기호를 설명하자면, 예를 들어 8-5라는 기호는 어느 한 포엽에서부터 시작하여 두 방향의 나선을 따라가며 두 나선의 다음 교차점까지 하나의 나선에는 8개의 포엽이 있고, 다른 하나의 나선에는 5개의 포엽이 있다는 뜻이다.)

화이트박 소나무Pinus albicaulis	5-3, 8-3, 8-5
림버 소나무Pinus flexilis	8-5, 5-3, 8-3
소탕소나무Pinus Lamberttana	8-5, 13-5, 13-8, 3-5, 3-8, 3-13, 3-21
서양백소나무Pinus monticola	3-5
한잎 소나무Pinus monophylla	3-5, 3-8
피년소나무Pinus edulis	5-3
네잎 소나무Pinus quadrifolia	5-3
브리슬콘 소나무Pinus aristata	8-5, 5-3, 8-3
폭스테일 소나무Pinus Balfouriana	8-5, 5-3, 8-3
비숍 소나무Pinus muricata	8-13, 5-8
산타크루즈 소나무Pinus remorata	5-8
비치 소나무Pinus contorta	8-13
로지 소나무(타마락 소나무)Pinus Murrayana	8-5, 13-5, 13-8
토리 소나무Pinus Torreyana	8-5, 13-5
옐로우 소나무Pinus ponderosa	13-8, 13-5, 8-5
제프리 소나무Pinus Jeffreyi	13-5, 13-8, 5-8
몬테레이 소나무Pinus radiata	13-8, 8-5, 13-5
놉콘 소나무Pinus attenuata	8-5, 13-5, 3-5, 3-8
디거 소나무Pinus Sabiniana	13-8

29) Brother A.Broussequ, "On the Trail of the California Pine Spiral Patterns on Califormia Pines," Fibonacci Quartely 6, no.1 (1968): 76.

쿨터 소나무Pinus Coulteri 13-8

또한 비슷한 주제의 논문에서 천남성과(Aroids, 토란류)는 특별히 5-8의 나선 패턴을 따름을 주장하였다. 천남성과란 관상식물의 집합체를 천남성과라 부르는데, 많이 보아온 아글라오네마Aglaonema, 알로카시아Alocasia, 안수리움Anthurium, 아룸Arum, 칼라듐Caladium, 코로카시아Colocasia, 디펜바키아Dieffenbachia, 몬스테라Monstera, 필로덴드론Philodendron, 스킨답서스

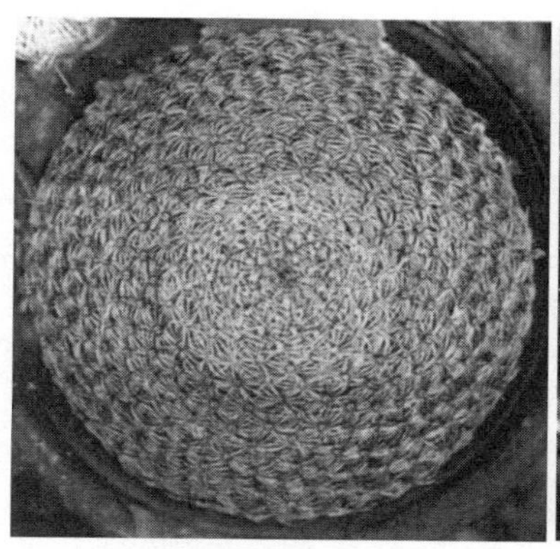

그림 2-9 후잇치로포크틀리 선인장Mammilaria huitzilopochtli 13, 21나선을 가짐

그림 2-10 몽환성 선인장Mammilaria magnimamma 8, 13나선을 가짐

그림 2-11 마거리트Marguerite 21, 34나선을 가짐

그림 2-12 천사옥天賜玉, Gymnocalcium izozogsii 두 쌍의 5, 8 나선을 가짐(즉, 10,16나선)

그림 2-13 크나우티아 아르벤시스Knauyia arvensis 두 쌍의 2, 5나선을 가짐(즉, 4,10 나선)

그림 2-14 아노늄Anonium 3, 5나선을 가짐

그림 2-15 아노늄

그림 2-16 아노늄

Scindapsus, 스파티필름Spathiphullum 등[30]이 천남성과에 속해 있다. 또한 다양한 다른 식물들에서도 역시 나선의 패턴을 관찰할 수 있다. 대표적인 예들을 소개한다. 독자들도 식물원에 가서 아름다운 나선 모양을 찾아보길 바란다.

---

30) T. Antony Davis and T.K. Bose, "Fibonacci System in Aroids," Fibonacci Quartely 9, no 3. (1971): 253-55

그림 2-17 해바라기 1

그림 2-18 해바라기 2

그림 2-19 해바라기 3

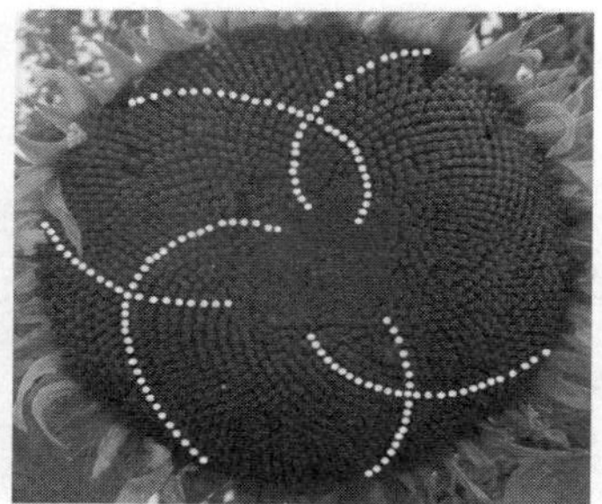

그림 2-20 해바라기 4

반면 해바라기에는 다양한 나선들이 등장한다. 해바라기가 자랄수록 많은 나선이 형성되지만, 어찌되었든 나선의 개수는 피보나치 수를 따르게 된다. 보통의 경우 다음의 피보나치 쌍을 따른다 : (왼쪽방향의 나선:오른쪽방향의 나선의 기호를 써서) 13:21, 21:34, 34:55, 55:89, 89:144.

2004년 리히텐슈타인Liechtenstein[31]에서 과학을 기리기 위한 일련의 우표들이 발행되었다. '정확한 과학(85 스위스 프랑); 수학; 2004' Exact Sciences;CHF-.85 Mathematics; 2004라는 이름의 우표이다. 이 우표에 로그 나선logarithmic spiral과 지수 증가율, 또 39번째 메르센느Mersenne 소수[32]인 $2^{13,466,917}$

31) 오스트리아와 스위스 사이에 위치한 나라

그림 2-21

—1을 그려 넣었고, 전체적으로는 해바라기[33]를 크게 강조해 놓았다.

진R. Jene[34]은 650여종의 식물과 12,500의 표본을 분석 조사해본 결과, 나선형을 띠거나 다중 잎사귀 차례Phyllotaxis[35]를 가지고 있는 것 중 약 92% 정도가 피보나치 수를 따른다는 결론을 내렸다.

---

32) 39번째 메르센느 소수는 2001년에 찾았다. 2005년에 42번째 메르센느 숫자인 $2^{25964951}$—1까지 찾았다.

33) 해바라기에는 세 종류의 나선 있다: 82퍼센트는 피보나치 나선(8, 13, 21, 34, ..)이고, 14퍼센트는 루카스 나선(7, 11, 18, 29, ...)이고, 2퍼센트는 쌍 피보나치 나선(Fibonacci bijugate spiral) (10, 16, 26, 42,..)이다. J.C. Schoute, "Early binding Whorls," Rec, Trav. Bot. Neer 1, no. 35(1938): 416-538.

34) Roger V.Jean, Phyllotaxis: A Systemic Study in Plant Morphogenesis (Cambridge: Cambridge University Press, 1994)

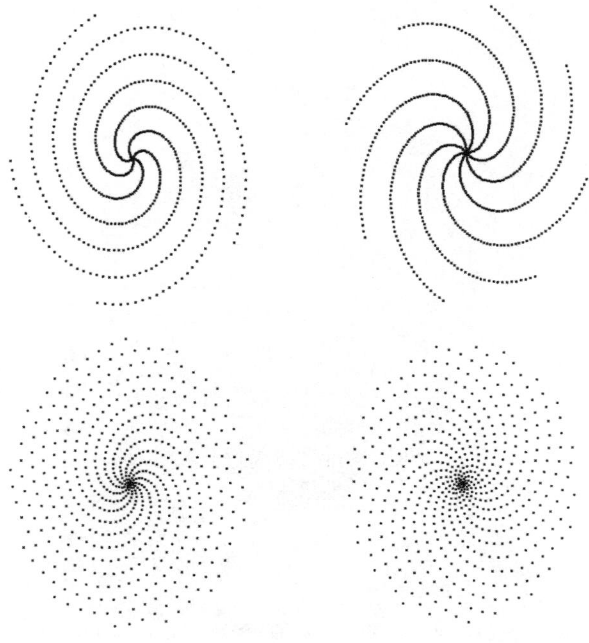

그림 2-22 인위적으로 만들어 본 피보나치-식물 나선형

왜 이러한 현상이 벌어지는지 의아할 것이다. 수학자들도 이 현상에 대해선 확실히 결론을 내리지 못한다. 아마 식물의 종자가 분포하는 영역이 넓든 좁든 간에 종자 크기가 같다면, 피보나치 수를 따르는 배열이 최적의 배열이기 때문이 아닐까 싶다. 식물의 종자들은 식물의 성장 단계 단계 마다 고르게 분포되어야 하기 때문이다. 즉, 중앙에 종자들이 몰려있거나, 가장자리로 갈수록 듬성듬성 배열되면 효율적이지 않다는 것이다. 이러한 배열이 나선 형태로 보이고, 여기서 연속된 피보나치 수가 등장하는 것이다.

---

35) 그리스어를 어원으로 한다. Phyllo는 잎을 뜻하고, taxis는 배열이라는 의미이다.

잎사귀의 배열-잎차례

해바라기나 데이지 같은 꽃들의 중심부를 유심히 관찰하여 꽃잎들이 어떠한 방식으로 중심부를 둘러싸고 있는가를 조사하여 보자. 여기서도 또한 꽃잎의 개수가 피보나치 수를 따른다는 사실을 볼 수 있을 것이다. 백합이나 아이리스는 3개의 꽃잎을 가지고 있다. 미나리아재비라는 식물은 5꽃잎, 참제비고깔은 8개의 꽃잎을 가진다. 천수국은 13꽃잎, 해국(애스터)은 21개의 꽃잎을 가진다. 뿐만 아니라 데이지는 34, 55, 80개의 꽃잎을 가진다.

일반적으로 몇 개의 꽃잎을 가지는지 간단한 리스트를 작성해보았다.

- 3 꽃잎 : 아이리스, 아네모네, 백합(몇몇 백합은 3꽃잎 두 쌍으로 6 꽃잎이다)
- 5 꽃잎 : 미나리아재비, 참매발톱꽃, 들장미, 참제비고깔속, 패랭이꽃, 사과꽃, 히비스커스
- 8 꽃잎 : 참제비고깔, 코스모스[36], 기생초
- 13 꽃잎 : 금잔화, 시네라리아, 몇몇 데이지, 금불초
- 21 꽃잎 : 애스터, 치커리, 해바라기
- 34 꽃잎 : 제충국, 몇몇 데이지
- 55, 89 꽃잎 : 갓개미취, 국화과 식물들

미나리아재비 같은 식물의 경우에는 그 꽃잎의 개수가 정확히 피보나치 수를 따른다. 다른 식물들도 정확하진 않아도 거의 일치한다. 평균을 구했을 때 피보나치 수를 따른다.

---

36) 관다발 식물(vascular plants)의 가장 큰 과중 하나인 국화과(Compositae)의 일종이다. P.P. Majumder and A. Chakravati, "Variation in the Number of Rays and Disc-Florets in Four Species of Compositae," Fibonacci Quartely 14(1976): 97-100 논문을 참고하라.

이제 식물의 줄기에 붙어 있는 잎의 배열을 들여다보자. 다듬지 않은 야생 그대로의 식물 줄기를 하나 구해서 가장 낮은 위치에 자리 잡은 잎부터 관찰하자. 제일 밑의 잎부터 시작하여 줄기를 따라 회전하는 잎의 개수를 세는데, 잎이 줄기를 따라 올라가며 제일 밑의 잎과 정확히 같은 방향을 이룰 때까지의 개수(즉, 같은 방향을 향하는 두 잎 사이의 개수)를 세는 방식이다.

이때 회전한 횟수가 피보나치수가 된다. 더욱이 이 두 잎 사이의 개수 역시 피보나치 수가 된다.

그림 2-23에서, 밑둥의 잎에서 같은 방향에 위치한 마지막 잎까지 총 5번의 회전을 한다. 마지막 잎사귀는 처음에서부터 8번째이다. 잎

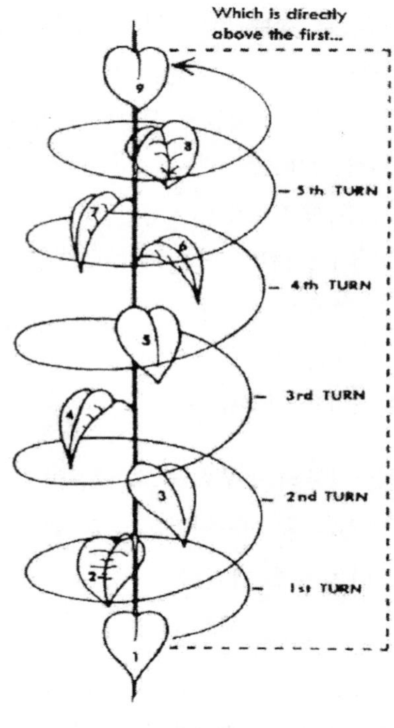

그림 2-23

차례(잎사귀의 배열)는 식물의 종에 따라 다양하지만, 피보나치 수를 이루게 된다. 이 예에서 회전과 잎사귀의 비율을 살펴보면, $\frac{5}{8}$이다. 그림 2-23의 그려진 곡선을 '식물의 발생학적 나선' Genetic spiral이라고도 한다.

다음은 잎차례 비율의 예이다.

- 1/2 : 느릅나무, 린덴, 몇몇 풀 종류
- 3/8 : 애스터, 양배추, 포플러, 배나무, 조팝나물, 몇몇 장미 종류
- 1/3 : 오리나무, 박달나무, 사초, 너도밤나무, 개암나무, 검은딸기나무, 몇몇 풀 종류
- 2/5 : 장미, 오크, 살구, 체리, 사과, 서양호랑가수나무, 사양자두, 개쑥갓
- 8/21 : 전나무, 가문비나무
- 5/13 : 갯버들, 아몬드
- 13/34 : 몇몇 소나무 종

야자나무의 경우, 종마다 잎차례 나선의 개수는 각각 다르지만, 그 수는 피보나치 수가 된다. 예를 들어 빈랑Areca catechu이나 관상용 맥아더팜Ptychosperma macarthurii 야자수에서는 단 하나의 잎사귀 나선을 볼 수 있다. 슈가팜Arenga saccharifera이나 아렌가 핀나타Arenga pinnata에서는 두 개의 나선이 보인다. 팔미라 야자수Borassus flabellifer를 포함한 많은 야자수 종에서는 세 개의 나선이 발견된다. 코코넛 야자수Cocos nucifera나 코페르니시아Copernicia는 다섯 개의 나선을 가지고 있고, 아프리카 오일 야자수Elaeis guineensis는 8개의 나선을 가지고 있다. 또한 와일드데이트 야자수Phoenix sylvestris와 다른 몇몇 종의 야자수 역시 8개의 나선을 보여준다. 카나리아 야자수Phoenix canariensis의 굵은 줄기에서는 13개의 나선이 관찰된다. 21개의 나

선을 가지고 있는 야자수 종들도 있다. 반면 4, 6, 7, 9, 10, 12개의 나선을 품는 야자수들은 알려진 것이 없다[37].

모든 야자수 종에서 이러한 피보나치 비율이 발견되는 것은 아니지만 대부분의 종에서 이러한 현상이 발생한다. 왜 이러한 일이 벌어질까? 예상해 보기를, 각각의 잎사귀가 차지하는 공간이 최대한 충분하고, 빛을 많이 받게끔 하는 배열과 관련이 있다는 것이다. 식물이 오랜 세대를 거치면서 조금이라도 생존에 유리한 방향으로 진화한 것이 아닐까? 캐비지나 선인장류의 잎사귀들이 빽빽이 밀집되어 있는 것도 이러한 배열이 공간 활용에 중요하기 때문일 것이다.

잎사귀와 꽃잎, 그리고 식물의 다른 요소들의 배열에 관한 많은 논문이 있었어도 단순한 관찰에 불과할 뿐, 식물의 성장과 숫자 사이의 연관성을 설명해 놓은 결과는 없었다. 단지 기하학적인 배열에 대해서만 다루었을 뿐이었다. 가장 괄목할 만한 결과는 프랑스 수리물리학자 스테판 두아디Stéphan Douady와 이브 쿠더Yves Couder가 최근 발표한 논문이다. 이들은 컴퓨터 모델링을 통하여 식물체의 성장에 작용하는 동력학 이론을 발전시켰고, 피보나치 패턴과 관련한 실험을 진행하였다. 두아디와 쿠더[38]는 또한 황금각(137.5°)을 동력학적으로 설명하기도 하였다. 그들은 동력학의 간단한 법칙들을 이용하여 황금각을 얻어냄으로써, 식물이 공간을 절약하기 위해 그러한 배열을 취한다는 기존의 학자들과는 사뭇 다른 결과를 내놓았다. 어떤 특별한 식물학적 사실로 나선의 배열을 설명할 수 없다.

마지막으로 간과할 수 없는 내용을 소개한다. 인간의 신체에서 피

---

37) T.Antony Davis, "Why Fibonacci Sequence for Palm Leaf Spirals?" Fibonacci Quartely 9 no 3(1971): 237-44

38) Stephane Douady and Yves Couder, "Phyllotaxis as a Physical Self-Organized Growth Process," Physical Review Letters 68, no. 13 (1992): 2098-101.

보나치 수를 찾아보자. 인체는 1개의 머리, 2개의 팔, 3개의 손가락 관절, 그리고 각 손마다 5개의 손가락이 있다. 이 수들은 모두 피보나치 수이다. 놀랍지 않은가! 그런데 실제로 인체는 이것 외에 더 이상 피보나치 수를 따르지 않는다.

'작은' 피보나치 수는 순전히 우연에 의해 맞아떨어지는 경우가 많다. 왜냐하면 1부터 8까지의 수 중 5개가 피보나치 수이기 때문이다. 따라서 인체에서 특정한 부위의 개수를 따질 때 단순히 우연으로 맞아떨어질 확률이 높은 것이다. 하지만 큰 수들로 이루어진 구간 속에서는 등장 확률이 현저히 변한다. 그럼에도 하나의 해바라기에서 서로 다른 큰 피보나치 수를 찾았다는 것, 이것은 과연 어떻게 된 일일까? (해바라기가 있는 page를 보라)

19세기 말, 많은 과학자들의 생각엔 황금 분할은 신성하고, 보편적인 자연의 법칙이었다. 황금분할 ø는 연속된 두 피보나치 수의 비율의 극한으로 생각할 수 있다. (이 점에 대해서는 제4장에서 구체적으로 다룰 것이다.) 그러면 과연 '창조물의 결정체' 인 인간의 신체는 황금 분할을 따르지 않는 것일까? 혹자들은 인간도 황금 비율에 따라 창조되었다고 본다. 레오나르도 다 빈치[39] Leonardo da Vinci, 1452-1519는 인간의 신체를 황금 비율에 따라 분할해보았다.(모나리자 및 다빈치 그림 참조) 뿐만 아니라 인간의 얼굴을 이마, 안면부, 턱 이렇게 위에서 아래 방향의 세 부분으로 분할하는 법을 연구했다. 요즘 성형외과 의사들은 이를 더욱 더 세분하여, 가로방향의 다섯 방향으로 얼굴을 나눠 관찰한다. 다시 한 번 피보나치 수 3, 5다.

벨기에 수학자이자 천문학자이며 사회 통계학의 시초인 케틀레 Lambert Adolphe Jacques Quetelet, 1796-1874[40]와 독일의 작가이자, 비평가, 극작가, 시

39) 이탈리아 화가이자 조각가, 건축가 그리고 공학자이다.

인이며 또한 철학자인 아돌프 자이싱Adolf Zeising, 1810-1876[41]은 인간의 신체 규격을 측정하고, 황금 분할과 관련된 비율을 발견하여 후세에 지대한 영향을 미치게 된다.

프랑스 건축가 르 코르뷔지에Le Corbusier, Charles-Edouard Jeanneret, 1887-1965는 인간의 신체 비율이 황금 비율을 따른다고 가정하였다. 키 182cm에 배꼽부분의 높이 113cm, 손을 위로 뻗었을 때의 높이 226cm인 사람을 가장 이상적인 비율이라 하였다. 그랬을 때 키와 배꼽부분의 높이 비는 $\frac{182}{113} \approx 1.610619469$가 되고, 이것은 ø에 매우 가깝다. 또 다른 측정에서 비슷한 비율 $\frac{176\text{cm}}{109\text{cm}} \approx 1.6147$을 얻었는데, 이것 역시 두 피보나치 수 13과 21의 비율 $\frac{21}{13} \approx 1.615384615$와 매우 비슷하다.

미국인 프랭크 론크Frank A. Lonc[42]는 여성 65명의 신체사이즈를 재어 키와 배꼽까지의 높이 비를 계산함으로써 다빈치와 자이싱의 결과를 실체화하는 조금은 지나친 열정을 보여주었다. 이상적인 비율이 약 1.618에 가깝다는 결론을 내렸고, 이는 황금분할의 근사값이다. 실제로 안토니 데이비스T. Antony Davis와 루돌프 알트보흐트Rudolf Altevogt[43]는 비슷한 나이의 소년소녀를 대상으로 르코르뷔지에가 주장한 '아름다운 몸매'의 값을 계산한 결과 황금 분할과 거의 일치한다고 주장하였다. 특히 독일 뮌스터Munster 지방의 학생 107명과 인도 캘커타Calcutta 지방의 252의 젊은이들을 대상으로 그 값이 1.615라는 결론을 내렸다.

---

40) "Des proportions du corps humain." Bulletin de l' Academie Royale des sciences, des lettres et des beaux-arts de Belgique, vol.1. Bruxelles 1848-15,1,pp.580-93, and vol.2.-15.2. pp.16-27

41) "Neue Lehre von den Proportionen des menschlichen Korpers"(Leipzig: R.Weigel, 1854)

42) Martin Gardner, "About Phi," Scientific American, August 1959, pp.128-34.

43) "Golden Mean of the Human Body," Fibonacci Quartely 17, no.4 (1979): 340-44

피보나치 수가 이 장에서 설명한 것처럼 자연현상 도처에서 발견된다는 것, 아직 놀라지 마시라. 설명할 것이 너무나 많이 남아있다.

385	129049549878268233256883381302815012467835672190109552534355121389997818506160385
386	208806557935912856607183460067622936180344811293149000952908380545157651585891073
387	337856107814181089864066841370437948648180483483258553487263501935155470092051458
388	546662665750093946471250301438060884828525294776407554440171882480313121677942531
389	884518773564275036335317142808498833476705778259666107927435384415468591769993989
390	1431181439314368982806567444246559718305231073036073662367607266895781713447936520
391	2315700212878644019141884587055058551781936851295739770295042651311250305217930509
392	3746881652193013001948452031301618270087167924331813432662649918207032018665867029
393	6062581865071657021090336618356676821869104775627553202957692569518282323883797538
394	9809463517264670023038788649658295091956272699959366635620342487725314342549664567
395	15872045382336327044129125268014971913825377475586919838578035057243596666433462105
396	25681508899600997067167913917673267005781650175546286474198377544968911008983126672
397	41553554281937324111297039185688238919607027651133206312776412602212507675416588777
398	6723506318153832117846495310336150592538867782667949278697479014718141868439
399	1087886174634756452897619922890497448449957054778126990997512027493939
400	1760236806450139664682269453924112507703843833044921918867259928965
401	2848122981084896117579889376814609956153800
402	4608359787535035782262158830738722463857
403	7456482768619931899842048207553332420
404	1206484255615496768210420703829205488
405	1952132532477489958194625524584538730
406	3158616788092986726405046228413744218
407	5110749320570476684599671752998282949
408	8269366108663463411004717981412027167
409	1338011542923394009560438973441031011
410	2164948153789740350660910771582233728
411	3502959696713134360221349745023264740
412	5667907850502874710882260516605498468
413	9170867547216009071103610261628763208
414	1483877539771888378198587077823426167
415	2400964294493489285308948103986302488
416	3884841834265377663507535181809728656
417	6285806128758866948816483285796031145
418	1017064796302424461232401846760575980
419	1645645409178311156114050175340179094
420	2662710205480735617346452022100755074
421	4308355614659046773460502197440934169
422	6971065820139782390806954219541689244
423	1127942143479882916426745641698262341

제3장_

파스칼 삼각형 안의 피보나치 수

몇 가지 수열

피보나치수열의 계차

파스칼 삼각형

파스칼 삼각형에 숨어있는 피보나치수열

루카스 수와 파스칼 삼각형

이 장에서는 전혀 생각지도 못했던 곳에서 피보나치 수들을 발견하게 될 것이다. 식물원에서 발견되는 피보나치 수처럼 낱낱의 숫자가 등장하는 경우도 있고, 그 수열 자체가 발견되는 경우도 있다. 어떤 특이한 수열을 하나 소개하고 탐구하는 것으로 논의를 시작하려 한다. 이 과정에서 생각지도 못하게 피보나치수열을 발견하게 될 것이다. 이 두 수열은 여러 다양한 의미로 여러 분야에서 등장할 뿐만 아니라, 서로 연관성을 가지고 있음을 알게 될 것이다.

몇 가지 수열

지금까지 읽어오면서 독자들은 피보나치수열이 토끼의 번식 문제에서 유래된, 잘 정의된 수열이라는 것을 알았다. 이 수는 두 개의 1에서 시작하여 연속된 두 수를 더해서 새로운 수를 얻어내 만들어진 것으로써 우리에게 꽤 익숙한 수열의 형태는 아니다.

익숙한 수열의 예로 1, 2, 3, 4, 5, 6, 7,…,이나 2, 4, 6, 8, 10, 12, 14,…, 또는 1, 3, 5, 7, 9 ,11, 13,…,이 있다. 또한 다음의 수열들 5, 10,

원래 수열	**1**		**4**		**9**		**16**		**25**		**36**
첫 번째 계차		3		5		7		9		11	
두 번째 계차			2		2		2		2		

그림 3-1

15, 20, 25, 30, 35, 40,…, 이나 완전제곱수를 뜻하는 1, 4, 9, 16, 25, 36,…, 도 많이 봐온 수열이다.

그런데 수열 1, 4, 9, 16, 25, 36,…, 이 무슨 의미를 가지는 수열인지 한눈에 파악이 안 된다고 생각해보자. 이 수열을 파악하기 위해 첫 번째로 해보는 작업이 바로 항들 간의 차이를 구해서, 이 항들 간의 차이가 일정한지(또는 항들 간의 비율이 일정한지)를 알아보는 것이다. 예를 들어 차이가 일정하면 항들을 쉽게 예측할 수 있다. 그런데 차이가 일정하지 않으면 그 차이들의 차이를 구해본다. 아래 표 〈그림 3-1〉을 보면 두 번째 차이가 일정하다는 것을 알 수 있다.

반면 수열 1, 2, 4, 8, 16의 다음항이 뭘까? 물어보는 퍼즐을 푸는 대다수의 독자들의 답은? 그렇다. 많은 독자들이 32라 대답할 것이다. 그런데 답안지에 31이라고 써져 있으면, '답안지가 틀렸군!' 하며 무시하고 넘어갈 것이다. 그러나 놀랍게도, 답이 32이든 31이든 각각의 경우가 모두 아주 많은 의미가 담긴 수열이 된다. 그렇다. **1, 2, 4, 8, 16, 31,…,** 역시 규칙이 있는 수열이다.

수열의 규칙을 찾기 위해, 항들 간의 차이를 계산해 볼 필요가 있다. 위 규칙과 같은 경우 4번째 차이까지 계산을 해보면 다음 항을 찾을 만한 패턴을 발견할 수 있다.

〈그림 3-2〉 표에 수열 **1, 2, 4, 8, 16, 31,…,** 사이의 차이들을 계산하고, 그 차이들의 차이, 또 차이의 차이, 이렇게 어떤 패턴의 발견되는 과정을 실어 놓았다. 패턴이 발견되지 않으면 계속 차이를 계산해

원래 수열	**1**		**2**		**4**		**8**		**16**		**31**
첫 번째 계차		1		2		4		8		15	
두 번째 계차			1		2		4		7		
세 번째 계차				1		2		3			
네 번째 계차					**1**		**1**				

그림 3-2

보면 된다. 구체적으로 다음과 같은 방법을 따른다 : 항들 간의 차이를 계산해 보고, 패턴을 분석해 보아라. 첫 번째 차이에서는 그다지 패턴이 발견되지 않는다. 마지막 항이 패턴에서 벗어나기 때문이다. 두 번째 차이를 계산해 봐도 마찬가지이다. 그런데 세 번째 차이를 들여다보면 명확한 패턴 : 1, 2, 3,…,이 발견된다.

이제 네 번째 차이는 그 차이가 1로써 일정한 수열이 된다. 이 과정을 역으로 하고(즉, 그림 3-3처럼 그림 3-2를 뒤집어 쓰고) 세 번째 차이를 조금 더 고려하여 9까지 확장해보자.

그림 3-3에서 굵은 글씨의 숫자들은 세 번째 차이를 1부터 9까지 생각했을 때 얻어지는 수열의 결과이다. 이때 우리가 원하는 수열 1, 2, 4, 8, 16의 그 다음 항들은 57, 99, 163, 256, 386이다.[44)]

네 번째 계차					1		1		**1**		**1**		**1**		**1**		**1**		**1**		**1**
세 번째 계차				1		2		3		**4**		**5**		**6**		**7**		**8**		**9**	
두 번째 계차			1		2		4		7		**11**		**16**		**22**		**29**		**37**		**46**
첫 번째 계차		1		2		4		8		**15**		**26**		**42**		**64**		**93**		**130**	
원래 수열	1		2		4		8		16		**31**		**57**		**99**		**163**		**256**		**386**

그림 3-3

수열 1, 2, 4, 8, 16, 32, 64, 128, 256,…,은 다루기 쉽고 친숙한 수열인 반면에 1, 2, 4, 8, 16, 31, 57, 99, 163, 256, 386,…,은 다소 이상한

형태의 수열이라는 생각이 든다. 그렇다고 이 수열이 수학이론에 그다지 연관성이 없겠지 생각하지 말자. 수학에 대한 흥미를 유발시키고 수학 고유의 아름다움을 느끼기 위해 다음과 같이 이 수열에 기하학적인 관점을 접목시켜 볼까 한다.

원주 위에 2개의 점부터 시작하여 하나씩 더 찍은 원의 집합을 생각해보자. 그리고 임의의 두 점을 선택하여 그 점들을 지나는 직선을 긋는데, 원의 영역이 가장 많이 분리가 되도록 하고, 그 분리된 영역의 개수를 세자. 그림 3-4에 5개의 원을 그려놓았다. 점 2개에서 시작

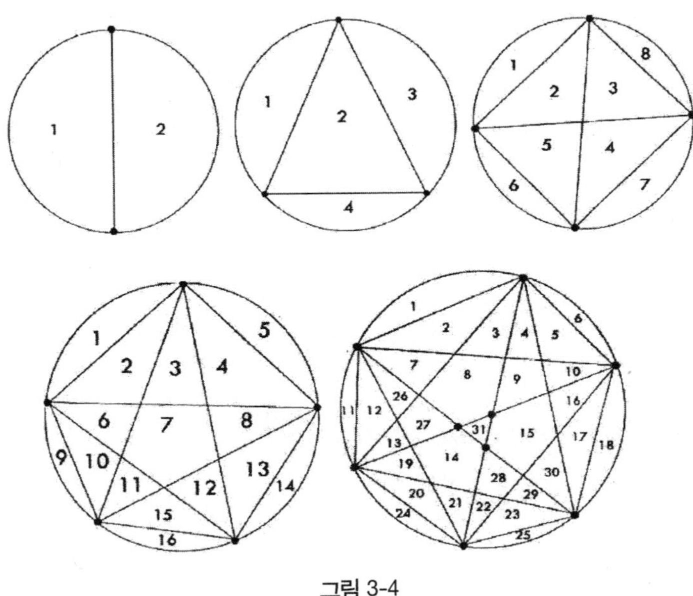

그림 3-4

44) 수열 1, 2, 4, 8, 16, 32,…의 일반항(즉, n번째 항)이 $T(n)=2^{n-1}$이 됨을 쉽게 알 수 있다. 반면 1, 2, 4, 8, 16, 31.. 이라는 수열의 일반항은 4차 다항식 형태가 나오는데, 그것은 우리가 4번째 차이까지 고려해야 차이가 상수가 되는 수열이기 때문이다.
이 수열의 일반항은 $T(n)=\frac{n^4-6n^3+23n^2-18n+24}{24}$이다. [또는, 임의의 n에 대해 일반항을 $T(n)=n+\binom{n}{4}+\binom{n-1}{2}=\binom{n}{4}+\binom{n}{2}+1$이라 쓸 수 있다.]

하여 하나씩 늘려나가서 마지막 원은 총 6개의 점이 찍힌 원의 집합이 있다. 점 1개를 찍은 원은 생각할 필요가 없다. 직선을 그을 수가 없어 원을 분리 할 수 없는 사소한 경우이기 때문이다. 이제 각 원들이 몇 개의 영역으로 분리가 되었는지 쉽게 세보기 위해서 각각의 영역에 번호를 써 놓자.

각각의 원에 대해서 분리된 영역의 개수를 그림 3-5의 표에 표시하였다. 더 많은 점이 찍힌 원에 대해서 이 작업을 하기 위해서는 임의의 세 직선이 한 점에서 만나지 않게끔 조심하며 분리하면 된다. 그렇지 않으면 영역의 개수가 줄어들어 정확한 값을 셀 수 없다.

원주 위의 점 개수	영역의 개수
1	1
2	2
3	4
4	8
5	16
6	31
7	57
8	99

그림 3-5

이 수열을 주목하라. 바로 앞에서 살펴보았던 이상한 수열이지 않는가?

피보나치수열의 계차

이제부터 이 수열과 피보나치 수들이 과연 어떠한 관계가 있는지 알아보자. 우선 피보나치수열의 항들 간의 차이는 일정하지 않다. 두 번째, 세 번째 차이 등을 계산해 보아도 친숙한 수열을 얻을 수 없다.

그렇다고 해서 아무런 규칙이 없는 수열이라고 결론짓지 말자. 그림 3-6에 항들 간의 차이를 적어 놓았다.

원래 수열	**1**		**1**		**2**		**3**		**5**		**8**		**13**		**21**		**34**		**55**		**89**		**144**
첫 번째 계차		0		1		1		2		3		5		8		13		21		34		55	
두 번째 계차					0		1		1		2		3		5		8		13		21		34
세 번째 계차								0		1		1		2		3		5		8		13	
네 번째 계차											0		1		1		2		3		5		8

그림 3-6

피보나치수열의 첫 번째, 두 번째 등의 차이를 계속 계산해 보면, 그 차이들이 피보나치수열을 이루고 있음을 알 수 있다. 신기하지 않은가? 첫 번째, 두 번째, 세 번째, 네 번째 차이뿐만 아니라, 대각선으로 읽어봐도 피보나치수열이 보인다. 거의 모든 방향으로의 수열을 읽었을 때 모두 피보나치수열이다! 피보나치 수의 여러 재미있는 성질들은 이러한 특징에서 비롯된다. 그림 3-6의 표에 비어 있는 공간을 $F_n = F_{n+2} - F_{n+1}$이라는 피보나치수열의 정의(즉, $F_n + F_{n+1} = F_{n+2}$)를 이용하여 채워보면 항들 간의 차이는 다음과 같다.

피보나치수열　1, 1, 2, 3, 5, 8, 13,…
첫 번째 차이　0, 1, 1, 2, 3, 5, 8, 13,…
두 번째 차이　1, 0, 1, 1, 2, 3, 5, 8, 13,…
세 번째 차이　—1, 1, 0, 1, 1, 2, 3, 5, 8, 13,…
네 번째 차이　2, —1, 1, 0, 1, 1, 2, 3, 5, 8, 13,…

(여기서 $F_0 = 0$, $F_{-1} = 1$, $F_{-2} = -1$이로 정의한다.)

뿐만 아니라 합의 수열도 피보나치수열이 된다.(그림 3-7을 보라.)

정말 신기한 특성이다. 그런데 피보나치수열은 앞서 살펴보았던 이상한 수열과 무슨 관련이 있을까? 바꾸어 말해서, 전혀 연관성이 없어

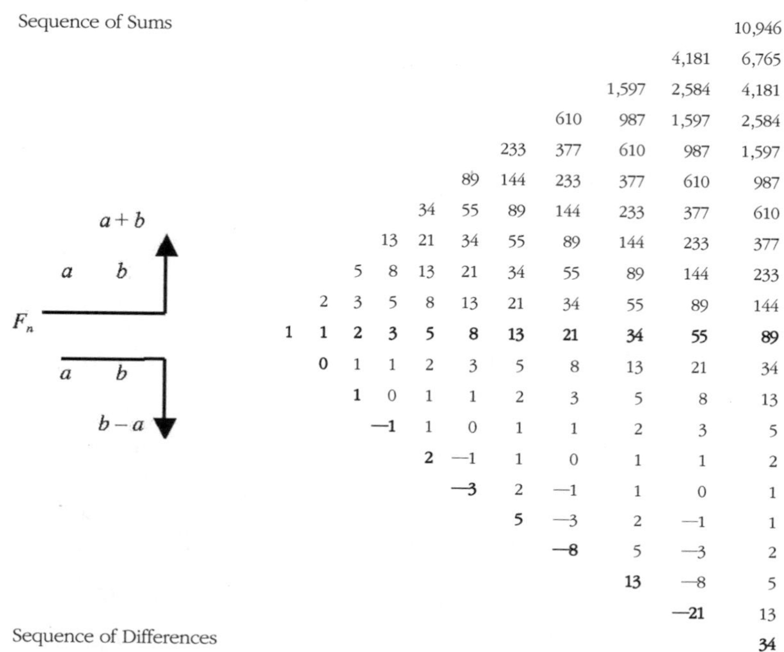

그림 3-7 합의 수열, 차의 수열

보이는 이 두 수열 사이에 연관성을 찾을 수 있겠는가? 믿기진 않겠지만, 그렇다. 다음의 세 종류의 연관성 없어 보이는 수열들 사이의 관계를 찾아보자.

Ⅰ. 2의 제곱수들의 수열 :

1, 2, 4, 8, 16, 32, 64, 128, 256, 512, 1,024,⋯

Ⅱ. 원 분리 수열 :

1, 2, 4, 8, 16, 31, 57, 99, 163, 256, 386,⋯

Ⅲ. 피보나치수열 :

1, 1, 2, 3, 5, 8, 13, 21, 34, 55, 89, 144, 233.⋯

관계를 찾기 위해 파스칼 삼각형Pascal triangle의 개념을 도입해야 할 것 같다. 이것은 프랑스의 유명한 수학자 파스칼Blaise Pascal, 1623- 1662이 확률 연구를 위해 고안한 '계산을 위한 삼각형' 이다. 파스칼은 어려서부터 수학에 두각을 나타냈다. 어릴 시절 수학책을 접하는 것이 금지되어 있었음에도 불구하고, 수학에 대한 그의 열정과 재능은 감퇴되지 않았다. 유클리드의 32번째 명제인 삼각형의 세 각의 합에 대한 명제도 독창적인 방법으로 해결하였다. 파스칼의 아버지는 세금 감독관으로서 과중한 데이터 처리에 시달리고 있었는데, 이를 위해 1645년 파스칼은 파스칼 계산기Pascaline라 불리는 상업용 계산기를 발명하기도 하였다.

파스칼 삼각형

1653년 파스칼은 계산을 위한 삼각형[45]을 고안하였지만 사후가 돼서야 알려졌다.

이 삼각형은 다음과 같은 규칙으로 이루어져 있다.(그림 3-8) 우선 제일 위행에 1을 쓰고, 그 다음 두 번째 행에 1, 1을 쓰고, 세 번째 행의 왼쪽, 오른쪽 가장자리에 1을 쓰고, 두 번째 행의 두 숫자를 더해서 (1+1 = 2) 얻은 결과 2를 두 번째 행의 숫자 가운데 위치에 쓴다. 네 번째 행도 똑같은 방법으로 얻는다 : 가장자리에는 1을 쓰고, 세 번째 행의 연속된 숫자를 더해서 그 중간 위치에다 쓴다. 즉, 1+2 = 3이고 2+1 = 3이므로 이 숫자 3들을 각각의 가운데 위치에다 쓰는 것이다.

45) 이 삼각형 배열은 아라비아 수학자인 오마르 카얌(Omar Khayyam, 1048-1122)의 발견이 그 시초다. 하지만 인쇄본에서 등장한 것은 중국 수학자 주세결(Chu Shih-Chieh, 1270-1330)의 1330년 글인 "4원소의 중요한 대칭(The Valuable Mirror of the Four elements)"이 처음이다. 서양에서는 이전의 결과물들과는 독립적으로 파스칼에 의해 발견되었다고 믿어진다.

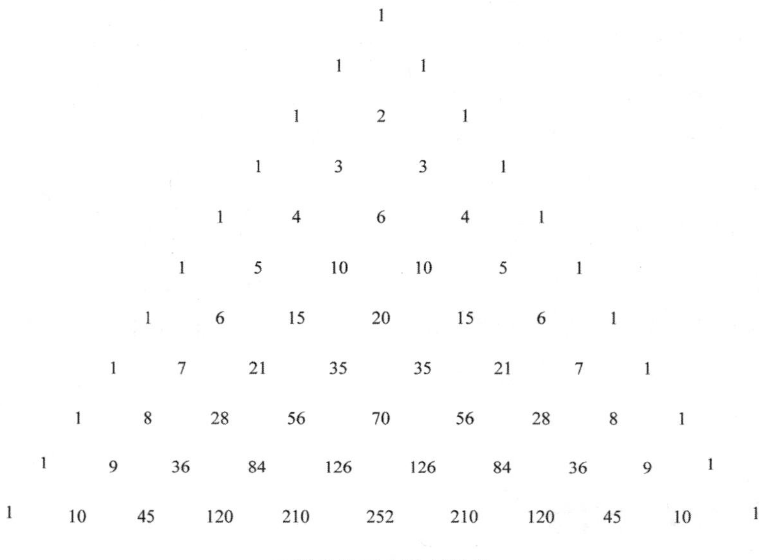

그림 3-8 파스칼 삼각형

이런 식으로 각 행의 모든 숫자를 얻는다.

파스칼 삼각형(그림 3-8)의 숨겨진 비밀들을 파헤쳐보자. 각 행에 있는 숫자를 다 더하면 무엇이 될까? 답은 2의 연속된 거듭제곱이다.(그림 3-9) 실제로 계산하면,

$1 = 1 = 2^0$

$1+1 = 2 = 2^1$

$1+2+1 = 4 = 2^2$

$1+3+3+1 = 8 = 2^3$

$1+4+6+4+1 = 16 = 2^4$

$1+5+10+10+5+1 = 32 = 2^5$

$1+6+15+20+15+6+1 = 64 = 2^6$

$1+7+21+35+35+21+7+1 = 128 = 2^7$

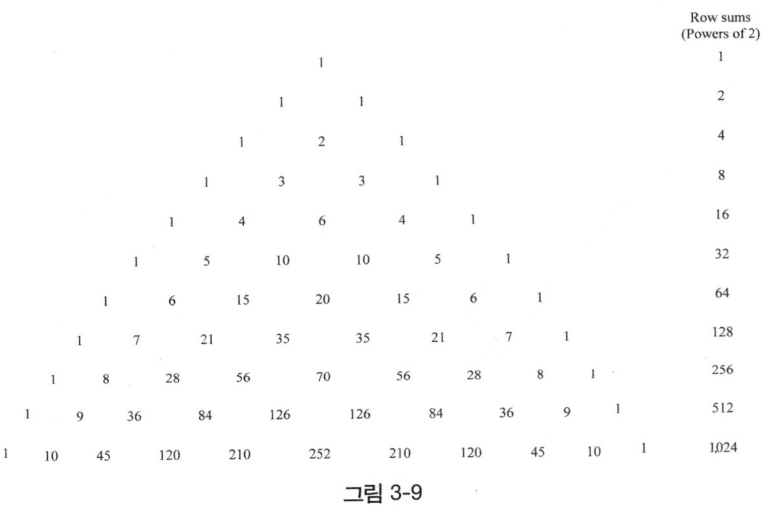

그림 3-9

$$1+8+28+56+70+56+28+8+1=256=2^8$$

$$1+9+36+84+126+126+84+36+9+1=512=2^9$$

$$1+10+45+120+210+252+210+120+45+10+1=1,024=2^{10}$$

이다. 바로 앞서 소개한 세 수열 중 I 수열이다.

이제 각 행들의 숫자를 더하는데, 그림 3-10에 표시되어 있는 굵은 선 오른쪽에 있는 것들만 더해보자. 정말 신기하게도 원 분리 수열 II가 아닌가?

$$1, 2, 4, 8, 16, 31, 57, 99, 163$$

신기하지 않은가? 파스칼 삼각형으로부터 세 개의 수열 중 I, II 수열을 찾을 수 있고, 서로 연관되어 있으니 말이다.

파스칼 삼각형에는 파스칼이 예상했던 특징들보다 더 많은 기묘한 관계들이 숨어있다. III 수열(피보나치수열)과 I, II수열은 어떠한 관계를 가지는지 알아보기 전에 파스칼 삼각형에서 얻을 수 있는 결과

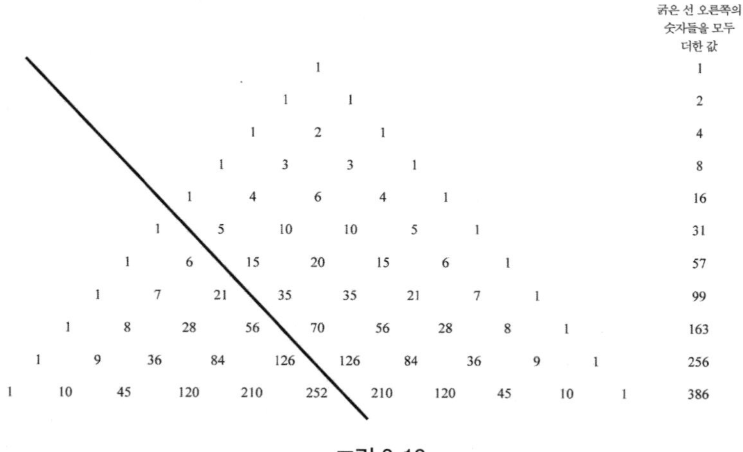

그림 3-10

들에 대해 더 깊숙이 탐구해보자. 파스칼은 원래 이항전개와 관련된 항들의 계수를 알아보고자 이 삼각형을 도입했었다.

즉, $(a+b)$를 거듭제곱했을 때 나타나는 계수들을 알기 위해 고안된 장치다.

$$(a+b)^0 = 1$$
$$(a+b)^1 = a+b$$
$$(a+b)^2 = a^2+2ab+b^2$$
$$(a+b)^3 = a^3+3a^2b+3ab^2+b^3$$
$$(a+b)^4 = a^4+4a^3b+6a^2b^2+4ab^3+b^4$$
$$(a+b)^5 = a^5+5a^4b+10a^3b^2+10a^2b^3+5ab^4+b^5$$
$$(a+b)^6 = a^6+6a^5b+15a^4b^2+20a^3b^3+15a^2b^4+6ab^5+b^6$$
$$(a+b)^7 = a^7+7a^6b+21a^5b^2+35a^4b^3+35a^3b^4+21a^2b^5+7ab^6+b^7$$
$$(a+b)^8 = a^8+8a^7b+28a^6b^2+56a^5b^3+70a^4b^4+56a^3b^5+28a^2b^6+8ab^7+b^8$$

$$(a+b)^9 = a^9+9a^8b+36a^7b^2+84a^6b^3+126a^5b^4+126a^4b^5+84a^3b^6+36a^2b^7+9ab^8+b^9$$

$$(a+b)^{10} = a^{10}+10a^9b+45a^8b^2+120a^7b^3+210a^6b^4+252a^5b^5+210a^4b^6+120a^3b^7+45a^2b^8+10ab9+b^{10}$$

. . .

각각의 이항전개의 항의 계수들이 파스칼 삼각형의 각 행의 숫자들과 정확히 일치한다는 것이 보이는가? 파스칼 삼각형을 이용하면 굳이 이항 다항식을 모두 전개해야 할 수고가 덜어지는 것이다. 뿐만 아니라 변수들의 차수에서 특징 있는 패턴이 발견된다 : 한 변수의 차수가 하나 증가하면 다른 한 변수의 차수는 하나 줄어든다. 차수의 합이 원래 이항다항식의 차수로 일정하다.[46)]

파스칼 삼각형에는 더 많은 흥미진진한 사실들이 숨어있다. 그림 3-11은 파스칼 삼각형에 여러 음영을 사용하여 숫자들을 구분해 놓은 결과이다.

삼각형의 변에 위치한 첫 번째 수열은 다음과 같다.

---

46) 이항 다항식 $(a+b)^n$의 일반적인 전개 형태에 대해 관심있은 독자들을 위한 설명이다.

$(a+b)^n = \binom{n}{0}a^n+\binom{n}{1}a^{n-1}b+\binom{n}{2}a^{n-2}b^2+\cdots+\binom{n}{n-2}a^2b^{n-2}+\binom{n}{n-1}ab^{n-1}+\binom{n}{n}b^n$,

이고 여기서 $\binom{n}{k} = \frac{n!}{k!\cdot(n-k)!}$을 뜻한다. $n! = 1\cdot 2\cdot 3\cdot \ldots \cdot n$으로 정의된다.

그리고 $\binom{n}{0} = 1$로 정의된다.

예를 들어, 파스칼 삼각형의 8번째 행의 4번째 열의 숫자를 구하고 싶다면,

$\binom{n}{k} = \binom{7}{3} = \frac{7!}{3!\cdot(7-3)!} = \frac{7!}{3!\cdot 4!} = \frac{4!\cdot 5\cdot 6\cdot 7}{3!\cdot 4!} = \frac{5\cdot 6\cdot 7}{3!} = \frac{5\cdot 6\cdot 7}{1\cdot 2\cdot 3} = 35$ 이렇게 구하면 된다.

다른 의미로 $\binom{n}{k}$는 동전을 n번 던져서 앞면이 k번 나오는 경우와 같다.

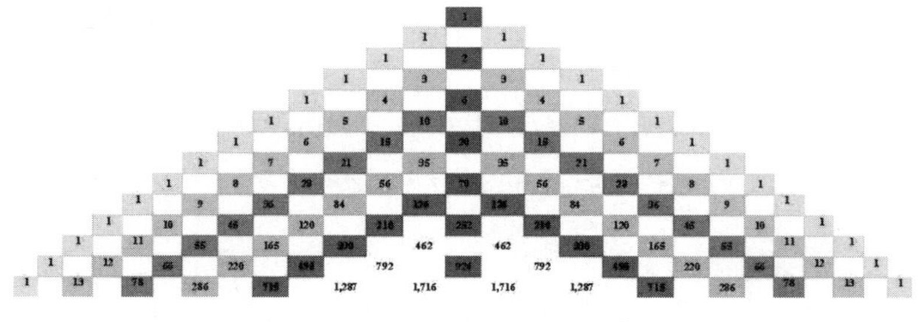

그림 3-11

1, 1, 1, 1, 1, 1, 1, 1, 1, 1, 1, 1,…

위 수열과 평행한 방향으로 놓인 두 번째 수열은 자연수 집합인

1, 2, 3, 4, 5, 6, 7, 8, 9, 10, 11, 12, 13,…

이다.

이 패턴을 따르면(즉, 위의 그룹과 또 평행한 그룹을 살펴보면) 삼각수Triangular number[47] 수열을 얻는다.

1, 3, 6, 10, 15, 21, 28, 36, 45, 55, 66, 78,…

그 다음 그룹은 사각수Tetrahedral number[48]로 일컬어지는

1, 4, 10, 20, 35, 56, 84, 120, 165, 220, 286,…

수열이 나온다.

그 다음에는 조금은 생소한 오각수Pentatop number 수열

1, 5, 15, 35, 70, 126, 210, 330, 495, 715,…

을 얻는다.

이 수열들 중 한 가지를 특정한 항까지 더한 값을 알고 싶을 때, 직

47) 삼각수란, 동전을 가지고 정삼각형 모양으로 배열했을 때 필요한 동전의 개수를 뜻한다.

48) 사각수란, 동전으로 정사각형 모양으로 배열할 때 필요한 동전의 개수를 뜻한다.

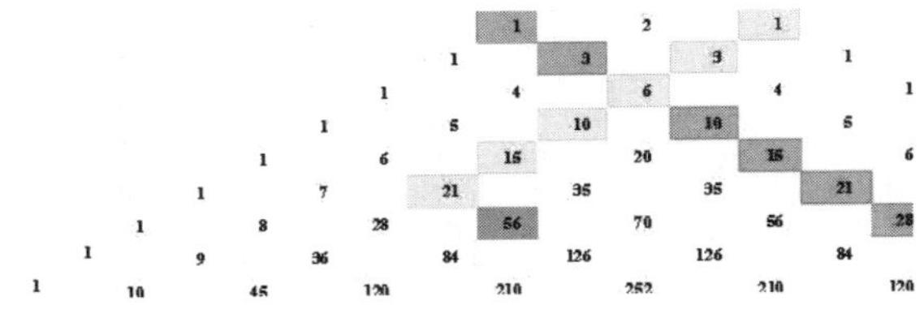

그림 3-12

접 계산을 할 게 아니라, 파스칼 삼각형 안에서 그 수열의 마지막 항을 찾고, 그 항 바로 아래 오른쪽(또는 왼쪽)에 위치한 숫자를 찾으면 그것이 바로 더한 결과가 된다. 예를 들어, 삼각수 수열의 다섯 번째 항 까지 더한다고 하면, (그림 3-12을 보라.) 다섯 번째 항이 21이고, 이것의 바로 아래 오른쪽에 위치한 숫자가 56이므로

$$1+3+6+10+15+21=56$$

이 된다.

마찬가지로, 삼각수 수열의 11번째 항까지 더하면 11번째 항이 66이고, 이것의 바로 아래 오른쪽에 위치한 숫자가 286이므로

$$1+3+6+10+15+21+28+36+45+55+66=286$$

이 된다.

파스칼 삼각형에 숨어있는 피보나치수열

이제 파스칼 삼각형에 어떠한 식으로 피보나치수열이 숨어있는지 더 궁금해지지 않는가? 피보나치수열은 우리가 전혀 예상치 않았던 데서 갑자기 발견되는 것처럼, 파스칼 삼각형 안에서도 찾을 수 있다.

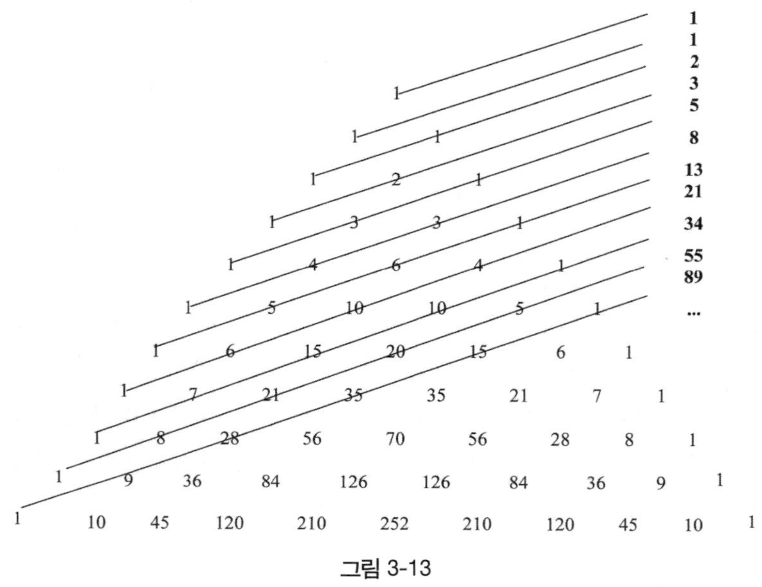

그림 3-13

그림 3-13의 표시된 선을 따라 숫자들을 더해보자. 바로 피보나치수열이 아닌가! 이와 같이, 파스칼 삼각형을 통해 세 종류의 수열 Ⅰ, Ⅱ, Ⅲ의 관계가 드러나고 있다.

그림 3-13을 좀 더 쉽게 보기 위해 파스칼 삼각형을 그림 3-14와 같이 왼쪽 정렬을 하여 재배치 해보면 그 결과가 더 명확히 보인다.

피보나치수열에 관해 여러 재미있는 연구를 한 영국 수학자 론 노트Ron Knott는 파스칼 삼각형의 '행' 들의 합으로써 피보나치수열이 나타난다는 사실을 발견했다.

그림 3-15처럼 파스칼 삼각형의 각 행을 위의 행보다 하나씩 오른쪽으로 밀어서 쓰면, 피보나치 수를 좀 더 쉽게 얻을 수 있다. 각 열들의 합을 계산하면 바로 피보나치 수가 된다. (그림 3-15의 맨 마지막 행을 보라.)

파스칼 삼각형을 그림 3-16과 같이 재배열할 수도 있다. 각 행들을

							Sum
1							1
1							1
1	1						2
1	2						3
1	3	1					5
1	4	3					8
1	5	6	1				13
1	6	10	4				21
1	7	15	10	1			34
1	8	21	20	5			55
1	9	28	35	15	1		89
1	10	36	56	35	6		144
1	11	45	84	70	21	1	233
...							

그림 3-14

하나씩 오른쪽으로 밀어서 쓰고(굵은 표시의 숫자), 그림과 같은 방법으로 각 행을 두 번씩 쓴다. 이런 다음 각각의 열을 더하면 다시 피보

	0	1	2	3	4	5	6	7	8	9	10	11	12	13	14	15	16	17	18	19	20
0	1																				
1		1	1																		
2			1	2	1																
3				1	3	3	1														
4					1	4	6	4	1												
5						1	5	10	10	5	1										
6							1	6	15	20	15	6	1								
7								1	7	21	35	35	21	7	1						
8									1	8	28	56	70	56	28	8	1				
9										1	9	36	84	126	126	84	36	9	1		
10											1	10	45	120	210	252	210	120	45	10	1
11												1	11	55	165	330	462	462	330	165	55
12													1	12	66	220	495	792	924	792	495
13														1	13	78	286	715	1287	1716	1716
14															1	14	91	364	1001	2002	3003
15																1	15	105	455	1365	3003
16																	1	16	120	560	1820
17																		1	17	136	680
18																			1	18	153
19																				1	19
20																					1
	1	1	2	3	5	8	13	21	34	55	89	144	233	377	610	987	1597	2584	4181	6765	10946

그림 3-15

	2	3	4	5	6	7	8	9	10	11	12	13	14	15	16	17	18	19	20	21	22
0	1																				
		1																			
1		1	1																		
			1	1																	
2			1	2	1																
				1	2	1															
3				1	3	3	1														
					1	3	3	1													
4					1	4	6	4	1												
						1	4	6	4	1											
5						1	5	10	10	5	1										
							1	5	10	10	5	1									
6							1	6	15	20	15	6	1								
								1	6	15	20	15	6	1							
7								1	7	21	35	35	21	7	1						
									1	7	21	35	35	21	7	1					
8									1	8	28	56	70	56	28	8	1				
										1	8	28	56	70	56	28	8	1			
9										1	9	36	84	126	126	84	36	9	1		
											1	9	36	84	126	126	84	36	9	1	
10											1	10	45	120	210	252	210	120	45	10	1
												1	10	45	120	210	252	210	120	45	10
11												1	11	55	165	330	462	462	330	165	55
													1	11	55	165	330	462	462	330	165
12													1	12	66	220	495	792	924	792	495
														1	12	66	220	495	792	924	792
13														1	13	78	286	715	1287	1716	1716
															1	13	78	286	715	1287	1716
14															1	14	91	364	1001	2002	3003
																1	14	91	364	1001	2002
15																1	15	105	455	1365	3003
																	1	15	105	455	1365
16																	1	16	120	560	1820
																		1	16	120	560
17																		1	17	136	680
																			1	17	136
18																			1	18	153
																				1	18
19																				1	19
																					1
20																					1
	1	2	3	5	8	13	21	34	55	89	144	233	377	610	987	1597	2584	4181	6765	10946	17711

그림 3-16

나치 수들이 나온다.

1																				
1	1																			
1	2	1																		
1	3	3	1																	
1	4	6	4	1																
1	5	10	10	5	1															
1	6	15	20	15	6	1														
1	7	21	35	35	21	7	1													
1	8	28	56	70	56	28	8	1												
1	9	36	84	126	126	84	36	9	1											
1	10	45	120	210	252	210	120	45	10	1										
1	11	55	165	330	462	462	330	165	55	11	1									
1	12	66	220	495	792	924	792	495	220	66	12	1								
1	13	78	286	715	1287	1716	1716	1287	715	286	78	13	1							
1	14	91	364	1001	2002	3003	3432	3003	2002	1001	364	91	14	1						
1	15	105	455	1365	3003	5005	6435	6435	5005	3003	1365	455	105	15	1					
1	16	120	560	1820	4368	8008	11440	12870	11440	8008	4368	1820	560	12	16	1				
1	17	136	680	2380	6188	12376	19448	24310	24310	19448	12376	6188	2380	680	136	17	1			
1	18	153	816	3060	8568	18564	31824	43758	48620	43758	31824	18564	8568	3060	816	153	18	1		
1	19	171	969	3876	11628	27132	50388	75582	92378	92378	75582	50388	27132	11628	3876	969	171	19	1	
1	20	190	1140	4845	15504	38760	77520	125970	167960	184756	167960	125970	77520	38760	15504	4845	1140	190	20	1

그림 3-17

또한 그림 3-17같이 파스칼 삼각형을 왼쪽 정렬시키면 1,001, 2,002, 3,003, 5,005, 8,008과 같은 회문수[49]들이 뚜렷이 보인다.

런던에서 활동하는 미국 수학자 데이비드 싱마스터David Singmaster는 여러 퍼즐 수학을 연구하여 깊이 있는 수학[50]으로 발전시켰는데, 1971년에 파스칼 삼각형에서 비율이 1 : 2 : 3 인 연속한 세 수가 나오는 행이 유일하게 하나 존재한다는 사실을 발견하였다.[51] 이 수들은 1,001, 2,002, 3,003 이다. 또한 이 수들 밑으로 위치한 수들이 피보나치 수의 비율을 가지는 회문수라는 것도 독자들이 유념해볼 필요가 있다. 그림 3-18을 보자.

---

49) 회문수란 거꾸로 읽어도 같아지는 숫자를 뜻한다. 예를 들어 3,003 이라든가 파스칼 삼각형의 3행, 4행을 뜻하는 1,331, 14,641과 같은 숫자이다.

50) 예를 들어 큐빅 퍼즐(Rubic's cube)과 같은 것이 있다.

51) American Mathematical Monthly 78(1971): 385-86.

1,001 2,002 3,003

3,003 5,005

8,008

그림 3-18

1,001 = 1 · 1,001 ; 2,002 = 2 · 1,001 ; 3,003 = 3 · 1,001 ; 5,005 = 5 · 1,001 ; 8,008 = 8 · 1,001임에 주목하자. 이 숫자들은 모두 1,001이라는 공통 인수를 가진다.

피보나치수열과 파스칼 삼각형의 관계를 좀 더 명확히 하기 위해 다음을 생각해보자. 피보나치수열을 의미하는 앞서 정의한 기호를 써서 표시하고, 이 수들을 음의 방향으로 다음과 같이 확장을 시킨다.[52]

$$\cdots, 13, -8, 5, -3, 2, -1, 1, 0, 1, 1, 2, 3, 5, 8, 13, \cdots$$

우리는 또한 피보나치수열을 그림 3-19와 같은 방법으로 파스칼 삼각형의 수들로 표시할 수 있다.

$F_n = 1 \cdot F_n$

$F_{n+1} = \mathbf{1} \cdot F_n + \mathbf{1} \cdot F_{n-1}$

$F_{n+2} = \mathbf{1} \cdot F_n + \mathbf{2} \cdot F_{n-1} + \mathbf{1} \cdot F_{n-2}$

$F_{n+3} = \mathbf{1} \cdot F_n + \mathbf{3} \cdot F_{n-1} + \mathbf{3} \cdot F_{n-2} + \mathbf{1} \cdot F_{n-3}$

$F_{n+4} = \mathbf{1} \cdot F_n + \mathbf{4} \cdot F_{n-1} + \mathbf{6} \cdot F_{n-2} + \mathbf{4} \cdot F_{n-3} + \mathbf{1} \cdot F_{n-4}$

$F_{n+5} = \mathbf{1} \cdot F_n + \mathbf{5} \cdot F_{n-1} + \mathbf{10} \cdot F_{n-2} + \mathbf{10} \cdot F_{n-3} + \mathbf{5} \cdot F_{n-4} + \mathbf{1} \cdot F_{n-5}$

$F_{n+6} = \mathbf{1} \cdot F_n + \mathbf{6} \cdot F_{n-1} + \mathbf{15} \cdot F_{n-2} + \mathbf{20} \cdot F_{n-3} + \mathbf{15} \cdot F_{n-4} + \mathbf{6} \cdot F_{n-5} + \mathbf{1} \cdot F_{n-6}$

$F_{n+7} = \mathbf{1} \cdot F_n + \mathbf{7} \cdot F_{n-1} + \mathbf{21} \cdot F_{n-2} + \mathbf{35} \cdot F_{n-3} + \mathbf{35} \cdot F_{n-4} + \mathbf{21} \cdot F_{n-5} + \mathbf{7} \cdot F_{n-6} + \mathbf{1} \cdot F_{n-7}$

$F_{n+8} = \mathbf{1} \cdot F_n + \mathbf{8} \cdot F_{n-1} + \mathbf{28} \cdot F_{n-2} + \mathbf{56} \cdot F_{n-3} + \mathbf{70} \cdot F_{n-4} + \mathbf{56} \cdot F_{n-5} + \mathbf{28} \cdot F_{n-6} + \mathbf{8} \cdot F_{n-7} + \mathbf{1} \cdot F_{n-8}$

. . .

그림 3-19

52) 이것을 얻기 위해 그림 3-7에서 왼쪽 위에서 오른쪽 아래에 위치한 대각선 수열을 보라.

얼핏 보기에 이와 같은 현상은 인위적이고 부자연스러워 보인다. 하지만 실제 피보나치 수들을 직접 대입하여 계산해 보면 그 생각이 달라질 수도 있을 것이다.

음의 방향으로 확장시킨 피보나치수열에 대해, 다음의 관계식, $F_0 = 0$, $F_{-2n} = -F_{2n}$, $F_{-2n+1} = F_{2n-1}$이 모든 자연수 n에 대해 성립한다. 뿐만 아니라 본래의 피보나치 점화식 $F_{k+2} = F_{k+1} + F_k$가 모든 정수 k에 대해 성립한다.

그림 3-19의 언뜻 보기에 복잡한 관계식을 좀 쉽게 이해하기 위해서 구체적으로 $n = 4$일 때를 계산해보자.(그림 3-20)

$$F_5 = 1 \cdot F_5$$
$$F_6 = 1 \cdot F_5 + 1 \cdot F_4$$
$$F_7 = 1 \cdot F_5 + 2 \cdot F_4 + 1 \cdot F_3$$
$$F_8 = 1 \cdot F_5 + 3 \cdot F_4 + 3 \cdot F_3 + 1 \cdot F_2$$
$$F_9 = 1 \cdot F_5 + 4 \cdot F_4 + 6 \cdot F_3 + 4 \cdot F_2 + 1 \cdot F_1$$
$$F_{10} = 1 \cdot F_5 + 5 \cdot F_4 + 10 \cdot F_3 + 10 \cdot F_2 + 5 \cdot F_1 + 1 \cdot F_0$$
$$F_{11} = 1 \cdot F_5 + 6 \cdot F_4 + 15 \cdot F_3 + 20 \cdot F_2 + 15 \cdot F_1 + 6 \cdot F_0 + 1 \cdot F_{-1}$$
$$F_{12} = 1 \cdot F_5 + 7 \cdot F_4 + 21 \cdot F_3 + 35 \cdot F_2 + 35 \cdot F_1 + 21 \cdot F_0 + 7 \cdot F_{-1} + 1 \cdot F_{-2}$$
$$F_{13} = 1 \cdot F_5 + 8 \cdot F_4 + 28 \cdot F_3 + 56 \cdot F_2 + 70 \cdot F_1 + 56 \cdot F_0 + 28 \cdot F_{-1} + 8 \cdot F_{-2} + 1 \cdot F_{-3}$$
$$\cdots$$

그림 3-20

조금 더 확실하게 '느껴보기'를 원하면, 그림 3-20의 관계식에 실제 피보나치 수를 대입하자. 그러면 그림 3-21의 오른쪽에 계산된 것처럼 피보나치 수들을 '만들어 낼' 수 있다.

$F_5 = 1\cdot5 \qquad = 5$

$F_6 = 1\cdot5 + 1\cdot3 \qquad = 8$

$F_7 = 1\cdot5 + 2\cdot3 + 1\cdot2 \qquad = 13$

$F_8 = 1\cdot5 + 3\cdot3 + 3\cdot2 + 1\cdot1 \qquad = 21$

$F_9 = 1\cdot5 + 4\cdot3 + 6\cdot2 + 4\cdot1 + 1\cdot1 \qquad = 34$

$F_{10} = 1\cdot5 + 5\cdot3 + 10\cdot2 + 10\cdot1 + 5\cdot1 + 1\cdot0 \qquad = 55$

$F_{11} = 1\cdot5 + 6\cdot3 + 15\cdot2 + 20\cdot1 + 15\cdot1 + 6\cdot0 + 1\cdot1 \qquad = 89$

$F_{12} = 1\cdot5 + 7\cdot3 + 21\cdot2 + 35\cdot1 + 35\cdot1 + 21\cdot0 + 7\cdot1 + 1\cdot(-1) \qquad = 144$

$F_{13} = 1\cdot5 + 8\cdot3 + 28\cdot2 + 56\cdot1 + 70\cdot1 + 56\cdot0 + 28\cdot1 + 8\cdot(-1) + 1\cdot2 \qquad = 233$

. . .

그림 3-21

루카스 수와 파스칼 삼각형

아직 충분하지 않다. 파스칼 삼각형을 이용해서 피보나치 수와 1장에서 언급한 루카스 수간에 연관성을 살펴볼 수 있다. 프랑스 수학자인 루카스Edouard Lucas, 1842-1891는 피보나치수열과 같은 점화식을 가지는 수열을 고안했는데, 차이점이 있다면 피보나치수열의 처음 두 항이 1과 1인 반면 루카스수열은 1과 3이다. 따라서 피보나치수열은 1, 1, 2, 3, 5, 8, …인 반면 루카스수열은 1, 3, 4, 7, 11, 18, … 이 된다. 그림 3-22에 루카스 수들을 적어 놓았다. 흥미로운 결과를 얻어 보기 위해, 기존의 항에 영 번째 항을 새로이 추가하자. 즉, L_1에서 시작하는 루카스수열 대신 $L_0 = 2$에서 시작하는 루카스수열이라고 간주하는 것이다.

n번째 루카스수열을 L_n이라 쓰면, $L_1 = 1$, $L_2 = 3$이고 (앞서 말했듯이, $L_0 = 2$이다)이 $L_{n+2} = L_{n+1} + L_n$의 관계식을 만족한다.

피보나치수열과 루카스수열의 관계를 따져보자. 우선, 직접적인 관계식이 무엇인지 살펴봐야 한다. n번째 루카스 수($n \geq 0$)는 $(n-1)$번째 피보나치 수와 $(n+1)$번째 피보나치 수의 합이다. 기호로 쓰면, $L_n = F_{n-1} + F_{n+1}$이다.

n	0	1	2	3	4	5	6	7	8	9	10	11	12	13	14	15	16	17	18	19	20
L_n	2	1	3	4	7	11	18	29	47	76	123	199	322	521	843	1,364	2,207	3,571	5,778	9,349	15,127

그림 3-22

그림 3-23에서 두 수열관의 관계식인 $L_n = F_{n-1} + F_{n+1}$을 확인할 수 있다.

n	0	1	2	3	4	5	6	7	8	9	10	11	12	13	14	15	16	17	18	19	20
F_{n+1}		1	2	3	5	8	13	21	34	55	89	144	233	377	610	987	1,597	2,584	4,181	6,765	10,946
+																					
F_{n-1}			1	1	2	3	5	8	13	21	34	55	89	144	233	377	610	987	1,597	2,584	4,181
=																					
L_n		**1**	**3**	**4**	**7**	**11**	**18**	**29**	**47**	**76**	**123**	**199**	**322**	**521**	**843**	**1,364**	**2,207**	**3,571**	**5,778**	**9,349**	**15,127**

그림 3-23

이렇게 긴밀한 연관성이 있으므로, 파스칼 삼각형에서 루카스수열을 찾을 수 있는 것은 그리 놀라운 일이 아닐 것이다. 피보나치수열을 찾아냈던 방법 그대로를 따라가면 된다.(그림 3-24) 임의의 자연수 n에 대해 $L_0 = 2$, $L_{-2n} = L_{2n}$, $L_{-2n+1} = L_{2n-1}$이 성립함을 염두에 두자.

더욱이 루카스 수와 피보나치 수 간의 원래 점화식인 $L_{n+2} = L_{n+1} + L_n$이 임의의 정수 n에 대해서 역시 성립한다. 그림 3-25에서 확인할 수 있다. 이제 파스칼 삼각형과 루카스수열간의 관계를 찾을 준비가 다 되었다. 구체적으로 $n = 5$인 경우를 보자. 그림 3-24에 실제 루카스 수를 대입해 보면 그림 3-26의 맨 오른쪽 열에 나타나는 루카스 수를 볼 수 있다.

또한 $n = 1$인 경우에는 루카스수열의 첫째항부터 모두 얻을 수 있

$L_n = \mathbf{1} \cdot L_n$

$L_{n+1} = \mathbf{1} \cdot L_n + \mathbf{1} \cdot L_{n-1}$

$L_{n+2} = \mathbf{1} \cdot L_n + \mathbf{2} \cdot L_{n-1} + \mathbf{1} \cdot L_{n-2}$

$L_{n+3} = \mathbf{1} \cdot L_n + \mathbf{3} \cdot L_{n-1} + \mathbf{3} \cdot L_{n-2} + \mathbf{1} \cdot L_{n-3}$

$L_{n+4} = \mathbf{1} \cdot L_n + \mathbf{4} \cdot L_{n-1} + \mathbf{6} \cdot L_{n-2} + \mathbf{4} \cdot L_{n-3} + \mathbf{1} \cdot L_{n-4}$

$L_{n+5} = \mathbf{1} \cdot L_n + \mathbf{5} \cdot L_{n-1} + \mathbf{10} \cdot L_{n-2} + \mathbf{10} \cdot L_{n-3} + \mathbf{5} \cdot L_{n-4} + \mathbf{1} \cdot L_{n-5}$

$L_{n+6} = \mathbf{1} \cdot L_n + \mathbf{6} \cdot L_{n-1} + \mathbf{15} \cdot L_{n-2} + \mathbf{20} \cdot L_{n-3} + \mathbf{15} \cdot L_{n-4} + \mathbf{6} \cdot L_{n-5} + \mathbf{1} \cdot L_{n-6}$

$L_{n+7} = \mathbf{1} \cdot L_n + \mathbf{7} \cdot L_{n-1} + \mathbf{21} \cdot L_{n-2} + \mathbf{35} \cdot L_{n-3} + \mathbf{35} \cdot L_{n-4} + \mathbf{21} \cdot L_{n-5} + \mathbf{7} \cdot L_{n-6} + \mathbf{1} \cdot L_{n-7}$

$L_{n+8} = \mathbf{1} \cdot L_n + \mathbf{8} \cdot L_{n-1} + \mathbf{28} \cdot L_{n-2} + \mathbf{56} \cdot L_{n-3} + \mathbf{70} \cdot L_{n-4} + \mathbf{56} \cdot L_{n-5} + \mathbf{28} \cdot L_{n-6} + \mathbf{8} \cdot L_{n-7} + \mathbf{1} \cdot L_{n-8}$

. . .

그림 3-24

n	0	-1	-2	-3	-4	-5	-6	-7	-8	-9	-10	-11	-12	-13	-14	-15	-16	-17
L_n	2	-1	3	-4	7	-11	18	-29	47	-76	123	-199	322	-521	843	-1,364	2,207	-3,571

그림 3-25

$L_5 = \mathbf{1} \cdot 11 \quad = 11$

$L_6 = \mathbf{1} \cdot 11 + \mathbf{1} \cdot 7 \quad = 18$

$L_7 = \mathbf{1} \cdot 11 + \mathbf{2} \cdot 7 + \mathbf{1} \cdot 4 \quad = 29$

$L_8 = \mathbf{1} \cdot 11 + \mathbf{3} \cdot 7 + \mathbf{3} \cdot 4 + \mathbf{1} \cdot 3 \quad = 47$

$L_9 = \mathbf{1} \cdot 11 + \mathbf{4} \cdot 7 + \mathbf{6} \cdot 4 + \mathbf{4} \cdot 3 + \mathbf{1} \cdot 1 \quad = 76$

$L_{10} = \mathbf{1} \cdot 11 + \mathbf{5} \cdot 7 + \mathbf{10} \cdot 4 + \mathbf{10} \cdot 3 + \mathbf{5} \cdot 1 + \mathbf{1} \cdot 2 \quad = 123$

$L_{11} = \mathbf{1} \cdot 11 + \mathbf{6} \cdot 7 + \mathbf{15} \cdot 4 + \mathbf{20} \cdot 3 + \mathbf{15} \cdot 1 + \mathbf{6} \cdot 2 + \mathbf{1} \cdot (-1) \quad = 199$

$L_{12} = \mathbf{1} \cdot 11 + \mathbf{7} \cdot 7 + \mathbf{21} \cdot 4 + \mathbf{35} \cdot 3 + \mathbf{35} \cdot 1 + \mathbf{21} \cdot 2 + \mathbf{7} \cdot (-1) + \mathbf{1} \cdot 3 \quad = 322$

$L_{13} = \mathbf{1} \cdot 11 + \mathbf{8} \cdot 7 + \mathbf{28} \cdot 4 + \mathbf{56} \cdot 3 + \mathbf{70} \cdot 1 + \mathbf{56} \cdot 2 + \mathbf{28} \cdot (-1) + \mathbf{8} \cdot 3 + \mathbf{1} \cdot (-4) \quad = 521$

. . .

그림 3-26

다. 그림 3-24에 $n=1$과 실제 루카스 수를 대입하면, 그림 3-27처럼

$$L_1 = \mathbf{1}\cdot 1 \qquad = 1$$

$$L_2 = \mathbf{1}\cdot 1 + \mathbf{1}\cdot 2 \qquad = 3$$

$$L_3 = \mathbf{1}\cdot 1 + \mathbf{2}\cdot 2 + \mathbf{1}\cdot(-1) \qquad = 4$$

$$L_4 = \mathbf{1}\cdot 1 + \mathbf{3}\cdot 2 + \mathbf{3}\cdot(-1) + \mathbf{1}\cdot 3 \qquad = 7$$

$$L_5 = \mathbf{1}\cdot 1 + \mathbf{4}\cdot 2 + \mathbf{6}\cdot(-1) + \mathbf{4}\cdot 3 + \mathbf{1}\cdot(-4) \qquad = 11$$

$$L_6 = \mathbf{1}\cdot 1 + \mathbf{5}\cdot 2 + \mathbf{10}\cdot(-1) + \mathbf{10}\cdot 3 + \mathbf{5}\cdot(-4) + \mathbf{1}\cdot 7 \qquad = 18$$

$$L_7 = \mathbf{1}\cdot 1 + \mathbf{6}\cdot 2 + \mathbf{15}\cdot(-1) + \mathbf{20}\cdot 3 + \mathbf{15}\cdot(-4) + \mathbf{6}\cdot 7 + \mathbf{1}\cdot(-11) \qquad = 29$$

$$L_8 = \mathbf{1}\cdot 1 + \mathbf{7}\cdot 2 + \mathbf{21}\cdot(-1) + \mathbf{35}\cdot 3 + \mathbf{35}\cdot(-4) + \mathbf{21}\cdot 7 + \mathbf{7}\cdot(-11) + \mathbf{1}\cdot 18 \qquad = 47$$

$$L_9 = \mathbf{1}\cdot 1 + \mathbf{8}\cdot 2 + \mathbf{28}\cdot(-1) + \mathbf{56}\cdot 3 + \mathbf{70}\cdot(-4) + \mathbf{56}\cdot 7 + \mathbf{28}\cdot(-11) + \mathbf{8}\cdot 18 + \mathbf{1}\cdot(-29) \qquad = 76$$

$\cdots$

그림 3-27

첫째항부터 시작하는 루카스수열을 얻는다.

파스칼 삼각형에서 피보나치수열을 얻을 수 있는 것처럼, 루카스수열도 찾을 수 있어야 한다. 이러기 위해선 파스칼 삼각형을 다음과 같이 손을 볼 필요가 있다 : 삼각형의 오른쪽 변의 숫자 1들을 모두 2로 바꾸고, 나머지 과정은 원래 파스칼 삼각형을 얻는 방법과 똑같이 계산한다. 그림 3-28을 보라.

루카스수열을 발견하기에 앞서 이 변형된 형태의 파스칼 삼각형의 특징을 살펴보자. 그림 3-28의 대각선 수열을 관찰하면 홀수 수열, 제곱수 수열, 피라미드 수열이 등장한다. 덧붙여, 반대쪽 대각선 수열

2											2
1	2										3
1	3	2									6
1	4	5	2								12
1	5	9	7	2							24
1	6	14	16	9	2						48
1	7	20	30	25	11	2					96
1	8	27	50	55	36	13	2				192
1	9	35	77	105	91	49	15	2			384
1	10	44	112	182	196	140	64	17	2		768
1	11	54	156	294	378	336	204	81	19	2	1,536

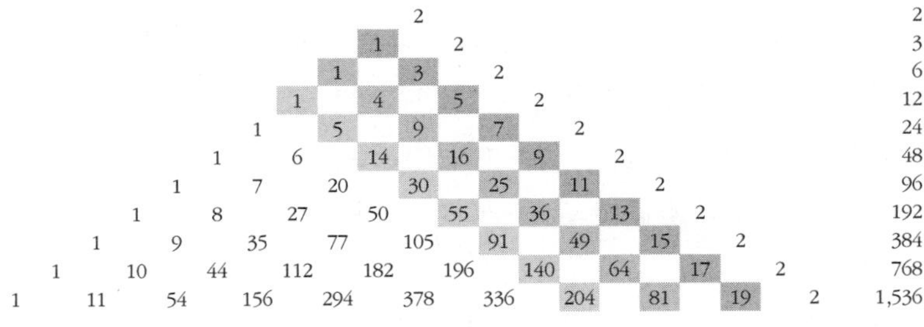

그림 3-28

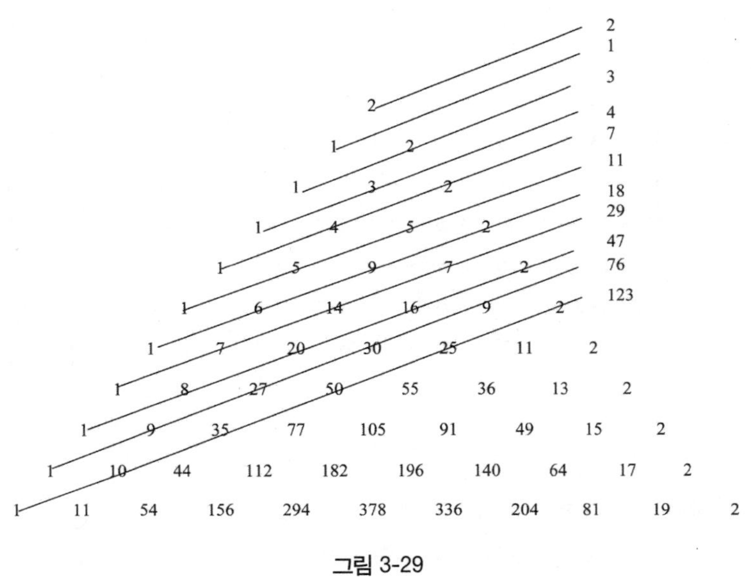

그림 3-29

(오른쪽 위에서 왼쪽 아래로)을 관찰하면, 원래 파스칼 삼각형에서 발견된 것과 마찬가지로 항간의 차이가 일정히 증가하는 수열들을 얻게 된다.

원래 파스칼 삼각형에서 피보나치 수를 찾을 수 있는 것처럼, 변형된 파스칼 삼각형에서 루카스수열을 찾아볼 수 있다. 원래 파스칼 삼각형에서 피보나치수열을 찾는데 지표가 되었던 직선들을 그림 3-29에서 찾고 그 선을 따라 위치한 수들을 합하면 될 것이다.

변형된 파스칼 삼각형을 그림 3-30처럼 왼쪽 정렬을 하여 각각의 열들의 합을 구하면 루카스 수를 얻는다.

피보나치수열을 찾는 방법과 마찬가지로 각 행을 두 번씩 쓴 그림 3-31에서 역시 각 열들의 합을 구하여 루카스 수를 찾을 수 있다.

우리가 지금까지 보아왔던 수열들은 언뜻 보기에는 전혀 연관성이

	0	1	2	3	4	5	6	7	8	9	10	11	12	13	14	15	16	17	18	19	20
0	2																				
1		1	2																		
2			1	3	2																
3				1	4	5	2														
4					1	5	9	7	2												
5						1	6	14	16	9	2										
6							1	7	20	30	25	11	2								
7								1	8	27	50	55	36	13	2						
8									1	9	35	77	105	91	49	15	2				
9										1	10	44	112	182	196	140	64	17	2		
10											1	11	54	156	294	378	336	204	81	19	2
11												1	12	65	210	450	672	714	540	285	100
12													1	13	77	275	660	1122	1386	1254	825
13														1	14	90	352	935	1782	2508	2640
14															1	15	104	442	1287	2717	4290
15																1	16	119	546	1729	4004
16																	1	17	135	665	2275
17																		1	18	152	800
18																			1	19	170
19																				1	20
20																					1
	2	1	3	4	7	11	18	29	47	76	123	199	322	521	843	1364	2207	3571	5778	9349	15127

그림 3-30

없어 보여도, 관련성이 있다는 것을 알았다. 다방면의 수학 영역에 쓰이는 파스칼 삼각형을 이용하여 전혀 연관성이 없어 보이는 수열들 사이에서 몇 가지 공통점을 찾을 수 있다. 피보나치수열을 비롯한 친숙한 수열들이 파스칼 삼각형에 등장하는 것이다. 또한 변형된 파스칼 삼각형은 루카스수열과 여러 잘 알려진 수열들 사이의 연관성을 준다. 피보나치수열과 루카스수열 사이에는 매우 긴밀한 연관성이 있다. 이건 시작에 불과하다. 앞으로 이어지는 내용들에서 파스칼 삼각형의 숨겨진 또 다른 비밀들을 풀어볼 것이다.

	2	3	4	5	6	7	8	9	10	11	12	13	14	15	16	17	18	19	20	21	22
0	2																				
		2																			
1		1	2																		
			1	2																	
2			1	3	2																
				1	3	2															
3				1	4	5	2														
					1	4	5	2													
4					1	5	9	7	2												
						1	5	9	7	2											
5						1	6	14	16	9	2										
							1	6	14	16	9	2									
6							1	7	20	30	25	11	2								
								1	7	20	30	25	11	2							
7								1	8	27	50	55	36	13	2						
									1	8	27	50	55	36	13	2					
8									1	9	35	77	105	91	49	15	2				
										1	9	35	77	105	91	49	15	2			
9										1	10	44	112	182	196	140	64	17	2		
											1	10	44	112	182	196	140	64	17	2	
10											1	11	54	156	294	378	336	204	81	19	2
												1	11	54	156	294	378	336	204	81	19
11												1	12	65	210	450	672	714	540	285	100
													1	12	65	210	450	672	714	540	285
12													1	13	77	275	660	1122	1386	1254	825
														1	13	77	275	660	1122	1386	1254
13														1	14	90	352	935	1782	2508	2640
															1	14	90	352	935	1782	2508
14															1	15	104	442	1287	2717	4290
															1	15	104	442	1287	2717	4290
15																1	16	119	546	1729	4004
																	1	16	119	546	1729
16																	1	17	135	665	2275
																		1	17	135	665
17																		1	18	152	800
																			1	18	152
18																			1	19	170
																				1	19
19																				1	20
																					1
20																					1
	(2)	3	4	7	11	18	29	47	76	123	199	322	521	843	1364	2207	3571	5778	9349	15127	24476

그림 3-31

384 79757008057644623350300078764807923712509139103039448418553259155159833079730688
385 129049549878268233256883381302815012467835672190109552534355121389997818506160385
386 208806557935912856607183460067622936180344811293149000952908380545157651585891073
387 337856107814181089864066841370437948648180483483258553487263501935155470092051458
388 546662665750093946471250301438060884828525294776407554440171882480313121677942531
389 884518773564275036335317142808498833476705778259666107927435384415468591769993989
390 1431181439314368982806567444246559718305231073036073662367607266895781713447936520
391 2315700212878644019141884587055058551781936851295739770295042651311250305217930509
392 3746881652193013001948452031301618270087167924331813432662649918207032018665867029
393 6062581865071657021090336618356676821869104775627553202957692569518282323883797538
394 9809463517264670023038788649658295091956272699959366635620342487725314342549664567
395 15872045382336327044129125268014971913825377475586919838578035057243596666433462105
396 25681508899600997067167913917673267005781650175546286474198377544968911008983126672
397 41553554281937324111297039185688238919607027651133206312776412602212507675416588777
398 67235063181538321178464953103361505925388677826679492786974790147181418684
399 108788617463475645289761992289049744844995705477812699099751202749393926
400 176023680645013966468226945392411250770384383304492191886725992896575
401 284812298108489611757988937681460995615380
402 460835978753503578226215883073872246385
403 745648276861993189984204820755333242001
404 120648425561549676821042070382920548883
405 195213253247748995819462552458453873030
406 315861678809298672640504622841374421870
407 511074932057047668459967175299828294910
408 826936610866346341100471798141202716790
409 133801154292339400956043897344103101170
410 216494815378974035066091077158223372850
411 350295967131343602213497450232647402
412 566790785050287471088226051660549846870
413 917086754721600907110361026162876320890
414 148387753977188837819858707782342616770
415 240096429449348928530894810398630248865
416 388484183426537766350753518180972865642
417 628580612875886694881648328579603114508
418 101706479630242446123240184676057598015
419 164564540917831115611405017534017909465857
420 266271020548073561734645202210075507480902
421 430835561465904677346050219744093416946760080
422 697106582013978239080695421954168924427662421
423 112794214347988291642674564169826234137442250160

제4장_

피보나치 수와 황금 비율

피보나치 비율

황금 비율

황금 비율의 거듭제곱

황금 직사각형

황금 분할 작도법 첫 번째

황금 분할 작도법 두 번째

황금 분할의 작도법 세 번째

황금 분할 작도의 신선한 방법

황금 나선(피보나치 나선)

피보나치 수에 관련한 놀라운 발견

또 다른 기하학에서 피보나치 수를 만나다

황금 직사각형의 대각선

신기한 곳에서 나타나는 황금 비율

피보나치 수와 관련된 신기한 딜레마

황금 삼각형

황금각

정오각형과 펜타그램

정오각형의 작도

이제 피보나치 수에서 나타나는 기하학적인 의미를 알아볼 차례이다. 많은 분야에서 기하학적인 아름다움이 나타난다. 황금 분할Golden section이나 황금사각형Golden rectangle, 황금삼각형Golden triangle, 그밖에 다른 관련된 현상들에서 나타나는 소위 황금 비율Golden ration이라는 개념과 피보나치 수가 어떠한 식으로 관련 있는지 알아볼 것이다. 거두절미하고, 피보나치 수를 가지고 기하학적인 여행을 떠나보자!

피보나치 비율

앞선 장에서는 피보나치 수 각각에 의미를 부여했다기보다는 수열 자체에 대한 연구를 하였다. 피보나치수열이 언뜻 보기에 전혀 관련이 없어 보이는 다른 수열들과 어떠한 관련이 있는지에 초점을 맞추었다. 이제부터는 피보나치수열의 연속된 항의 숫자들의 관계에 대해 고찰해볼 것이다. 특히 연속된 피보나치 수의 비율을 살펴볼 것이다. 피보나치 수가 커지면 커질수록 연속된 두 수의 비율은 어떤 특정한 값으로 수렴할 것인데, 과연 이 수는 무엇일까?

$$\frac{F_2}{F_1} = \frac{1}{1} = 1$$

$$\frac{F_3}{F_2} = \frac{2}{1} = 2$$

$$\frac{F_4}{F_3} = \frac{3}{2} = 1.5$$

$$\frac{F_5}{F_4} = \frac{5}{3} = 1.\overline{6}$$

$$\frac{F_6}{F_5} = \frac{8}{5} = 1.6$$

$$\frac{F_7}{F_6} = \frac{13}{8} = 1.625$$

$$\frac{F_8}{F_7} = \frac{21}{13} = 1.\overline{615384}$$ [53]

$$\frac{F_9}{F_8} = \frac{34}{21} = 1.\overline{619047}$$

$$\frac{F_{10}}{F_9} = \frac{55}{34} = 1.6\overline{1764705882352941}$$

$$\frac{F_{11}}{F_{10}} = \frac{89}{55} = 1.6\overline{18}$$

$$\frac{F_{12}}{F_{11}} = \frac{144}{89} = 1.\overline{61797752808988764044943820224719101123595505}$$

$$\frac{F_{13}}{F_{12}} = \frac{233}{144} = 1.6180\overline{5}$$

$$\frac{F_{14}}{F_{13}} = \frac{377}{233} = 1.6180257510729613733905579399142\ldots$$ [54]

---

53) 소수점 이하의 숫자들 위의 직선 표시는 이 숫자들이 무한 반복해서 나타남을 의미한다. 즉, 직선 아래의 숫자들이 순환마디가 된다.

또한 피보나치의 역비율(분모의 항이 분자의 항보다 하나 더 큰 비율)을 생각해 볼 수 있다. 그림 4-1에서 두 비율의 움직임을 보자. 이

$\frac{F_{n+1}}{F_n}$	$\frac{F_n}{F_{n+1}}$
$\frac{1}{1} = 1.000000000$	$\frac{1}{1} = 1.000000000$
$\frac{2}{1} = 2.000000000$	$\frac{1}{2} = 0.500000000$
$\frac{3}{2} = 1.500000000$	$\frac{2}{3} = 0.666666667$
$\frac{5}{3} = 1.666666667$	$\frac{3}{5} = 0.600000000$
$\frac{8}{5} = 1.600000000$	$\frac{5}{8} = 0.625000000$
$\frac{13}{8} = 1.625000000$	$\frac{8}{13} = 0.615384615$
$\frac{21}{13} = 1.615384615$	$\frac{13}{21} = 0.619047619$
$\frac{34}{21} = 1.619047619$	$\frac{21}{34} = 0.617647059$
$\frac{55}{34} = 1.617647059$	$\frac{34}{55} = 0.618181818$
$\frac{89}{55} = 1.618181818$	$\frac{55}{89} = 0.617977528$
$\frac{144}{89} = 1.617977528$	$\frac{89}{144} = 0.618055556$
$\frac{233}{144} = 1.618055556$	$\frac{144}{233} = 0.618025751$
$\frac{377}{233} = 1.618025751$	$\frac{233}{377} = 0.618037135$
$\frac{610}{377} = 1.618037135$	$\frac{377}{610} = 0.618032787$
$\frac{987}{610} = 1.618032787$	$\frac{610}{987} = 0.618034448$

그림 4-1. 연속된 피보나치 수의 비율[55)]

두 비율들이 각각 어떤 값으로 수렴해 가는지 보이는가? 숫자가 커지면 커질수록 수렴값이 점점 명확해질 것이다.

첫째, 둘째 열 모두 어떤 특정한 값으로 수렴하고 있다. (둘째 열이 첫째 열의 값보다 약 1정도가 작다.) 왼쪽 열은 1.61803…으로 수렴하고 오른쪽 열은 0.61803…으로 수렴한다. 매우 큰 피보나치 숫자들에 대해서 $\frac{F_{n+1}}{F_n} = \frac{F_n}{F_{n+1}} + 1$이라는 관계식[56]이 성립하는 것 같고, 항이 점점 더 커지면 커질수록 두 값의 차이는 무시할 수 있을 정도이다. 따라서 일반적으로, $\frac{F_{n+1}}{F_n} \approx \frac{F_n}{F_{n+1}} + 1$이 성립한다고 추측할 수 있겠다. 항이 '무한대' 로 커졌을 때, 연속된 두 피보나치 수의 비율값을 황금 비율이라 한다.

황금 비율

앞서 살펴본 비율의 극한값은 아무래도 수학에서 가장 유명한 숫자 중에 하나일 것이다. 이 비율을 수학적 기호로 그리스 문자 ø (phi)라 쓴다. 아마도 그리스의 조각가 피디아스[57]Phidias, 약 B.C. 490-430를 기린 문자

---

54) $\frac{377}{233}$을 소수로 표현해보면, 61802575107296137339055793991416309012875536480686695 27896995708154506437768240343347639484978540772532188841201716738197424892703862660944206008583690987124463519313304721030042918454935622317596566523605 150214592274678111587982832가 되고, 이것이 무한반복된다.
순환주기는 그 길이가 232(= 233—1)이다.

55) 소수점 10째자리에서 반올림하여 9째자리까지 표현한 결과이다.

56) 오른쪽 열이 왼쪽 열의 값과 비교해서 차이가 1 정도 나는데, 피보나치 숫자들이 커지면 커질수록 이 차이는 거의 1로 수렴한다.

57) 그리스어로 *ΦΣΙΔΙΑΣ*이다.

로 생각된다. 올림피아의 제우스 신전Statue of Zeus를 건립했고, 그리스 아테네의 파르테논 신전의 공사감독을 맡았는데, 건축 당시 황금 비율의 개념을 자주 도입했다는 것이 ø라는 이름의 유래일 것이다. (혹자들은 속편하게, ø의 유래를 피보나치 수와 연관시키는데, 그들은 실제로 ø-보나치 수열이라 부른다.)

ø의 조금 더 정확한 근사값은 다음과 같다 :

$$ø \approx 1.6180339887498948482045868343656$$

그림 4-1의 비율값들은 이 수로 계속 가까워진다. 이 표에서 우리가 얻을 수 있는 ø의 유일한 특징은 $ø = \frac{1}{ø} + 1$ 즉, $\frac{1}{ø} = ø - 1$이다.

이 관계식에서 알 수 있듯이, ø의 역수는 ø에서 1을 뺀 값이므로 $\frac{1}{ø} = 0.6180339887498948482045868343656\cdots$이다. 그런데 어떤 수의 역수는 항상 유일하므로 직접 1을 ø로 나눈 값도 이 수가 될 수밖에 없다. 즉 수학적 사실로, $ø \cdot \frac{1}{ø} = 1$이 성립하는 $\frac{1}{ø}$를 찾는 것인데, 이 관계식은 0이 아닌 모든 수에 대해서 성립한다.

ø의 더욱더 정확한 값을 알고 싶은 독자들을 위하여 소수점 천 번째 자리까지 나열해보면,

ø = 1.61803398874989484820458683436563811772030917980576
286213544862270526046281890244970720720418939113748
475408807538689175212663386222353693179318006076672
635443338908659593958290563832266131992829026788067
520876689250171169620703222104321626954862629631361
443814975870122034080588795445474924618569536486444
924104432077134494704956584678850987433944221254487

7066478091588460749988712400765217057517978834166256249407589069704000281210427621771117778053153171410117046665991466979873176135600670874807101317952368942752194843530567830022878569978297783478458782289110976250030269615617002504643382437764861028383126833037242926752631165339247316711121158818638513316203840052221657912866752946549068113171599343235973494985090409476213222981017261070596116456299098162905552085247903524060201727997471753427775927786256194320827505131218156285512224809394712341451702237358057727861600868838295230459264787801788992199027077690389532196819861514378031499741106926088674296226757560523172777520353613936

이다. ø와 $\frac{1}{ø}$의 아주 특별한 관계($\frac{1}{ø}$ = ø—1)에 의하여 $\frac{1}{ø}$의 소수점 이하의 모든 값들은 ø와 일치하므로 다음과 같이 쓸 수 있다. (다시 한 번 써서 이 관계식의 놀라움을 강조하고 싶다.)

$\frac{1}{ø}$ = .618033988749894848204586834365638117720309179805762862135448622705260462818902449707207204189391137484754088075386891752126633862223536931793180060766726354433389086595939582905638322661319928290267880675208766892501711696207032221043216269548626296313614438149758701220340805887954454749246185695364864449241044320771344947049565846788509874339442212544877066478091588460749988712400765217057517978834166256249407589069704000281210427621771117778053153171410117046665991466979873176135600670874807101317952368942752194843530567830022878569978297783478458782289110976250030269615617002504643382437764861028383126833037242926752631165339247316711121158818638513316203840052221657912866752946549068113171599343235973494985090409476213222981017261070596116456299098162905552085247903524060201727997471753427775927786256194320827505131218156285512224809394712341451702237358057727861600868838295230459264787801788992199027077690389532196819861514378031499741106926088674296226757560523172777520353613936

01170466659914669798731761356006708748071013179523689427521948435305678300228785699782977834784587822891109762500302696156170025046433824377648610283831268330372429267526311653392473167111211588186385133162038400522216579128667529465490681131715993432359734949850904094762132229810172610705961164562990981629055520852479035240602017279974717534277759277862561943208275051312181562855122248093947123414517022373580577278616008688382952304592647878017889921990270776903895321968198615143780314997411069260886742962226757560523172777520353613936

이 수는 비순환 소수[58]일 뿐만 아니라 무리수[59]이다. 두 숫자의 차이는 1이고 수식으로 표시하면, $\frac{1}{\phi} = \phi - 1$ 이다. ø와 피보나치 수의 관계를 더 긴밀히 하기 위해, 초등 대수학적 방법을 도입하여 방정식 $\frac{1}{\phi} = \phi - 1$을 풀어보자.

양변에 ø를 곱하면 : $1 = \phi^2 - \phi$ 이므로 $\phi^2 - \phi - 1 = 0$을 얻고, 근의 공식에 의해 $\phi = \frac{1 \pm \sqrt{5}}{2}$ 를 얻는다.

이 중 양수인 ø값은 $\phi = \frac{1+\sqrt{5}}{2} = 1.61803398874989484820458683$ $43656\ldots$ 이다.

또한 정말 $\frac{1}{\phi} = \phi - 1$이 성립하는지를 알아보기 위해 다음과 같이

58) 순환소수는 소수부분이 유한이거나 무한이더라도 어떤 순환마디가 있어서 그 순환마디가 무한정 반복되는 소수를 의미한다.

59) 무리수는 정수 분의 정수 꼴로 쓸 수 없는 수를 말한다.

직접 계산을 해보자.

$$\frac{1}{\varnothing} = \frac{2}{\sqrt{5}+1} = \frac{\sqrt{5}-1}{2} \approx 0.618033988749894848204586834365 64$$

따라서 정말 이 관계식이 성립함을 알 수 있다.

따라서, $\varnothing \times \frac{1}{\varnothing} = 1$(이것은 자명한 관계식)과 $\varnothing - \frac{1}{\varnothing} = 1$ 두 관계식이 성립한다. 즉, $\varnothing$와 $-\frac{1}{\varnothing}$은 방정식 $x^2 - x - 1 = 0$의 두 근임을 기억하자. 성질에 대해서는 다음에 알아볼 것이다.

황금 비율의 거듭제곱

$\varnothing$의 거듭제곱들을 해보면 재밌는 현상이 일어난다. 피보나치 수와 $\varnothing$의 연결고리가 더 확연히 들어나게 된다. 우선 $\varnothing^2$을 $\varnothing$로 나타내어 보자.

$$\varnothing^2 = \left(\frac{\sqrt{5}+1}{2}\right)^2 = \frac{5+2\sqrt{5}+1}{4} = \frac{2\sqrt{5}+6}{4} = \frac{\sqrt{5}+3}{2}$$

$$= \frac{\sqrt{5}+1}{2} + 1 = \varnothing + 1$$

이 관계식 ($\varnothing^2 = \varnothing + 1$)을 이용하여 $\varnothing$의 연이은 거듭제곱을 계산할 수 있다. $\varnothing$의 지수승을 적절하게 분해하여 계산하는 방법이다. 독자들이 보기에 처음에는 복잡하게 보일지 모르나 차근차근 계산을 해보자. (실제 어렵지 않은 계산으로 노력해볼 가치가 충분하다.)

$$\varnothing^3 = \varnothing \cdot \varnothing^2 = \varnothing(\varnothing+1) = \varnothing^2 + \varnothing = (\varnothing+1) + \varnothing = 2\varnothing + 1$$

$$\varnothing^4 = \varnothing^2 \cdot \varnothing^2 = (\varnothing+1)(\varnothing+1) = \varnothing^2+2\varnothing+1 = (\varnothing+1)+2\varnothing+1 = 3\varnothing+2$$

$$\varnothing^5 = \varnothing^3 \cdot \varnothing^2 = (2\varnothing+1)(\varnothing+1) = 2\varnothing^2+3\varnothing+1 = 2(\varnothing+1)+3\varnothing+1 = 5\varnothing+3$$

$$\varnothing^6 = \varnothing^3 \cdot \varnothing^3 = (2\varnothing+1)(2\varnothing+1) = 4\varnothing^2+4\varnothing+1 = 4(\varnothing+1)+4\varnothing+1 = 8\varnothing+5$$

$$\varnothing^7 = \varnothing^4 \cdot \varnothing^3 = (3\varnothing+2)(2\varnothing+1) = 6\varnothing^2+7\varnothing+2 = 6(\varnothing+1)+7\varnothing+2 = 13\varnothing+8$$

등등.

이쯤에서 패턴이 보이는가? $\varnothing$의 거듭제곱을 했을 때 결과값이 $\varnothing$

$\varnothing = 1\varnothing + 0$	$\varnothing^6 = 8\varnothing + 5$
$\varnothing^2 = 1\varnothing + 1$	$\varnothing^7 = 13\varnothing + 8$
$\varnothing^3 = 2\varnothing + 1$	$\varnothing^8 = 21\varnothing + 13$
$\varnothing^4 = 3\varnothing + 2$	$\varnothing^9 = 34\varnothing + 21$
$\varnothing^5 = 5\varnothing + 3$	$\varnothing^{10} = 55\varnothing + 34$
	⋮

그림 4-2

의 상수배에 상수를 더한 형태가 나온다. 더욱이 이 상수들은 모두 피보나치 수들이며, 수열의 순서대로 등장하고 있다. 이 패턴을 이용하여 $\varnothing$의 거듭제곱들을 그림 4-2처럼 찾을 수 있다.

어떠한가? 또다시 생각지도 못한 곳에서 피보나치수열이 등장한다. $\varnothing$의 거듭제곱을 취할 때, $\varnothing$ 앞에 곱해지는 상수와 더해지는 상수가 모두 피보나치수열이다. 다시 말해서 $\varnothing$의 임의의 거듭제곱은 $\varnothing^n = a\varnothing + b$처럼 일차식으로 쓸 수 있고, 여기서 a, b는 피보나치 수들이다.

황금 직사각형

수세기에 걸쳐 예술가, 건축가들은 가장 완벽한 모양의 직사각형이 무엇인가에 대해서 결론을 내렸다. '황금 직사각형' 이라 불리는 이상적인 사각형이 가장 보기 좋은 아름다운 도형이라는 것이다. 황금 직사각형이란 가로(l)와 세로(w)의 길이가 $\frac{w}{l} = \frac{l}{w+l}$ 을 만족하는 직사각형이다.

황금 직사각형이 바람직한 도형이 된 데는 다양한 심리 실험에서부터였다. 독일 실험 심리학자인 구스타프 페흐너Gustav Fechner는 아돌프 자이싱Adolf Zeising의 저서 『황금 분할』Der goldene Schnitt[60]을 읽고 영감을 받아 황금 직사각형이 사람들에게 심리적으로 또는 미학적으로 매력을 주고 있는지에 대해 진지한 연구를 시작하였고, 그 결과를 1876년에 발표하였다.[61] 페흐너는 실생활에서 자주 보이는 직사각형 모양의 물건들 예를 들어, 트럼프 카드나, 편지지, 책, 창문과 같은 것들의 생김새를 다양하게 조사해 보았더니, 대부분의 물건들이 가로와 세로의 비율이 거의 ϕ와 비슷하다는 결론을 내릴 수 있었다. 또한 사람들의 선호도를 조사해 본 결과 대부분의 사람들이 황금 직사각형의 생김새를 더 선호한다는 것을 알았다.

구스타프 페흐너는 실제 실험에서 228명의 남자와 119명의 여자 앞에 직사각형을 늘어놓고, 어떤 직사각형이 가장 보기 좋으냐는 질

60) 독일 철학자 아돌프 자이싱(Adolf-Zeising, 1810-1876), Neue Lehre von den Proportionen des menschilichen Korpers(인간 신체 비례에 관한 새로운 이론) (라이프치히, 독일: R, Weigel, 1854) Der goldene Schnitt(황금 분할)은 그의 사후에 발간되었다.(Leopoldinisch Carolinische Akademie: 독일, 할레, 1884)

61) 구스타프 페흐너(Gustav Theo dor Fechner), Zur exoerimentalen Assthetik(실험 미학) (라이프치히, 독일: Breitkopf & Hartl, 1876)

문을 하였다. 그림 4-3을 보라. 독자라면 어떠한 직사각형이 마음에 드는가? 1 : 1의 비율을 가진 직사각형은 너무 정사각형 같다. 선생님이 직사각형 모양을 그리라고 시켰을 때, 정사각형을 그리는 아이들이 얼마나 될까? 거의 없을 것이다. 정사각형은 직사각형을 대표하는 도형이 아니기 때문이다! 반면에 2 : 5 비율의 직사각형은 어떤가? 너무 수평으로 늘어져 있어서 보기에 불편하지 않은가? 마지막으로 21:34의 비율을 가진 직사각형은 첫인상이 마음에 들고 미적으로 더 보기 편하다. 페흐너의 발견은 이러한 것이었다.

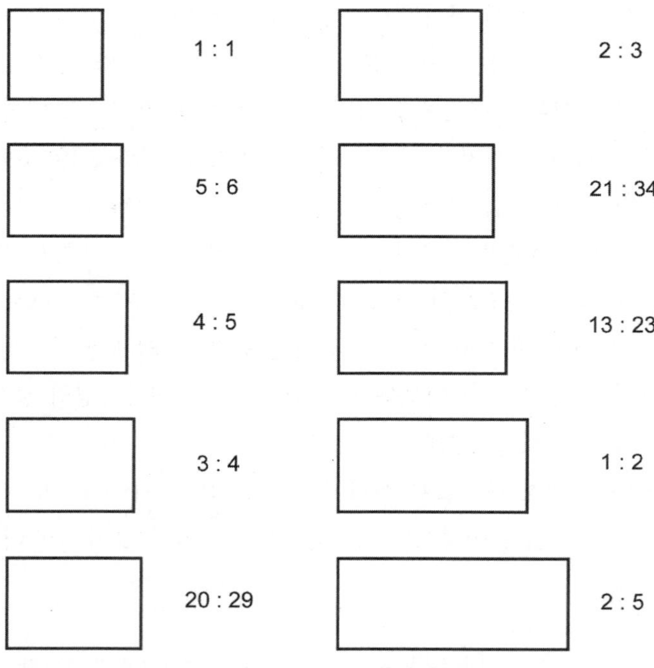

그림 4-3. 페흐너가 제시한 직사각형

여기, 페흐너가 실험한 결과를 보자.

직사각형 변의 비율	최고의 직사각형으로 선택한 비율	최악의 직사각형으로 선택한 비율
1 : 1 = 1.00000	3.0	27.8
5 : 6 = .83333	.2	19.7
4 : 5 = .80000	2.0	9.4
3 : 4 = .75000	2.5	2.5
20 : 29 = .68966	7.7	1.2
2 : 3 = .66667	20.6	0.4
21 : 34 = .61765	**35.0**	**0.0**
13 : 23 = .56522	20.0	0.8
1 : 2 = .50000	7.5	2.5
2 : 5 = .40000	1.5	35.7
	100.00	100.00

그림 4-4

페흐너의 실험은 다양한 방법으로 계속 이어졌고, 그의 결론은 더욱더 지지를 받게 되었다. 미국 심리학자이자 교육자인 손다이크Edward Lee Thorndike, 1874-1949 역시 비슷한 실험을 통해 유사한 결론을 얻었다.

일반적으로 사람들은 21 : 34의 비율을 가진 직사각형을 가장 선호하였다. 이 비율이 눈에 익지 않는가? 그렇다. 피보나치 수인 것이다. 비율은 $\frac{21}{34} = 0.6\overline{176470588235294}1$로써 $\frac{1}{\phi}$의 값과 거의 같다. 이러한 이유로 황금 직사각형이라는 이름이 탄생한 것이다.

그림 4-5의 가로가 l이고 세로가 w인 직사각형을 생각하자. 가로와 세로는 다음과 같은 관계가 있다고 하자. $\frac{w}{l} = \frac{l}{w+l}$

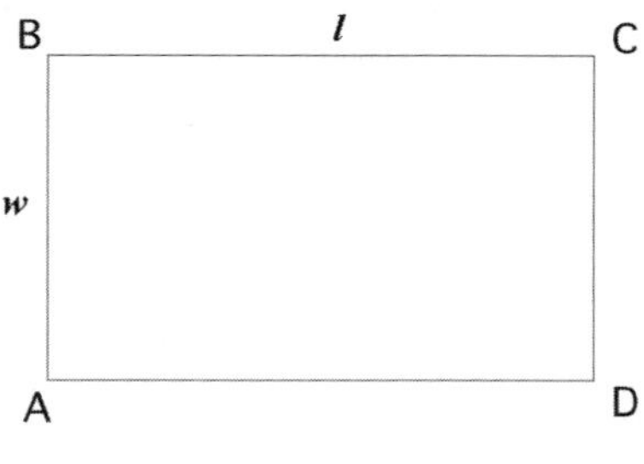

그림 4-5

위의 비례식을 풀면 $w(w+l) = l^2$(좌변의 분자와 우변의 분모를 곱한 것이 좌변의 분모와 우변의 분자를 곱한 것과 같다)을 얻고 $w^2+wl-l^2=0$이 된다.

$l=1$이라 하면, $w^2+w-1=0$이 된다.

2차방정식의 근의 공식[62]을 사용하여 $w=\frac{-1\pm\sqrt{5}}{2}$를 얻는데, 길이는 항상 양수라는 조건 때문에 음수인 w는 생각하지 않는다. 따라서 $w=\frac{-1\pm\sqrt{5}}{2}=\frac{\sqrt{5}-1}{2}=\frac{1}{\varnothing}$를 얻고 황금비율의 역수임을 알 수 있다.

따라서 황금 직사각형의 가로 세로 비율은 $\frac{w}{l}=\frac{l}{w+l}=\frac{1}{\varnothing}=\frac{\sqrt{5}-1}{2}$, 또는 $\frac{l}{w}=\frac{w+l}{l}=\varnothing=\frac{\sqrt{5}+1}{2}$이다.

그렇다면 유클리드 기하학적으로 황금 직사각형을 작도 가능한 방법은 어떻게 될까?

작도 가능한 도형이란 눈금 없는 자와 컴퍼스만으로 그릴 수 있는 도형을 말한다. (그림을 그리는 방법에는 Geometer's Sketchpad-GSP 같은 소프트웨어를 써서 컴퓨터로 작업하는 방법도 있다.) 세로

62) 중학교 시절 배웠던 공식으로, $ax^2+bx+c=0$의 근은 $x=\frac{-b\pm\sqrt{b^2-4ac}}{2a}$이다.

1을 단위 길이로 할 때, 가로가 $\frac{\sqrt{5}+1}{2}$을 찾는 것이 우리의 목적이다.

그러면 두 변의 길이 비율 $\varnothing = \frac{\sqrt{5}+1}{2}$를 얻게 된다.

황금비율을 작도하는 가장 간단한 방법은 정사각형 $ABEF$에서부터 시작한다.(그림 4-6) M을 $\overline{AF}$의 중점이라 하자. 그리고 M을 중심, $\overline{ME}$를 반지름으로 하는 원을 그리면 $\overrightarrow{AF}$와 점 D에서 만난다. D에서 위로 수직선을 그리면 $\overrightarrow{BE}$와 점 C에서 만난다. 이 때, 사각형 $ABCD$를 얻는다. 이것이 바로 황금 직사각형이다.

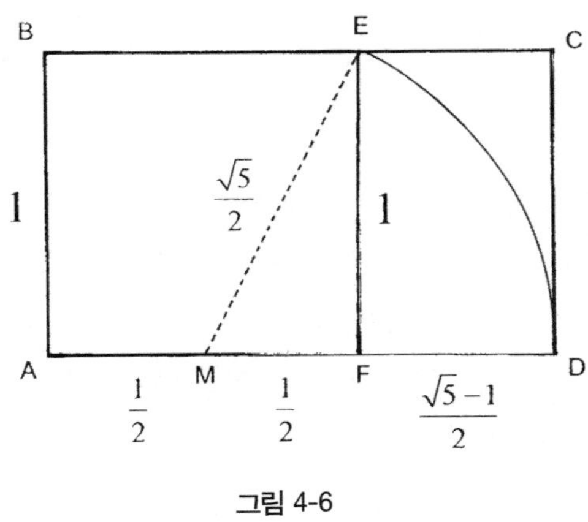

그림 4-6

그림 4-6의 도형 $ABCD$가 사실 황금 직사각형이 됨을 보이자. 일반성을 잃지 않고, $ABEF$가 단위 정사각형이라 하자. (한 변의 길이가 정사각형) 따라서 $EF = AF = 1$이고 $MF = \frac{1}{2}$이다.

삼각형 $\triangle MFE$에 피타고라스 정리[63]를 적용하여 $ME = \frac{\sqrt{5}}{2}$를 얻는

다. 따라서 $AD = \frac{\sqrt{5}+1}{2}$ 이다.

$ABCD$가 황금 직사각형임을 증명하려면, 가로 세로의 길이가 다음 비례식 $\frac{CD}{AD} = \frac{AD}{CD+AD}$를 만족함을 보이면 된다.

구한 길이를 직접 위 식에 넣어보면,

$$\frac{1}{\frac{\sqrt{5}+1}{2}} = \frac{\frac{\sqrt{5}+1}{2}}{1+\frac{\sqrt{5}+1}{2}}$$

가 성립하므로, 위 식이 맞음을 알 수 있다.

위대한 천문학자이자 수학자인 케플러는 이렇게 말했다. "기하학에는 두 가지 보물이 있다. 바로 피타고라스 정리와 황금 분할이다. 피타고라스 정리를 다량의 금에 비유한다면, 황금 분할은 값어치를 매길 수 없을 정도의 보석과 같다."

수학에서 다뤄지는 현상들이 서로 어떤 연관이 있는지에 흥미를 느끼는 독자들을 위해 다음의 사실을 말해주고 싶다. 언더우드 더들리 Underwood Dudley[64]는 황금 비율과 π사이에 '깜직한' 관계식을 유도해 내었다. 다음의 결과는 좋은 근사값의 의미 그 이상도 이하도 아닌 것 같다.

---

63) 피타고라스 정리를 사용하면

$$(ME)^2 = (MF)^2 + (EF)^2$$

$$(ME)^2 = \left(\frac{1}{2}\right)^2 + 1^2$$

$$(ME)^2 = \left(\frac{5}{4}\right)$$

$$(ME) = \sqrt{\frac{5}{4}} = \frac{\sqrt{5}}{2}$$

64) 수학 오론가들(Mathematical Cranks) (워싱턴 D.C. 미국 수학회(Mathematical Association of America), 1992)

$$3.1415926535897932384\ldots = \pi \approx \frac{5}{6}\varnothing^2 = 3.1416407864998738178\ldots$$

이것 외에 수학에서 쓰이는 값들이 서로 연결되어 있는 식이 하나 있다. 수학에서 가장 유명한 등식 중 하나로 손꼽히는 오일러Leonhard Euler, 1707-1783의 등식이다. 오일러는 수학의 역사상 가장 업적이 많은 사람이다. 오일러 등식이 아름다운 이유는 수학에서 가장 중요한 상수들을 모두 포함하고 있기 때문이다.

바로, $e^{\pi i}+1=0$이다. e(오일러 수)는 자연로그의 밑이고, π(루돌프 수)는 원의 지름과 원주의 비율을 뜻한다. i는 복소수의 허수부분을 나타내는 단위이다. (—1의 제곱근, 즉 $\sqrt{-1}$). 1은 자연수의 기본 단위(모든 자연수는 1을 유한번 합하여 얻을 수 있다)이고, 0은 덧셈에 대한 항등원이다. 하지만, $\varnothing$가 빠진다? 자, 다음과 같이 식을 바꿔보자.

$\varnothing = \frac{\sqrt{5}+1}{2}$ 이고 $1 = -e^{\pi i}$(오일러 등식)이므로 첫 번째 식에 1 대신 두 번째 식의 $-e^{\pi i}$를 대입하면, $\varnothing = \frac{\sqrt{5}-e^{\pi i}}{2}$를 얻는다. $\varnothing$, π, e, i가 연결되지 않았는가?

황금 분할 작도법 첫 번째

황금 분할을 작도하는 방법(눈금 없는 자와 컴퍼스만으로 도형을 그리는 방법)에는 그림 4-6에서 보인 것 이외에도 다양한 방법이 있다. 여러 작도법을 통해, 아름다운 기하학적인 내용들이 황금 비율을 찾아내는 데 어떻게 쓰이는지 보게 될 것이다. 여기서 몇 가지 방법을 소개한다. 우선 그림 4-7의 알렉산드리아 헤론Alexandria Heron, 약 10-70의 방법이다.

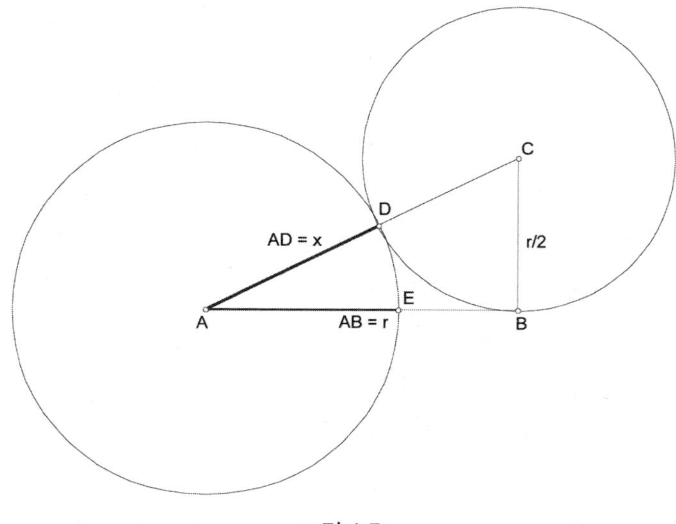

그림 4-7

그림 4-7에서 $\overline{AB}$를 황금비율로 나누는 방법을 볼 수 있을 것이다. $\overline{AB}$에서 $BC = \frac{1}{2}AB$이고 $\overline{AB} \perp \overline{BC}$인 선분 $\overline{BC}$를 그리자. 그리고 C를 중심, BC를 반지름으로 하는 원을 그리고 이것이 직각삼각형 ABC의 빗변과 만나는 점을 D라 하자. 또 A를 중심, AD를 반지름으로 하는 원을 그려 이것이 AB와 만나는 점을 E라 하면, E가 AB를 황금 비율로 나눈다.

$\triangle ABC$에 피타고라스 정리를 사용하면 빗변의 길이 $\overline{AC} = \frac{r\sqrt{5}}{2}$를 얻는다. 따라서 $\frac{AE}{BE} = \frac{x}{r-x} = \frac{\sqrt{5}+1}{2} = \phi \approx 1.618033988$을 얻는다. 이것이 바로 첫 번째 작도 방법이다. (자세한 증명은 부록B에 실어놓았다.)

황금 분할 작도법 두 번째

선분 $\overline{AB}$를 작도하는 또 다른 방법을 그림 4-8에서 볼 수 있다. 서로 다른 두 원이 D에서 접하고, $\overline{AB} \perp \overline{AC}$이다. 우선 $AB = a$이고 $AC = \frac{a}{2}$인 직각삼각형을 그리자. 그 다음 C를 중심으로 하고 반지름이 CB인 원을 그린다. $\overrightarrow{CA}$를 연장하여 원과 만나는 점을 D라 하자. 그 다음 중심을 A, 반지름은 AD로 하는 원을 그리자. 그러면 점 E가 $\overline{AB}$를 황금 비율로 나눈다. 즉, $\frac{AE}{BE} = \frac{x}{a-x} = \frac{\sqrt{5}+1}{2} = \phi \approx 1.618033988$을 얻는다. (이것에 대한 자세한 증명은 부록 B에 실었다.)

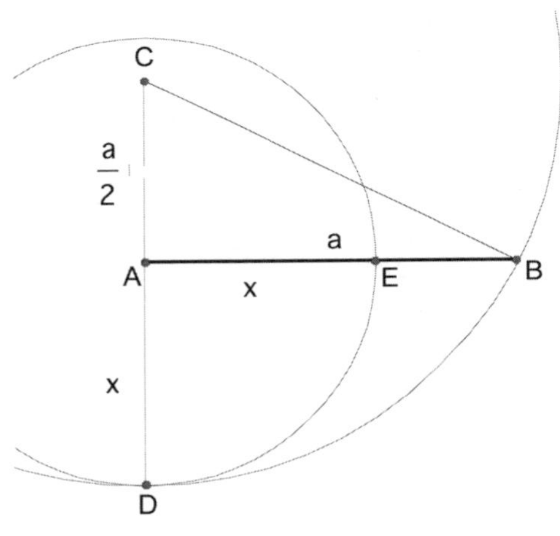

그림 4-8

황금 분할 작도법 세 번째

그림 4-9의 작도에서 황금 비율과 관련 있는 두 선분을 찾을 수 있다. 바로 길이가 $\phi = \frac{\sqrt{5}+1}{2}$와 $\frac{1}{\phi} = \frac{\sqrt{5}-1}{2}$인 변인데 이것들은 각각 $\overline{BQ}$와 $\overline{BP}$이다.

작도법은 비교적 간단하다. $AB = 2 \cdot BC$인 직각삼각형 ABC를 그리면, $AC = \sqrt{5}$가 된다. 이제 각 $\angle ACB$의 이등분선과 C의 외각의 이등분선을 이용하여 황금 비율을 찾아낼 수 있다.(부록 B)

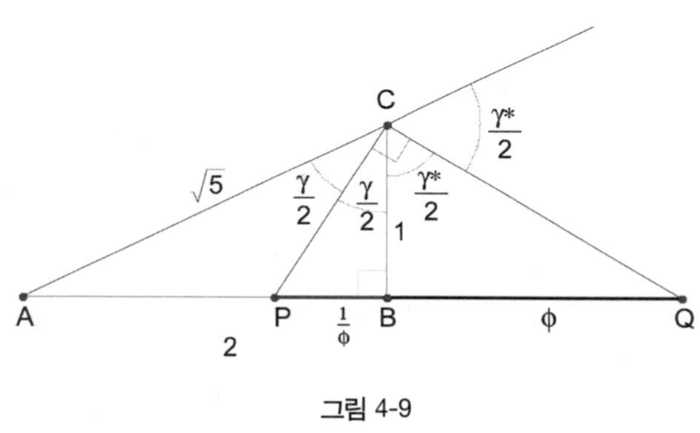

그림 4-9

황금 분할 작도의 신선한 방법

황금 비율은 선을 따라 작도할 수 있고, 물론 이 선분을 사용하여 황금 직사각형을 얻어낼 수 있다. 작도법은 증명에서 보다시피 간단하다. 원안에 내접한 정삼각형 ABC에서부터 시작한다. 두 변의 중점을 잇는 선분을 연장하여 원과 만나게 하자.(그림 4-10) 편의상 정삼각형의 한 변의 길이를 2라 하자. 두변의 중점을 잇는 선분은 다른 한 변의 길이의 반[65] 즉, 길이가 1이라는 사실은 쉽게 확인할 수 있다.

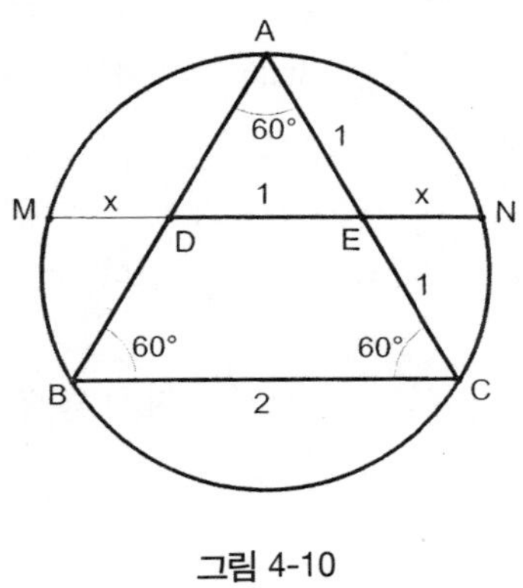

그림 4-10

원에서 두 현을 그렸을 때 현이 다른 하나의 현으로 두 부분으로 나뉘게 되는데, 그 두 부분의 곱이 일정하다는 사실[66]에 따라 우리는 다음을 얻는다 :

$$AE \cdot EC = ME \cdot EN$$

$$1 \cdot 1 = (x+1)x$$

$$x^2 + x - 1 = 0$$

$$x = \frac{\sqrt{5}-1}{2} \text{ 즉, } \frac{1}{\varnothing}$$

즉, 황금 직사각형을 도입하지 않고도 황금 분할을 얻을 수 있다.

---

65) E를 지나고 $\overline{AB}$에 평행한 보조선을 그어 $\overline{BC}$와 만나는 점을 F라하면, 사각형 $BDEF$는 한 변의 길이가 1인 마름모라는 사실을 이용한다.

66) 원의 두 현이 교차할 때, 한 현의 두 부분의 곱은 다른 한 현의 두 부분의 곱과 같다.

황금 나선(피보나치 나선)

황금 직사각형 *ABCD*를 가지고 이야기를 계속해보자. 이번엔 흥미로운 내용이다. 그림 4-6에서 ABCD 안에 정사각형을 그렸을 때(그림 4-11처럼) $AF=1$, $AD=\phi$라 하면, $FD=\phi-1=\frac{1}{\phi}$ 이다. 그러면 직사각형 *CDFE*은 $FD=\frac{1}{\phi}$ 이고 $CD=1$이 된다. 이 두 변의 길이 비율을 계산하면 $\frac{EF}{FD}=\frac{1}{\frac{1}{\phi}}=\frac{1}{\phi^2}$ 이므로, 이것도 다시 황금 직사각형이 된다.

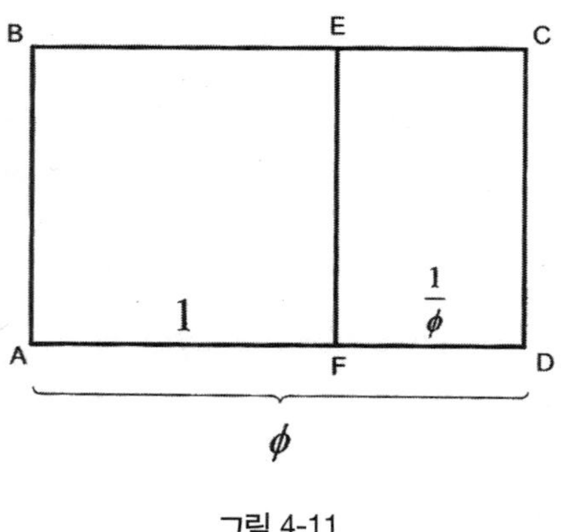

그림 4-11

자, 이제 새로운 황금 직사각형이 생겼다. 위의 과정을 이 사각형 안에서 다시 반복하자. 즉, 황금 직사각형 *CDFE* 안에서 정사각형 *DFGH*를 그릴 수 있다.(그림 4-12) 그러면 $CH=1-\frac{1}{\phi}=\frac{1}{\phi^2}$ 이므로 직사각형 *CHGE*의 두 변의 길이 비율은

$$\frac{\frac{1}{\emptyset}}{\frac{1}{\emptyset^2}} = \emptyset$$

가 된다. (분자와 분모에 $\emptyset^2$을 곱하여 계산할 수 있음) 따라서 다시 *CHGE*라는 황금 직사각형을 얻었다.

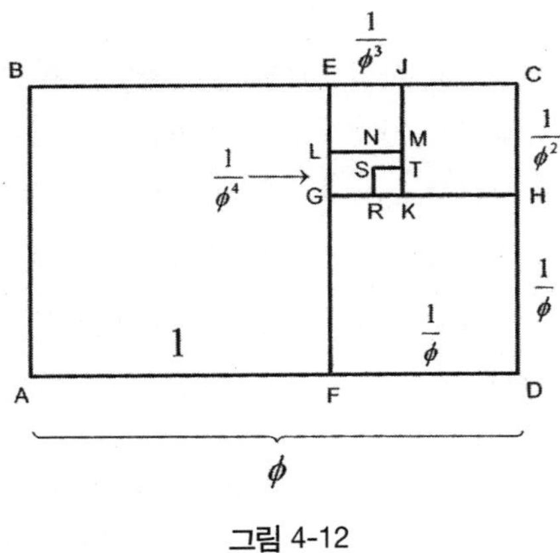

그림 4-12

이 방법대로 하여, 황금 직사각형 *CHGE* 안에서 *EJKG* 직사각형을 얻는다.

$$EJ = \frac{1}{\emptyset} - \frac{1}{\emptyset^2} = \frac{\emptyset - 1}{\emptyset^2} = \frac{\frac{1}{\emptyset}}{\emptyset^2} = \frac{1}{\emptyset^3}$$

이므로[67] 직사각형 *EJKG*에서 두 변의 길이의 비율을 구하면

67) 전에 보였듯이 $\emptyset - \frac{1}{\emptyset} = 1$ 이므로, $\emptyset - 1 = \frac{1}{\emptyset}$ 이다.

$$\frac{\frac{1}{\phi^2}}{\frac{1}{\phi^3}} = \phi$$

이다. 다시 황금 직사각형 *EJKG*를 얻었다.

이 과정을 계속하여 황금직사각형 *GKML*, *NMKR*, *MNST*, 를 차례로 얻는다. 이제,

*E*를 중심으로 하고 *EB*를 반지름으로 하는 원
*G*를 중심으로 하고 *GF*를 반지름으로 하는 원
*K*를 중심으로 하고 *KH*를 반지름으로 하는 원
*M*를 중심으로 하고 *MJ*를 반지름으로 하는 원
*N*를 중심으로 하고 *NL*를 반지름으로 하는 원
*S*를 중심으로 하고 *SR*를 반지름으로 하는 원

을 그리면 로그나선Logarithmic spiral과 비슷한 곡선을 얻게 된다.(그림 4-13)

이 복잡한 부분에 대칭적인 부분이 정사각형이다. 각각의 정사각형

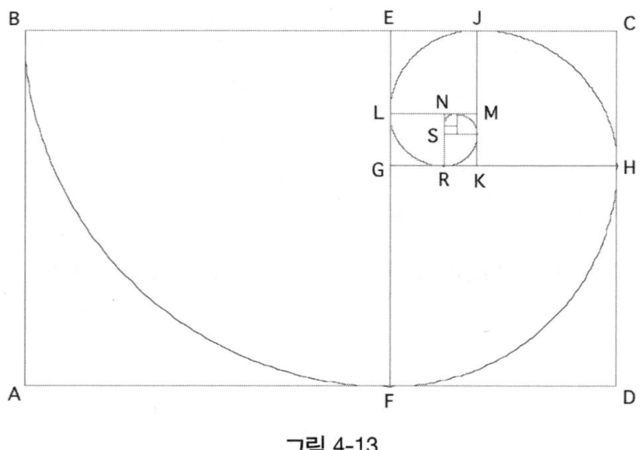

그림 4-13

에 중심을 잡고 곡선을 연결하면 또다시 로그나선 비슷한 형태를 얻을 수 있다.(그림 4-14)

그림 4-13에 나타나는 나선은 어느 직사각형 *ABCD*안의 한 점으로 수렴하는 것처럼 보인다. 이 점은 $\overline{AC}$와 $\overline{ED}$의 교점 *P*이다.(그림 4-15)

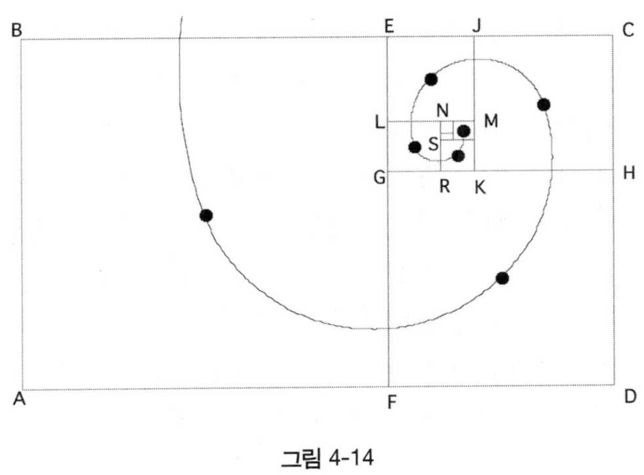

그림 4-14

다시 한 번 *ABCD*을 생각하자.(그림 4-15) 앞에서 우리는 정사각형 *ABEF*와 또 다른 황금 직사각형 *CEFD*를 얻을 수 있었다.

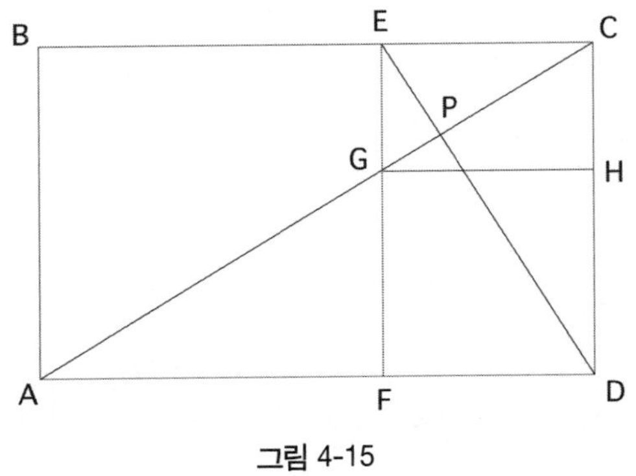

그림 4-15

모든 황금 직사각형은 닮은꼴이므로 직사각형 $ABCD$와 $CEFD$는 닮음이다. 따라서 $\triangle ECD$와 $\triangle CDA$ 역시 닮음이다. 즉, $\angle CED$와 $\angle DCA$가 같다. 그리고 $\angle DCA$는 $\angle ECA$의 여각(더해서 직각이 되는 각)이다. 따라서 $\angle CED$는 $\angle ECA$의 여각이므로 $\angle EPC$는 직각 즉, $\overline{AC} \perp \overline{EC}$이다.

이 상황처럼 한 직사각형의 세로가 다른 직사각형의 가로가 되면서 닮은꼴이 유지될 때, 이 직사각형들을 역직사각형Reciprocal rectangle이라 한다. 이때의 닮음비[68]는 ø 이다.

그림 4-15에서 직사각형 $ABCD$와 $CEFD$는 역직사각형 관계이다. 또한 두 직사각형의 대각선은 수직으로 만난다는 사실도 보였다.

마찬가지 방법으로 직사각형 $CEFD$와 $CEGF$ 역시 역직사각형 관계이다. 따라서 이들의 대각선 $\overline{ED}$와 $\overline{CG}$ 역시 점 P에서 수직으로 만난다. 이러한 논리를 그림 4-16에 보이는 연이어진 역직사각형에 적용해 보자. 당연히 P가 나선의 극한점이 되지 않겠는가?

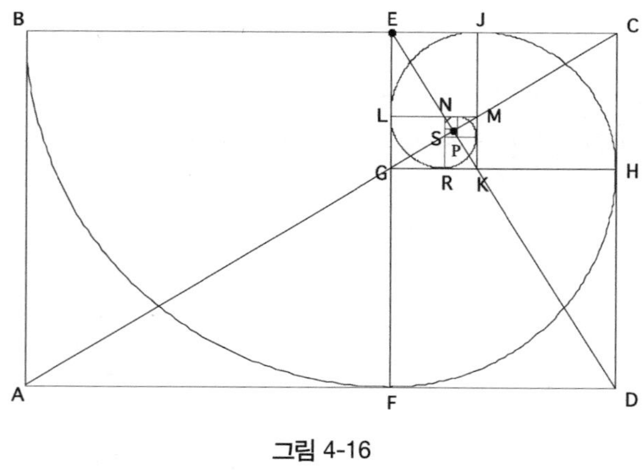

그림 4-16

68) 두 닮은 도형의 대응하는 변의 비율을 닮음비라 한다. 여기서는 닮은 직사각형의 닮음비를 뜻한다.

거꾸로 대각선의 이러한 관계를 이용하여 연이어진 황금 직사각형을 만들 수 있다. 우선 황금 직사각형 *ABCD*를 그리고 *D*에서 선분 $\overline{AC}$에 수선을 그려 이것이 $\overline{BC}$와 만나는 점을 *E*라 하자. *E*에서 다시 *AD*에 수선을 내리면 두 번째 황금 직사각형이 만들어진다. 이 과정을 무한정 반복하면 된다.

4분원을 그려가면서 얻어진 나선을 다른 관점으로 보자. 이 나선은 황금 나선과 비슷하다.(그림 4-17) 가로 세로의 길이가 각각 a, $b(a>b)$인 황금 직사각형 *ABCD*에서 $a = \varnothing \cdot b$, $b = \varnothing^{-1} \cdot a$의 관계를 얻는다. 앞에서와 마찬가지 방법으로 4분원을 그려나가며 나선을 얻는다. 그렇게 얻은 나선의 길이는 황금 나선의 길이와 거의 근사하다.

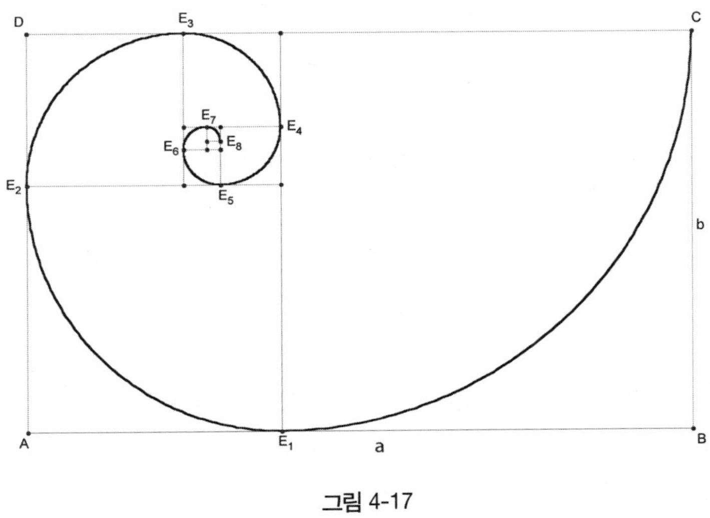

그림 4-17

실제적인 황금 나선은 4분원들에서 얻어지는 것은 아니다. 위 다이어그램은 황금 나선을 더 쉽게 이해할 수 있는 방법을 제공해줄 뿐이다. 아래 그림 4-18의 표를 보면, 나선 길이가 어떻게 변하여 가는지를 알 수 있다.

가로	세로(4분원의 반지름)			
$a = a_0$	$b = b_0$	$= \phi^{-1} \cdot a$	$= \frac{\sqrt{5}-1}{2} \cdot a$	$= \frac{1\sqrt{5}-1}{2} \cdot a$
$a_1 = b_0$	$b_1 = a_0 - b_0$	$= \phi^{-1} \cdot a_1$	$= \frac{3-\sqrt{5}}{2} \cdot a$	$= -\frac{1\sqrt{5}-3}{2} \cdot a$
$a_2 = b_1$	$b_2 = a_1 - b_1$	$= \phi^{-1} \cdot a_2$	$= \frac{2\sqrt{5}-4}{2} \cdot a$	$= \frac{2\sqrt{5}-4}{2} \cdot a$
$a_3 = b_2$	$b_3 = a_2 - b_2$	$= \phi^{-1} \cdot a_3$	$= \frac{7-3\sqrt{5}}{2} \cdot a$	$= -\frac{3\sqrt{5}-7}{2} \cdot a$
$a_4 = b_3$	$b_4 = a_3 - b_3$	$= \phi^{-1} \cdot a_4$	$= \frac{5\sqrt{5}-11}{2} \cdot a$	$= \frac{5\sqrt{5}-11}{2} \cdot a$
$a_5 = b_4$	$b_5 = a_4 - b_4$	$= \phi^{-1} \cdot a_5$	$= \frac{18-8\sqrt{5}}{2} \cdot a$	$= -\frac{8\sqrt{5}-18}{2} \cdot a$
$a_6 = b_5$	$b_6 = a_5 - b_5$	$= \phi^{-1} \cdot a_6$	$= \frac{13\sqrt{5}-29}{2} \cdot a$	$= \frac{13\sqrt{5}-29}{2} \cdot a$
$a_7 = b_6$	$b_7 = a_6 - b_6$	$= \phi^{-1} \cdot a_7$	$= \frac{47-21\sqrt{5}}{2} \cdot a$	$= -\frac{21\sqrt{5}-47}{2} \cdot a$
…				

그림 4-18

놀랍지 않은가? 결과를 보면, 분자의 $\sqrt{5}$ 앞의 계수는 피보나치 수 F_n(1, 1, 2, 3, 5, 8, 13, 31,…) 이고, 여기에 루카스 수 L_n(1, 3, 4, 7, 11, 18, 29, 48,…)이 빼져 있다. 이런 의미에서 이 나선을 피보나치—루카스 나선Fibonacci-Lucas spiral이라 불러도 손색이 없을 것이다.

실제 황금 나선은 로그나선이라 불리기도 하며, 그림 4-19의 형태를 띠고 있다. 그림 4-19의 나선은 각 변과 아주 작은 각도를 이루며 살짝 교차한다. 반면 4분원으로 이루어진 나선은 접하게 된다. 즉, 황금 직사각형은 실제로, 황금 나선과 접하지 않고 (접하는 나선은 4분원 나선) 각변과 두 번을 만나게 된다.

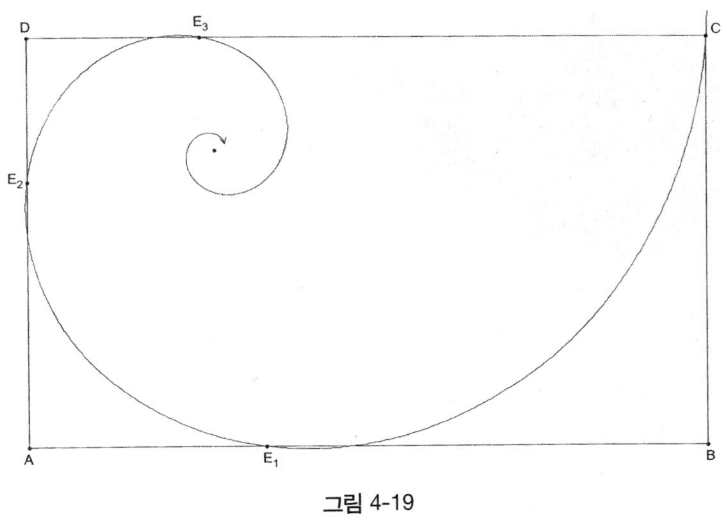

그림 4-19

때때로 4분원으로 만들어진 나선을 등각나선Equiangular spiral이라 부르기도 한다. 반경벡터와 곡선이 이루는 각이 항상 일정하기 때문이다. 프랑스 수학자 데카르트가 정의한 이름이다. 데카르트는 '카테시안Cartesian 평면' 을 연구한 업적으로 유명하다. 카테시안은 이 평면을 최초로 발견한 사람의 이름에서 따왔다. 소수에 대한 연구로 유명한 프랑스 수학자 메르센느Marin Mersenne, 1588-1648와의 서신 교환에서 데카르트는 이 나선에 대해 언급한 적이 있다. 스위스 수학자인 야콥 베르누이Jacon Bernoulli, 1655-1705는 이 나선을 로그와선이라 칭하였다. 그는 로그와선에 크게 매료되어, 심지어 그의 묘비에 로그와선과 다음의 말, '나는 변하지만, 똑같이 일어설 것이다Eadem mutata resurgo.' 를 새겨줄 것을 원하기도 하였다.[69]

황금 나선은 앵무조개의 껍질에서 발견된다.(그림 4-20)

69) 사실 비문을 판 조각가는 로그와선이 아닌, 아르키메데스 나선을 새겨 넣었다.

그림 4-20

그림 4-21의 곡선은 x축과 피보나치 수에서 만나는 곡선이다. x축의 양의 방향과는 1, 2, 5, 13, 등등에서 만나고, 음의 방향과는 0, 1, 3, 8 등에서 만난다. 진동부분은 x축의 양의 방향과 0, 1, 1, 2, 3, 5, 8, 13 등에서 만난다.

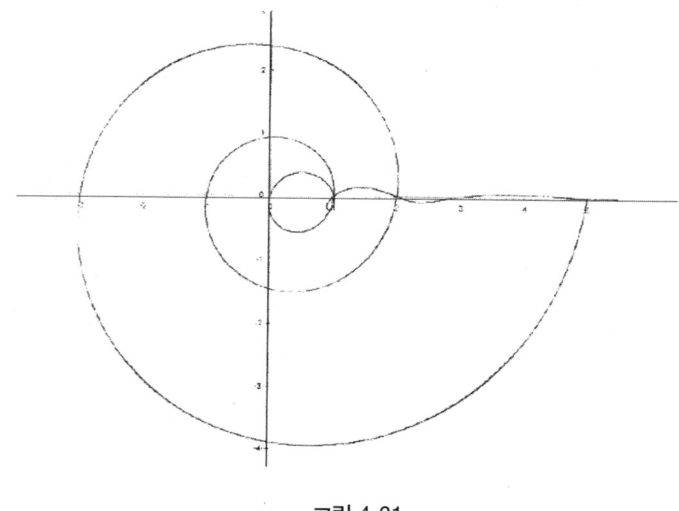

그림 4-21

이 곡선은 앵무조개나 달팽이를 떠오르게 한다.(그림 4-22) 놀라운 일이 아닌 것이, 이 곡선을 확장시킬수록 로그나선의 형태를 띠기 때

그림 4-22

문이다.

피보나치 수에 관련한 놀라운 발견

두 동심원 사이 영역을 보통 환$_{\text{Ring}}$이라 부른다. 그림 4-23에서 보다시피 환의 넓이가 작으면 작을수록 원에 접하는 타원의 넓이는 커지게 된다. 그런데 어느 경우에는 이 타원의 넓이가 환의 넓이와 같아지게 된다. 신기하게도 두 동심원의 반지름 비율이 0.618⋯ 즉, $\frac{1}{\phi}$일 때[70)]

---

70) 다음과 같이 증명할 수 있다 : 반지름 r인 원의 넓이는 πr^2이다. 또한 장축과 단축이 각각 a, b인 타원의 넓이는 πab이다. (만일 $a = b$인 경우는 장축과 단축이 똑같다는 뜻이므로 원이 된다.) 따라서 환의 넓이는 바깥원과 안쪽원의 넓이 차인 $\pi(b^2-a^2)$이다. 따라서 $\pi(b^2-a^2) = \pi ab$ 즉, $b^2-a^2-ab = 0$이 된다.

두 원의 반지름의 비 $\frac{b}{a}$를 R이라 하면, 위 식을 a^2으로 나누어 $R^2-R-1 = 0$이고 따라서 R은 ϕ이다. 참고로, 타원의 방정식은 $\left(\frac{x}{b}\right)^2+\left(\frac{y}{a}\right)^2 = 1$이고, $a = b$인 경우에는 반지름 $a(= b)$인 $\left(\frac{x}{a}\right)^2+\left(\frac{y}{a}\right)^2 = 1$인 원이 된다.

이다. 어떤가? ø가 피보나치 수와 관련 있음을 감안할 때, 정말 생각지도 못한 곳에서 피보나치 수가 발견되고 있지 않은가?

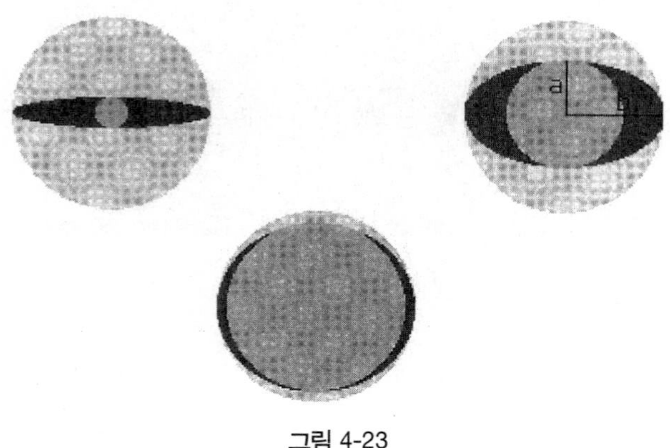

그림 4-23

직각삼각형을 하나 그리고, 언제 한 각의 탄젠트 값이 코사인 값과 같게 되는지 즉, 수식으로 표현하여 언제 $\tan \angle A = \cos \angle A$가 되는지 계산해 보자.

직각삼각형 ABC를 $AC = 1$이 되도록 그리고(그림 4-24) BC의 길이를 a라 하자. 그러면 피타고라스 정리에 의하여 $AB = \sqrt{a^2+1}$이 된다.

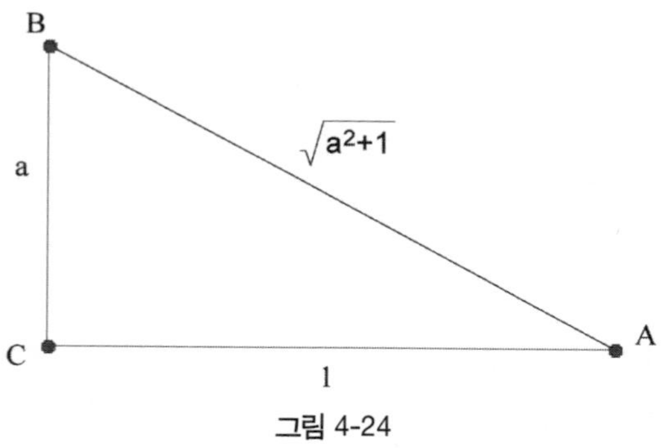

그림 4-24

그러면 $\tan \angle A = \frac{a}{1}$와 $\cos \angle A = \frac{1}{\sqrt{a^2+1}}$ 이고

$\tan \angle A = \cos \angle A$를 만족하므로

$\frac{a}{1} = \frac{1}{\sqrt{a^2+1}}$ 이고 이것을 풀어 a를 구할 수 있다.

$$a\sqrt{a^2+1} = 1 \text{ 즉, } a^2(a^2+1) = 1\text{이므로 } a^4+a^2-1 = 0\text{이다.}$$

$p = a^2$이라 치환하면 $p^2+p-1 = 0$인데, 이미 친숙한 방정식 아닌가? 즉, $p = \frac{\sqrt{5}-1}{2}$, 다시 말해 $a^2 = \frac{1}{\phi}$를 얻는다. 따라서 직각삼각형 ABC의 변의 길이는 그림 4-25와 같다.

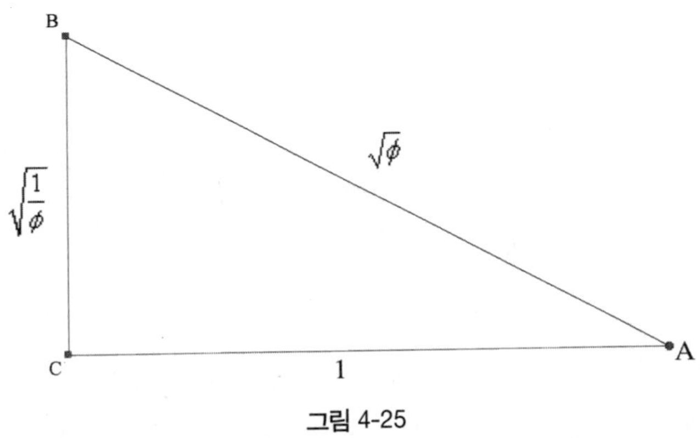

그림 4-25

따라서 직각삼각형의 세변의 길이가 1, $\sqrt{a^2+1} = \sqrt{\frac{1}{\phi}+1} = \sqrt{\phi}$ 그리고 $a = \sqrt{\frac{1}{\phi}}$일 때, 한 예각의 탄젠트 값과 코사인 값이 같게 된다. 예상도 못한 곳에서 다시 한 번 피보나치 수가 등장한다.

또 다른 기하학에서 피보나치 수를 만나다

헌터J. A. H Hunter[71)]가 제안한 재미있는 문제가 하나 있다. 임의의 직사각형 *ABCD*의 두 변에 점을 찍어 삼각형 네 개를 만들었다. 이 중 가운데 삼각형(그림 4-26에 4 삼각형)을 제외하고, 나머지 세 삼각형의 넓이가 같게 되게끔 하는 방법은 무엇일까 하는 것이 질문이다.

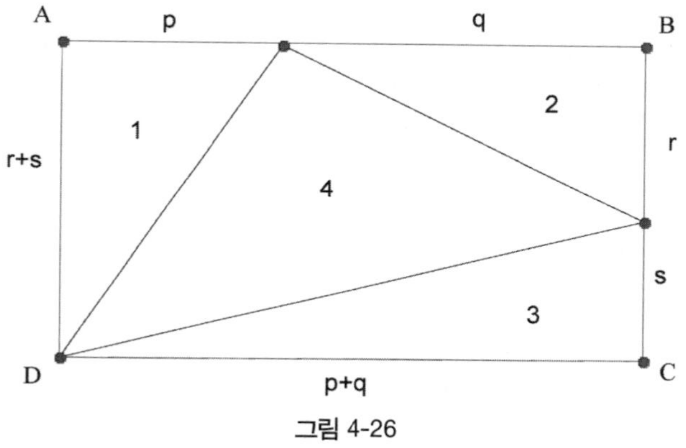

그림 4-26

답이 대충 예상되는가? 물어보는 느낌으로 봐서 다시 한 번 피보나치 수가 튀어나올 것 같다. 이제, 그림 4-26의 기호들을 사용하여 세 삼각형의 넓이가 같음을 수학적으로 표현하자.

$$\text{Area}\triangle 1 = \frac{p(r+s)}{2},\ \text{Area}\triangle 2 = \frac{qr}{2},\ \text{Area}\triangle 3 = \frac{s(p+q)}{2}$$

그런데 $\text{Area}\triangle 1 = \text{Area}\triangle 2 = \text{Area}\triangle 3$이므로 $\frac{p(r+s)}{2} = \frac{qr}{2}$, $\frac{p(r+s)}{2}$

71) "직사각형에 내접한 삼각형(Triangle Inscribed in a Rectangle)", 피보나치 계간지 (Fibonacci Quarterly 1(1963): 66.)

$= \frac{s(p+q)}{2}$ 즉, $p(r+s) = qr$, $p(r+s) = s(p+q)$가 되고

정리하면, $p = \frac{qr}{r+s}$, $pr = sq$가 성립한다. 두 번째 등식에서, $\frac{p}{s} = \frac{q}{r}$이 성립하고, 이는 직사각형의 두 변이 같은 비례로 나뉜다는 것을 뜻한다. 이때 비례값이 얼마인지 가늠할 수 있겠는가?

첫 번째 등식의 p를 두 번째 식에 대입하면,

$$\left(\frac{qr}{r+s}\right)r = sq \text{ 즉, } r^2 = s(r+s)$$

가 된다. 이 식의 양변을 s^2으로 나누어 다음을 얻는다.

$$\frac{r^2}{s^2} = \frac{s(r+s)}{s^2},\ \frac{r^2}{s^2} = \frac{sr}{s^2} + \frac{s^2}{s^2} \text{ 즉, } \frac{r^2}{s^2} = \frac{r}{s} + 1$$

이를 더 친숙한 식으로 변형하자. ($\varnothing$와 $\frac{1}{\varnothing}$이 $x^2 - x - 1 = 0$ 방정식의 두 근임은 이미 알고 있다.)

위 식은 $\left(\frac{r}{s}\right)^2 - \frac{r}{s} - 1 = 0$이고 $r>s$, $q>p$이므로 이 방정식의 해는 $\frac{r}{s} = \frac{\sqrt{5}+1}{2} = \varnothing\ (= \frac{q}{p})$이다.

따라서 직사각형의 두 변에 점을 찍어 삼각형 4개를 만들고 중간 삼각형 제외한 나머지 3개의 넓이가 같아지기 위해서는 두 변 각각을 황금 비율($\varnothing$)로 내분하는 위치에 점을 찍어야 한다. 또 등장한 피보나치 수!

황금 직사각형의 대각선

황금 직사각형을 지금껏 많이 다루어왔지만, 아직 연구할 것은 끝

이 안 보일 정도로 무궁하다. 여기서는 황금 직사각형의 대각선을 황금 비율과 관련된 어떠한 비율로 나누는 세련된 방법에 대해 알아보자. 이 방법은 황금 직사각형 외에는 적용할 수 없다.

황금직사각형 $ABCD$가 주어져 있고, $AB = a$, $BC = b$라 하면, $\frac{a}{b} = \phi$ 이다. 그림 4-27에서처럼, $\overline{AB}$와 $\overline{BC}$를 지름으로 하는 두 반원을 그리고 교점을 S라 하자. $\overline{SA}$, $\overline{SB}$, $\overline{SC}$를 그리면, $\angle ASB$와 $\angle BSC$가 직각임을 알 수 있다. $\triangle ASB$, $\triangle CSB$가 반원에 내접하는 삼각형이므로 따라서 $\overline{AC}$는 그냥 한 직선이 된다. 즉, 황금 직사각형의 대각선이다. 이제 자못 우아한 방법을 사용하여, S가 대각선 AC를 황금비율의 제곱의 비율로 나눔을 보이겠다.

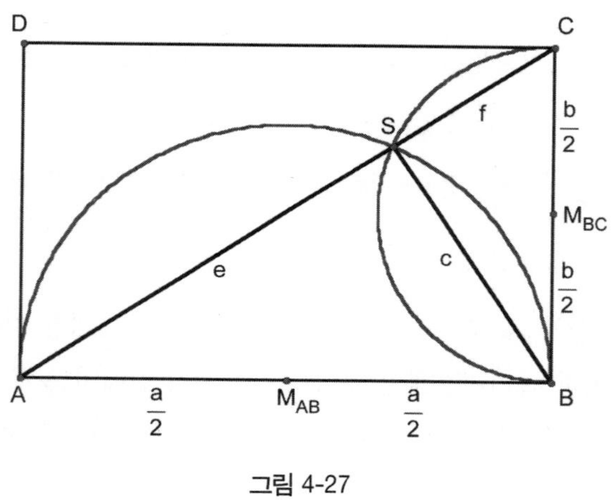

그림 4-27

닮음 삼각형 $\triangle ABC$, $\triangle ASB$, $\triangle BSC$의 변들의 비례 관계식에 의하여 다음의 등식들이 성립한다. 그림 4-27의 기호를 써서,

$\triangle ASB$에서 $a^2 = e(e+f)$, $\triangle BSC$에서 $b^2 = f(e+f)$가 성립한다.

따라서 $\frac{a^2}{b^2} = \frac{e}{f}$ 이다.

그런데 $\frac{a}{b} = ø$ 이므로 $\frac{a^2}{b^2} = ø^2 = ø + 1$ 이다.

($ø = \frac{1}{ø} + 1$ 의 양변에 를 곱하면 된다.)

따라서 점 S는 황금 직사각형의 대각선을 $\frac{ø^2}{1}$ 즉, $\frac{ø+1}{1}$ 로 나눈다. 피보나치 수가 다시 등장했다.

신기한 곳에서 나타나는 황금 비율

그림 4-28의 반원을 생각하고, 그림처럼 서로 서로 접하는 세 개의 합동원을 내접하도록 그리자.

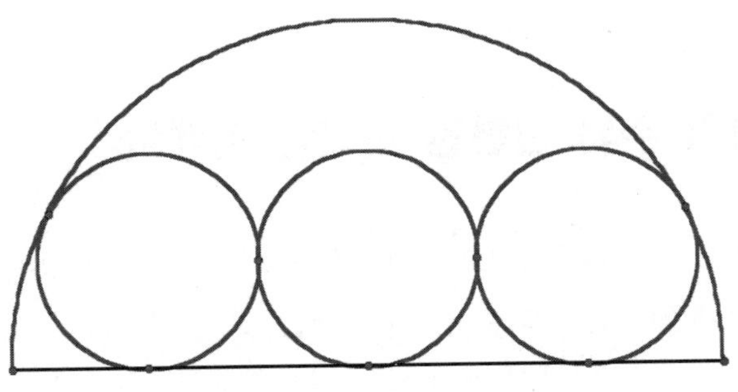

그림 4-28

큰 반원과 작은 원의 반지름 비율을 찾는 것이 우리의 목적이다. 그림 4-29에서, $AB = 2R$, $AM = R$이라 하고, 작은 원의 반지름을 r이라 하자. 직각삼각형 CKM의 두 변의 길이가 r, $2r$이므로 빗변인 MK는 그 길이가 $r\sqrt{5}$이다. 또한 $PK = r$이므로 $MP = r(\sqrt{5}+1) = R$을 만족한다. 달리 쓰면, $\frac{R}{r} = \sqrt{5}+1 = 2\phi$ 이다. 얼핏 보기에 전혀 관계없을 것 같은 반원과 작은 원들 속의 관계에 황금비율이 숨어있는 것이다.

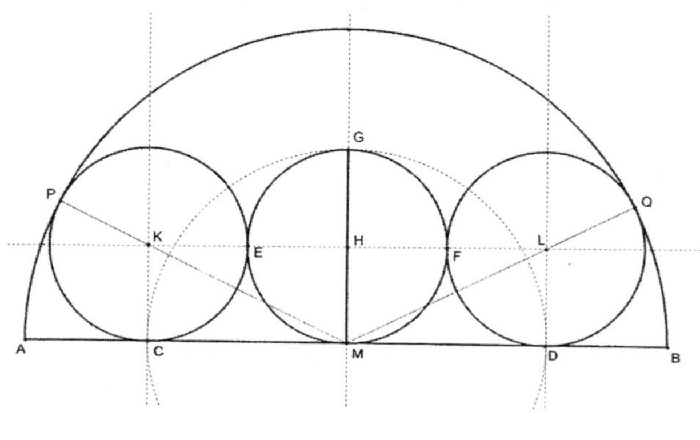

그림 4-29

피보나치 수와 관련된 신기한 딜레마

기하학적 수학 퍼즐에서도 피보나치 수는 한 몫 하고 있다. 끝으로 신기한 문제 하나를 살펴보자. 이 문제는 루이스 캐롤Lewis Carroll이라는 필명으로 『이상한 나라의 앨리스』[72]라는 유명한 작품을 남긴 영국의 수학자 찰스 루트위지 도지슨Charles Lutwidge Dodgson, 1832-1898이 제안한 유명한 문제이다. 그는 다음의 문제를 제시하였다 : 그림 4-30의 왼쪽에 있는

72) 콜링우드(Stuart Dodgson Collingwood)의 책 Diversions and Digressions of Lewis Carrol(책 제목 번역이 없습니다.) (뉴욕: 도버, 1961), pp.316-317

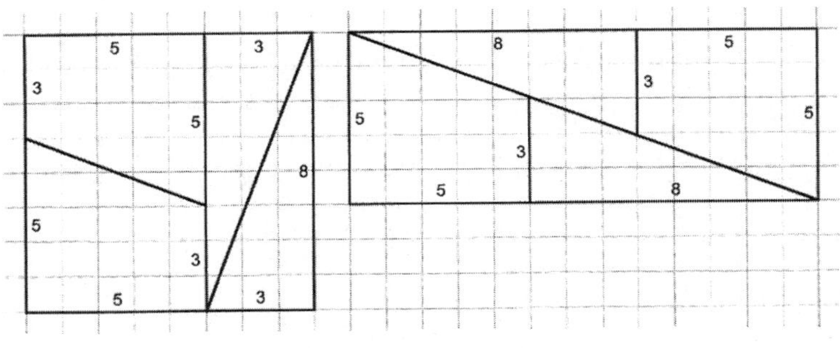

그림 4-30

정사각형은 그 넓이가 64이고, 그림과 같이 분할하였다.

이 조각들을 다시 배열하여 그림 4-30의 오른쪽에 있는 직사각형을 만들었다. 그런데 이 넓이가 13×5 = 65이다. 과연 넓이 1이 어디서 늘어났을까? 독자들은 아래 답을 보기 전에 한번 생각해보기 바란다.

자, 보자. 독자들의 고생을 좀 덜어주겠다. 넓이의 '오차'는 그림 4-30의 오른쪽 그림이 대각선을 따라 정확히 배열되었다는 생각에서 비롯된 것이다. 그런데 이것은 틀린 생각이다. 사실은 이 대각선 부근에 '아주 얇은' 평행사변형이 하나 놓여있다. 이것의 넓이가 1인 것이다.(그림 4-31)

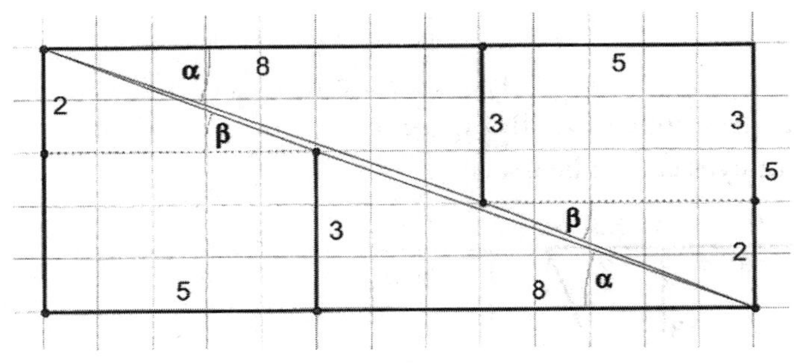

그림 4-31

β와 α각이 의미하는 기울기를 구하면, 이 오차가 어떻게 발생하는지를 알 수 있다. 만일 대각선에 정확히 맞물려 모든 조각이 놓여 있다면, α와 β는 같아야 한다.[73)]

$\tan\alpha = \frac{3}{8}$이므로 $\alpha \approx 20.6°$, $\tan\beta = \frac{2}{5}$이므로 $\beta = 21.8°$. 따라서 이 차이는 $\beta - \alpha = 1.2°$, 같은 대각선 위에 조각들이 정확히 맞물려 있지 않음을 의미한다.

이 분할된 도형의 선분의 길이가 2, 3, 5, 8, 13 등으로 모두 피보나치 수임에 주목하자. 뿐만 아니라, 앞서 밝힌 것처럼 $n \geq 1$에 대하여 $F_{n-1}F_{n+1} = F_n^2 + (-1)^n$이 성립한다.[74)] 직사각형은 5×13 크기이고, 정사각형은 한 변의 길이가 8인데, 이는 5, 6, 7번째 피보나치 수 F_5, F_6, F_7이다. 따라서 $F_5F_7 = F_6^2 + (-1)^6$ 즉, $5 \cdot 13 = 8^2 + 1$이므로 $65 = 64 + 1$을 만족한다.

이 퍼즐은 일반적으로 임의의 연속된 세 피보나치 수에 대해서 성립한다. 단, 중간 피보나치 수의 항이 짝수번째이어야 한다. 만일 큰 피보나치 수들을 사용하면 대각선 부근의 오차를 나타내는 평행사변형이 거의 눈에 띠지도 않을 만큼 작게 된다. 여기서는 작은 피보나치 수를 사용함으로써 그림 4-32처럼 한 눈에 오차가 보인 것이다.

---

73) 두 직선이 평행하다면 엇각이 같아야 하므로.

74) 제1장, 42쪽 11번

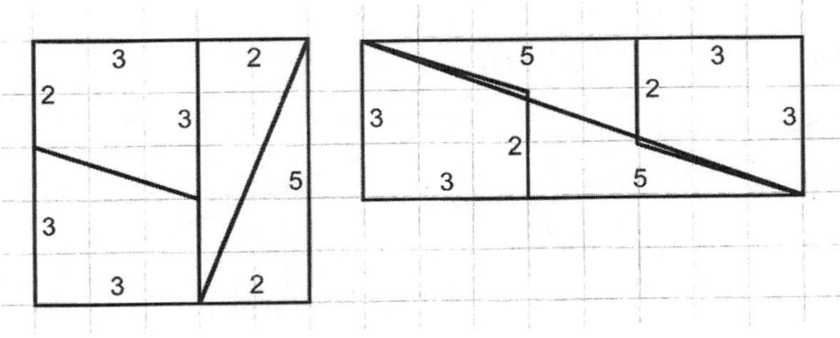

그림 4-32

다음은 퍼즐의 일반적인 직사각형이다.(그림 4-33)

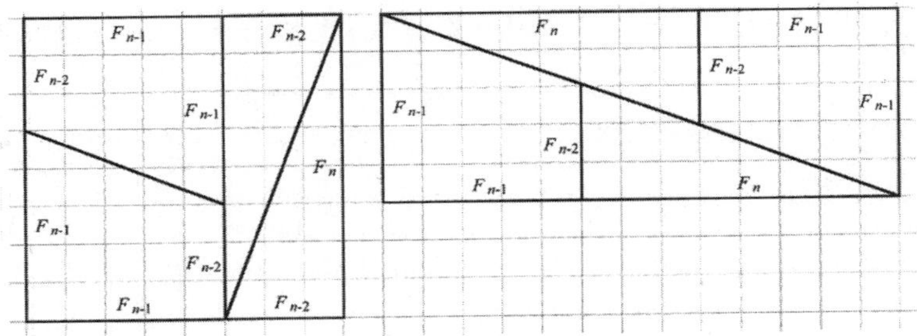

그림 4-33

퍼즐의 딜레마를 없애려면 다시 말해, 영역의 증가가 없으려면, 정말 신기하게도, 황금 비율을 사용하면 된다. 그림 4-34를 보라.

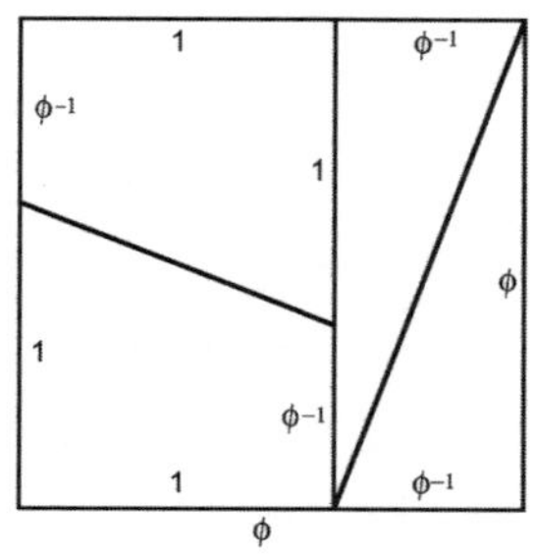

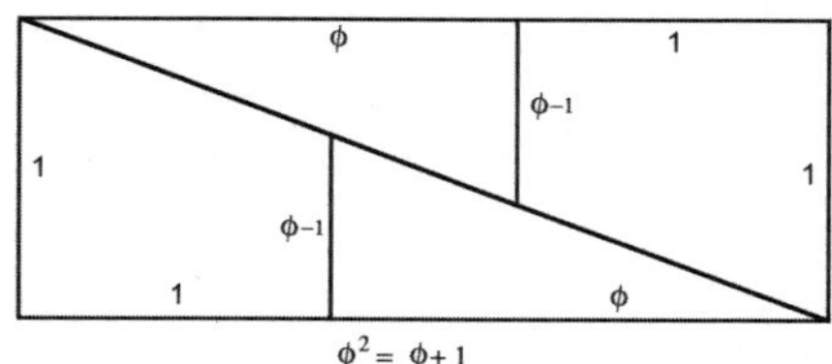

그림 4-34

이때, 직사각형의 넓이와 정사각형의 넓이가 같아진다.(그림 4-34) 다음의 등식을 보라.

정사각형의 넓이는 $= \varnothing \times \varnothing = \varnothing^2 = \varnothing + 1 = \frac{\sqrt{5}+3}{2} = 2.618033988$

$7\cdots$이고, 직사각형의 넓이는 $= (\varnothing + 1) \times 1 = \varnothing + 1 = \frac{\sqrt{5}+3}{2} = 2.61803$ $39887\cdots$이다.

이러한 등식으로 정사각형과 직사각형의 넓이가 같음을 알 수 있다.

황금 삼각형

지금까지 황금 직사각형에 대해서 구체적으로 알아보았다. 이제 황금 비율과 관련 있는 다른 도형인 황금 삼각형에 대해서 알아보자. 이름에서 느껴지는 것처럼, 황금 직사각형의 경우와 마찬가지로 황금 삼각형에서도 역시 피보나치 수를 발견할 수 있다. 황금 비율을 포함하고 있는 삼각형을 찾아보자. 앞서 황금 직사각형에서 했던 것과 다소 비슷한 방법으로 이등변삼각형을 하나 잡고, 이 안에 닮은꼴의 이등변삼각형을 하나 더 그리는 방법으로부터 시작한다. 그림 4-35의 도형을 보자. 삼각형 ABC의 모든 각의 합은 $\alpha+\alpha+\alpha+2\alpha=5\alpha=180°$이므로 $\alpha=36°$이다.

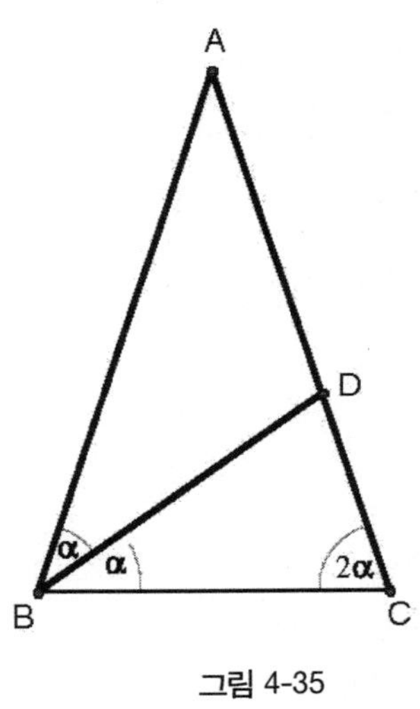

그림 4-35

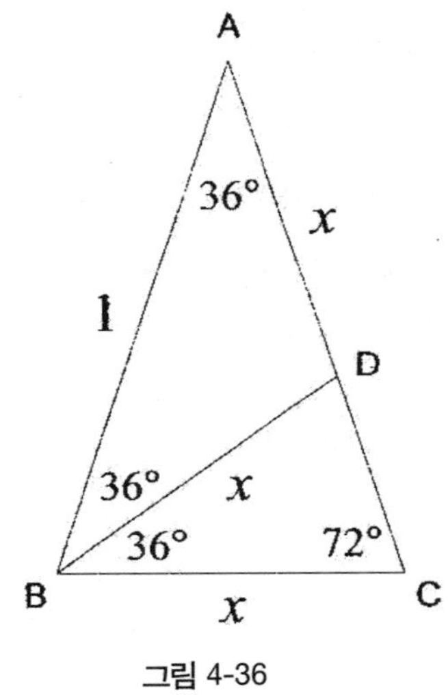

그림 4-36

이 방법과 별도로 끼인각이 36°인 이등변삼각형 그리고 ABC의 이등분선 $\overline{BD}$를 그리자.(그림 4-36) 끼인각이 같은 두 이등변삼각형은 닮음이므로, $\triangle ABC$는 $\triangle BCD$와 닮음이다. $AD=x$, $AB=1$이라 하자. $\triangle ADB$와 $\triangle DBC$가 이등변삼각형이므로, $BC=BD=AD=x$이다.

닮음비를 계산하여 친숙한 방정식 $\frac{1}{x}=\frac{1}{1-x}$를 얻는다. 따라서, $x^2+x-1=0$ 즉, $x=\frac{\sqrt{5}-1}{2}$를 얻는다. ($\overline{AD}$의 길이는 음수가 될 수 없다.) $\frac{\sqrt{5}-1}{2}=\frac{1}{\varnothing}$임을 기억하면, 삼각형 $\triangle ABC$에서 $\frac{\text{등변}}{\text{밑변}}=\frac{1}{x}=\varnothing$를 얻는다.

이러한 의미에서 이 삼각형을 황금 삼각형이라 한다. 황금 삼각형을 작도하기 위해서는 우선 황금 분할을 작도하면 된다. (이번 장 앞에서 설명한 방법 중 하나를 쓸 것이다. 예를 들어, 그림 4-9의 방법을 쓰면 : $AB = 2$이고 $BC = 1$, 또한 각의 이등분선이 직선과 만나는 교점을 P, Q라 하면, $BP = \frac{1}{\phi}$ 이고 $BQ = \phi$ 이다.) 이제 점 O를 중심으로 하고 반지름이 1인 원을 그리자. 원주 위에 점 A를 잡고, 이 점을 중심으로 하는 반지름 $x = \frac{1}{\phi}$ 인 원을 그린다. 그러면 그림 4-37에서 보는 것처럼 점 O와 두 원의 교점은 황금 삼각형 하나를 결정한다. (그림 4-36과 비교해보라.)

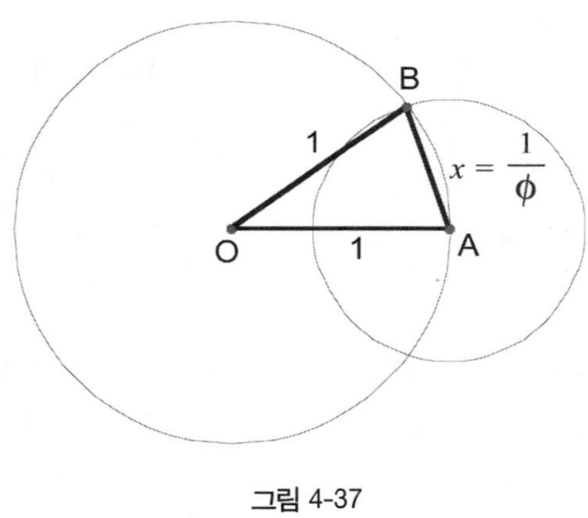

그림 4-37

각의 이등분선을 연이어서 그리면 $\overline{BD}$, $\overline{CE}$, $\overline{DF}$, $\overline{EG}$, $\overline{FH}$가 되고, 이것들에 의해 세 각이 36°, 36°, 72°인 황금 삼각형들이 얻어진다.(그림 4-38) 이 황금 삼각형(36°, 36°, 72°)들은 $\triangle ABC$, $\triangle BCD$, $\triangle CDE$, $\triangle DEF$, $\triangle EFG$, $\triangle FGH$이다. 당연히 이 방법을 계속하여 지면이 허락할 때까지 더 많은 삼각형을 이어나갈 수 있다. 황금 직사각

형에 대해 연구했던 내용들을 그대로 황금 삼각형에 적용시켜 볼까 한다. 피보나치 수를 찾아내는 데 주안점을 두고 내용을 전개할 것이다.

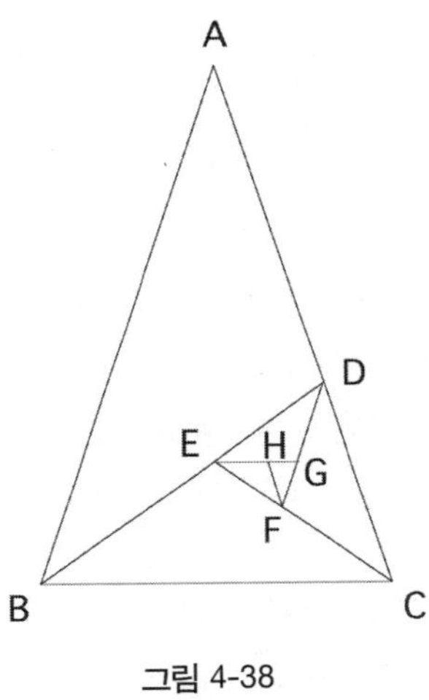

그림 4-38

그림 4-38에서 $HG = 1$이라 하자. 그러면 $\frac{\text{등변}}{\text{밑변}}$이 ø 이므로

황금 삼각형 $\triangle FGH$에서 $\frac{GF}{HG} = \frac{ø}{1}$ 즉, $\frac{GF}{1} = \frac{ø}{1}$이므로 $GF = ø$ 이다.

황금 삼각형 $\triangle EFG$에서 : $\frac{EF}{GF} = \frac{ø}{1}$이고, $GF = ø$ 이므로, $FE = ø^2$이다.

황금 삼각형 $\triangle DEF$에서 : $\frac{ED}{FE} = \frac{ø}{1}$이고, $FE = ø^2$이므로, $DE = ø^3$이다.

황금 삼각형 $\triangle CDE$에서 : $\frac{DC}{ED} = \frac{ø}{1}$이고, $ED = ø^3$이므로, $FE = ø^4$이다.

황금 삼각형 $\triangle BCD$에서 : $\frac{CB}{DC} = \frac{ø}{1}$이고, $DC = ø^4$이므로, $FE = ø^5$이다.

마지막으로 황금 삼각형 $\triangle ABC$에서: $\frac{BA}{CB} = \frac{ø}{1}$이고, $CB = ø^5$이므로, $BA = ø^6$이다.

위의 결과를 ø의 거듭제곱에 관한 관계식(앞에서 알아보았다)을 써서 요약해보면 다음과 같다.(피보나치 수로 표현된다는 것을 주목하자.)

$$HG = ø^0 = 0ø + 1 = F_0 ø + F_{-1}$$
$$GF = ø^1 = 1ø + 0 = F_1 ø + F_0$$
$$FE = ø^2 = 1ø + 1 = F_2 ø + F_1$$
$$ED = ø^3 = 2ø + 1 = F_3 ø + F_2$$
$$DC = ø^4 = 3ø + 2 = F_4 ø + F_3$$
$$CB = ø^5 = 5ø + 3 = F_5 ø + F_4$$
$$BA = ø^6 = 8ø + 5 = F_6 ø + F_5$$

황금직사각형에서 했던 것처럼 그림 4-38의 각각의 황금 삼각형의 끼인각을 곡선으로 연결하여 로그 나선 비슷한 것을 만들 수 있다.(그림 4-39) 즉, 다음의 호들을 그린다.

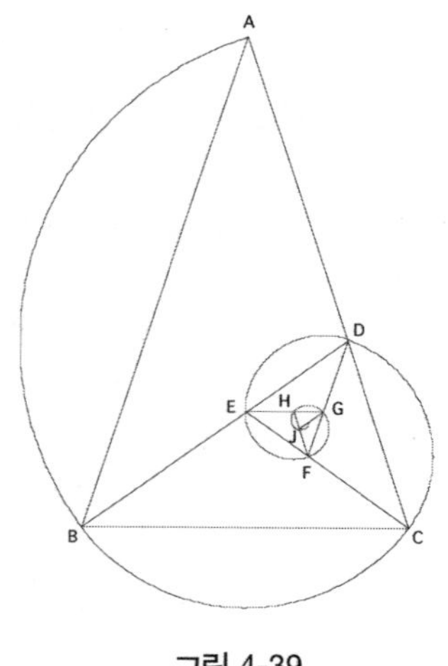

그림 4-39

$\widehat{AB}$(점 D를 중심으로 하는 원)
$\widehat{BC}$(점 E를 중심으로 하는 원)
$\widehat{CD}$(점 F를 중심으로 하는 원)
$\widehat{DE}$(점 G를 중심으로 하는 원)
$\widehat{EF}$(점 H를 중심으로 하는 원)
$\widehat{FG}$(점 J를 중심으로 하는 원)

황금비율로부터 얻어지는 매력적인 관계식들이 정말 많다. 지금까지 황금 삼각형에 대해서 알아보았다. 다음 다룰 대상은 정오각형[75]과 펜타그램(Pentagram, 오각별 모양)이다. 이 도형들은 기본적으로 많은 황금 삼각형으로 이루어져 있다. 여기서 나타나는 황금비율, 피보나치 수를 찾을 수 있을 만큼 찾아보자.

황금각

정오각형으로 넘어가기 전에 머리도 식힐 겸 황금각에 대해 알아보자. 이는 360°를 황금비율로 나누는 것이다. 그림 4-40에서 각 ψ와 φ가 거의 황금비율과 비슷한 비율을 가진다.

$$\psi = 360^\circ - \frac{360^\circ}{\phi} = 137.5077640\cdots^\circ \approx 137.5^\circ$$

$$\varphi = \frac{360^\circ}{\phi} = 222.4922359\cdots^\circ \approx 222.5^\circ$$

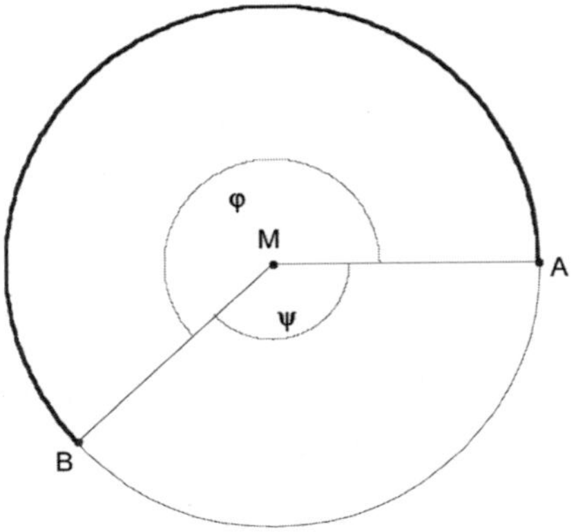

$$\varphi = \frac{360^\circ}{\phi} \approx 222.5^\circ$$

$$\psi = 360^\circ - \frac{360^\circ}{\phi} \approx 137.5^\circ$$

그림 4-40

75) 정오각형이란, 변의 길이가 모두 같고, 내각의 크기도 일정한 오각형을 말한다.

$\frac{\text{전체각}}{\text{큰각}} = \frac{360°}{222.5°} \approx 1.618$이고 $\frac{\text{큰각}}{\text{작은각}} \approx 1.618$이다. 두 경우 모두 황금비율은 연속된 두 피보나치 수의 비로 근사할 수 있다.

정오각형과 펜타그램

이제 황금비율이 잔뜩 숨어 있는 아름다운 도형들의 세계로 들어가 보자.

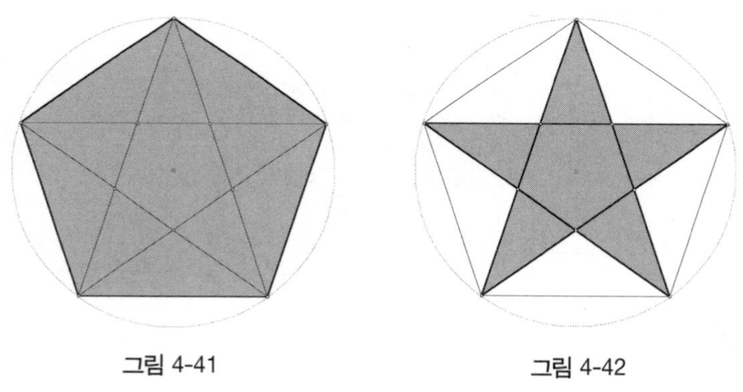

그림 4-41 그림 4-42

펜타그램은 황금 삼각형이 많이 발견되는 도형으로서 피타고라스 학파의 상징으로 쓰였던 도형이다. 피타고라스는 모든 기하학적 도형은 정수로 표현할 수 있다고 생각하였다. 그런데 그의 제자 중 한 명인 메타폰툼의 히파수스Hippasus of Metapontum, 약 기원전 450년는 정오각형의 대각선(이것은 펜타그램의 한 변의 길이와도 같다)과 변의 길이 비율이 분수 형태로 쓰일 수 없다는 것을 보였다. 즉, 이 비율이 유리수가 아니란 예기다. 그들의 상징이었던 펜타그램에서도 똑같은 현상이 일어난다. 오늘날 중학생들도 배우는 무리수의 개념 때문에 피타고라스 학파가 골머리를 앓게 되어버린 것이다. 무리수irrational numbet란 두 정수의 비율로 표현할 수 없기 때문에 irrational이라는 이름이 붙여진 것이다. 정오각형은 그 한 변과 대각선 길이의 비율이 무리수이다. 과연 무슨 값을 가지는지 예상이 되는가? 그렇다! 바로 황금비율 ø 이다.

이 비율이 정말 무리수가 되는지 계산하여 보자. 정오각형의 대각선이 이 대각선과 만나지 않는 하나의 변과 평행하다는 사실을 이용한다. 그림 4-43에서 삼각형 *AED*와 *BTC*는 그 밑변이 서로 평행하므로 서로 닮음이다.

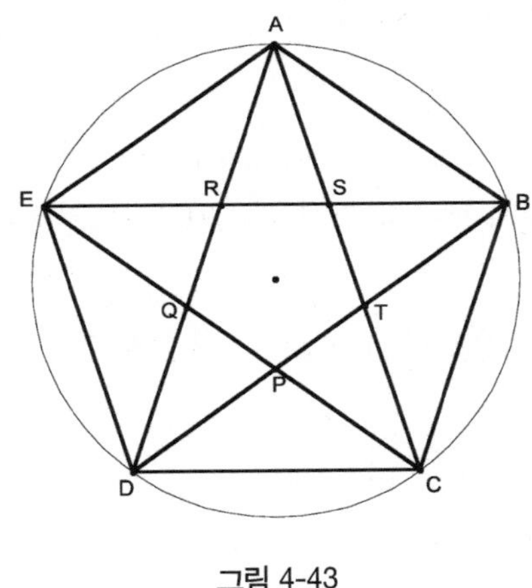

그림 4-43

따라서 $\frac{AD}{AE} = \frac{BD}{BT}$가 성립한다. 그런데 $BT = BD - TD = BD - AE$이다. 따라서 정오각형에서는 다음의 관계가 성립한다.

대각선 : 변 = 변 : (대각선—변). 기호를 도입하면 다음처럼 쓸 수 있다.

$$\frac{d}{a} = \frac{a}{d-a},\ \text{즉},\ \frac{d}{a} = \frac{1}{\frac{d}{a}-1}$$

(여기서 d는 대각선의 길이이고, a는 변의 길이다.)

이제 $x = \frac{d}{a}$라 놓으면, $x = \frac{1}{x-1}$ 이므로, 이것은 2차방정식 $x^2-x-1=0$이 되고, 이것의 양수 해는 $\phi = \frac{\sqrt{5}+1}{2}$ 이다($\sqrt{5}$는 무리수이다). 우리가 처음에 주장했듯이, 정오각형의 대각선의 비율과 변의 길이 비율은 무리수이다. 마치 $\pi = 3.14159265358979323 84\cdots$ 가 원과 뗄레야 뗄 수 없는 관계이듯이 $\phi = 1.61803398874989484 82\cdots$는 정오각형과 밀접한 관계가 있다!

그림 4-43의 정오각형은 굉장히 유용하고도 아름다운 성질을 지니고 있다. 독자들에게 생각할 만한 가치가 있는 정오각형의 몇몇 성질을 소개할까 한다.

그림 4-43에서 정오각형 $ABCDE$는 다음과 같은 성질을 지닌다.

(a) 내각의 크기는 모두 108°. 즉,

$\angle EAB = \angle ABC = \angle BCD = \angle CDE = \angle DEA = 108°$

(b) 황금 삼각형의 각들은 다음과 같다 :

$\angle BEA = \angle CAB = \angle DBC = \angle ECD = \angle ADE = 36°$

$\angle PEB = \angle QAC = \angle RBD = \angle SCE = \angle TDA = 36°$

$\angle CAD = \angle DEB = \angle EAC = \angle ABD = \angle BCE = 72°$

(c) 다음의 삼각형은 모두 이등변삼각형이다.

$\triangle DAC$, $\triangle EBD$, $\triangle ACE$, $\triangle BDA$, $\triangle CEB$
$\triangle BEA$, $\triangle CAB$, $\triangle DBC$, $\triangle ECD$, $\triangle ADE$
$\triangle PEB$, $\triangle QAC$, $\triangle RBD$, $\triangle SCE$, $\triangle TDA$

(d) 삼각형 $\triangle DAC$와 $\triangle QCD$는 닮음이다.(그림 4-43의 비슷한 위치의 관계도 마찬가지로 닮음이다.)

(e) 정오각형의 모든 대각선의 길이는 같다.

(f) 정오각형의 각 변은 마주보는 대각선과 평행하다.

(g) $AD : DC = CQ : QD$이다.

(h) 두 대각선은 서로를 황금 분할한다.

(i) $PQRST$는 정오각형이다.

정오각형에서 어떠한 삼각형들이 황금 삼각형인가?

이쯤에서 피보나치 수를 도입해 보자. 이미 정오각형에서 나타나는 다양한 선분의 길이가 정수로 표현될 수 없다는 것은 보였었다. 즉, 수학적 용어로, 선분들 사이에는 통약성이 없다. 또한, 연속한 두 피보나치 수의 비율이 거의 황금 비율과 같다는 사실도 알고 있다. 따라서 근사적으로, 피보나치 수를 이용하여 정오각형과 펜타그램을 표현할 수 있다. (그림 4-44)

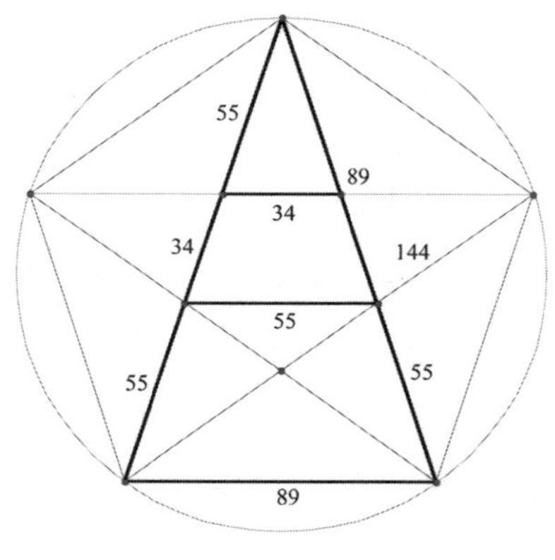

그림 4-44

이것을 다음과 같이 설명할 수 있다.

작은 정오각형의 변과 대각선의 길이를 각각 약 34, 55mm로 잡으면, 큰 정오각형의 한 변의 길이(89mm)는 두 수의 합(34+55)이 된다. 비슷한 방법으로 그림 4-44의 다른 길이들도 구할 수 있다. 피보나치 수들이 또다시 등장한다.

메타폰툼의 히파수스의 이론이 기억나는가? $\frac{144}{89}$나 $\frac{55}{34}$ 등의 수는 약 1.618의 값을 가지긴 하지만, 엄연히 실제값(무리수 값이다)의 근사값 밖에 되지 않는다. 만일 그림 4-44처럼 변의 길이들이 정확히 34, 55, 89, 144(mm)의 값을 갖는다면, 히파수스의 명성이 지금까지 이어져 오겠는가? 그는 무리수를 발견한 "시조"로 기억될 것이다. 하지만 그의 이러한 명성은 반대파가 없었으면 불가능했을 것이다. 그리스 철학자 플라톤Plato, 기원전 427-348/347년의 글을 보면 히파수스의 발견이 얼마나 굉장한 영향을 미쳤는지 알 수 있다.

"내 생각에 이것을 모른다면 인간이 아니고 차라리 돼지다. 나 자신

은 물론, 그리스 전체적으로도 부끄럽다." [76)]

정오각형에 내접한 펜타그램에서도 황금 비율 ø을 많이 발견할 수 있다. 그안에 황금 삼각형이 많이 들어 있기 때문이다. 그림 4-45에서 정오각형의 한 변의 길이를 1이라 하자.

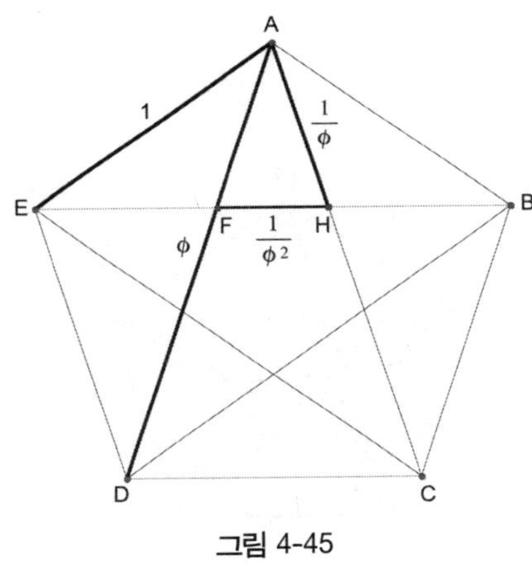

그림 4-45

황금 삼각형의 관계식, $\frac{\text{등변}}{\text{밑변}} = ø$을 이용하면, $\frac{AD}{DC} = ø$ 이고, $DC = 1$ 이므로, $AD = ø$ 이다. 황금 삼각형 $\triangle AEH$에서,

$$\frac{\text{등변}}{\text{밑변}} = ø = \frac{AE}{AH}$$

이므로, $AH = \frac{1}{ø}$ 이다.

$EH = DC = 1$이므로, $FH = EH = EF = 1 - \frac{1}{ø} = \frac{1}{ø^2}$ [77)]이다.

---

76) 플라톤(Plato), "이상 국가의 법칙(Laws for an Ideal Sate)"

77) 친숙한 식인 $ø^2 - ø - 1 = 0$으로부터 얻는다. 이 식을 $ø^2$으로 나누어 $1 - \frac{1}{ø} = \frac{1}{ø^2}$을 얻는다. 그림 4-12도 참고하라.

그림 4-45에 나타나는 다양한 영역의 넓이비에도 황금 비율이 등장한다.

큰 정오각형 *ABCDE*와 작은 정오각형의 넓이비는 $\frac{\phi^4}{1}$ 이다.

큰 정오각형 *ABCDE*와 펜타그램의 넓이비는 $\frac{\phi^3}{2}$ 이다.

그림 4-46처럼 정오각형과 펜타그램이 계속하여 등장하는 도형에 황금 비율, 즉 피보나치 수가 숨겨져 있다.

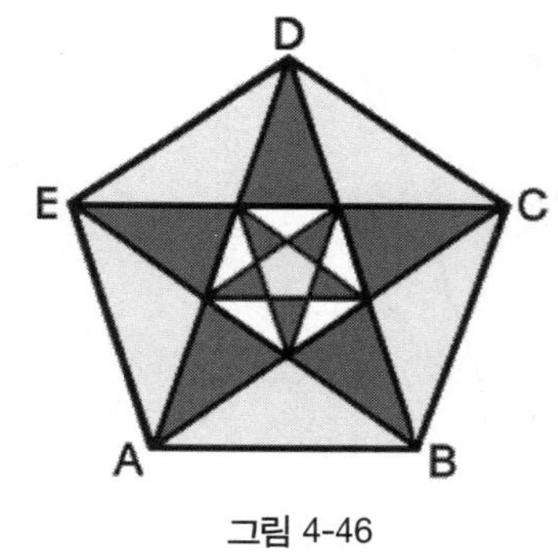

그림 4-46

정오각형의 작도

정오각형의 작도는 다른 작도가능한 정다각형보다 복잡한 과정을 거친다. 정육각형의 경우 작도가 쉽다. 단지 원을 하나 그리고, 원주를 따라 같은 반지름의 원을 그려나가는 과정을 거치면 된다. 그림 4-47에서처럼, 단지 4개의 원만 그리면 된다. 그리고 교점들을 이어주면 정육각형을 얻는다.

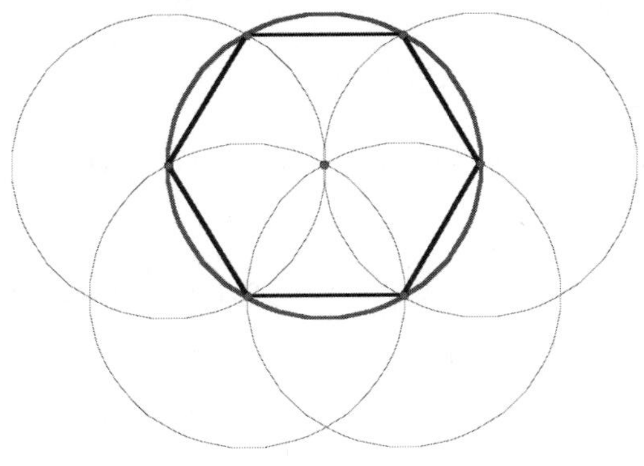

그림 4-47

정오각형의 작도에 위와 비슷한 방법을 사용하면 난관에 봉착한다. 서양문화에 큰 기여를 한 독일의 위대한 예술가 알브레히트 뒤러Albrecht Durer, 1471-1528를 아는가? 그의 업적 중 간과된 것 중 정오각형의 작도법이 비록 근사적인 정오각형이지만, 너무나 완벽에 가까워, 눈으로는 그 오차를 알아차릴 수가 없을 정도이다. 뒤러는 수학회에 이 쉬운 작도법을 "정" 오각형 작도의 또 다른 방법이라는 주제로 제출하였는데, 그 오차가 반 각도 밖에 나지 않는다는 설명까지 자세하게 하였을 정도였다.[78)]

이 작도법의 오각형은 정말 미미하긴 하지만, 정오각형과의 오차가 엄연히 존재한다. 그럼에도 여러 공학책에는 이 방법을 오각형의 작도법으로 제시하고 있다. 여기서 이 방법을 소개하려 한다. 물론 완벽한 작도법은 아니지만, 이 자체로 유익한 내용을 담고 있고, 수년동안 사용된 방법이다.

---

78) C.J. Scriba and P.Schreiber, 5000 Jahre Geometrie. Geschichte, Kulturen, Menschen (Berlin: Springer,2000), pp.259, 289-90

그림 4-48에서, 선분 *AB*에서부터 시작하자. 반지름이 *AB*의 길이와 같은 원 5개를 다음의 방법에 따라 그리자.

1. *A*와 *B*를 중심으로 하는 원을 각각 그려서 교점을 *Q*와 *N*이라 하자.
2. *Q*를 중심으로 하는 원을 그리면, *A*,*B*를 중심으로 하는 원과 각각 점 *R*,*S*에서 만난다.
3. $\overline{QN}$은 *Q*를 중심으로 하는 원과 점 *P*에서 만난다.
4. $\overline{SP}$와 $\overline{RP}$는 *A*, *B*를 중심으로 하는 원과 각각 점 *E*, *C*에서 만난다.
5. *E*,*C*를 중심으로 하고 반지름이 *AB*의 길이와 같은 원을 그리면 이 두원은 점 *D*에서 만난다.[79)]
6. 그러면 *ABCDE*는 (근사적인) 정오각형이다.

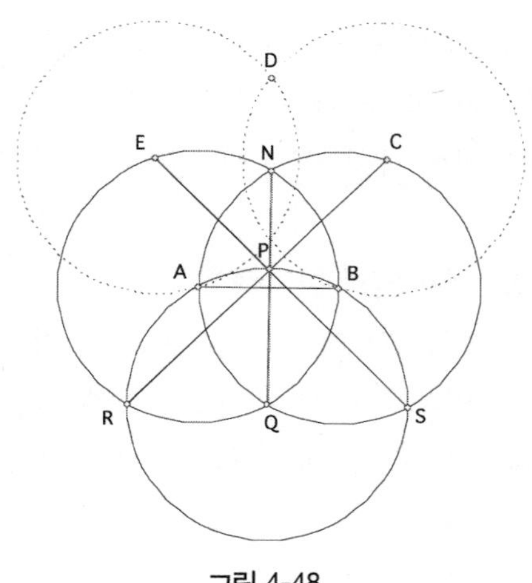

그림 4-48

79) 두 원이 교차할 때는 두 개의 교점의 생기는데, 여기서는 교점 *D*만 살펴보면 된다.

순서대로 점들을 연결하면, 오각형 *ABCDE*를 얻는다.(그림 4-49)

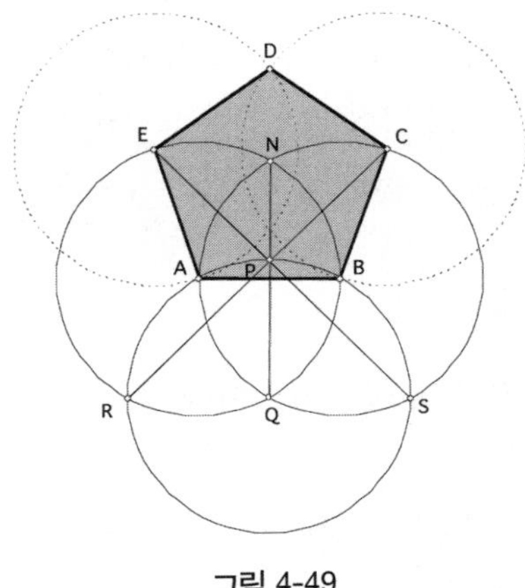

그림 4-49

겉보기에는 정오각형처럼 보이지만, 각 $\angle ABC$의 크기가 실제보다 $\frac{22}{60}$도만큼 더 크다. 다시 말해서, *ABCDE*가 정오각형이라면 내각이 $108°$인데, 실제로, $\angle ABC \approx 108.3661202°$라는 것을 보일 것이다.

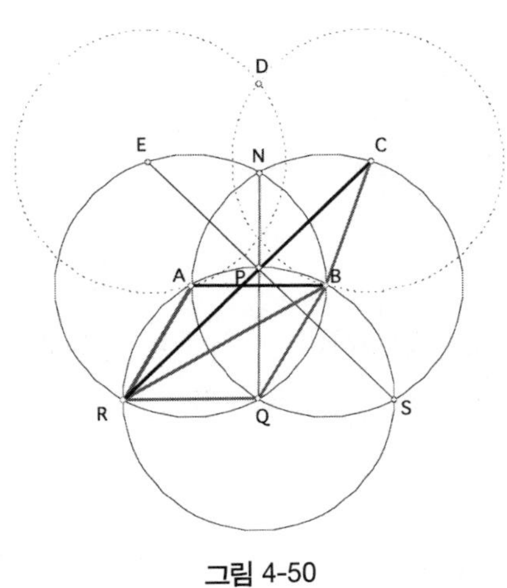

그림 4-50

그림 4-50의 마름모 $ABQR$에서, $\angle ARQ = 60°$이고 $\overline{BR}$은 정삼각형 ARQ 높이의 2배이므로, $BR = AB\sqrt{3}$이다. $\triangle PRQ$는 직각이등변삼각형이므로, $\angle PRQ = 45°$이고, 따라서 $\angle BRC = 15°$이다.

삼각형 $\triangle BCR$에 사인 법칙(law of sines)을 적용하면,

$\frac{BR}{\sin\angle BCR} = \frac{BC}{\sin\angle BRC}$를 만족하므로 $\frac{AB\sqrt{3}}{\sin\angle BCR} = \frac{AB}{\sin 15°}$

즉, $\sin\angle BCR = \sqrt{3}\sin 15°$이다.

따라서, $\sin\angle BCR \approx 26.63387984$이다.

삼각형 $\triangle BCR$에서,

$\angle RBC = 180° - \angle BRC - \angle BCR$

$\approx 180° - 15° - 26.63387984°$

$\approx 138.3661202°$

$\angle ABR = 30°$이므로,

$\angle RBC - \angle ABR \approx 138.3661202° - 30° \approx 108.3661202°$으로 $108°$가 아니다! 따라서 정오각형이 될 수 없는 것이다.

뒤러의 결론은 이렇다 :

$\angle ABC = \angle BAE \approx 108.37°$, $\angle BCD = \angle AED \approx 107.94°$, $\angle EDC \approx 107.38°$

실제로, 정오각형을 작도하려면, 우선 황금 삼각형을 작도하고, 그림 4-51에주어진 원을 따라 오각형의 꼭지점들을 찾아 변을 연결하면 된다.

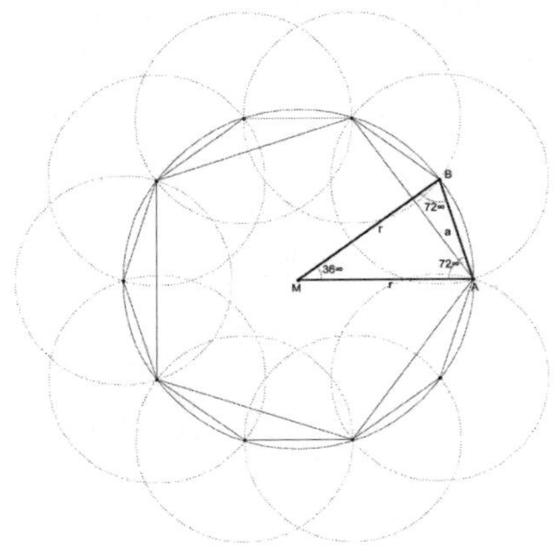

그림 4-51

종이 접기 놀이에서도 황금 비율을 찾을 수 있다. 가는 종이 조각 하나를 준비하자. 물론 두 변이 평행한 것이어야 한다. 이것으로 정규 매듭 모양을 만들어 묶고 조심스럽게 당겨 팽팽하게 한 후 그림 4-52의 3번 그림처럼 만든다. 다음 4번 그림처럼 가장 자리를 예쁘게 정리해주면, 정오각형 형태를 얻을 수 있다. 정오각형을 불빛에 비추거나 하여 매듭 속에 있는 도형을 관찰하면 또한 펜타그램을 얻을 수도 있다.

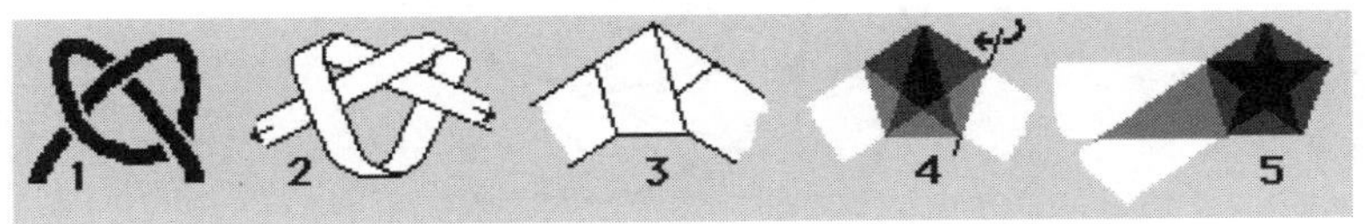

그림 4-52

독자들은 지금까지 전혀 예상치도 못했던 기하학적 도형에서 피보나치 수와 황금 비율을 만나보았다. 이 장을 마치기 전에 정오각형들로 이루어진 도형을 소개할까 하는데, 각 변을 황금 비율로 분할한 점

들을 이어 계속 정오각형을 만들어 나가는 것이다.(그림 4-53)

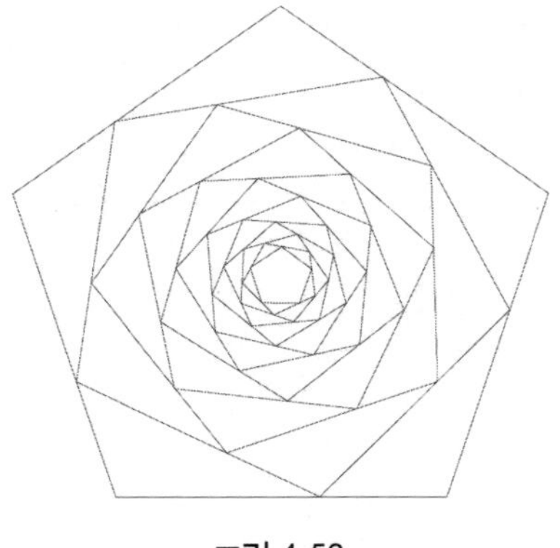

그림 4-53

또한 이 도형 위의 특별한 점들을 연결해 보면(그림 4-54), 2장에서 본 것과 같은 나선 형태의 곡선들을 볼 수 있다.

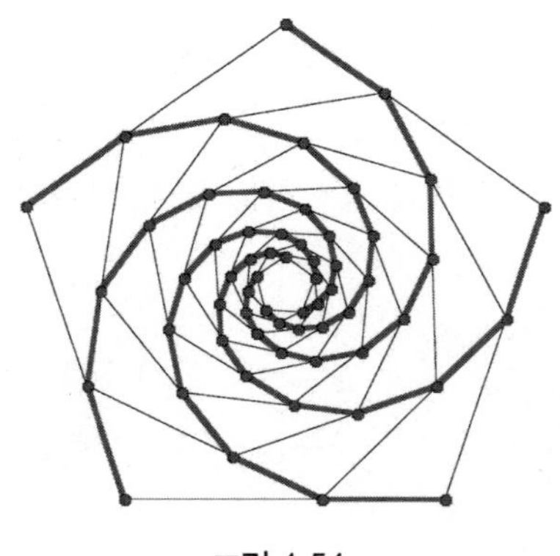

그림 4-54

그림 4-55는 서로 붙어 있는 정오각형들로 이루어진 도형인데, 그 길이의 비율이 ø : 1이다. 이 도형 또한 적절한 근사값을 위해 피보

나치 수를 사용할 수 있다.

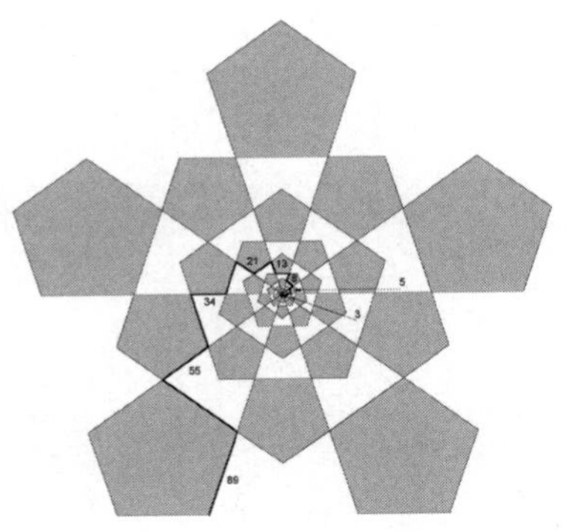

그림 4-55

피보나치 수와 관련된 소개 못한 도형들이 너무나 많이 남아 있다. 독자들이여 한번 찾아보기 바란다.

384	79757008057644623350300078764807923712509139103039448418553259155159833079730688
385	129049549878268233256883381302815012467835672190109552534355121389997818506160385
386	208806557935912856607183460067622936180344811293149000952908380545157651585891073
387	337856107814181089864066841370437948648180483483258553487263501935155470092051458
388	546662665750093946471250301438060884828525294776407554440171882480313121677942531
389	884518773564275036335317142808498833476705778259666107927435384415468591769993989
390	1431181439314368982806567444246559718305231073036073662367607266895781713447936520
391	2315700212878644019141884587055058551781936851295739770295042651311250305217930509
392	3746881652193013001948452031301618270087167924331813432662649918207032018665867029
393	6062581865071657021090336618356676821869104775627553202957692569518282323883797538
394	9809463517264670023038788649658295091956272699959366635620342487725314342549664567
395	15872045382336327044129125268014971913825377475586919838578035057243596666433462105
396	25681508899600997067167913917673267005781650175546286474198377544968911008983126672
397	41553554281937324111297039185688238919607027651133206312776412602212507675416588777
398	67235063181538321178464953103361505925388677826679492786974790147181418684
399	10878861746347564528976199228904974484499570547781269909975120274939392
400	1760236806450139664682269453924112507703843833044921918867259928965752
401	284812298108489611757988937681460995615380
402	4608359787535035782262158830738722463857
403	745648276861993189984204820755333242001
404	12064842556154967682104207038292054883
405	19521325324774899581946255245845387303
406	31586167880929867264050462284137442187
407	51107493205704766845996717529982829491
408	82693661086634634110047179814120271679
409	13380115429233940095604389734410310117
410	21649481537897403506609107715822337285
411	35029596967131343602213497450232647402
412	56679078505028747108822605166054984687
413	91708675472160090711036102616287632089
414	14838775397718883781985870778234261677
415	24009642944934892853089481039863024886
416	388484183426537766350753518180972865642
417	628580612875886694881648328579603114508
418	1017064796302424461232401846760575980150
419	16456454091783111561140501753401790946585
420	26627102054807356173464520221007550748090
421	430835561465904677346050219744093416946760
422	6971065820139782390806954219541689244276624
423	11279421434798829164267456416982623413744225016

제5장_ 피보나치 수와 연분수

연분수

무한 제곱근 형태

피보나치 수와 루카스 수

지금까지 독자들은 자연현상 속에서, 다른 수나 수열속에서, 그리고 기하학 속에서 발견되는 피보나치 수를 접하였다. 또한 연분수를 연구하는 과정 속에서도 등장하는데, 연분수continued fraction란 분수를 또 다른 관점으로 표현한 수이다. 우선 연분수에 대해서 소개하고, 독자들에게 익숙한 개념이 되면, 그때 가서 피보나치 수와 연분수와의 관계를 알아보겠다.

연분수

연분수란 무엇일까? 연분수란 분수로써 그것의 분모가 정수와 진분수proper fraction의 혼합된 표현을 한 수를 말한다. $\frac{13}{7}$ 같은 가분수improper fraction는 다음과 같은 혼합수의 형태로 표현할 수 있다.

$$1\frac{6}{7} = 1+\frac{6}{7}$$

이것을 다시

$$1+\frac{6}{7} = 1+\cfrac{1}{\frac{7}{6}}$$

으로 쓸 수 있고, 혼합수의 형태로

$$1+\cfrac{1}{1+\frac{1}{6}}$$

으로 쓸 수 있다. 이것이 연분수이다. 이 과정을 반복할 때, 단위분수(분자가 1이고 분모는 양의 자연수인 분수, 위 경우에는 $\frac{1}{6}$이 단위분수다)가 나타난다면, 연분수를 만드는 과정이 끝나는 것이다.

또 다른 예를 보면 연분수를 이해하기 더 쉬워질 것 같다. $\frac{12}{7}$를 연분수의 형태로 쓰고 싶다면, 각각의 단계에서 진분수가 나타낼 때, 그것의 역수를 생각하여 (예를 들어 $\frac{2}{5}$가 나타났다면, $\cfrac{1}{\frac{5}{2}}$을 생각하자) 계속 연분수 만드는 과정을 진행시키는 것이다.

$$\frac{12}{7} = 1+\frac{5}{7} = 1+\cfrac{1}{\frac{7}{5}} = 1+\cfrac{1}{1+\frac{2}{5}} = 1+\cfrac{1}{1+\cfrac{1}{\frac{5}{2}}} = 1+\cfrac{1}{1+\cfrac{1}{2+\frac{1}{2}}}$$

연분수를 만드는 각 단계의 근사분수convergent[80]를 얻어낼 수 있는데, 이 근사분수들은 단계가 커지면 커질수록 원래 분수에 더 가까워진다. 예를 들어 $\frac{12}{7}$의 근사분수들은 이렇다.

80) n번째 근사분수를 얻는 과정은, 연분수를 만드는 과정에서 덧셈(+) 기호가 n-1개 등장할 때까지의 분수를 의미한다.

첫 번째 근사분수 = 1

두 번째 근사분수: $1+\frac{1}{1}=2$

세 번째 근사분수: $1+\cfrac{1}{1+\cfrac{1}{2}}=1+\frac{2}{3}=1\frac{2}{3}=\frac{5}{3}$

네 번째 근사분수: $1+\cfrac{1}{1+\cfrac{1}{2+\cfrac{1}{2}}}=\frac{12}{7}$

위에서 예를 든 수들은 모두 유한 연분수이고, 모두 유리수(기약분수simple fraction의 형태로 표현 가능하다)이다. 반면 무리수의 경우에는 무한 연분수로 표현된다. 무한 연분수의 간단한 예로 $\sqrt{2}$를 들어보자. 조금 후에 실제로 계산해 볼 것이다.

$$\sqrt{2}=1+\cfrac{1}{2+\cfrac{1}{2+\cfrac{1}{2+\cfrac{1}{2+\cfrac{1}{2+\cfrac{1}{2+\cfrac{1}{2+\cdots}}}}}}}$$

지면을 많이 잡아먹는 위 식을 (위의 예제는 무한히 길게 쓰인다) 간단하게 표현하는 방법이 있다. [1; 2,2,2,2,2,2,2,…] 로 쓰거나, 이 예제처럼 무한히 반복되는 패턴이 나타난다면, 더 간단히 $[1;\overline{2}]$의 표현이 그것이다. 여기서 숫자 2위의 선 표시는 2가 무한히 반복된다는 뜻이다.

일반적으로 연분수를 아래와 같이 쓸 수 있다.

$$a_0+\cfrac{1}{a_1+\cfrac{1}{a_2+\cfrac{1}{a_3+\cdots \ddots \cfrac{1}{a_{n-1}+\cfrac{1}{a_n}}}}}$$

여기서 a_i들은 실수이고, $i>0$에 대해 $a_i \neq 0$이다. 이것을 간단히, $[a_0; a_1, a_2, a_3, \cdots, a_{n-1}, a_n]$이라 쓴다. 그러면 실제로 $\sqrt{2}$를 뜻하는 연분수를 만들어보자.

우선 $\sqrt{2}+2=\sqrt{2}+2$ 라는 등식에서 출발하자.

좌변을 곱의 형태로 쓰고 우변의 2를 쪼개서 써보면, $\sqrt{2}(1+\sqrt{2})=1+\sqrt{2}+1$을 얻는다.

양변을 $1+\sqrt{2}$로 나누면 $\sqrt{2}=1+\dfrac{1}{1+\sqrt{2}}=[1; 1, \sqrt{2}]$ 를 얻는다.

윗 식 우변의 $\sqrt{2}$ 대신 다시 $\sqrt{2}=1+\dfrac{1}{1+\sqrt{2}}$를 대입하면

$$\sqrt{2}=1+\cfrac{1}{1+\left(1+\cfrac{1}{1+\sqrt{2}}\right)}=1+\cfrac{1}{2+\cfrac{1}{1+\sqrt{2}}}=[1; 2, 1, \sqrt{2}]$$

가 된다. 이 과정을 계속 반복하면,

$$\sqrt{2}=1+\cfrac{1}{2+\cfrac{1}{2+\cfrac{1}{1+\sqrt{2}}}}=[1; 2, 2, 1, \sqrt{2}]$$

이런 식으로 계속 진행된다. 결국 다음과 같은 관계식을 얻는다.

$$\sqrt{2}=1+\cfrac{1}{2+\cfrac{1}{2+\cfrac{1}{2+\cdots}}}=[1;\,2,\,2,\,2,\,\cdots]$$

따라서 $\sqrt{2}$의 연분수를 구하면, 순환하는 형태의 연분수 $\sqrt{2}=[1;\,2,\,2,\,2,\,\cdots]=[1;\overline{2}]$ 가 된다.

수학에서 쓰이는 유명한 상수 중 자연상수(오일러 상수) e(2,7182818284590452353⋯)[81]와 π(3.14159265358979323384⋯)를 연분수의 형태로 표현하면 다음과 같다.

$$e=2+\cfrac{1}{1+\cfrac{1}{2+\cfrac{1}{1+\cfrac{1}{1+\cfrac{1}{4+\cfrac{1}{1+\cfrac{1}{1+\cfrac{1}{6+\cdots}}}}}}}}$$

$$=[2;\,1,\,2,\,1,\,1,\,4,\,1,\,1,\,6,\,1,\,1,\,8,\,1,\,1,\,10,\,\cdots]=[2,\,\overline{1,\,2n,\,1}]$$

---

81) 숫자 e는 자연로그(natural logarithm)의 밑으로 사용된다. n이 무한대로 갈 때, $\left(1+\frac{1}{n}\right)^n$의 극한값이 바로 e이다. e라는 기호는 스위스 수학자 오일러(Leonhard Euler, 1707-1783)가 1748년에 도입한 것이다. 1761년 독일 수학자 램버트(Johann Heinrich Lambert, 1728-1777)는 e가 무리수 임을 증명했고, 1873년에는 프랑스 수학자 에르미트(Charles Hermite, 1822-1901)에 의해서 e가 초월수(transcendental number)임이 증명되었다.
초월수란, 임의의 정수계수 다항식의 해가 될 수 없는 수로써, 수학적으로, 어떤 유한 차수(degree)를 가지는 대수수(algebraic number)가 아닌 수를 뜻한다. 임의의 초월수는 반드시 무리수이다.

π는 다음의 두 가지 연분수 형태로 표현할 수 있다.[82)]

$$\pi = \cfrac{4^2}{1+\cfrac{1^2}{2+\cfrac{3^2}{2+\cfrac{5^2}{2+\cfrac{7^2}{2+\cfrac{9^2}{\cdots}}}}}} \qquad \frac{\pi}{2} = 1+\cfrac{1}{1+\cfrac{1\cdot 2}{2+\cfrac{2\cdot 3}{1+\cfrac{3\cdot 4}{1+\cfrac{4\cdot 5}{1+\cdots}}}}}$$

또는 다음과 같이 뚜렷한 특징이 나타나지 않는 연분수의 형태로 표현할 수도 있다.

$$\pi = 3+\cfrac{1}{7+\cfrac{1}{15+\cfrac{1}{1+\cfrac{1}{292+\cfrac{1}{1+\cfrac{1}{1+\cfrac{1}{1+\cfrac{1}{2+\cfrac{1}{1+\cfrac{1}{3+\cdots}}}}}}}}}}$$

$$\pi = [3; 7, 15, 1, 292, 1, 1, 1, 2, 1, 3, 1, 14, 2, 1, 1, 2, 2, 2, 2, 1, 84, 2, \cdots]$$

이제 황금 비율[83)]에 관심을 돌려보자. 피보나치 수와 밀접한 관련이 있는 황금 비율은 연분수로 어떻게 쓸 것인가? ϕ 의 연분수 형식을

82) π의 다양한 표현법을 알고 싶다면, A.S. Posamentirer와 I.Lehmann의 π: A Biography of the World's Most Mysterious Number(Amherst, NY:Prometheus Bools, 2004)를 참고하라.

83) $\phi = 1.61803\ 39887498948482\cdots$이다.

구하는 과정을 따라가 보자.

$\varnothing$가 만족하는 다음의 유명한 관계식에서부터 시작하자.

바로 $\varnothing = 1+\frac{1}{\varnothing}$ 에서부터 출발하자.

분모에 있는 $\varnothing$ 대신 다시 $1+\frac{1}{\varnothing}$를 대입하면, 다음을 얻는다.

$$\varnothing = 1+\cfrac{1}{1+\cfrac{1}{\varnothing}}$$

이 과정을 계속 반복하면,

$$\varnothing = 1+\frac{1}{\varnothing} = [1;\ \varnothing]$$

$$\varnothing = 1+\cfrac{1}{1+\cfrac{1}{\varnothing}} = [1;\ 1,\ \varnothing]$$

$$\varnothing = 1+\cfrac{1}{1+\cfrac{1}{1+\cfrac{1}{\varnothing}}} = [1;\ 1,\ 1,\ \varnothing]$$

$$\varnothing = 1+\cfrac{1}{1+\cfrac{1}{1+\cfrac{1}{1+\cfrac{1}{\varnothing}}}} = [1;\ 1,\ 1,\ 1,\ \varnothing]$$

$$\varnothing = 1+\cfrac{1}{1+\cfrac{1}{1+\cfrac{1}{1+\cfrac{1}{1+\cfrac{1}{\varnothing}}}}} = [1;\ 1,\ 1,\ 1,\ 1,\ \varnothing]$$

$$\varnothing = 1+\cfrac{1}{1+\cfrac{1}{1+\cfrac{1}{1+\cfrac{1}{1+\cfrac{1}{1+\cfrac{1}{\varnothing}}}}}} = [1;\ 1,\ 1,\ 1,\ 1,\ 1,\ \varnothing]$$

$$\varnothing = 1+\cfrac{1}{1+\cfrac{1}{1+\cfrac{1}{1+\cfrac{1}{1+\cfrac{1}{1+\cfrac{1}{1+\cfrac{1}{\varnothing}}}}}}} = [1;\ 1,\ 1,\ 1,\ 1,\ 1,\ 1,\ \varnothing]$$

$$\varnothing = 1+\cfrac{1}{1+\cfrac{1}{1+\cfrac{1}{1+\cfrac{1}{1+\cfrac{1}{1+\cfrac{1}{1+\cfrac{1}{1+\cdots}}}}}}} = [1;\ 1,\ 1,\ 1,\ 1,\ 1,\ \cdots] = [\overline{1}]$$

등등의 결과가 얻어진다.

이 결과로부터 $\frac{1}{\phi}$의 연분수 형태를 얻을 수 있다.

$$\frac{1}{\phi}=\cfrac{1}{1+\cfrac{1}{1+\cfrac{1}{1+\cfrac{1}{\cdots}}}}=[0;1,1,1,1,1,1,\cdots]=[0,\overline{1}]$$

황금비율($\phi=\frac{\sqrt{5}+1}{2}\approx 1.6180398874989$)과 그 역수($\frac{1}{\phi}=\frac{\sqrt{5}-1}{2}\approx 0.61803398876989$)의 연분수 형태는 모두 1로만 이루어진 가장 모양새 좋은 연분수이다. 반면에 이 연분수들은 좋은 형태를 가짐에도 불구하고 실제 값으로 수렴하는 속도가 매우 늦다. 즉, 의미있는 근사값을 찾기 위해서는 연분수 표현에 많은 항이 필요하다는 뜻이다. 이제 피보나치 수를 사용하여 이것을 분석해 보자.

$$\phi_1=1+\frac{1}{1}=1+\frac{F_0}{F_1}=\frac{2}{1}=\frac{F_2}{F_1}=2$$

$$\phi_2=1+\cfrac{1}{1+\cfrac{1}{1}}=1+\frac{1}{\phi_1}=1+\frac{1}{2}=1+\frac{F_1}{F_2}=\frac{3}{2}=\frac{F_3}{F_2}=1.5$$

$$\phi_3=1+\cfrac{1}{1+\cfrac{1}{1+\cfrac{1}{1}}}=1+\frac{1}{\phi_2}=1+\frac{2}{3}=1+\frac{F_2}{F_3}=\frac{5}{3}=\frac{F_4}{F_3}=1.\overline{6}$$

$$\varnothing_4 = 1+\cfrac{1}{1+\cfrac{1}{1+\cfrac{1}{1+\cfrac{1}{1}}}} = 1+\frac{1}{\varnothing_3} = 1+\frac{3}{5} = 1+\frac{F_3}{F_4} = \frac{8}{5} = \frac{F_5}{F_4} = 1.6$$

$$\varnothing_5 = 1+\cfrac{1}{1+\cfrac{1}{1+\cfrac{1}{1+\cfrac{1}{1+\cfrac{1}{1}}}}} = 1+\frac{1}{\varnothing_4} = 1+\frac{5}{8} = 1+\frac{F_4}{F_5} = \frac{13}{8} = \frac{F_6}{F_5}$$

$$= 1.625$$

$$\varnothing_6 = 1+\cfrac{1}{1+\cfrac{1}{1+\cfrac{1}{1+\cfrac{1}{1+\cfrac{1}{1+\cfrac{1}{1}}}}}} = 1+\frac{1}{\varnothing_5} = 1+\frac{8}{13} = 1+\frac{F_5}{F_6} = \frac{21}{13} = \frac{F_7}{F_6}$$

$$= 1.615384$$

$$\varnothing_7 = 1+\cfrac{1}{1+\cfrac{1}{1+\cfrac{1}{1+\cfrac{1}{1+\cfrac{1}{1+\cfrac{1}{1+\cfrac{1}{1}}}}}}} = 1+\frac{1}{\varnothing_6} = 1+\frac{13}{21} = 1+\frac{F_6}{F_7} = \frac{34}{21} = \frac{F_8}{F_7}$$

$$= 1.619047$$

n번째 근사분수는

$$\varnothing_n = 1 + \cfrac{1}{n \cdot 1 + \cfrac{1}{1 + \cfrac{1}{1 + \cfrac{1}{1 + \cfrac{1}{1 + \cdots}}}}} = 1 + \frac{1}{\varnothing_{n-1}} = 1 + \frac{F_{n-1}}{F_n} = \frac{F_{n+1}}{F_n}$$

이다. 따라서 $\varnothing_n$의 극한값을 구하면[84)]

$$\lim_{n \to \infty} \frac{F_{n+1}}{F_n} = \frac{\sqrt{5}+1}{2} = \varnothing \text{ (4장 참고)}$$

이다.

1968년에 마다치Joseph S. Madachy[85)]는 새로운 상수 다음의 연분수 식을 따르는 상수 μ를 도입하였다. μ는

$$\mu = 1 + \cfrac{1}{2 + \cfrac{3}{5 + \cfrac{8}{13 + \cfrac{21}{34 + \cfrac{55}{89 + \cfrac{144}{233 + \cfrac{377}{\cdots}}}}}}}$$

$$= 1.39139418655022878367290288964957772096673740964306 83\cdots$$

84) 수학적으로 다음과 같이 읽는다.

"n이 점점 커져서 무한대로 갈 때, $\frac{F_{n+1}}{F_n}$의 극한값은 $\frac{\sqrt{5}+1}{2} = \varnothing$과 같다."

85) "레크레이션 수학(Recreational Mathematics)" 피보나치 계간지(Fibonnaci Quarterly) 6, no.6 (1968): 385-92

형태의 연분수를 가진다.

즉, 연이어진 피보나치 수들로 연분수의 항들을 구성한 것이다.

스코틀랜드의 저명한 수학자 심슨Robert Simson, 1687-1768은 유클리드의 저서 『원론』을 영어로 다시 출간하였다. 그의 이러한 노력은 미국의 고등학교 기하학 교육의 기초를 세우는 데 큰 역할을 하였다. 이 책에서는 처음으로 연이어진 두 피보나치 수의 비율 $\frac{F_{n+1}}{F_n}$을 다루었으며 이것의 극한값이 황금비율 ø가 됨을 소개하였다.

그림 5-1의 연분수 표를 보고 ø가 어떠한 수열에 의해 근사되는지를 보자.

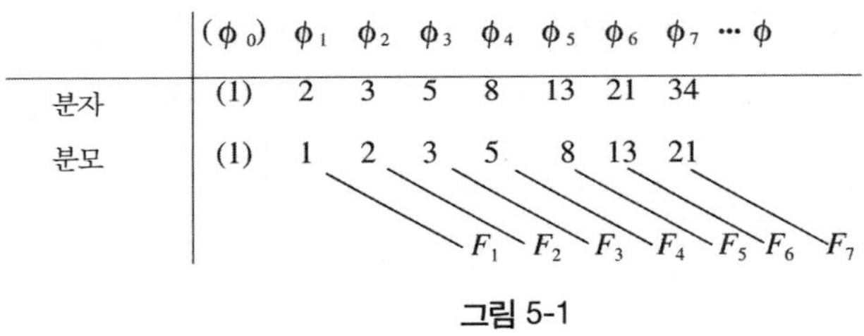

	(ϕ_0)	ϕ_1	ϕ_2	ϕ_3	ϕ_4	ϕ_5	ϕ_6	ϕ_7	$\cdots \phi$
분자	(1)	2	3	5	8	13	21	34	
분모	(1)	1	2	3	5	8	13	21	

그림 5-1

연이어진 두 피보나치 수를 변으로 하는 직사각형이 황금 직사각형으로 변해가는 과정을 직접 눈으로 보기 위해 다음의 방식을 따라 그림을 몇 개 그려보자. 우선 폭 b를 상수로 고정하고, 높이 a를 변화시키자. 각각의 직사각형의 변의 비율은 연이어진 두 피보나치 수의 비율로 하자.(그림 5-2) 그림의 맨 오른쪽에는 비교를 목적으로 실제 황금 직사각형을 그려 놓았다. $ø_i(i=1, 2, 3, \cdots, 8)$의 분자, 분모를 이용하여 황금 직사각형으로 근접하는 직사각형들의 그림을 그려보자.

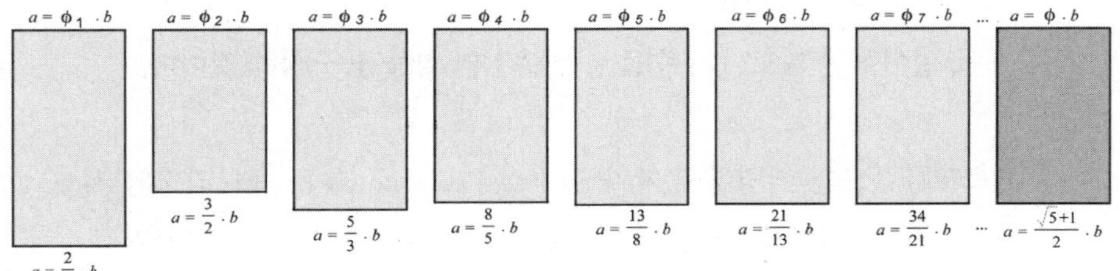

그림 5-2

$\varnothing_5 = \frac{13}{8} = 1.625$만 되도, 황금 비율의 좋은 근사값이 된다(=1.6180339887498948482…). 더 나아가 $\varnothing_7 = \frac{34}{21} = 1.\overline{619047}$ 에 대응하는 직사각형만 보더라도, 원래 황금 직사각형과 육안으로 구별하기가 어렵다. 그림 5-3의 왼쪽 직사각형은 근사 직사각형이고, 오른쪽 직사각형은 실제 황금 직사각형이다. 차이를 구별하는 독자가 있을까?

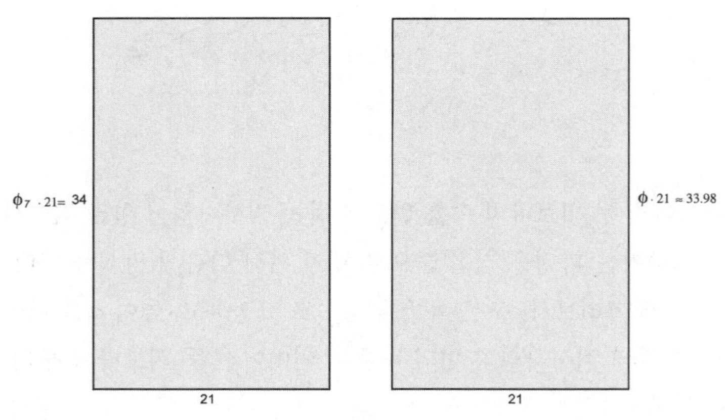

그림 5-3

무한 제곱근 형태

흥미로운 주제를 하나 던져보자. 숫자 1만을 써서 ∅를 표현하는 또 다른 방법(이미 살펴본 하나는 위에 소개한 연분수 형태)이 있을까? 아래의 "무한 제곱근"의 값을 실제로 구해보자.

$$\sqrt{1+\sqrt{1+\sqrt{1+\sqrt{1+\cdots}}}}$$

무한 연분수의 실제 값을 구할때와 비슷한 방법을 쓴다. 이 제곱근 형태의 수가 무한정 반복되는 패턴을 가지고 있는 점을 이용하는 것이다. 우선 구하려는 값을 x라 놓자.

$$x=\sqrt{1+\sqrt{1+\sqrt{1+\sqrt{1+\cdots}}}}$$

양변을 제곱하면,

$$x^2=1+\sqrt{1+\sqrt{1+\sqrt{1+\sqrt{1+\cdots}}}}$$

가 되고,

$$x=\sqrt{1+\sqrt{1+\sqrt{1+\sqrt{1+\cdots}}}}$$

을 다시 오른쪽에 대입하면, 다음의 x에 관한 이차방정식 $x^2=1+x$, 즉, $x^2-x-1=0$을 얻는다. 이것의 양수 해는 $\frac{1+\sqrt{5}}{2}=\varnothing$ 이다. 따라서,

$$\varnothing=\sqrt{1+\sqrt{1+\sqrt{1+\sqrt{1+\cdots}}}}$$

를 얻는다. 황금 비율을 이렇게도 표현할 수 있다니!

피보나치 수와 루카스 수

루카스 수로 화제를 돌려보자. 앞서 살펴본 것처럼 피보나치 수와 황금 비율의 관계가 있다면, 과연 루카스 수와 황금 비율 사이에는 어떠한 관계가 있는지 궁금하지 않은가? 그림 5-4를 보면, 두 수열[86] 모두 황금 비율로 수렴해 간다는 것을 알 수 있다. 이 경우에도 역시 루카스 수와 관련된 연분수를 찾아내 황금 비율의 근사값을 얻어낼 수 있다. 연이어진 두 루카스수열의 비율을 보면

$$\frac{3}{1} = 1 + \frac{2}{1} = 1 + \cfrac{1}{\cfrac{1}{2}}$$

$$\frac{4}{3} = 1 + \frac{1}{3} = 1 + \frac{1}{1+2} = 1 + \cfrac{1}{1 + \cfrac{1}{\cfrac{1}{2}}}$$

$$\frac{7}{4} = 1 + \frac{3}{4} = 1 + \cfrac{1}{\cfrac{4}{3}} = 1 + \cfrac{1}{1 + \cfrac{1}{1 + \cfrac{1}{\cfrac{1}{2}}}}$$

따라서, 이들을 간단히 쓰면 $[1; 1, 1, 1, \cdots, \frac{1}{2}]$이다. 이 형태에서 나타나는 $\frac{1}{2}$은 피보나치수열의 경우에 나타난 1과 차이가 있다는 점을 알아두자. 하지만, 연분수의 항의 개수가 많아질수록 그리 큰 영향력을 끼치지는 못한다.

연분수를 이용한 이론은 수학 분야에 더 많은 놀라움을 준다. 하지만

86) 반올림하여 소수점 9째 자리 까지 표시한 결과이다.

$\frac{F_{n+2}}{F_n}$	$\frac{F_n}{F_{n+1}}$
$\frac{1}{1}=1.000000000$	$\frac{1}{1}=1.000000000$
$\frac{2}{1}=2.000000000$	$\frac{1}{2}=0.500000000$
$\frac{3}{2}=1.500000000$	$\frac{2}{3}=0.666666667$
$\frac{5}{3}=1.666666667$	$\frac{3}{5}=0.600000000$
$\frac{8}{5}=1.600000000$	$\frac{5}{8}=0.625000000$
$\frac{13}{8}=1.625000000$	$\frac{8}{13}=0.615384615$
$\frac{21}{13}=1.615384615$	$\frac{13}{21}=0.619047619$
$\frac{34}{21}=1.619047619$	$\frac{21}{34}=0.617647059$
$\frac{55}{34}=1.617647059$	$\frac{34}{55}=0.618181818$
$\frac{89}{55}=1.618181818$	$\frac{55}{89}=0.617977528$
$\frac{144}{89}=1.617977528$	$\frac{89}{144}=0.618055556$
$\frac{233}{144}=1.618055556$	$\frac{144}{233}=0.618025751$
$\frac{377}{233}=1.618025751$	$\frac{233}{377}=0.618037135$
$\frac{610}{377}=1.618037135$	$\frac{377}{610}=0.618032787$
$\frac{987}{610}=1.618032787$	$\frac{610}{987}=0.618034448$

그림 5-4

독자들은 연분수를 이용하여 피보나치 수와 루카스 수를 연구하는 흥미로운 방법들도 있구나 하는 정도만 느끼고 넘어가도 좋을 듯하다.

384 797570080576446233503000787648079237125091391030394484185532591551598330797306 88

385 12904954987826823325688338130281501246783567219010955253435512138999781850616 0385

386 20880655793591285660718346006762293618034481129314900095290838054515765158589 1073

387 33785610781418108986406684137043794864818048348325855348726350193515547009205 1458

388 54666266575009394647125030143806088482852529477640755444017188248031312167794 2531

389 88451877356427503633531714280849883347670577825966610792743538441546859176999 3989

390 14311814393143689828065674442465597183052310730360736623676072668957817134479 36520

391 23157002128786440191418845870550585517819368512957397702950426513112503052179 30509

392 37468816521930130019484520313016182700871679243318134326626499182070320186658 67029

393 60625818650716570210903366183566768218691047756275532029576925695182823238837 97538

394 98094635172646700230387886496582950919562726999593666356203424877253143425496 64567

395 15872045382336327044129125268014971913825377475586919838578035057243596666433 462105

396 25681508899600997067167913917673267005781650175546286474198377544968911008983 126672

397 41553554281937324111297039185688238919607027651133206312776412602212507675416 588777

398 6723506318153832117846495310336150592538867782667949278697479014718141868

399 1087886174634756452897619922890497448449957054778126990997512027493939

400 176023680645013966468226945392411250770384383304492191886725992896575

401 2848122981084896117579889376814609956153800

402 46083597875350357822621588307387224638

403 74564827686199318998420482075533324200

404 12064842556154967682104207038292054883

405 19521325324774899581946255245845387303

406 31586167880929867264050462284137442187

407 51107493205704766845996717529982829491

408 82693661086634634110047179814120271679

409 13380115429233940095604389734410310117

410 21649481537897403506609107715822337285

411 35029596967131343602213497450232647402

412 56679078505028747108822605166054984687

413 91708675472160090711036102616287632089

414 14838775397718883781985870778234261677

415 24009642944934892853089481039863024886

416 38848418342653776635075351818097286564

417 62858061287588669488164832857960311450

418 10170647963024244612324018467605759801

419 16456454091783111561140501753401790946

420 26627102054807356173464520221007550748

421 43083556146590467734605021974409341694

422 69710658201397823908069542195416892442

423 11279421434798829164267456416982623413

제6장_
피보나치 수의 폭넓은 응용

경제학 분야

자동판매기

계단 오르기

우리집 색칠하기

1 또는 2의 순서를 고려한 합으로 자연수 표현하기

모든 자연수는 피보나치 수들의 합으로 표현할 수 있다!

체크판 덮기

피보나치 수와 피타고라스 삼각형 – 피타고라스 짝 만들기

피보나치 수와 피타고라스 짝의 또 다른 관계

피보나치 수들을 세 변으로 하는 삼각형이 존재할까?

…

이 장에서는 피보나치 수가 조금은 낯설고, 잡다한 현상들에 어떻게 적용되는지 사례들을 짚어볼 것이다. 어떤 주제들은 심오하고 어떤 주제들은 가벼울 것이다. 앞으로 볼 사례들에서 피보나치 수가 어떠한 식으로 등장하는지 보자. 비단 이 사례들에서만 피보나치 수가 적용되는 것은 아니다. 피보나치 수의 적용사례는 무궁무진하니까!

경제학 분야

지금까지 독자들은 전혀 예상치 못했던 것에서 피보나치수열이 등장함을 느꼈을 것이다. 이제 변동성이 큰 주식시장에 초점을 맞춰보자.

> 인간의 행동은 세 가지 특유한 양식에 의해 결정되는데, 바로 패턴pattern, 시간time 그리고 비율ratio이 그것이다. 이것들은 피보나치수열의 규칙을 따른다.
>
> — 엘리어트R.N, Elliott

1929년 대폭락Great Crash of 1929 이후 투자자들의 투자심리가 얼어붙었고, 그 이후로 미국의 주식시장은 손실이 큰 도박판이라는 생각이 지배적이었다. 회계사, 공학자로 성공한 이력에 비해 그다지 잘 알려지지 않았던 엘리어트Ralph Nelson Elliott, 1871-1948라는 인물이 있었는데, 이 사람은 수십 년 간의 주가 변동 차트와 주식 거래자들의 움직임을 분석하여 대폭락을 연구하였다. 엘리어트는 주가의 오르내림 속에서 뚜렷하고 반복적인 움직임을 보이는 지그재그 패턴을 발견하였다. 이러한 패턴을 "파동wave"이라 정의하고, 이를 다시 충격파동impulsive wave과 조정파동corrective wave으로 분류하였다. 이러한 개념들은 당시 시장상황에 대한 예측의 잣대로 쓰였다.

그림 6-1 엘리어트

폭넓은 독자층을 소유한 전국 시장 소식지national market newslettr의 발행자였던 콜린스Charles Collins와의 서신에서, 역시 열혈 독자였던 엘리어트는 "다우이론Dow theory을 보완할 만한 이론이 필요하다"라고 역설하고, 이 이론을 "파동이론"wave therory이라 불렀다. 엘리어트가 콜린스에게 자신의 이론을 말하고, 지원을 받고자하는 마음에서 편지교환을 시작한 시기는 1934년 11월경부터였다. 콜린스는 엘리어트의 이론의 타당성에 자극을 받아 더 세부적인 이론의 내용을 듣고자 그가 디트로이트로 와 줄 것을 권했다. 모든 시장 결정이 근본적으로 파동이론에 기반을 두고 있다는 주장에 감홍을 받았지만, 콜린스는 당장 그를 고용하는 대신 월스트리트Wall Street의 사무실을 지원했다. 1938년, 콜린스는 엘리어트를 저자로 한 책 『파동 이론』The Wave Principle을 발간하였다. 엘리어트는 자신의 이론을 다양한 경제관련 소식지와 잡지에 발표하기 시작하였다. 그중에는 파이낸셜 월드Financial world라는 잡지도 포함되어 있었다. 1946년에 엘리어트는 파동이론 책 내용을 수정보완하여 『자연법칙- 우주의 비밀』Nature's law-The Secret of the Universe이라는 책자를 발간하였다.

파동이론은 시장이 무작위로 움직인다기 보다는, 투자자의 투자심리(신용), 또는 투자심리의 결핍(충격파동)과 시장자체 내에서의 조정(조정 파동)의 결과로 나타난다는 내용을 담고 있다. 쉽게 말해서, 엘리어트의 이론은 "우주의 다른 현상들"과 마찬가지로 시장의 움직임 역시 한 번 정해진 모습으로 주기적으로 움직이는 것이고, 금융전문가들의 눈에는 이것이 보인다는 것이다. 정말 이렇다면, 이 패턴에서 피보나치수열이 발견된다 해도 그리 놀랍지는 않을 것이다.

정작 놀라운 것은 엘리어트 파동이론에 피보나치수열이 어떠한 식으로 스며들어 있는지 하는 것이다. 약세장bear market을 관찰하면, 2번의 충격파동과 1번의 조정파동, 총 3번의 파동이 있다. (익숙한 숫자가 나오는가?) 반면에 강세장bull market을 보면, 3번의 오름세 충격파동이 관찰되고, 2번의 조정파동을 합쳐 총 5번의 파동이 관찰된다. (이 숫자들은?) 따라서 한 주기에서 관찰되는 파동은 총 8번이다. 피보나치 수와 파동이론의 관계는 여기서 끝이 아니다. 엘리어트 파동이론에서 주파동major wave은 다시 하위minor 파동과 중간intermediate 파동으로 세분된다.

일반적인 약세장에서는 13번의 중간 파동이 발견되고, (예상이 되는가?) 강세장에서는 21번의 중간파동이 있다. 총 34번의 파동이 있는 것이다. 하위 파동으로 넘어가면, 약세장에서 55번, 강세장에서 89번, 총 144번의 하위파동이 발견된다. 엘리어트 자신은 이 신선한 발견에 대해 그리 놀라지 않았던 것은, 그는 항상 "주식시장은 인간이 만든 것이고 따라서 인류 특유의 특질이 반영될 수밖에 없다" 고 믿었기 때문이다. 두 번째 저서인 『자연법칙- 우주의 비밀』에서 파동 규모사이의 관계를 연구하기 시작하며, 이 이론이 약 5000여 년 전에 지어진 이집트 기자 피라미드Great Pyramid Gizeh의 설계법칙에 기초하고 있다는 사실을 발견하였다.

당연히 황금 비율에 대한 것인데, 엘리어트는 황금 비율을 가지고 주가의 움직임을 놀라우리만치 정확하게 예상할 수 있음을 확신했다. 그가 어떻게 이러한 확신을 가지게 되었는지를 이해하려면, 피보나치 수 사이의 비율에 대한 지식이 필요하다. 피보나치 수를 그보다 첫 번째 뒤, 두 번째 뒤, 세 번째 뒤의 피보나치 수로 나눈 값을 살펴보자. 처음 몇 개의 계산으로부터 패턴이 보이는가?(그림 6-2)

그림 6-2의 각각의 열들이 .2360, .3820 그리고 황금비율인 .6180으로 가는 것이 보인다. 이것을 백분율percentage로 쓰자면, 각각 23.6%, 38.2% , 61.8%이고 이것들을 피보나치 백분율Fibonacci percentage이라 부른다. 굉장히 재미난 특징이 보이는데 : 처음 두 개 백분율의 합이 나머지 백분율과 같다.(.2360 +.3820 = .6180) 그리고 두, 세번째 백분율(.3820, .6180)을 합하면 100퍼센트가 된다. 이것은 수학적으로 증명이 가능하다.

주가의 움직임을 설명하는 두 파동사이의 비례 관계를 피보나치 지수Fibonacci indicator라 한다. 엘리어트는 처음 가격의 오름세 파동 뒤에 내림세 파동이 뒤따른다는 것을 발견했고, 시장 애널리스트들은 이것을

n	F_n	$\frac{F_n}{F_{n+1}}$	$\frac{F_n}{F_{n+2}}$	$\frac{F_n}{F_{n+3}}$
1	1	$\frac{1}{1}$ = 1.000000000	$\frac{1}{2}$ = .500000000	$\frac{1}{3} \approx$ .33333333
2	1	$\frac{1}{2}$ = .500000000	$\frac{1}{3} \approx$ .33333333	$\frac{1}{5}$ = .20000000
3	2	$\frac{2}{3} \approx$ .666666667	$\frac{2}{5}$ = .40000000	$\frac{2}{8}$ = .25000000
4	3	$\frac{3}{5}$ = .600000000	$\frac{3}{8}$ = .37500000	$\frac{3}{13} \approx$ .230769231
5	5	$\frac{5}{8}$ = .625000000	$\frac{5}{13} \approx$ .384615385	$\frac{5}{21} \approx$ .238095238
6	8	$\frac{8}{13} \approx$ .615384615	$\frac{8}{21} \approx$ .380952381	$\frac{8}{34} \approx$ .235294118
7	13	$\frac{13}{21} \approx$ .619047619	$\frac{13}{34} \approx$ .382352941	$\frac{13}{55} \approx$ .236363636
8	21	$\frac{21}{34} \approx$ .617647059	$\frac{21}{55} \approx$ .381818182	$\frac{21}{89} \approx$ .235955056
9	34	$\frac{34}{55} \approx$ .618181818	$\frac{34}{89} \approx$ .382022471	$\frac{34}{144} \approx$ .236111111
10	55	$\frac{55}{89} \approx$ .617977528	$\frac{55}{144} \approx$ .381944444	$\frac{55}{233} \approx$ .236051502
11	89	$\frac{89}{144} \approx$ .618055556	$\frac{89}{233} \approx$ .381974249	$\frac{89}{377} \approx$ .236074271
12	144	$\frac{144}{233} \approx$ .618025751	$\frac{144}{377} \approx$ .381962865	$\frac{144}{610} \approx$ .236065574
13	233	$\frac{233}{377} \approx$ .618037135	$\frac{233}{610} \approx$ .381967213	$\frac{233}{987} \approx$ .236068896

그림 6-2

처음 파동의 '되돌림retracement 현상'이라 부른다. 더 깊이 관찰해보면, 이 되돌림 현상들은 대개 처음 파동의 피보나치 백분율만큼의 크기를 가지는데, 최대 61.8%이다. 정말 대단한 황금 비율 아닌가!

대다수의 애널리스트들은 파동의 패턴과 되돌림 현상을 분석하여 시장을 분석하고, 어떤 애널리스트들은 심도있는 분석을 위해 피보나치 수를 도입한다. 과거 데이터들을 관찰하여 피보나치 수를 찾아내려 한다. 큰 파동의 주기는 보통 34개월 또는 55개월로 반복되고, 소규모 파동은 21일이나 13일 주기로 온다. 트레이더들은 반복되는 패턴을 연구하기 위해 피보나치 관계식을 사용하고 이것으로 미래 시장의 움직임을 예측한다.

시장과 피보나치 관계를 우습게 보면 안 될 것이, 엘리어트는 67세의 나이에 컴퓨터의 도움을 전혀 받지 않고, 1933~1935년 사이의 약세장이 끝나는 '정확한 날짜' 를 예언했다.

여담이지만, 금융 시장에서의 피보나치 수의 적용사례는 또 있다. 금융 거래에 중요한 매체인 신용카드를 보면, 거의 황금 직사각형 모형으로 제작되어 있다. 폭과 길이가 각각 55mm, 86mm 인데, 길이가 3mm만 길었으면 피보나치 비율이 되지 않는가!

피셔Robert Fischer의 저서, 『트레이더들을 위한 피보나치 수의 응용법 및 전략』Fibonacci Applications and Strategies for Traders[87]이라는 책을 보면, 투자 전략에서 쓰이는 피보나치수열의 예들이 상세히 설명되어 있다. 로그와선logarithmic spiral을 가지고, 가격과 시간에 대한 측정을 어떻게 빨리 그리고 정확하게 할 수 있는지에 대한 완전하고 실무지향적 내용이 담겨있다. 이 책은 거래전략을 주제로, 우선 엘리어트 파동이론의 원리와 응용을 설명하고, 피보나치수열을 소개하고, 이것들이 다양한 분야에서 어떠한 식으로 나타나고 있는지 설명하고 있으며, 주식과 상품 거래에 대해서 분석해 놓았다.

주식과 상품 가격의 변화도를 측정하고 짧은 기간과 긴 기간의 조정 목표치를 예상하기 위해 피보나치 수를 사용하였다. 독자들이 이

---

87) 뉴욕: Wiley, 1993.

책을 읽는다면, 시장에서의 가격결정이 어떻게 정확하게 이루어지는지 배우고, 가격과 시간 분석이 로그와선을 이용하여 어떠한 식으로 정확하게 이루어지는지 알게 될 것이다. 이 책을 보면, 상품 시장에서의 주요 터닝 포인트들을 계산하고 예측할 수 있으며 경제 주기를 분석할 수 있고, 트레이딩의 매수매도 전략 등을 공부할 수 있을 것이다. 그렇다고 해서 모두가 다 부자가 될 수 있다는 뜻은 아니지만 말이다.

피보나치수열은 투자 분야에서 계속 등장하며 우리를 매혹시킬 것이다.

자동판매기

지금까지와는 사뭇 다른 예로서 자동판매기를 생각해보자. 이 자동판매기는 다양한 종류의 과자를 팔고 있다. 과자의 가격들은 모두 25센트의 배수이며, 동전을 넣는 배열에 따라 각각 다른 과자들이 나온다. 즉, 자동판매기의 동전을 넣는 배열의 모든 가짓수 만큼의 과자를 살 수 있는 것이다. 이제, 이 자동판매기가 판매할 수 있는 과자의 개수가 몇 개인지 계산해 보자. 즉, 쿼터quarter, 25센트와 하프 달러half-dollar, 50센트 두 종류의 동전만 가지고, 25센트의 배수를 만들 수 있는 가짓수(배열 순서도 고려한다)를 모두 계산해보자. 예를 들어, 75센트의 과자를 먹고 싶을 땐, 다음의 세 가지 방법이 있다 : 3쿼터(QQQ), 1쿼터+하프달러(QH), 하프달러+1쿼터(HQ). 각각의 지불 방법에 따라 서로 다른 과자를 얻을 수 있다. 그림 6-3의 표는 다양한 과자의 값에 대해서 계산을 해 놓은 결과이다. 흥미로운 숫자들이 보이지 않는가? 무슨 숫자들이 보이는가?

맨 오른쪽 열을 보면 역시나, 피보나치 수들이 등장한다. 다양한 과자 값들을 지불하는 방법의 개수로서 말이다. 이 패턴을 이용하면 3달러짜리 과자를 몇 개 판매할 수 있는지를 추측할 수 있다. 3달러는 25센트의 12배이므로, 이 자동판매기는 13번째 피보나치 수인 233가지의 과자를 판매할 수 있다는 뜻이다.

과자가격	25센트당 단위 수	지불 방법	지불 방법의 가짓수
$.25	1	Q	1
$.50	2	QQ, H	2
$.75	3	QQQ, HQ, QH	3
$1.00	4	QQQQ, HH, QQH, HQQ, QHQ	5
$1.25	5	QQQQQ, HHQ, QHH, HQH, QQQH, HQQQ, QHQQ, QQHQ	8
$1.50	6	QQQQQQ, QQQQH, QQQHQ, QQHQQ, QHQQQ, HQQQQ, QQHH, HHQQ, HQHQ, QHQH, HQQH, QHHQ, HHH	13
$1.75	7	QQQQQQQ, QQQQQH, QQQQHQ, QQQHQQ, QQHQQQ, QHQQQQ, HQQQQQ, QQQHH, QQHHQ, QHHQQ, HHQQQ, QHQHQ, HQHQQ, QQHQH, HQQQH, HQQHQ, QHQQH, HHHQ, HHQH, HQHH, QHHH	21
$2.00	8	QQQQQQQQ, QQQQQQH, QQQQQHQ, QQQQHQQ, QQQHQQQ, QQHQQQQ, QHQQQQQ, HQQQQQQ, QQQQHH, QQQHHQ, QQHHQQ, QHHQQQ, HHQQQQ, HQHQQQ, QHQHQQ, QQHQHQ, QQQQHH, HQQHQQ, QHQQHQ, QQHQQH, HQQQHQ, QHQQQH, HQQQQH, QQHHH, HQQHH, HHQQH, HHHQQ, QHQHH, HQHQH, HHQHQ, QHHQH, HQHHQ, QHHHQ, HHHH	34

그림 6-3

계단 오르기

여기 비슷한 문제를 하나 더 소개한다. n개의 계단을 오르려 하는데, 한 번에 한 계단 또는 두 계단만 오를 수 있다고 가정하자. 이 계단을 오르는 방법의 가짓수(C_n이라 하자)는 피보나치수열이 된다.(이 원리는 자동판매기에서 본 것과 거의 흡사하다.)

$n = 1$이라 하면, 계단이 하나 밖에 없다는 뜻이므로 아주 쉽다 : 계단을 오르는 방법은 **한** 가지 뿐이다.

$n = 2$일 때는, 두 계단으로 이루어져 있으므로 한 계단 한 계단 올라가는 방법과 두 계단을 한번에 올라가는 또 다른 방법 이렇게 **두** 가지 방법이 있다.

$n = 3$일 때는 **세** 가지 방법이 있다: 1계단+1계단+1계단 , 1계단+2계단, 2계단+1계단 이렇게 말이다. (이제 독자들이 세는 방법에 조금 익숙해 졌을 것 같으므로) 이것을 일반화 시켜보자. $n>2$인 경우에 대하여 독자들이 n계단을 올라가 보자. 이러한 가짓수는 C_n이다. 만일 독자가 첫걸음에 1계단을 올라간 상태라면, n_{n-1}개의 계단이 남았으므로 이것을 올라가는 가짓수는 C_{n-1}이다. 그런데 만일 독자가 첫걸음에 2계단을 올라버렸다면, 남은 계단의 개수가 n_{n-2}개이므로 C_{n-2}이다. 따라서 n계단을 오르는 방법의 가짓수는 이들의 합 : $C_n = C_{n-1} + C_{n-2}$이다. 피보나치수열의 점화식이 기억나는가? 바로, C_n은 피보나치 패턴을 따른다. 즉, $C_n = F_{n+1}$의 관계가 성립한다. 계단 수가 적은 경우에 그림 6-3처럼 일일이 계산해보고, 자동판매기 문제랑 비교해 보면, 포장만 바꾼 문제라는 것을 알 수 있다. 25센트를 1계단으로 바꾼 것에 불과한 것이다.

이 내용을 스케일이 큰 문제로 확장할 수 있다. 엠파이어 스테이트 빌딩Empire State Building은 그 높이가 지상에서 끝의 피뢰침까지 무려 1,453 피트 8과 9/16 inch다. 매년, 이 빌딩의 1,860개의 계단을 올라가는 시합도 있다. 이때, 한 번에 한 계단 또는 두 계단 올라가는 방법으로 총 몇 개의 계단을 오르는 가짓수가 있을까? 놀라지 말지어다.

$C_n = C_{1,860} = F_{1,861} =$ 37,714,947,112,431,814,322,507,744,749,931,
049,632,797,687,008,623,480,871,351,609,764,568,156,193,373,
680,151,232,412,945,298,517,190,425,833,936,823,942,275,395,
680,820,896,518,732,120,268,852,036,861,867,624,728,128,920,
239,509,015,217,615,431,571,741,968,260,146,431,901,232,750,
464,530,968,296,717,544,866,475,402,917,320,392,352,090,243,
657,224,327,657,131,325,954,780,580,843,850,283,683,054,714,
131,136,328,674,469,916,443,464,802,738,976,662,616,325,164,
306,656,544,521,133,547,290,540,333,738,912,142,760,761
$\approx 3.7\ 71494711 \cdot 10^{388}$

우리집 색칠하기

n층 집을 각 층마다 파란색과 노란색으로 적절히 칠하려 하는데, 파란색이 연이어 칠해지면 예쁘지 않으므로 이것만은 피하고 싶다. 노란색의 경우는 괜찮다. 이때 색칠할 수 있는 방법의 개수를 $a_n(n \geq 1)$이라 하자.

그림 6-4에서 다양한 층의 집을 색칠하는 방법의 가짓수를 확인할

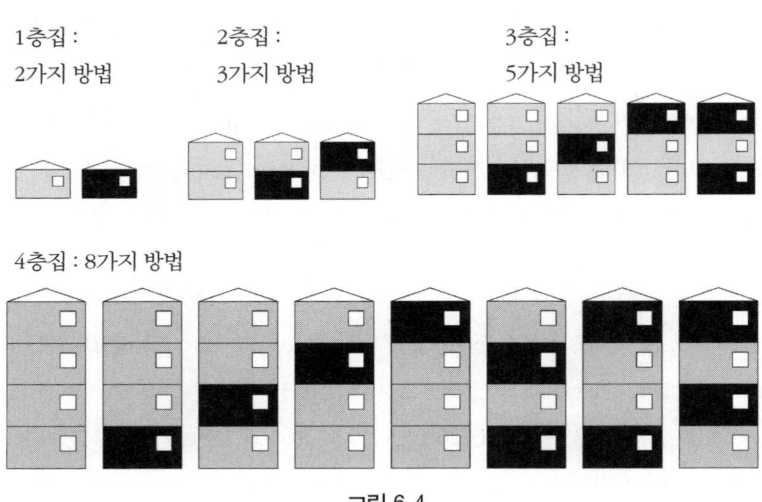

그림 6-4

수 있다. 이제 5층 집을 색칠하는 문제를 보자. 이 집의 꼭대기 층인 5층은 노란색이나 파란색 중 하나로 칠할 수 있다. 만일 노란색으로 칠했다면, 이 문제는 4층집을 칠하는 문제와 같아 진다. 만일 파란색으로 칠했으면, 4층은 반드시 노란색으로 칠해야 하므로 1층에서 3층까지 칠하는 방법은 3층짜리 집을 칠하는 문제와 같아진다. 따라서, $a_5 = a_4 + a_3 = 8 + 5 = 13 = F_6 + F_5 = F_7$이 된다. 이 패턴이 눈에 보이는가? 이 패턴은 지금까지 쭈욱 봐왔던 피보나치수열이지 않은가!

1 또는 2의 순서를 고려한 합으로 자연수 표현하기

피보나치수열의 또 다른 좋은 적용 예로 다음의 문제를 들 수 있다.

임의의 자연수 n이 주어져 있을 때, 1과 2만의 순서를 고려한 합으로 n을 나타낼 수 있는 방법은 몇 가지일까?

그림 6-5의 표를 살펴보고 각각의 n에 대해 가짓수에 대해 확인해 보자.

n	1	2	3	4	5	6	7
F_n	1	1	2	3	5	8	13
F_{n+1}	1	2	3	5	8	13	21
1,2의 순서를 고려한 합	1	1+1 2	1+1+1 1+2 2+1	1+1+1+1 1+1+2 1+2+1 2+1+1 2+2	1+1+1+1+1 1+1+1+2 1+1+2+1 1+2+1+1 2+1+1+1 1+2+2 2+1+2 2+2+1	1+1+1+1+1+1 1+1+1+1+2 1+1+1+2+1 1+1+2+1+1 1+2+1+1+1 2+1+1+1+1 1+1+2+2 1+2+2+1 2+2+1+1 2+1+2+1 1+2+1+2 2+1+1+2 2+2+2	1+1+1+1+1+1+1 2+1+1+1+1+1 1+2+1+1+1+1 1+1+2+1+1+1 1+1+1+2+1+1 1+1+1+1+2+1 1+1+1+1+1+2 2+2+1+1+1 2+1+2+1+1 2+1+1+2+1 2+1+1+1+2 1+2+2+1+1 1+2+1+2+1 1+2+1+1+2 1+1+2+2+1 1+1+2+1+2 1+1+1+2+2 2+2+2+1 2+2+1+2 2+1+2+2 1+2+2+2

그림 6-5

그림 6-5의 패턴을 보면, 자연수 n을 1과 2만의 순서를 고려한 합으로 표현하는 방법은 F_{n+1}가지라는 결론을 내릴 수 있다. 그 이유는 $n \geq 2$에 대해서, n을 1과 2의 합으로 표현했을 때, 제일 마지막에 더해지는 숫자는 1이나 2이고, 1일 때는 $n-1$을 합으로 표현하는 방법과 같아지고, 2일 때는 $n-2$를 합으로 표현하는 방법과 같아지므로, $F_{n+1} = F_n + F_{n-1} (n \geq 2)$를 얻을 수 있는 것이다.

모든 자연수는 피보나치 수들의 합으로 표현할 수 있다!

임의로 자연수[88]를 하나 선택해서 (예를 들어 27이라 하자) 이 수를 피보나치 수들의 합으로 표현하여 보자. $27 = 21+5+1$로 표현하는 사람도 있을 것이고, $27 = 13+8+3+2+1$, 또는 $27 = 13+8+5+1$로 표현하는 사람도 있을 것이다. 물론 또 다른 표현도 가능할 것이다. 독자들도 자연수를 하나 골라서 피보나치 수들의 합으로 표현해 보아라.[89] 단, 연이어지지 않은 피보나치 수들만을 써서 표현하는 방법을 찾아보아라. 이 방법은 단 한 가지밖에 없다.[90] 예를 들어 27의 경우는 첫 번째 예처럼 $27 = 21+5+1$로 표현될 것이고, 이것만이 연이어지지 않는 피보나치 수들만을 사용하여 표현하는 예가 되겠다. 다음은 1부터 12까지의 자연수를 연이어지지 않은 피보나치 수들의 합으로 표현한 예이다.

$1 = F_2$
$2 = F_3$
$3 = F_4$
$4 = F_2+F_4 = 1+3$
$5 = F_5$
$6 = F_2+F_5 = 1+5$
$7 = F_3+F_5=2+5$
$8 = F_6$
$9 = F_2+F_6 = 1+8$
$10 = F_3+F_6 = 2+8$
$11 = F_4+F_6 = 3+8$
$12 = F_6+F_4+F_2 = 8+3+1$

88) 자연수는 1,2,3,4,5…와 같은 수를 의미한다.

89) 부록 B에 증명을 실어 놓았다.

90) 이것에 대한 증명은 벨기에의 아마추어 수학자 제켄도르프(Edouard Zeckendorf, 1901-1983)가 발견하였고, 이 이론을 제켄도르프 이론이라 부른다.

체크판 덮기

이제 $2\times(n-1)$ 체크판을 2×1 블록들로 덮는 방법의 개수를 구해보자. 즉, 체크판에 붙어있는 정사각형 영역(검은색 영역, 흰색 영역)이 하나의 블록으로 덮이는 것이다. 신기하게도 이 문제에서도 피보나치 수를 발견할 수 있다. 간단한 숫자 n에 대해서 직접 그 방법의 가짓수를 구해보자.

2×1체크판을 덮는 방법의 가짓수는 1가지이다. 〈그림 6-6〉

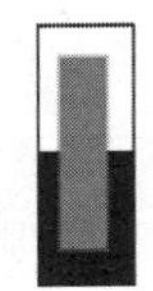

그림 6-6

2×2체크판은 2가지 방법이 있다. 〈그림 6-7〉

그림 6-7

2×3체크판은 3가지 방법이 있다. 〈그림 6-8〉

그림 6-8

2×4체크판은 5가지 방법이 있다. 〈그림 6-9〉

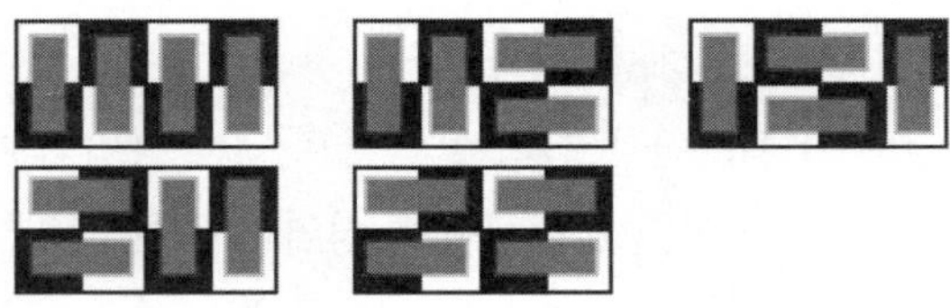

그림 6-9

2×5체크판은 8가지 방법이 있다. 〈그림 6-10〉

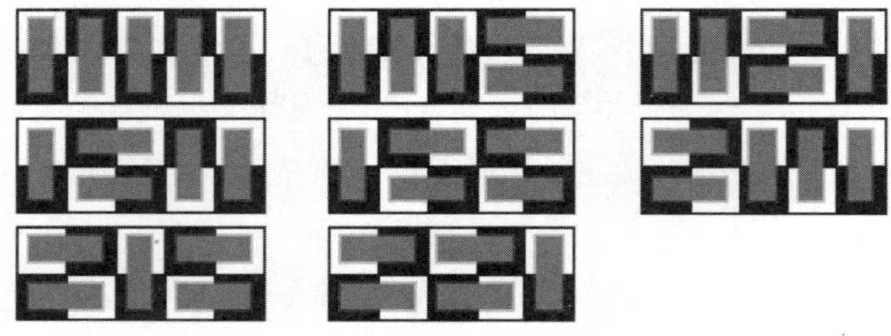

그림 6-10

2×6체크판은 13가지 방법이 있다. 〈그림 6-11〉

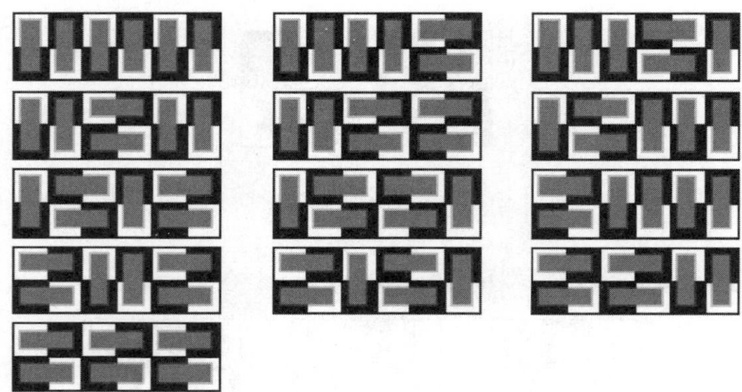

그림 6-11

2×7체크판은 21가지 방법이 있다. 〈그림 6-12〉

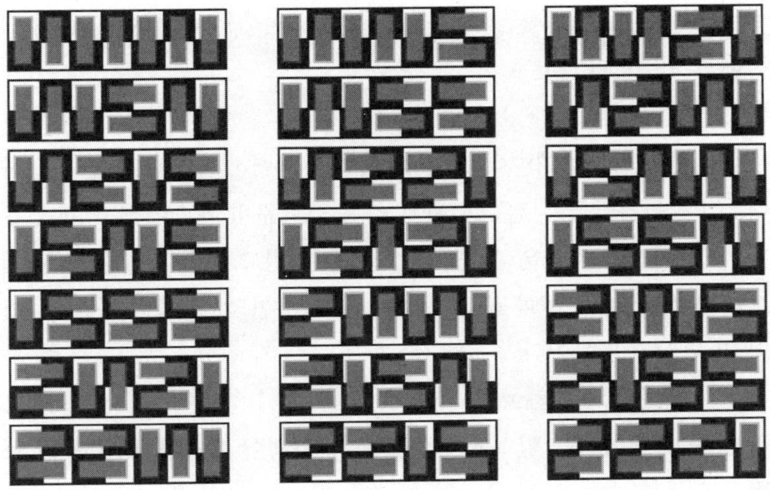

그림 6-12

체크판 문제가 나온 김에, 여기 참신한 풀이법을 가지고 있는 재밌는 문제를 소개할까 한다. 그림 6-13처럼 8×8 크기에 양 귀퉁이 두

그림 6-13

정사각형이 떨어져 나간 체크판을 생각해보자. 이때, 2×1블록 31개를 사용하여 이 체크판을 어떻게 덮을 수 있을까? 독자들이여 잠시 생각해보기 바란다.

대부분의 독자들이 어떻게 덮을 것인가 노력하는 모습이 눈에 선하다. 어떤 독자들은 직접 체크판과 블록들을 준비해서 애를 쓰고 있을 것이고, 어떤 독자들은 연습장에 그림을 그리고 있을 것이다. 그런데 오래지 않아 다들 풀이 죽을 듯하다. 왜냐하면 이 문제는 덮을 수 없다,가 답이기 때문이다.

원래 질문을 상기해보자. 질문을 꼼꼼히 읽어보면, 체크판을 덮으라는 문제가 아님을 알 수 있을 것이다. 그것이 가능하다면! 덮는 방법을 연구할 수는 있는 문제일 것이다. 우리는 그렇게 교육을 받아와서인지, 문제를 잘못 읽고 보통 "무조건 덮어 보라"라고 해석하는 경우가 종종 있다.

문제의 해결을 위해 재치있는 생각이 필요할 듯싶다. 곰곰이 생각해보자 : 블록 한 개를 체크판 위에 올려 놓을 때, 어떤 정사각형들이 덮어지겠는가? 그렇다. 검은색 정사각형, 흰색 정사각형 한 개씩이 하나의 블록으로 덮어지는 것이다. 그런데 귀퉁이가 잘려나간 이 체크판의 흰색, 검은색 정사각형의 개수는 어떠한가? 같지 않다! 검은색이 흰색 보다 두 개 더 적다. 따라서 이 체크판을 31개의 블록으로 덮는다는 것은 말이 안 된다. 이렇게 되기 위해서는 검은색, 흰색 정사각형 개수가 같아져야만 하기 때문이다. 수학문제를 푸는 데 있어서 성공적인 방법은 우선 문제를 접했을 때, 올바른 질문이 무엇인가를 알아내고, 그 문제를 연구하는 것이 기본이다.

피보나치 수와 피타고라스 삼각형 - 피타고라스 짝 만들기

아마 대부분의 독자들이 학창시절 배운 수학 관계식 중 가장 유명한 것이 피타고라스 정리일 것이다. 이 정리는 직각삼각형의 세변 a, b, c가 $a^2+b^2=c^2$을 만족한다는 내용이다. 조금 더 관심이 있었던 독자들은 3, 4, 5나 5, 12, 13, 또는 8, 15, 17 등 피타고라스 정리를 만족하는 세 수가 기억날 것이다. 이들은 각각 $3^2+4^2=9+16=25=5^2$, $5^2+12^2=25+144=169=13^2$, $8^2+15^2=64+225=289=17^2$을 만족한다. 피타고라스 정리를 만족하는 세 수를 피타고라스 짝Pythagorean triple이라 부른다. 만일 위의 세 가지 예처럼 피타고라스 짝 사이에 공약수(공통 인수)가 없다면,[91] 이것을 원시 피타고라스 짝primitive Pythagorean triple이라 한다. 원시 피타고라스 짝이 아닌 예로써 6, 8, 10을 들 수 있는데, 이것은 피타고라스 짝이긴 하지만 공통 인수 2를 가지고 있다.

얼핏 생각할 때, 피보나치 수와 피타고라스 정리가 아무런 관련이 없어 보인다. 서로 독립적으로 발견된 것으로써 연결고리가 생각나지 않는다. 그런데 놀랍게도, 피보나치 수들을 가지고 피타고라스 짝을 만들 수가 있다. 어떠한 방식인지 살펴보자. 피타고라스 짝을 만들기 위해 임의의 연이어진 네 개의 피보나치 수를 선택하자. 예를 들어 3, 5, 8, 13이라 치자. 그 다음 규칙은 이렇다.

1. 중간의 두 수를 곱하고 다시 2를 곱한다. 우리의 예에서는 5와 8을 곱해 40을 얻고 다시 2배하여 80을 얻는다. (이것이 피타고라스 짝중 한 수이다.)

---

91) 공약수를 따질 때, 1은 제외한다. 1은 항상 모든 자연수의 약수이다.

2. 바깥의 두 수를 곱한다 : 3과 13을 곱하여 39을 얻는다. (피타고라스 짝 중 다른 한 수이다.)
3. 중간의 두 수의 제곱해 합을 구한다. 이것이 피타고라스 짝 중 나머지 한 수이다 : $5^2+8^2=25+64=89$이다

이러한 과정을 거쳐 피타고라스 짝 39, 80, 89를 얻는다. 실제 계산을 해보면, $39^2+80^2=1,521+6,400=7,921=89^2$이므로 피타고라스 짝이 맞다. (이 재밌고 신기한 규칙에 대한 증명은 부록B에 실어 놓았다.)

피보나치 수와 피타고라스 짝의 또 다른 관계

피타고라스 삼각형(즉, 세 변 a, b, c가 피타고라스 정리 $a^2+b^2=c^2$를 만족하는 삼각형)의 세 정수 변을 얻는 알려진 공식이 하나 있다. 다음의 공식을 사용하여 a, b, c의 값을 찾아낸다.

$$a=m^2-n^2$$
$$b=2mn$$
$$c=m^2+n^2$$

여기서, m과 n은 자연수이다.

예를 들어 보자. 만일 $m=5$이고 $n=2$라면, 다음과 같은 피타고라스 짝(20, 21, 29)을 얻을 수 있다.

$$a=m^2-n^2=25-4=21$$
$$b=2mn=2\cdot5\cdot2=20$$

$$c = m^2 + n^2 = 25 + 4 = 29$$

위의 세 관계식은 바빌로니아 공식Babylonian formulae으로 일컬어지기도 하는데, 바빌로니아 인들은 (3,356; 3,367; 4,825)나 (12,709; 13,500; 18,541)과 같은 피타고라스 짝을 찾는 데 이미 이 관계식을 사용하였다.

피타고라스 짝(a, b, c)이 원시 짝이라는 정의가 a, b, c가 서로 소 즉, a, b, c 사이에 공통 인수가 없을 때라는 것을 상기하자. 만일 m과 n이 서로 소인 자연수이고, $m>n$이며, m과 n이 서로 다른 기우성[92]을 가질 때, 피타고라스 짝(a, b, c)이 원시 피타고라스 짝이 된다.

이제 피보나치 수가 피타고라스 짝과 어떠한 관련이 있는지 볼 차례다. m과 n에 연속하는 피보나치 수들을 차례로 넣어보자. $m = 2$, $n = 1$부터 시작하자. 놀랍게도 각각의 경우에 c역시 피보나치수열이 된다. 그림 6-14에서 확인하라.

k	m	n	$a = m^2 - n^2$	$b = 2mn$	$c = m^2 + n^2$
1	2	1	3	4	**5**
2	3	2	5	12	**13**
3	5	3	16	30	**34**
4	8	5	39	80	**89**
5	13	8	105	208	**233**
6	21	13	272	546	**610**
7	34	21	715	1,428	**1,597**
8	55	34	1,869	3,740	**4,181**
9	89	55	4,896	9,790	**10,946**
10	144	89	12,815	25,632	**28,657**
11	233	144	33,553	67,104	**75,025**
12	377	233	87,840	175,682	**196,418**
…	…	…	…	…	**…**

그림 6-14

92) 두 정수가 둘다 홀수이거나, 둘다 짝수일 때를 같은 기우성을 가진다고 말한다.

이 사실은 쉽게 증명할 수 있다. 일반적으로, 연속하는 두 피보나치 수 $m_k = F_{k+2}$와 $n_k = F_{k+1}$에 대해서 바빌로니아 공식을 쓰면,

$$a_k = m^2 - n^2 = F_{k+2}^2 - F_{k+1}^2$$
$$b_k = 2mn = 2F_{k+2}F_{k+1}$$
$$c_k = m^2 + n^2 = F_{k+2}^2 + F_{k+1}^2$$

이고 제1장의 관계식 9(원서 43쪽)에 의해 C_k는 피보나치 수 F_{2k+3}이 된다.

피보나치 수들을 세 변으로 하는 삼각형이 존재할까?

물론 피보나치 수로만 이루어진 정삼각형(예컨대 세변의 길이가 5인 삼각형)이나, 이등변 삼각형(예컨대 세변이 13, 13, 5인 삼각형)은 쉽게 찾을 수 있는데, 과연 세 변의 길이가 모두 다른 피보나치 수로 이루어진 삼각형이 존재할 것인가는 전혀 다른 문제가 된다. 이런 삼각형은 존재할 수가 없다! 이 사실은 삼각 부등식triangle inequality을 이용하여 쉽게 보일 수 있다.[93] 삼각 부등식이란, 삼각형의 두 변의 길이의 합은 남은 한 변보다 반드시 크다는 뜻이다. 따라서 삼각형의 세 변을 a, b, c라 놓으면 다음의 관계식

$$a+b>c,\ b+c>a,\ c+a>b$$

가 성립한다는 것이다. 만일 연속된 세 피보나치 수 F_n, F_{n+1}, F_{n+2}를 생

93) V.E.Hogatt Jr, Fibonacci and Lucas Numbers(Boston : Houghton Mifflin, 1969), p.85

각하면, $F_n + F_{n+1} = F_{n+2}$이므로 이는 절대 삼각형의 세 변의 길이가 될 수 없다. 일반적으로 세 피보나치 수 F_r, F_s, F_t를 생각하고, $F_r \leq F_{s-1}$, $F_{s+1} \leq F_t$를 만족한다고 하자. $F_{s-1} + F_s = F_{s+1}$이고, $F_r \leq F_{s-1}$이므로 $F_r + F_s \leq F_{s+1}$을 얻고 또한 $F_{s+1} \leq F_t$이므로 $F_r + F_s \leq F_t$가 되어 삼각 부등식에 모순이 된다. 즉, F_r, F_S, F_t를 세변으로 하는 삼각형은 존재할 수 없다.

피보나치 수를 이용한 곱셈

러시아 농부들이 사용했다고 알려진 약간은 이상하고 원시적인 두 수의 곱셈 방법[94]이 있다. 간단하긴하나, 다소 귀찮은 방법이다. 간단한 예로써 곱셈의 원리를 살펴보자. 두 수 중 하나가 2의 거듭제곱으로 표현되는 경우의 곱셈을 해보자. 간단히, 65·32[95]의 예를 들어보자. 하나의 수는 계속 2배씩 하고, 다른 하나의 수는 2로 나눠가는 결과가 다음의 표에 있다.

하나의 수가 2의 거듭제곱일 때는 쉬운 경우로써, 표에서 확인할 수 있는 것처럼, 곱셈의 결과는 1·2,080 = 2,080이다.

65 · 32 =	65	32
	130	16
	260	8
	520	4
	1,040	2
	2,080	1
	———	———
65 · 32 =	**2,080**	

그림 6-15

94) 고대 이집트에서도 이 방법을 사용한 증거가 있다.

95) 32는 2^5이다.

43	92
86	46
172	**23**
344	**11**
688	**5**
1,376	2
2,752	**1**

그림 6-16

이제 다른 예제를 보자. 43·92와 같이 두 수가 모두 2의 거듭제곱이 아닌 경우에 곱셈의 과정을 같이 따라가보자. 우선 그림 6-16의 표와 같이 2열짜리 표를 만들고 제일 윗 행에 곱할 두 수 43과 92을 적는다. 하나의 열은 두배씩 해서 차례로 적을 것이고, 다른 열은 반으로 나눈 몫을 적을 차례로 적어 나간다. 편의상 첫 번째 열(왼쪽 열)을 2배씩 하는 열로 하고, 두 번째 열은 반으로 나눈 몫을 적을 것이다. 23과 같이 홀수이면 2로 나누어 떨어지지 않으므로 11을 적고 나머지 1은 버린다.(2번째 열의 세 번째 수) 다른 수들에 대해서도 마찬가지 방법으로 한다.

두 번째 열(오른쪽 열)에서 홀수들을 찾고, 그와 같은 위치에 있는 첫 번째 열(왼쪽 열)들의 수를 모두 더하자. 강조를 하기 위해 굵은 글씨로 썼다. 이 합한 결과가 바로 43과 92의 곱셈 결과가 되는 것이다. 정리하자면, 러시아 농부들이 쓰는 곱셈 방법을 사용하여

$$43 \cdot 92 = 172 + 344 + 688 + 2{,}752 = 3{,}956$$

의 결과를 얻는다.

위의 설명에서는 첫 번째 열을 2배씩 하는 열, 두 번째 열을 반으로 나눈 열로 가정하고 풀이했다. 그럼 반대로, 첫 번째 열을 반으로 나누고, 두 번째 열을 2배씩 하는 열로 계산한 결과는 어떨까? 그림 6-17

43	92
21	**184**
10	368
5	**736**
2	1,472
1	**2,944**

그림 6-17

을 보자.

곱셈을 하기 위해서 첫 번째 열에서 홀수들을 찾자(굵은 글씨). 그리고 이것들과 같은 위치에 있는 두 번째 열의 숫자들을 찾아 모두 더하면, $43 \cdot 92 = 92 + 184 + 736 + 2{,}944 = 3{,}956$으로 똑같은 결과를 얻는다. 물론, 독자들중에 이런 식으로 곱셈을 하는 사람은 없겠지만, 이러한 방법으로 어떻게 올바른 곱셈 결과를 얻을 수 있는지 연구해보는 것은 흥미로울 것 같다. 뿐만 아니라, 숨어 있는 수학적 원리에 대해서도 이해할 수 있을 것이다.

다음의 수식들은 위 곱셈 알고리즘algorithm[96]이 어떠한 식으로 이루어지는가를 보여준다.

$43 \cdot 92$	=	$(21 \cdot 2+1) \cdot 92$ =	$21 \cdot 2 \cdot 92+1 \cdot 92$ =	$21 \cdot 184+\mathbf{92}$ =	3,956
$21 \cdot 184$	=	$(10 \cdot 2+1) \cdot 184$ =	$10 \cdot 2 \cdot 184+1 \cdot 184$ =	$10 \cdot 368+\mathbf{184}$ =	3,864
$10 \cdot 368$	=	$(5 \cdot 2+0) \cdot 368$ =	$5 \cdot 2 \cdot 368+0 \cdot 368$ =	$5 \cdot 736+\mathbf{0}$ =	3,680
$5 \cdot 736$	=	$(2 \cdot 2+1) \cdot 736$ =	$2 \cdot 2 \cdot 736+1 \cdot 736+1 \cdot 736$ =	$2 \cdot 1{,}472+\mathbf{736}$ =	3,680
$2 \cdot 1{,}472$	=	$(1 \cdot 2+0) \cdot 1{,}472$ =	$1 \cdot 2 \cdot 1{,}472+0 \cdot 1{,}472$ =	$1 \cdot 2{,}944+\mathbf{0}$ =	2,944
$1 \cdot 2944$	=	$0 \cdot 2+1+2{,}944$ =	$0 \cdot 2 \cdot 2{,}944+1 \cdot 2944$ =	$0+\underline{\mathbf{2{,}944}}$ =	2,944
				3,956	

96) 알고리즘이란, 유한한 단계를 통한 문제 해결을 위한 절차를 뜻한다.

또한 2진법binary system을 사용하여 이 알고리즘의 원리를 알아낼 수도 있다.

$$\begin{aligned}43 \cdot 92 &= (1 \cdot 2^5 + 0 \cdot 2^4 + 1 \cdot 2^3 + 0 \cdot 2^2 + 1 \cdot 2^1 + 1 \cdot 2^0) \cdot 92 \\ &= 2^0 \cdot 92 + 2^1 \cdot 92 + 2^3 \cdot 92 + 2^5 \cdot 92 \\ &= 92 + 184 + 736 + 2{,}944 \\ &= 3{,}956\end{aligned}$$

독자들이 러시아 농부들의 곱셈 알고리즘을 완벽히 이해했는지 여부를 떠나서, 우리가 학창 시절 배운 곱셈 방법이 얼마나 쉽고 간편한지 새삼 느껴지는 대목이다. 요즘은 그냥 계산기를 써서 곱셈 따위는 쉽게 얻을 수 있다. 많은 곱셈 알고리즘 중 위에서 살펴본 것이 아마 가장 낯설 것이다. 하지만 이러한 곱셈 알고리즘을 생각할 수 있다는 자체에서 수학의 무모순성을 느낄 수 있지 않은가? 이제 피보나치 수를 도입한 또 다른 곱셈 알고리즘을 살펴볼 차례다. 피보나치 곱셈 알고리즘은 2배하는 과정이 아닌 더하는 과정으로 이루어진다. 위에서 살펴보았던 두 수 43과 92의 곱셈을 하여보자.

이번에는 92를 오른쪽 열 맨 위에 쓰는 것으로부터 시작된다.(그림 6-18) 왼쪽 열에는 피보나치수열의 두 번째 항인 1부터, 곱셈이 행하여 지는 또 다른 수, 즉 43보다 작은 피보나치 수가 나타날 때까지 차례대로 쓴다. 즉 이 예제에서는 34까지 쓰면 되는데, 그 다음 피보나치 수는 55로서 43보다 크기 때문이다. 그 다음 오른쪽 열에는, 처음에 92의 2배를 해서 적고, 그 다음 부터는 마치 피보나치수열을 얻듯이 앞의 두 행의 숫자들을 더해서 차례로 적는다. 이제 원래 곱셈을 하려 했던 43을 피보나치 수의 합으로 표현했을 때 쓰이는 피보나치 수들을 왼쪽 열에서 선택한다. $1+8+34=43$이므로 굵은 글씨체로 1, 8, 34를 쓰고, 이에 해당하는 오른쪽 열의 수들, 92, 736, 3, 128을 더

1	**92**	
2	184	= 92 + 92
3	276	= 184 + 92
5	460	= 276 + 184
8	**736**	= 460 + 276
13	1196	= 736 + 460
21	1932	= 1196 + 736
34	**3128**	= 1932 + 1196

그림 6-18

하면 우리가 원하는 곱셈 결과를 얻을 수 있다.

$$92+736+3{,}128=3{,}956$$

이 알고리즘은 곱셈을 할 때 사용할 정도로 효율적인 방법은 물론 아니다. 하지만, 이 알고리즘에 피보나치 수와 관련된 어떠한 원리가 숨겨져 있는지 궁금하지 않는가?

거리 단위 변환에 쓰이는 피보나치 수

대부분의 나라에서 거리의 단위를 킬로미터로 표시하지만, 영국에서는 아직 마일mile 단위를 고수하고 있다. 따라서 이러한 단위들 사이의 단위변환법을 알아두어야 다른 나라로 여행을 다닐 때도 고생이 덜할 것이다. 단위변환에 쓰이는 특별한 '요령'이 하나 있는데, 여기에도 피보나치 수가 등장한다. 킬로미터와 마일사이의 단위변환을 알아보기에 앞서, 이들 단위의 유래를 살펴보기로 하자.

마일은 1,000을 뜻하는 라틴어 mille가 그 어원으로, 고대 로마 군대가 1,000페이스pace로 걸어갔을 때의 거리를 뜻한다. (이는 2,000걸음을 뜻한다) 1페이스가 약 5피트feet이므로, 1마일은 약 5,000피트인 셈이다. 로마인들이 유럽에 도로를 건설할 당시, 1마일마다 돌을 사용하여 표시를 해두었는데, 이것이 '마일스톤' mildestones이라는 단어의 유래다. 1593년, 영국의 여왕 엘리자베스 1세Queen Elizabeth I는 1마일을 5,000피트가 아닌 8펄롱[97]furlong(5,280피트)으로 개정했는데 이때부터 법정 마일status mile의 개념이 생겼다.

미터법metric system은 1790년으로 거슬러 올라간다. 프랑스 혁명French Revolution 기간 동안 프랑스 국정의회French National Assembly는 십진법에 기초한 표준 측정제도를 만들도록 프랑스 과학 아카데미French Academy of Sciences에 요구했다. 그래서 길이의 단위로 '미터'가 탄생했고, 이것은 그리스어로 측정을 뜻하는 metron이 그 어원이다. 북극점에서 적도에 이르는 경선 중, 프랑스 도시 둔키르크Dunkirk와 스페인의 바르셀로나Barcelona 근처를 지나는 경선길이의 천만분의 일을 그 길이로 정의하였다.[98] 물론 미터법이 마일 제도에 비해 과학적인 측면에서 더 적당하다. 1866년 미국 의회에서 '모든 계약, 거래, 법정 소송 절차 등에서 측정

---

97) 펄롱(furlong)은 영국 도량형 단위(Imperial units), 미국 관용 단위(US costomary units)에 쓰이는 거리 단위이다. 역사적으로 그 길이의 정의가 많이 바뀌었으나, 현재는 660피트(feets), 그러니까 201.68미터로 정의하고 있다. 1마일은 8펄롱이다. 펄롱(furlong)이라는 단어는 도랑(furrow)의 고어인 furh와 길이(long)를 뜻하는 고어인 lang에서 유래되었다. 즉, 공동 경작지(open field) 한 에이커(acre)의 도랑의 길이를 뜻하는 단위이다.(공동 경작지는 중세에 존재하던 개념으로 좁은 도랑으로 구획이 나누어졌다) 현재 펄롱이라는 단위는 경마장에서 말이 달린 거리 단위로 쓰이고 있다.

98) 이것과 관련된 흥미로운 책 세권을 소개한다. Dava Sobel, Longitude(New York: Walker & Co., 1995); Umberto Eco, The Island of the Day Before (New York: Harcourt Brace, 1994); Thomas Pynchon, Mason & Dixon (New York: Henry Holt, 1997)

제도로 미터법을 사용할 것' 을 천명하였다. (하지만 자주 사용되지는 않았다.) 그리고 마일 제도와 관련된 법들은 없어졌다.

이제 마일과 킬로미터 사이의 단위변화를 위해, 이 두 단위는 어떠한 관계가 있는지를 알아볼 필요가 있다. (미국에서 현재 사용하고 있는) 법정 마일은 정확히 1,609.344미터이다. 킬로미터로 바꾸면 1.609344킬로미터이다. 역수를 취해보면, 킬로미터는 .621371192마일이다. 이 두 숫자의 관계(1만큼의 차이가 난다)를 보면, 황금 비율이 생각나지 않는가? 약 1.618정도 되고, 역수를 취하면 약 .618인 황금 비율 말이다. 자기자신과 그 역수의 차이가 정확히 1만큼 나는 수는 황금 비율밖에 없다. 그런데 황금 비율은 연속된 피보나치 수의 비율로 근사되므로, 단위전환에서도 피보나치 수가 등장하는 것이다.

5마일이 몇 킬로미터인가 하니

$$5 \cdot 1.609344 = 8.04672 \approx 8$$

이고, 반면에 8킬로미터는 마일 단위로

$$8 \cdot .621371192 = 4.970969536 \approx 5$$

이다.

즉, 8킬로미터는 약 5마일이다. 이 숫자들이 피보나치 수이지 않은가?

연이은 피보나치 수의 비율은 약 ø 이다. 마일과 킬로미터의 관계는 황금 비율과 매우 밀접한 관계에 있으므로 연이어진 피보나치 수들과도 관계가 깊을 것이다. 이 사실을 이용하여, 13킬로미터를 마일로 변환하여 보자. 13바로 전의 피보나치 수가 8이므로, 8마일이 됨을 알수 있는 것이다. 유사한 방법으로 5킬로미터는 약 3마일, 2킬로미터는 약 1마일이 된다. 피보나치 수가 커질수록 더 정확한 근사값을 찾을 수 있는데, 그 이유는 그 비율이 점점 ø 에 가까워지기 때문이다.

이제 20킬로미터를 마일로 변환하고 싶다. 20은 피보나치 수가 아니다. 독자들은 20을 피보나치 수들의 합[99]으로 표현하는 방법은 알고 있을 것이다. 그렇다면 각각의 피보나치 수들을 마일로 변환하고, 다시 합하면 된다. 즉, 20킬로미터 = 13킬로미터＋5킬로미터＋2킬로미터 이므로 각각을 마일로 변환하면 약 8마일, 3마일, 1마일, 합하면 약 12마일이 되는 것이다.

마일에서 킬로미터로 거꾸로 변환하는 방법도 비슷하다. 바꾸고 싶은 마일을 피보나치 수들의 합으로 표현한 후, 각각의 수를 바로 다음에 오는 피보나치 수들로 바꾸는 것이다. 20킬로미터를 마일로 바꾸고 싶다면, 20마일 = 13마일＋5마일＋2마일이므로 각각의 피보나치 수들 바로 다음에 오는 피보나치 수들을 택하면 20마일≈21킬로미터＋8킬로미터＋3킬로미터 = 32킬로미터가 된다.

---

99) 자연수를 피보나치 수들의 합으로 표현하는 방법 : 임의의 자연수를 서로 다른 피보나치 수들의 합으로 표현하는 방법은 자명하지만은 않다. 여기 몇 개의 예를 들어 보겠다.

n	피보나치 수의 합으로 표현	n	피보나치 수의 합으로 표현
1	1	9	1+8
2	2	10	2+8
3	3	11	3+8
4	1+3	12	1+3+8
5	5	13	13
6	1+5	14	1+13
7	2+5	15	2+13
8	8	16	3+13

위 표의 패턴을 보고 각각의 자연수를 가장 적은 개수의 피보나치 수들의 합으로 표현하는 방법을 살펴보자. 예를들어, 13은 2+3+8 이나 5+8로 표현할 수 있다. 좀 더 큰 자연수들에 대한 표현법을 연구해보자. 표현법을 찾아보면서 과연 이 표현이 가장 적은 개수의 피보나치 수들의 합으로 표현된 것인지를 따져보자. 수학자 제켄도르프(Zeckendorff)에 의해 증명된 사실로써, 임의의 자연수는 연속되지 않은 피보나치 수들의 합으로 유일하게 표현된다는 정리가 있다.

사실 피보나치 수의 합으로 표현할 때 가장 적은 개수의 피보나치 합으로 표현할 필요는 없다. 어떠한 표현을 써도 된다. 예컨대 40킬로미터의 경우, 20킬로미터+20킬로미터 이므로 20킬로미터가 약 12마일임을 이용하여 약 24마일이라는 결과를 얻을 수도 있다.

물리학에서의 피보나치 수

광학 분야에서 피보나치 수를 발견할 수 있는 좋은 예가 있다.[100] 두 개의 유리판을 맞대어 붙이고 빛을 비췄을 때 가능한 반사의 경우의 수를 세어보자. 편의상, 반사판 역할을 하는 면에 숫자를 붙여놓았다.(그림 6-20)

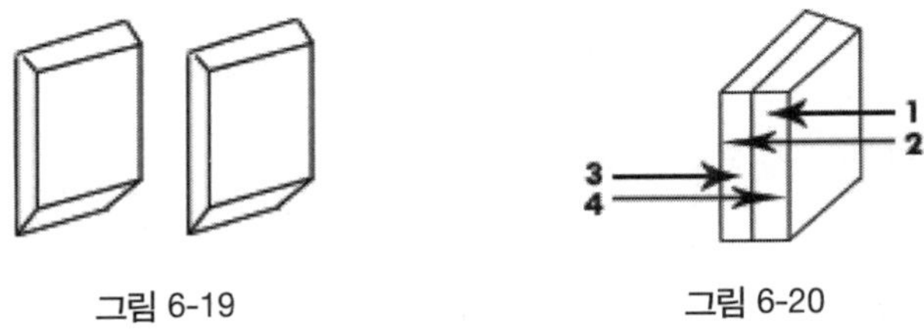

그림 6-19 그림 6-20

첫 번째 경우, 반사가 한번도 일어나지 않을 때, 그림 6-21처럼 빛은 두 유리판을 그냥 통과하므로 빛이 지나가는 경로는 한 가지 경우밖에 없다.

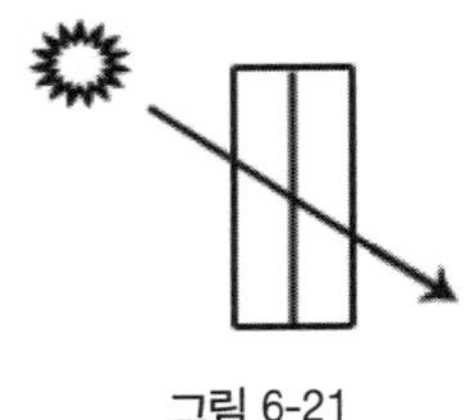

그림 6-21

다음 경우는 한 번의 반사가 일어나는 경우이다. 빛이 지나가는 경로는 그림 6-22에서 보듯 두 가지 방법이 있다.

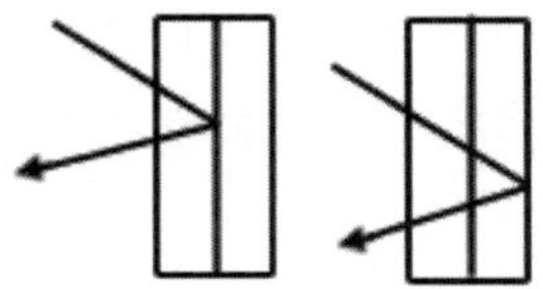

그림 6-22

이제, 빛이 들어오면서 유리판을 통과할 때, 두 번의 반사가 일어난다고 하면, 다음의 세 가지 방법이 있다. (그림 6-23)

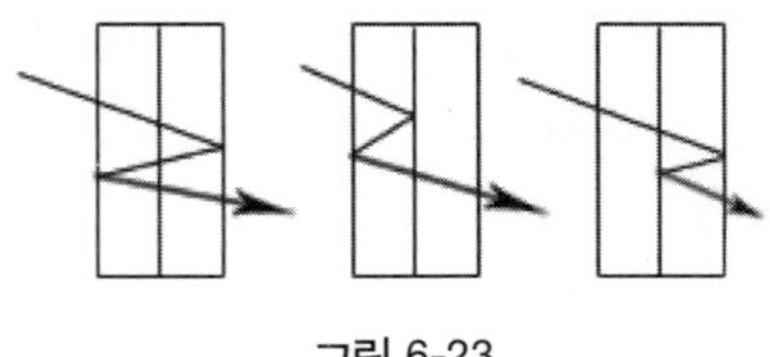

그림 6-23

세 번의 반사가 일어날 경우에는 그림 6-24에서 보듯, 다섯 번의 반사가 있다.

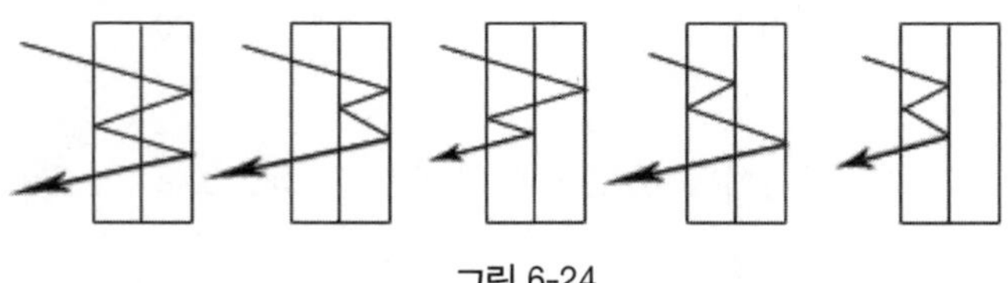

그림 6-24

이제, 다음을 예상할 수 있겠는가? 네 번의 반사가 일어나는 빛의 진행 경로는 총 여덟 가지이다.

---

100) 이 문제는 L.Moser와 M Wyman에 의해 제안되었다.("Problem B-6", Fobonacci Quarterly 1, no. 1(February 1963):74,) 그리고 L.Moser와 J.L. Brown이 이 풀이법을 발견하였다. ("Some reflections," Fibonacci Quartely 1, no. 1 (December 1963): 75.)

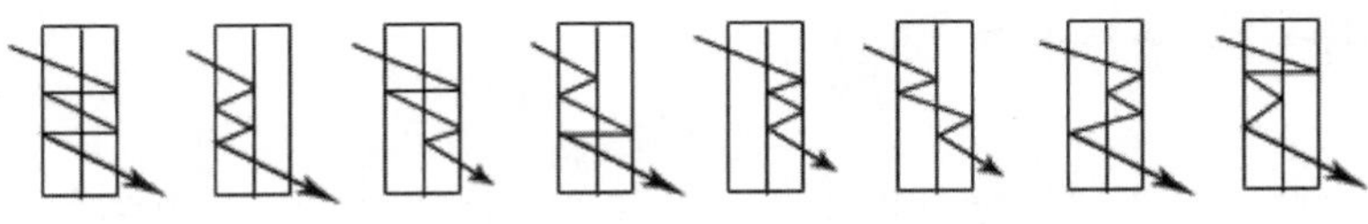

그림 6-25

일반적으로 피보나치수열일 것 같다는 생각이 드는가? 그렇다! 이것을 일반화시키기 위해서, 수학적 언어가 필요하다. 수학적으로 이것을 증명해보자.

마지막 반사가 제1면이나 3면에서 일어났다면, 반사의 횟수는 짝수번이 된다. 바로 전의 반사는 제2면이나 4면에서 일어나는 것이다.(그림 6-26)

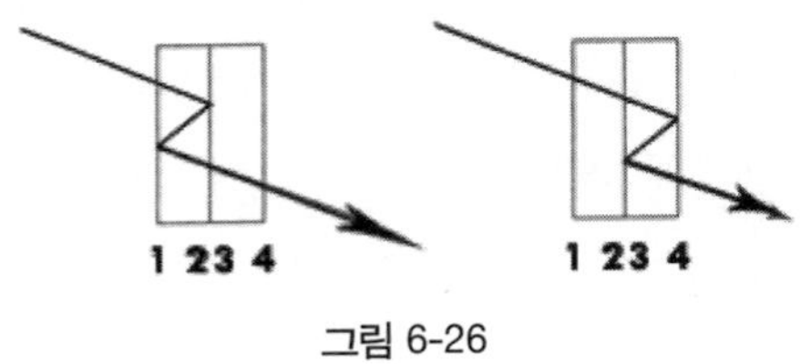

그림 6-26

n번의 반사가 일어났을 때, 만일 마지막 반사가 제1면에서 일어났으면, 이전까지는 n—1번사가 일어났음을 뜻하고(그림 6-26), 만일 마지막 반사가 제3면에서 일어났으면, 이 빛은 제4면에서 반사되어 오는 빛이므로 그 전에 n—2번의 반사가 일어났음을 뜻한다. 따라서 마지막 반사가 제1면이나 3면에서 일어났을 때의 경우의 수는 n—1번 반사의 경우의 수와 n—2번 반사의 경우의 수를 더한 값이 된다. 즉, F_n이 반사된 횟수와 관련이 있음을 의미한다. 반사가 없을 때는 한가지 경우, 반사가 1번 일어났을 때는 2가지 경우, 3번 일어났을때는 3가지 경우의 경로가 있으므로, n번의 반사가 일어났을 때의 총 경우의 수는 바로 F_{n+2}가 됨을 알 수 있다. 또 한 번 피보나치 수를 보았다!

마지막 자리수 패턴

제1장에서 이미 언급했지만, 피보나치 수들의 마지막 자리수(일의 자리 수)들 사이에서 특정한 패턴이 발견된다. 마지막 자리수들만 관찰하면 주기가 60이다. 처음 60개의 피보나치 수 F_1~F_{60}의 각각의 일의 자리수는 F_{61}~F_{120}의 각각의 일의 자리수, 또 F_{121}~F_{180}, F_{181}~F_{240} 등등의 일의 자리수와 정확히 일치한다. (부록 A의 처음 500개의 피보나치 수를 보고 확인할 수 있다) 이제, 마지막 두 자리의 패턴을 찾아보자. (아래 굵은 글씨로 나열했다.)

00, **01**, **01**, **02**, **03**, **05**, **08**, **13**, **21**, **34**, **55**, **89**, 1**44**, 2**33**, 3**77**, 6**10**, 9**87**, 1,5**97**, 2,5**84**, 4,1**81**, 6,8**65**, 10,9**46**, 17,7**11**, 28,6**57**, 46,3**68**, 75,0**25**, 121,3**93**, …

부록 A에서 처음 300개 피보나치 수를 보면, 301번째 항부터 다시 마지막 두 자리의 패턴이 반복됨을 알 수 있다. 즉, 주기가 300이라는 이야기다. 600번째 피보나치 수 이후에 또 이 패턴은 반복된다. 그렇다면 마지막 세 자리의 패턴은 어떨까? 발견해보겠다고 애쓰지 마시길. 독자들을 위해 마지막 몇 자리의 패턴에 대해서 결과를 정리해보겠다.

- 마지막 세 자리수의 주기는 1,500이다.
- 마지막 네 자리수의 주기는 15,000이다
- 마지막 다섯 자리수의 주기는 150,000이다.

한가한 독자들이 있으면 일일이 써서 주기를 구해볼 수도 있겠으나, 하지만 웬만하면 그냥 결과를 믿고 넘어가길 권하는 바이다.

피보나치 수의 맨 앞자리 수

앞에서 피보나치 수들의 마지막 자리수들에 관련된 내용을 다루었다. 그럼 맨 앞자리 숫자는 어떨까? 직관적으로 생각하기에, 1부터 9까지의 숫자가 고른 분포를 보일 것 같다. 시간이 허락하는 독자들은, 부록 A에서 처음 500개의 피보나치 수들의 맨 앞자리 수들을 보라.

1이 가장 많이 나오고, 9가 가장 적게 나온다. 처음 100개의 피보나치 수들의 맨 앞자리 수의 빈도를 그림 6-27의 표에 정리하였다.

맨 앞자리 숫자	빈도(%)
1	30
2	18
3	13
4	9
5	8
6	6
7	5
8	7
9	4

그림 6-27

놀랍지 않은가? 이러한 현상이 발생하는 이유는 피보나치 숫자가 $\sqrt{5}$의 거듭제곱과 관련이 있기 때문이다. (제9장에서 비네Binet 공식을 설명하면서 다룰 내용이다.) 비네 공식을 이용하여 자연수 집합에서 피보나치 수의 분포가 고르지 않다는 것도 대충 설명이 가능하다. 실제로 이게 무슨 얘기인지 구체적으로 설명하겠다. 처음 1부터 100까지의 자연수 중에는 11개의 피보나치 수가 있다. 그런데 신기하게도 다음 100개, 즉 101부터 200까지 자연수에서는 피보나치 수가 144 하나밖에 없다. 이렇게 빈도를 조사해보면, 그 다음 300개의 자연수 중에는 피보나치 수가 달랑 2개, 500부터 1000까지의 자연수 중에도 단지 2개의 피보나치 수(610, 987)만 등장한다. 부록 A에서 정해진 구간 안에 매우 적은 개수의 피보나치 수들이 등장함을 확인할 수 있다. 예상할 수 있겠는가? 그래프를 그려 직접 눈으로 확인하면 더 신기하다. 항이 증가할수록 피보나치 수의 증가속도가 얼마나 빠른지 보라. 그림 6-28에서 18번째 피보나치 수(F_{18} = 2,584)까지 눈으로 확인이 가능하나, 19번째 수인 F_{19} = 6,765는 그래프의 영역을 가뿐히 넘어버린다.

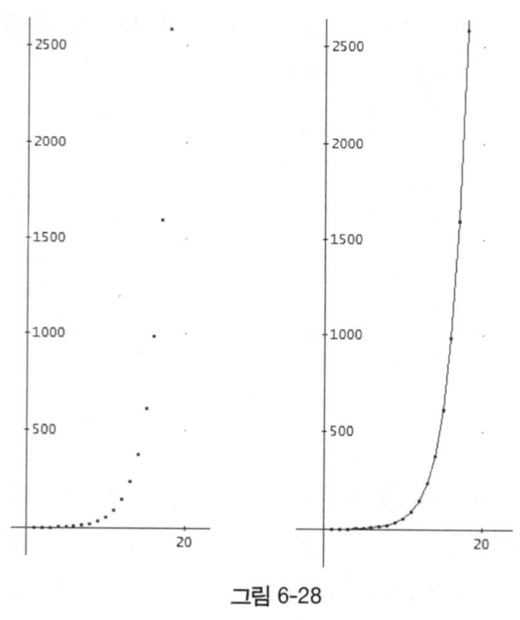

그림 6-28

재미있는 피보나치 수[105)]

몇몇 피보나치 수에서 보이는 재미있는 성질(과연 재미있는 성질이 이것뿐일까만은)을 소개하고자 한다. 피보나치 수 F_n의 자릿수를 모두 합했을 때 n이 되는 수들이 있다. 이러한 숫자들을 그림 6-29의 표에서 확인해보자.

n	F_n	자릿수의 합
0	0	0
1	1	1
5	5	5
10	55	10
31	1,346,269	31
35	9,227,465	35
62	4,052,739,537,881	62
72	498,454,011,879,264	72

그림 6-29

피보나치 수에 대해서 조금 더 흥미가 생기는가?

연속된 피보나치 수들 사이의 관계

피보나치수열의 성질 중, 임의의 연속된 피보나치 수들 사이의 무슨 관계가 있는지 알아보자. 물론, 임의의 연속된 피보나치 수의 비율이 황금 비율의 근사값이라는 것은 이미 독자들이 접한 사실이다. 그리 큰 의미있는 관계는 아니지만, 부록 A에서 확인할 수 있듯이 임의의 연속된 피보나치 수는 모두 짝수일 수는 없다. 즉, 2를 공통 인수로 가지지 않는다는 말이다. 실제로, 세 항씩 증가하는, 그러니까 3의 배수인 항의 피보나치 수들은 모두 짝수이고, 그 사이 두 개의 피보나치

105) Leon Bankoff, "신기한 피보나치 수(A Fibonacci Curiosity)," 피보나치 계간지(Fibonacci Quartely) 14, no 1(1976): 17.

수는 모두 홀수이다.

3의 배수인 피보나치 수들은 F_4, F_8, F_{12}, F_{16}, …, 즉, 4항씩 증가하는 피보나치 수들이다. 제1장에서 이미 보았겠지만 반면, 연속된 두 피보나치 수는 공통 인수가 없다. (이러한 두 수를 서로 소라 부른다.) 간단히 증명해보자.

- x와 y의 공통 인수가 있다면, 그것은 역시 $x+y$를 나눈다.
- x와 y의 공통 인수는 $y-x$도 나눈다.
- x와 y가 공통 인수가 없으면, y와 $x+y$도 공통 인수가 없다. 만일, y와 $x+y$가 공통인수가 있다면, 이것의 차이 $y-(x+y)$ 또한 공통 인수를 가질 것인데, 이것은 $-x$와 같으므로 가정에 모순이 된다.
- 따라서, 피보나치수열의 처음 두 항이 서로 소라면, 모든 연속된 두 피보나치 수 또한 서로 소일 수 밖에 없다.
- 그런데 F_1과 F_2는 서로 소이다. 즉, 공통 인수가 없다.
- 따라서 임의의 F_n과 F_{n+1}은 공통 인수가 없다.

위의 설명은 참인 명제를 수학용어로 어떻게 논리 정연하게 증명하는지 보여주는 좋은 예이다.

깜찍한 성질

네 개의 연이어진 피보나치 수 F_7, F_8, F_9, F_{10} 즉, 13, 21, 34, 55를 보자. 이것들을 소인수 분해를 하면 다음과 같이 된다 : (13), (7, 3), (2, 17), (5, 11). 크기 순서대로 쓰자면 2, 3, 5, 7, 11, 13, 17이 되고, 이것들은 처음 7개의 소수이다. 모두 곱하면 510이다. 도서관에서 쓰이는 듀이 십진 분류법Dewey Decimal classification[102]에 의하면 이 수는 수학분야를 의미한다! 재미있는 우연이다.

특별한 피보나치 수

정삼각형 형태로 배열한 점들의 개수를 삼각수triangular number라 부른다. 그림 6-30처럼 처음 몇 개의 삼각수를 구하면 1, 3, 6, 10, 15, 28이다.

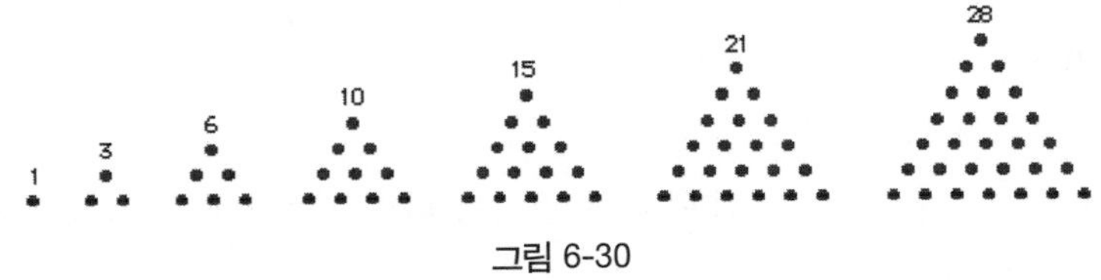

그림 6-30

삼각수의 일반적인 식은 $\frac{n(n+1)}{2}$ $(n=1, 2, 3, \cdots)$으로 표현된다. 삼각수이면서 피보나치 수는 1, 3, 21, 55 네 개 밖에 없고, 루카스 수이면서 삼각수인 것은 1, 3, 5, 778 세 가지이다. 삼각수 수열에서조차 피보나치 수가 그 모습을 드러내고 있다. 또한, 36번째 삼각수[103]는

---

102) 미국 사서인 멜빌 듀이(Melvil Dewey, 본명: Melville Louis Kossuth Dewey)는 1851년 12월 10일 뉴욕 아담스센터(Adams Center)에서 태어났다. 대부분의 지역, 학교 도서관에서 책을 분류하는데 쓰이는 '듀이 십진 분류법(Dewey Decimal classification)' 을 고안함으로써 유명세를 탔다. 이 방법은 1876년 작은 도서관의 책 분류 시스템으로 고안되었을 때, 제한된 숫자들로 일반적인 책분류나 전화번호 분류를 가능하게 하는 장점을 가지고 있었다. 이 방법은 도서를 크게 열 개의 주류로 나누고(000-999) 다시 각각을 세분하여 목록화하였다. 듀이는 또한 미터법 사용을 촉진하였고, 1876년 미국 도서관 협회(American Library Association)의 설립에 한몫하였다. 1887년 콜럼비아 대학에서 도서관관리학과(School of Library Economy)를 개설하기도 했는데, 이것이 미국의 도서관 과학(library school)이라는 학문의 탄생 배경이다.

666으로, 사람들이 오랜기간동안 각별한 의미를 붙여온 수이다.(대부분의 경우 악devil과 결부짓는다.) 처음 7개의 소수의 제곱의 합을 구하면 666이다.

즉, $2^2+3^2+5^2+7^2+11^2+13^2+17^2=666$이 성립한다.

666과 관련된 재밌는 관계식이 몇 개 있는데,

$$666=1^6-2^6+3^6$$

$$666=6+6+6+6^3+6^3+6^3$$

$$666=2\cdot3\cdot3\cdot37,\ 6+6+6=2+3+3+3+7$$

등이다.

재미있는 우연이 또 있다. 로마 숫자를 나타내는 기호를 차례로 써 보면 DCLXVI가 되는데, 이를 숫자로 읽으면 666이 된다.

또한 피보나치 수와의 관계로써 $F_1-F_9+F_{11}+F_{15}=1-34+89+610=666$이 성립하는데. 첨자들의 관계식은 신기하게도 $1-9+11+15=6+6+6$이 성립한다.

피보나치 수의 세제곱과 관련해서도 $F_1^3+F_2^3+F_4^3+F_5^3+F_6^3=1+1+27+125+512=666$이 성립하고 첨자들 사이에서는 $1+2+4+5+6=6+6+6$의 관계가 성립한다.

그러면 666과 황금비율 사이의 관계는 어떨까? 다음을 보라

$$-2\sin(666^\circ)=1.6180339887498948482045868343656381177203091798057\cdots$$

를 만족하고, 이는 황금비율과 매우 비슷한다. 참고로 황금비율은

---

103) 36번째 삼각수는 $\frac{(36)(36+1)}{2}=18\cdot37=666$이다.

$$\phi = 1.6180339887498948482045868343656381177203091798057\cdots$$

이다.

1994년 수학자 왕Steve C. Wang은 신기한 관계식이 발견하였고, 이를 Journal of Recreational Mathematics[104]에 '악마의 신호' The Sign of Devil라는 제목으로 발표하였다. 관계식은 다음과 같다.

$$\phi = -[\sin(666^\circ)+\cos(6 \cdot 6 \cdot 6^\circ)]$$

이쯤되면, 666과 황금비율 간의 관계를 의심할 여지가 없지 않은가?

11번째 피보나치 수의 신비

11번째 피보나치 수는 89로써, 기이한 성질을 가지고 있다. 독자들께서 임의의 자연수 한 개를 머릿속으로 생각하고, 그 수의 자릿수들을 모두 제곱하여 더하는 과정을 계속 반복해보라. 1 내지 89[105]가 나

---

104) 26, no. 3(1994):201-205

105) 89에서도 이 과정을 반복하면 4가 얻어지는데, 4에 또 이 과정을 반복하면 다시 89가 나온다. 즉

$$8^2+9^2=145$$
$$1^2+4^2+5^2=42$$
$$4^2+2^2=20$$
$$2^2+0^2=4$$

다시 여기에 과정을 반복하면

$$4^2=16$$
$$1^2+6^2=37$$
$$3^2+7^2=58$$
$$5^2+8^2=89$$

가 성립한다.

오지 않는가? 실제로 몇 가지 경우를 살펴보자.

23의 경우 :

$2^2 + 3^2 = 13$

$1^2 + 3^2 = 10$

$1^2 + 0^2 = 1$

54의 경우 :

$5^2 + 4^2 = 41$

$4^2 + 1^2 = 17$

$1^2 + 7^2 = 50$

$5^2 + 0 = 25$

$2^2 + 5^2 = 29$

$2^2 + 9^2 = 85$

$8^2 + 5^2 = 89$

64의 경우 :

$6^2 + 4^2 = 52$

$5^2 + 2^2 = 29$

$2^2 + 9^2 = 85$

$8^2 + 5^2 = 89$

독자들도 이것들과 다른 수 하나를 선택하여 계산을 해보라. 아직 호기심을 접을 때가 아니다. 89의 역수를 계산하면

$$
\begin{aligned}
\frac{1}{89} &= 0.1123595505617977528089887640449468202247191\_0112 \\
&\quad 3595505617977528089887640449468202247191\_011235955 \\
&\quad 05617977528089887640449468202247191\_01123595505617 \\
&\quad 977528089887640449468202247191\ldots \\
&= 0.\overline{01123595505617977528089887640449468202247191}
\end{aligned}
$$

이다.

이 수는 순환마디가 44자리인 소수로서, 신기하게도 딱 중간 위치에 89가 자리잡고 있다.

$$0.\overline{01123595505617977528\underline{\underline{89}}887640449468202247191}$$

더 신기한 사실을 보도록 할까? 소수점 이하로 처음 몇 개의 수들을 보면, 0, 1, 1, 2, 3, 5인데, 이것은 모두 피보나치 수이다. 그 이하로는 어떻게 될까? 계속 들여다 보고 있으면 다음을 발견할 수 있다.

$$\frac{1}{89} = \frac{1}{10^1} + \frac{1}{10^2} + \frac{1}{10^3} + \frac{2}{10^4} + \frac{3}{10^5} + \frac{5}{10^6} + \frac{8}{10^7} + \frac{13}{10^8} + \cdots$$

$$\frac{1}{89} = \frac{F_0}{10^1} + \frac{F_1}{10^2} + \frac{F_2}{10^3} + \frac{F_3}{10^4} + \frac{F_4}{10^5} + \frac{F_5}{10^6} + \frac{F_6}{10^7} + \frac{F_7}{10^8} + \cdots$$

소수점을 사용하여 보다 구체적으로 표현하면

0

+.01

+.001

+.0002

+.00003

$$
\begin{array}{l}
+.000005 \\
+.0000008 \\
+.00000013 \\
+.000000021 \\
+.0000000034 \\
+.00000000055 \\
+.000000000089 \\
+.0000000000144 \\
+.00000000000233 \\
+.000000000000377 \\
+.0000000000000610 \\
+.00000000000000987 \\
\hline
\quad .011235955056179 77\cdots
\end{array}
$$

이다.

계산을 계속 해보면 이 소수가 바로 44자리 순환마디를 갖는 89의 역수라는 것을 알 수 있다. 자연스럽게 질문이 생긴다. 왜 이럴까? 의문을 풀기위해 재미있는 기법의 계산을 해볼 작정이다. 그러면 피보나치 수와 89라는 숫자가 어떠한 연관이 있는지 나올 것이다.

다음 식부터 시작하자.

$$10^2 = 89+10+1 \qquad \text{(I)}$$

(I)의 양변에 10을 곱한 뒤

$$10^3 = 89\cdot 10+10^2+10$$

이 되고, (Ⅰ)를 이 등식에 대입하면

$$10^3 = 89 \cdot 10 + 89 + 10 + 1 + 10$$

$$10^3 = 89 \cdot 10 + 89 + 2 \cdot 10 + 1 \qquad (\text{II})$$

를 얻는다. 또다시 (Ⅱ)의 양변에 10을 곱하면 :

$$10^4 = 89 \cdot 10^2 + 89 \cdot 10 + 2 \cdot 10^2 + 1 \cdot 10$$

$$10^4 = 89 \cdot 10^2 + 89 \cdot 10 + 2(89 + 10 + 1) + 1 \cdot 10$$

이 되고, 여기에 다시 (Ⅰ)을 대입하여

$$10^4 = 89 \cdot 10^2 + 89 \cdot 10 + 89 \cdot 2 + 3 \cdot 10 + 2 \qquad (\text{III})$$

을 얻는다. 이 과정을 반복하면,

$$10^5 = 89 \cdot 10^3 + 89 \cdot 10^2 + 89 \cdot 2 \cdot 10 + 3 \cdot 10^2 + 2 \cdot 10$$

$$10^5 = 89 \cdot 10^3 + 89 \cdot 10^2 + 89 \cdot 2 \cdot 10 + 3(89 + 10 + 1) + 2 \cdot 10$$

$$10^5 = 89 \cdot 10^3 + 89 \cdot 10^2 + 89 \cdot 2 \cdot 10 + 89 \cdot 3 + 5 \cdot 10 + 3$$

$$10^5 = 89(1 \cdot 10^3 + 1 \cdot 10^2 + 2 \cdot 10 + 3) + 5 \cdot 10 + 3 \qquad (\text{IV})$$

와

$$10^6 = 89(1 \cdot 10^4 + 1 \cdot 10^3 + 2 \cdot 10^2 + 3 \cdot 10 + 5) + 8 \cdot 10 + 5 \qquad (\text{V})$$

를 얻는다. 이것을 일반화하면

$$10^{n+1} = 89(F_1 \cdot 10^{n-1} + F_2 \cdot 10^{n-2} + \ldots + F_{n-1} \cdot 10 + F_n) + 10F_{n+1} + F_n \quad (\text{VI})$$

이 모든 자연수 n에 대해 성립함을 알 수 있다. 이제 이 식의 양변을 10^{n+1}로 나누면

$$1 = \frac{89}{10^{n+1}} \cdot (F_1 \cdot 10^{n-1} + F_2 \cdot 10^{n-2} + \ldots + F_{n-1} \cdot 10 + F_n) + \frac{10F_{n+1} + F_n}{10^{n+1}}$$

인데, 부록 B의 증명에서 보듯이 $\lim_{n \to \infty} \frac{10F_{n+1} + F_n}{10^{n+1}} = 0$ 이므로 우리의 의문이 풀리게 된다.

11번째 피보나치 수는 이쯤에서 정리하도록 하자. 다음 주제로 넘어가는 길에 12번째 피보나치 수에 대해 약간 언급을 하자면, $F_{12} = 144 = 12^2$는 처음 두 항 $F_1 = 1$, $F_2 = 1$을 제외하고 완전제곱수가 되는 유일한 피보나치 수이다.

백화점에 진열된 시계

백화점 유리 진열장 안에 가지런히 놓여있는 시계, 광고 속에 등장하는 시계와 피보나치 수는 어떠한 관련이 있을까? 답은 황금 직사각형과 연관이 있다. 독자들이 쇼핑을 하다 시계를 구경하면 대부분의 시계가 10시 10분으로 맞춰져 있다는 것을 보았을 것이다.

시계 두 바늘의 각은 $19\frac{1}{6}$분[106]을 이루고 약 115도이다.(그림 6-31)

그림 6-31

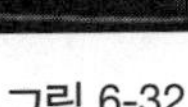
그림 6-32

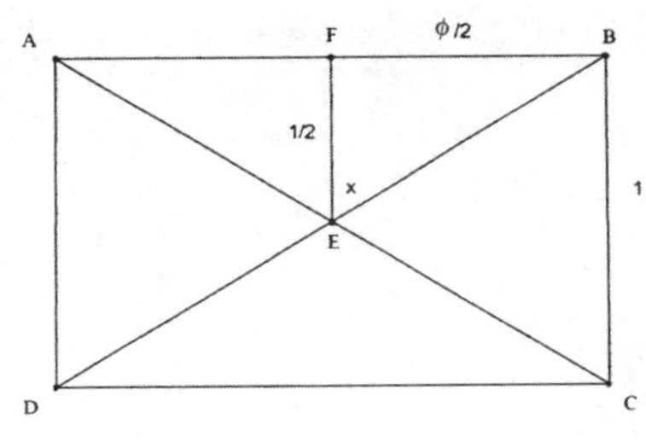

그림 6-33

시계바늘이 가리키는 두 꼭지점, 즉, 10시 10분을 가리키므로 숫자 2와 $10\frac{1}{6}$ 지점을 두 꼭지점으로 하는 직사각형을 생각하는데, 나머지 두 꼭지점을 시계 중심을 대칭으로 대각선에 위치한 지점으로 하는 직사각형을 잡으면 거의 황금 직사각형에 가까워지고, 두 대각선이 이루는 각은 약 116.6도이다.(그림 6-33)

이 각도는 황금 직사각형의 정의에서 얻을 수 있다. 그림 6-33에서

$$\tan x = \frac{FB}{FE} = \frac{\frac{\emptyset}{2}}{\frac{1}{2}} = \emptyset$$

가 성립하므로, 각 x를 구하면 58.28도가 된다. 따라서 $\angle AEB =$ 116.56°이고, 이것은 시계의 10시 10분을 가리키는 바늘이 이루는 각도와 거의 같다. 혹자들은 시계의 브랜드를 강조하기 위해 10시 10

---

106) 10분은 $\frac{1}{6}$시간이므로, 10시 10분이 되면, 시침은 10과 11의 $\frac{1}{6}$지점을 가리키게 된다. 따라서 분을 나타내는 5분간격의 표시점 사이의 $\frac{1}{6}$이므로 $\frac{5}{6}$ 간격이 되고, 따라서 10시 10분은 4개의 5분간격 표시에서 이를 뺀, $19\frac{1}{6}$이다.

이것을 도 단위로 환산하려면, $\frac{19\frac{1}{6}}{60} = \frac{\frac{115}{6}}{60} = \frac{115}{360}$이므로 115도가 된다.

그림 6-34

분으로 전시하는 것이라 하지만, 꼭 그런것만도 아니다. 프라하Prague 공항의 광고를 보면(그림 6-34) 브랜드와는 전혀 상관없이 모든 시계 바늘이 10시 10분에 맞춰져 있다.

또 다른 예로, 최근에 발매된 미국 우표 '미국의 시계'American Clock를 보자. 시계가 8시 $21\frac{1}{2}$분을 가리키고 있다. 시계 바늘사이의 각도는 약 **121.75**°[107]이다. 이 각은 황금 직사각형의 대각선이 이루는 각과 정확히 일치하지는 않지만, 눈으로 보기에는 별반 차이가 없는 각이다. 역시 황금 직사각형이 눈에 보기 좋은 이상적인 모양인가 보다.

---

107) 시계 바늘이 이루는 각을 계산하기 위해 두 부분으로 나눠 보자. 첫 번째로, 시계의 써 있는 숫자 '6'(30분을 의미하는 표시) 과 21.5분 표시가 이루는 각은 $\angle(30-21\frac{1}{6})$ = $8.5 \cdot 6° = 51°$이다.이다. 두 번째로, 숫자 6과 시침이 이루는 각도를 구해보자. 21.5분이면, 시침 바늘은 숫자 8에서 9사이에서 $\frac{21.5}{60}$의 각도만큼 움직인 것이다. 8과 9사이의 각도는 30°이므로 10.75°가 된다. 그러면, 숫자 6과 시침 사이의 각도는 $10.75°+60° = 70.75°$가 된다. 따라서 우리가 구하고자 하는 각은 $51°+70.75° = 121.75°$이다.

그림 6-35

운전연습을 할 때, 핸들을 10시 10분 위치로 잡으라는 얘기를 종종 들은 기억이 있는가? 아마 이러한 운전 자세가 어떤 균형감을 가져다 주기 때문일 것이다. 그럴싸 하지 않은가?

자리 배정 문제

자리 배정 문제에서 종종 수학적으로 흥미있는 내용들이 등장한다. 여기서 한 가지 자리 배정 문제를 소개할텐데, 피보나치 수가 다시 등장할 것이다. 남녀 학생을 일렬로 자리에 앉힐 때, 두 남학생이 붙어 앉지 않게끔 자리를 배열하는 가지수는 몇 가지일까 하는 문제이다. (조건이 이렇다는 것이지, 실제로 남학생끼리 붙어 앉는 것이 잘못되었다는 뜻은 아니다.) 그림 6-36에 다양한 자리 배열 방법들을 적어놓았다.

자리 배열 방법의 개수 항목을 보니 2부터 시작하는 피보나치수열이 얻어졌음을 알 수 있다. 이제 조건을 좀 바꿔서, 첫째 자리는 무조건

의자 개수	자리 배열방법	자리 배열 방법의 갯수
1	B, G	2
2	BG, GB, GG, ~~BB~~	3
3	GGB, ~~BBG~~, BGB, GBG, GGG, ~~BBB~~, BGG, ~~GBB~~,	5
4	GGGG, ~~BBBB~~, ~~BBGG~~, ~~GGBB~~, BGBG, GBGB, ~~GBBG~~, BGGB, ~~BBBG~~, GGGB, ~~GBBB~~, BGGG, ~~BBGB~~, GGBG, ~~BGBB~~, GBGG	8
5	GGGGB, ~~BBBBB~~, ~~BBGGB~~, ~~GGBBB~~, BGBGB, ~~GBGBB~~, ~~GBBGB~~, ~~BGGBB~~, ~~BBBGB~~, ~~GGGBB~~, ~~GBBBB~~, BGGGB, ~~BBGBB~~, GGBGB, ~~BGBBB~~, GBGGB GGGGG, ~~BBBBG~~, ~~BBGGG~~, ~~GGBBG~~, BGBGG, GBGBG, ~~GBBGG~~, BGGBG, ~~BBBGG~~, GGGBG, ~~GBBBG~~, BGGGG, ~~BBGBG~~, GGBGG, ~~BGBBG~~, GBGGG	13

그림 6-36

여학생이 앉고, 옆자리에는 반드시 같은 성의 학생, 그러니까 남학생의 옆자리에는 남학생이 있어야 되고, 여학생의 옆자리에는 여학생이 있는 경우의 수를 따져 보자. 그림 6-37에 가능한 배열법을 나열해 놓았

의자 개수	자리 배열방법	자리 배열 방법의 갯수
1	~~B, G~~	0
2	~~BG, GB~~, GG, ~~BB~~	1
3	~~GGB~~, ~~BBG~~, ~~BGB~~, ~~GBG~~, GGG, ~~BBB~~, ~~BGG~~, ~~GBB~~,	1
4	GGGG, ~~BBBB~~, ~~BBGG~~, GGBB, ~~BGBG~~, ~~GBGB~~, ~~GBBG~~, ~~BGGB~~, ~~BBBG~~, ~~GGGB~~, ~~GBBB~~, ~~BGGG~~, ~~BBGB~~, ~~GGBG~~, ~~BGBB~~, ~~GBGG~~	2
5	~~GGGGB~~, ~~BBBBB~~, ~~BBGGB~~, GGBBB, ~~BGBGB~~, ~~GBGBB~~, ~~GBBGB~~, ~~BGGBB~~, ~~BBBGB~~, GGGBB, ~~GBBBB~~, ~~BGGGB~~, ~~BBGBB~~, ~~GGBGB~~, ~~BGBBB~~, ~~GBGGB~~, GGGGG, ~~BBBBG~~, ~~BBGGG~~, ~~GGBBG~~, ~~BGBGG~~, ~~GBGBG~~, ~~GBBGG~~, ~~BGGBG~~, ~~BBBGG~~, ~~GGGBG~~, ~~GBBBG~~, ~~BGGGG~~, ~~BBGBG~~, ~~GGBGG~~, ~~BGBBG~~, ~~GBGGG~~	3

그림 6-37

다. 이 가짓수 역시 피보나치 수를 따른다는 것을 알 수 있다. 만일 한 자리 더 늘려 6자리일 때는 자리 배열이 5가지 방법이 될 것이다.

붕어 부화장

한 마리 붕어가 16개의 합동인 정육면체 모양의 방이 2줄로 배열된 부화장에 있다.(그림 6-38) 부화장을 돌아다닐때는 서로 붙어있는 방으로만 움직일 수 있다.[108)]

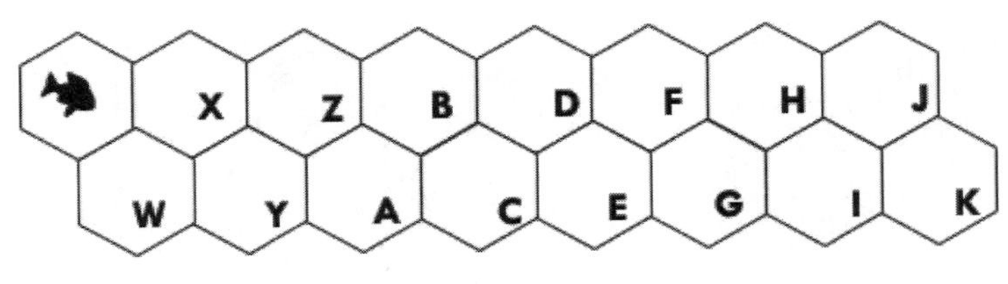

그림 6-38

처음에 붕어는 제일왼쪽 윗방에 있고, 맨 오른쪽 아랫방 K까지 가고 싶다. 붕어는 오른 방향으로만 움직인다고 할 때, 붕어가 움직일 수 있는 경우의 개수는 몇 가지일까?

우선 붕어가 여행을 시작했을 때, 방 W에 가는 방법은 단지 한 가지이다. 만일 처음에 평행하게 진로를 잡으면 즉, 방 X에 간다면, W로 갈 수 있는 방법이 없기 때문이다. (그림 6-39)

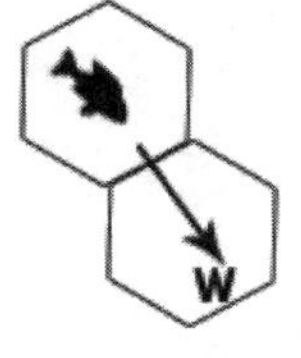

그림 6-39

방 X로 가는 경우는 직접 가는 방법

108) 붕어가 이렇게 규칙을 따라 돌아다닌 것이 비현실적긴 하지만, 피보나치수열을 끄집어 내기에 좋은 예이다.

과 W를 거쳐서 가는 방법 두 가지가 있다. (그림 6-40)

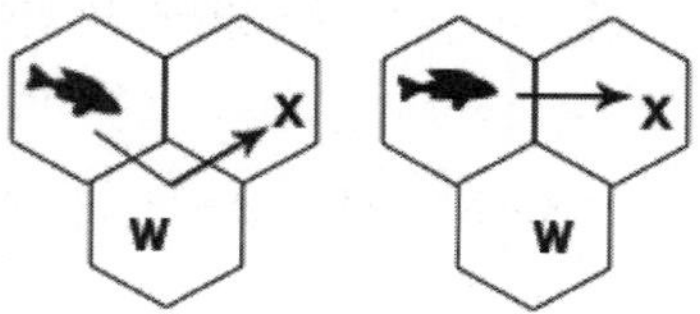

그림 6-40

방 Y로 가는 방법의 개수는 몇 가지일까? 세 가지이다. W-X-Y, X-Y, W-Y 의 방법이다.

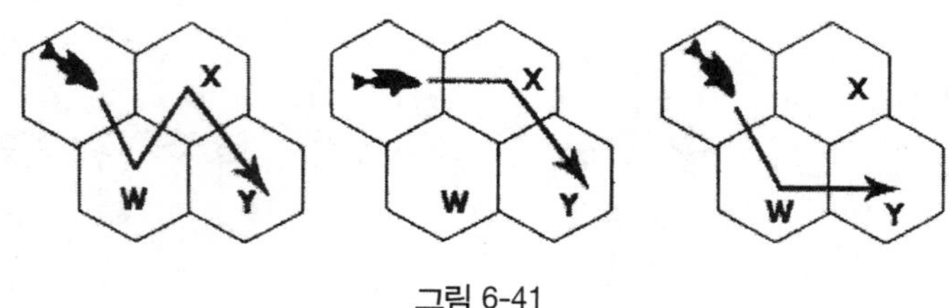

그림 6-41

위의 패턴을 보고, 만일 붕어가 다섯 개의 방을 여행할 수 있는 방법의 개수가 예상이 되는가? 그렇다. 5개이다. 그림 6-42에서 보듯이

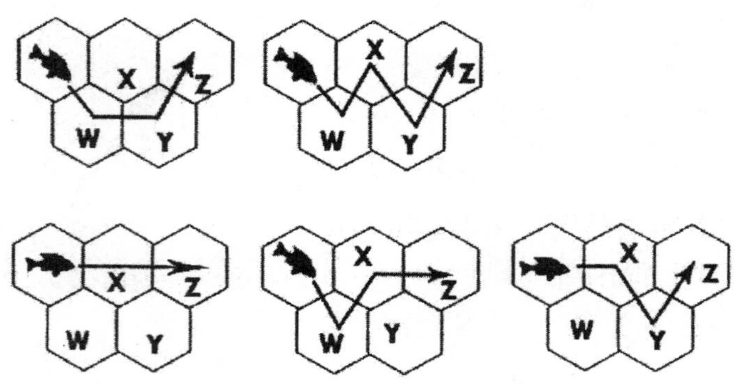

그림 6-42

W-Y-Z , W-X-Y-Z , X-Z , W-X-Z , X-Y-Z 이다.

붕어가 움직이는 방의 개수가 증가할 때 이 패턴대로라면 다음 그림의 표와 같은 방법이 나올 것이다.

붕어가 지나는 방의 수	1	2	3	4	5	6	7	…	n
여행 경로 가짓수	1	1	2	3	5	8	13		

그림 6-43

따라서 이 붕어가 처음 여행을 떠나는 방에서부터 16번째 방인 K까지 오른쪽으로만 움직인다고 가정했을 때, 갈 수 있는 경로의 개수는 F_{16}인 987 가지수가 된다.

님Nim 게임

재미있는 게임을 소개할까 하는데, 이 게임의 승리 전략이 피보나치 수와 연관이 있다. 게임의 규칙은 다음과 같다.

게임의 규칙

- 동전 한 꾸러미가 있다. 먼저 하는 사람이 1개 이상의 동전을 가져간다. 단, 다 가져가면 안 된다.
- 서로 번갈아가면서 동전을 가져가는데, 전단계에서 상대방이 가져갔던 동전 개수의 최대 2배를 가져갈 수 있다.
- 마지막 동전을 다 가져가는 사람이 이긴다.
- 독자가 먼저 게임을 시작한다. 필승 전략이 있다. 조심조심 잘 생각하여 실수하지 말자.

게임을 시작하기 전에 이런 궁금증이 들 수도 있다. 처음에 주어진 동전이 몇 개인지에 따라 어떤 게임 참여자가 이길 지가 결정되겠는가? 이 게임을 할 때 과연 필승전략이 무엇일까? 그 전략은 피보나치 수와 어떠한 관계가 있을까?

앞서 말했지만, 필승 전략이 피보나치 수가 관련되어 있다. 임의의 자연수를 이진법으로 쓸 수 있듯이, 피보나치 수들의 합으로 표현하는 방법도 독자들은 익히 알고 있을 것이다.(원서 188쪽) 이 게임의 필승전략은 자연수를 피보나치 수들의 합으로 표현했을 때 나오는 항 summand[109] 중 가장 작은 수 만큼의 동전을 가져가는 것이다. 자세한 방법을 보자 : 주어진 숫자를 넘지 않는 최대의 피보나치 수를 찾아서 원래 주어진 수에서 뺀다. 이 과정을 반복한다. 예를 들어 20을 피보나치 숫자의 합으로 표현하고 싶으면, 20을 넘지 않는 최대의 피보나치 수인 13을 빼서 7을 얻고, 또 5를 찾아서 2를 얻는다. 2는 자체로 피보나치 수이므로 여기서 과정이 끝난다. 따라서

$$20 = 1\cdot 13 + 0\cdot 8 + 1\cdot 5 + 0\cdot 3 + 1\cdot 2 + 0\cdot 1 = 101010$$ [110]

을 얻는다. 따라서 20 = 13+5+2로 표현이 되고, 게임을 이기기 위해 처음에 2개의 동전을 가져가면 된다. 또는 위의 수식처럼 101010으로 썼을 때, 가장 오른쪽의 1이 의미하는 개수만큼 가져가면 된다.

---

109) 어떤 정해진 수를 합으로 표현할 때 쓰이는 수들을 summand라 한다.

110) 자연수를 피보나치 수의 합으로 표현할 때, 쓰이지 않는 피보나치 수들도 고려한다. 쓰인 피보나치 수에는 1을 곱하고, 쓰이지 않은 것에는 0을 곱한다. 또, 피보나치수열에 나타나는 첫 항인 1은 고려하지 않고 두 번째 항인 1부터 고려한다.

동전의 개수	피보나치 표현법	가장 작은 피보나치 수	남은 동전의 개수	남은 동전개수의 피보나치 표현법
20	101010	2	18	101000
19	101001	1	18	101000
18	101000	5	13	100000
17	100101	1	16	100100
16	100100	3	13	100000
15	100010	2	13	100000
14	100001	1	13	100000
13	100000	13	0	0
12	10101	1	11	10100
11	10100	3	8	10000
10	10010	2	8	10000
9	10001	1	8	10000
8	10000	8	0	0
7	1010	2	5	1000
6	1001	1	5	1000
5	1000	5	0	0
4	101	1	3	100
3	100	3	0	0
2	10	2	0	0
1	1	1	0	0

그림 6-44

두 번째 열과 다섯 번째 열의 피보나치 표현법을 비교해 보아라. 이 게임에서 이기기 위해 숫자의 가장 오른쪽에 쓰여진 1이 의미하는 피보나치 수만큼의 동전을 가져간 것에 주목하자. 그렇게 자명한 사실은 아니지만, 게임의 조건 때문에 상대방은 독자와 같은 전략을 쓰고 싶어도 쓸 수가 없다. 친구와 게임을 직접 해보자. 필승 전략이 통하지 않는 경우가 있는가?

피보나치 수와 루카스 수가 같아질 때는?

피보나치 수 F_n이 루카스 수 L_m과 같아질 때는 언제인가? 앞에서 살펴 보았던 관계식들을 이용하여 두 수 사이의 대소 관계를 비교해보자.

$m \geq 3$일 때,

$L_m = F_{m+1} + F_{m-1} \geq F_{m+1} + F_2 > F_{m+1}$ 이고

$L_m = F_{m+1} + F_{m-1} < F_{m+1} + F_m = F_{m+2}$

가 성립한다. 정리하면, $L_m > F_{m+1}$과 $L_m < F_{m+2}$를 만족한다.

따라서 $m \geq 3$일 때 $F_{m+1} < L_m < F_{m+2}$ 이므로 $F_n = L_m$이기 위해서는 $m<3$이어야만 한다. 따라서 유일한 해는

$F_1 = L_1 = 1$

$F_2 = L_1 = 1$

$F_4 = L_2 = 3$

이다.

지금까지 살펴보았듯이, 독자들은 여러 상황에서 전혀 기대하지도 않았던 피보나치 수들을 만났다. 피보나치 수가 적용되거나 발견되는 사례는 끝이 없다. 또한 피보나치 수는 루카스 수와도 많은 관계식이 성립한다. 몇 가지 흥미로운 관계식을 소개하며 이 장을 끝낼까 한다. 독자들도 실제로 이 관계식이 맞는지를 간단한 경우에 대해서 계산해보기 바란다. 자신 있는 독자들은 실제로 수학적인 증명을 해보기 바란다.

피보나치, 루카스 수의 관계식 사전

k, m, n을 1 이상의 자연수라 하자.

$F_1 = 1;\ F_2 = 1;\ F_{n+2} = F_n + F_{n+1}$

$L_1 = 1;\ L_2 = 3;\ L_{n+2} = L_n + L_{n+1}$

$11 \mid (F_n + F_{n+1} + F_{n+2} + \ldots + F_{n+8} + F_{n+9})$

F_n과 F_{n+1}의 최대공약수는 1이다. (즉, 서로 소이다.)

$\sum_{i=1}^{n} F_i = F_1 + F_2 + F_3 + F_4 + \ldots + F_n = F_{n+2} - 1$

$\sum_{i=1}^{n} F_{2i} = F_2 + F_4 + F_6 + \ldots + F_{2n-2} + F_{2n} = F_{2n+1} - 1$

$\sum_{i=1}^{n} F_{2i-1} = F_1 + F_3 + F_5 + \ldots + F_{2n-3} + \mathrm{F}_{2n-1} = F_{2n}$

$\sum_{i=1}^{n} F_i^2 = F_n F_{n+1}$

$F_n^2 - F_{n-2}^2 = F_{2n-2}$

$F_n^2 + F_{n+1}^2 = F_{2n+1}$

$F_{n+1}^2 - F_n^2 = F_{n-1} \cdot F_{n+2}$

$F_{n-1} F_{n+1} = F_n^2 + (-1)^n$

$F_{n-k} F_{n+k} - F_n^2 = \pm F_k^2$, $n \geq 1$이고 $k \geq 1$

$F_m \mid F_{mn}$

$\sum_{i=2}^{n+1} F_i F_{i-1} = F_{n+1}^2$, n이 홀수이며

$\sum_{i=2}^{n+1} F_i F_{i-1} = F_{n+1}^2 - 1$, n이 짝수일 때

$\sum_{i=1}^{n} L_i = L_1 + L_2 + L_3 + L_4 + \ldots + L_n = L_{n+2} - 3$

$\sum_{i=1}^{n} L_i^2 = L_n L_{n+1} - 2$

$$F_nF_{n+2}-F_{n+1}^2=(-1)^{n-1}$$

$$F_{2k}^2=F_{2k-1}F_{2k+1}-1$$

$$F_{m+n}=F_{m-1}F_n+F_mF_{n+1}$$

$$F_n=F_mF_{n+1-m}+F_{m-1}F_{n-m}$$

$$F_{n-1}+F_{n+1}=L_n$$

$$F_{n+2}-F_{n-2}=L_n$$

$$F_n+L_n=2F_{n+1}$$

$$F_{2n}=F_nL_n$$

$$F_{n+1}L_{n+1}-F_nL_n=F_{2n+1}$$

$$F_{n+m}+(+1)^mF_{n-m}=L_mF_n$$

$$F_{n+m}-(-1)^mF_{n-m}=F_mL_n$$

$$F_nL_m-L_nF_m=(-1)^m2F_{n-m}$$

$$5F_n^2-L_n^2=4(-1)^{n+1}$$

$$F_{n+1}L_n=F_{2n+1}-1$$

$$F_n-F_{n-5}=10F_{n-5}+F_{n-10}$$

$$3F_n+L_n=2F_{n+2}$$

$$5F_n+3L_n=2L_{n+2}$$

$$F_{n+1}L_n=F_{n+2}+1$$

$$L_{n+m}+(-1)^mL_{n-m}=L_mL_n$$

$$L_{2n}+2(-1)^n=L_{2n}$$

$$L_{4n}-2=5F_{2n}^2$$

$$L_{4n}+2=L_{2n}^2$$

$$L_{n-1}+L_{n+1}=5F_n$$

$$L_mF_n+L_nF_m=2F_{n+m}$$

$$L_{n+m}-(-1)^mL_{n-m}=5F_mF_n$$

$$L_n^2-2L_{2n}=-5F_n^2$$

$$L_n = F_{n+2} + 2F_{n-1}$$

$$L_n = F_{n+2} - F_{n-2}$$

$$L_n = L_1 F_n + L_0 F_{n-1}$$

$$L_{n-1} L_{n+1} + F_{n-1} F_{n+1} = 6F_n^2$$

$$F_{n+1}^3 + F_n^3 - F_{n-1}^3 = 3F_{3n}$$

384 79757008057644623350300078764807923712509139103039448418553259155159833079730688
385 129049549878268233256883381302815012467835672190109552534355121389997818506160385
386 208806557935912856607183460067622936180344811293149000952908380545157651585891073
387 337856107814181089864066841370437948648180483483258553487263501935155470092051458
388 546662665750093946471250301438060884828525294776407554440171882480313121677942531
389 884518773564275036335317142808498833476705778259666107927435384415468591769993989
390 1431181439314368982806567444246559718305231073036073662367607266895781713447936520
391 2315700212878644019141884587055058551781936851295739770295042651311250305217930509
392 3746881652193013001948452031301618270087167924331813432662649918207032018665867029
393 6062581865071657021090336618356676821869104775627553202957692569518282323883797538
394 9809463517264670023038788649658295091956272699959366635620342487725314342549664567
395 15872045382336327044129125268014971913825377475586919838578035057243596666433462105
396 25681508899600997067167913917673267005781650175546286474198377544968911008983126672
397 41553554281937324111297039185688238919607027651133206312776412602212507675416588777
398 672350631815383211784649531033615059253886778266794927869747901471814186843
399 10878861746347564528976199228904974484499570547781269909975120274939392
400 176023680645013966468226945392411250770384383304492191886725992896575
401 2848122981084896117579889376814609956153800
402 460835978753503578226215883073872246385
403 745648276861993189984204820755333242001
404 1206484255615496768210420703829205488
405 1952132532477489958194625524584538730
406 3158616788092986726405046228413744218
407 5110749320570476684599671752998282949
408 8269366108663463411004717981412027167
409 1338011542923394009560438973441031011
410 2164948153789740350660910771582233728
411 3502959696713134360221349745023264740
412 5667907850502874710882260516605498468
413 9170867547216009071103610261628763208
414 1483877539771888378198587077823426167
415 2400964294493489285308948103986302488
416 38848418342653776635075351818097286564
417 628580612875886694881648328579603114508
418 1017064796302424461232401846760575980150
419 1645645409178311156114050175340179094658
420 2662710205480735617346452022100755074809
421 4308355614659046773460502197440934169467600
422 69710658201397823908069542195416892442766242
423 1127942143479882916426745641698262341374422501

제7장_ 예술과 건축에서 발견되는 피보나치 수

건축물에서 찾을 수 있는 피보나치 수

피보나치 수와 조각품

명화 속의 피보나치 수

황금 비율은 예로부터 예술이나 건축 두 분야에서 등장했던 것 같다. 이유가 무엇일까 곰곰이 생각해보자. 산술적으로나 기하적으로 황금 비율만큼 아름다운 비율도 없다는 것을 앞서 살펴보았다. 이제부터, 미적 감각을 중요시하는 예술, 건축분야에서 뚜렷이 보이는 황금 비율을 찾아볼 것이다. 그리고 평면과 공간 안에서 펼쳐지는 아름다운 예술의 세계를 음미해보자.

르네상스Renaissance 시기에 건축, 조각, 미술의 분야에서 비율에 대해 수학적인 연구가 이루어졌는데, 예술에 나타나는 조화로움과 아름다움은 어떤 특정한 수들의 관계에서 비롯된다는 관념이 등장하였다. 황금 비율이 주목받기 시작한 이유였다. 뛰어난 예술 작품이나 건축물들에 황금 비율의 원리가 녹아들어있음을 말해주는 논문이나 책들을 수없이 많이 찾아볼 수 있다.

황금 분할golden section의 아름다운 비율은 이미 고대시대부터 알려져 왔고, 피타고라스 학파Pythagoreans가 정오각형과 정십이면체를 작도할 때도 쓰였던 것이다. 많은 건축가들은 시대를 통틀어 황금 분할을 사용하여 스케치를 하고, 건설 계획을 세웠다. 직관이었든, 의도적이었던 간에 예술행위 전반에 걸쳐, 또는 부분적으로 황금 분할이 사용되었다. 특히 황금 직사각형이 많이 등장한다. 황금 비율 $ø = \frac{\sqrt{5}+1}{2}$ 은 무리수이므로, 건축가들은 이것의 근사값을 이용해서 황금 직사각형의 변의 길이를 구했을 것이다. 그런데 알다시피, ø 의 근사값에는 피보나치수열이 쓰인다. 더욱이 큰 값의 피보나치 수들을 사용하면 황금 비율의 근사값은 더욱더 정확해진다.

건축물에서 찾을 수 있는 피보나치 수

수년 동안, 건축가들의 스케치에 황금 비율 ø가 사용되었는데, 어떤 때는 황금 직사각형의 형태로, 또 어떤 때는 스케치 구도 분할의 지표로써 등장하였다. ø가 무리수여서 그냥 사용할 수가 없기 때문에 이를 보완하고자, 피보나치 수를 가지고 황금 직사각형을 만들어 내었다. 우리가 앞서 살펴보았듯이 연속된 피보나치 수의 비율은 황금 비율로 수렴하고, 피보나치 수들이 크면 클수록 근사값이 더 정확해진다는 사실을 이용하여 거의 이상적인 황금 비율을 찾아낼 수 있었다.

황금 직사각형을 찾을 수 있는 가장 유명한 건축물로써 아테네Athens의 파르테논Parthenon을 들 수 있겠다. 이 멋들어진 건축물의 아름다운 모습은 건축가 피디아스의 미적 감각에서 비롯되었다. 페르시아 전쟁Persian War, 약 기원전 447-432 당시 아테네를 지켜낸 페리클레스Pericles, 약 기원전 500-429를 기리기 위해 세워진 것으로써, 승리의 여신인 아테나Athena 조각상을 모시기 위함이 이 파르테논의 목적이었다. 오늘날 황금 비율을 ø라는 기호로 표시한 이유가 피디아스 이름(그리스어로 *ΦΣΙΔΙΑΜ*)의 첫 번째 문자를 따 왔다는 통설이 있다. 하지만, 이 시점에서 우리가 강조하고 싶은 것은 피디아스가 황금 비율에 대해서 알고 있었다는 아무런 증거가 없다는 점이다. 단지 건축물의 구조에서 발견할 수 있다는 것이다. 그림 7-1에서 보듯이 파르테논 신전은 황금 직사각형의 모양과 보기 좋게 들어맞는다. 더욱이 건축물의 구조 여기저기서 여러 황금 직사각형이 발견되는 모습도 볼 수 있다.

그림 7-1

파르테논 신전의 기둥 위에 위치한 여러 장식물에서 황금 비율이 느껴진다. 그림 7-2에 파르테논 신전에서 발견되는 여러 황금 비율을 표시하였다. 고대 건축가들이 어느 정도까지 의도적으로 황금 비율을 사용하였는지는 여전히 미스터리다. 혹자들이 말하기를, 우리 현대인들은 이러한 건축물들에 황금 비율을 끼워 맞추려고 한다고 말하지만, 실제 황금 비율이 나타나는 걸 어쩌하겠는가?

황금 비율을 찾을 수 있는 또 다른 건축물로 프로필라에움Propylaeum 신전의 아드리안의 문Hadrian's Arch이다. 아치 끝에 달려 있는 나선형 바퀴 장식품들의 배열에서 정오각형의 형태로 황금 비율이 발견된다. 그림

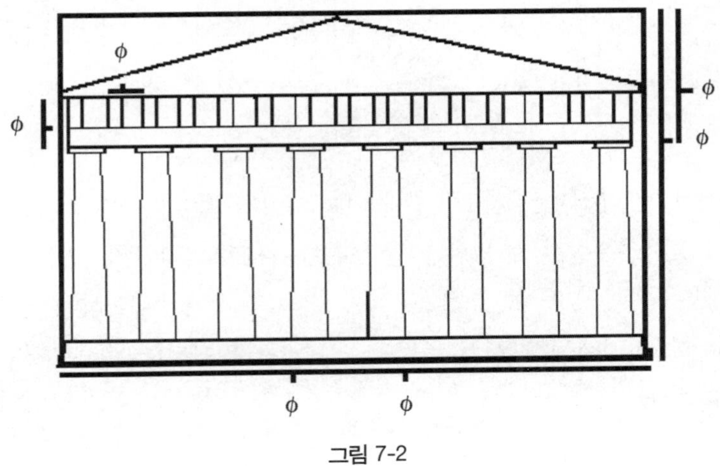

그림 7-2

7-3에서 확인해보아라. (황금 분할을 했을 때 더 긴 부분을 **M**, 작은 부분을 **m**으로 표시하였다.)

그리스 역사학자 헤로도트Herodot, 약 기원전 485-424에 따르면, 기자Giza의 쿠푸왕 대피라미드Khufu(Cheops) Pyramid는 그 높이의 제곱이 피라미드 한쪽 측면의 넓이와 같게끔 만들어졌다고 한다. 그림 7-4에 그려놓은 삼각형에 피타고라스 정리를 적용하면, 다음을 얻는다.

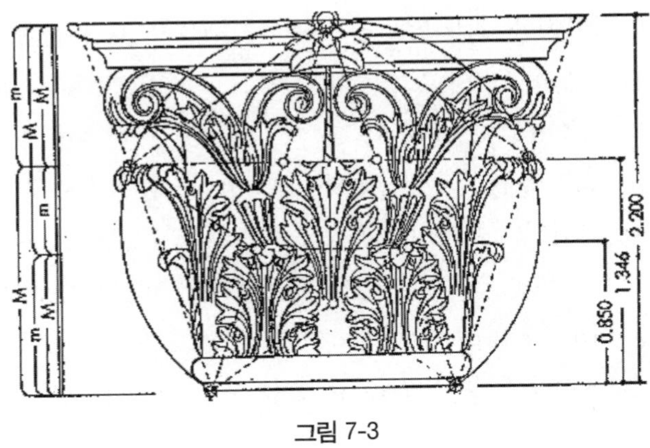

그림 7-3

그림 7-4. (Copyright Wolfgang Randt. 사용허가)

$$h_\triangle^2 = \frac{a^2}{4} + h_P^2$$

피라미드 한 측면의 넓이는 $A = \frac{a}{2} \cdot h_\triangle$이다.

위에서 설명한 헤로도트의 주장에 따라, 높이의 제곱이 한쪽 측면의 넓이와 같으므로,

$$h_P^2 = h_\triangle^2 - \frac{a^2}{4} = A = \frac{a}{2} \cdot h_\triangle$$

이제 등식 $\frac{a}{2} h_\triangle = h_\triangle^2 - \frac{a^2}{4}$를 $\frac{a}{2} h_\triangle$로 나누어

$$1 = \frac{h_\triangle}{\frac{a}{2}} - \frac{\frac{a}{2}}{h_\triangle}$$

을 얻는다.

$\frac{h_\triangle}{\frac{a}{2}} = x$로 치환하면 $\frac{\frac{a}{2}}{h_\triangle} = \frac{1}{x}$이므로 $1 = x - \frac{1}{x}$을 얻고, 따라서 이차방정식 $x^2 - x - 1 = 0$이 된다. 독자들도 잘 알다시피 이것의 두 해는 $x_1 = \varnothing$와 $x_2 = -\frac{1}{\varnothing}$ 아닌가! x_2는 음수이므로 무런 의미가 없고 따라서 고려하지 않아도 되겠다. 오늘날의 측정범위에서 쿠푸왕 대피라미드는 다음과 같은 규격을 가지고 있다.

쿠푸왕 대피라미드	정사각형 밑면의 한변길이: a	측면 삼각형의 높이:$h_\triangle$	피라미드의 높이: h_P	$\frac{h_\triangle}{\frac{a}{2}}$	$\frac{C}{2h_P}$
규격	230.56m	186.54m	146.65m	1.61813471	3.144357313

그림 7-5

자 어떤가? 측면 삼각형의 높이와 밑면의 한변의 길이의 절반을 비율로 따지면 $\frac{h_\triangle}{\frac{a}{2}} = 1.61813471$이 나온다.

이러한 결과는 정말 의도적인 것일까? 이러한 사실을 알고서 피라미드를 지었을까? 이 질문에 대한 답은 독자 스스로 내려보기 바란다. 필자가 제시할 수 있는 건 단지 역사적 단서와 규격에 기초한 것이다.

그 당시 이집트 인들은 큐빗cubots이라는 단위를 썼을 것이다. 이는 사람의 팔뚝의 길이(팔꿈치에서 가운데 손가락에 이르는 거리)로서 현재 미터법으로 52.52cm이다. 영국 이집트 학자 페트리W.M.F. Petrie 1853-1942는 쿠푸왕 피라미드의 규격을 큐빗으로 환산해 보았는데 결과는 이렇다.

$\frac{a}{2} = 220$ 큐빗($\approx$114.95m) (즉, $a = 440$ 큐빗$\approx$229.90m)

$h_P = 280$ 큐빗($\approx$146.30 m)

$h_\triangle = 356$ 큐빗($\approx$186.01m)

정말 놀라운 결과를 기대하시라. 측면의 높이($h_{\triangle}$)와 밑면에 이르는 각의 코사인cosine 값이 $\cos\angle(\frac{a}{2}, h_{\triangle}) = \frac{220}{356} = \frac{55}{89}$ 이다! 독자들은 이 분석에 약간의 '숫자조정'이 개입되지 않았나 의심할 수도 있겠다. 하지만 필자는 엄연히 기록된 사실만 제공했을 뿐이다.

피라미드의 밑면을 살펴보자. 한 변의 길이가 230.56m이고 둘레의 길이는 922.24m이다. 이것을 피라미드 높이의 두 배로 나누면 흥미롭게도, 수학적으로 가장 유명한 상수 중 하나인 π[111]의 근사값이 얻어진다.

황금 분할은 멕시코 피라미드Mexican Pyramid, 일본 파고다Japanese pagodas, 심지어 영국의 스톤헨지Stonehenge, 약 기원전 2800에서도 발견된다. 더욱이 고대 로마의 개선문Arch of Triumph도 황금 비율을 기초로 건립되었다는 견해도 있을 정도이다.

후기 로마시대770년로 거슬러 올라가면 현존하는 가장 오래된 돌로 만든 건축물 쾨니히스알레Konigshalle를 독일 로흐Lorch 지방에서 만날 수 있다.(그림 7-6) 중세시대 초에 지어진 이 건물이 중요한 의미를 띠는 이유는 1층이 야외에 있다는 점이다. 이 건물의 내부 공간은 완벽히 황금 직사각형 모양을 띤다. 하지만, 건축 목적이 무엇인지, 어떠한 용도로 사용되었는지 아직 알지 못한다. 만약 언젠가 이 건물이 지어진 이유가 밝혀질 때면, 의도적으로 황금 비율을 사용한 것인지에 여부에 대해서도 알 수 있지 않을까?

프랑스의 샤르트르 대성당Catheral of Chartres, 1194-1260년 동안 건축에서도 황금 비율이 뚜렷이 관찰된다. 그림 7-8의 성당 입구와 그림 7-7의 창문에서

---

111) π에 대해 더 알고 싶은 독자는 Alfred S. Posamentier , Ingmar Lehmann의 "π: A Biography of the World's Most mysterious Number(Amherst, NY: Prometheus Books, 2004)를 참고하라.

그림 7-6

황금 직사각형이 발견된다.

르네상스 기간 동안 많은 건축물들의 디자인에 피보나치 수, 즉 황금 비율이 쓰였다. 플로랑스의 산타마리아 델피오레 대성당Santa Maria del Fiore Cathedral 돔 지붕의 건설 도면에서도 황금 비율을 찾을 수 있다. 지오

그림 7-7

그림 7-8

그림 7-9

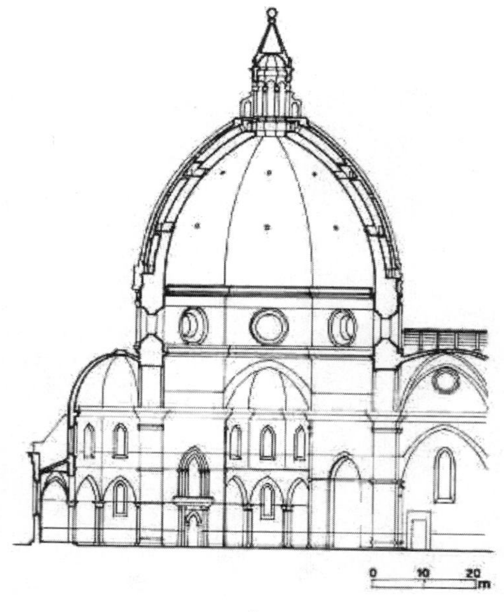

그림 7-10

반니 디 게라도 다 프라토iovanni di Gherardo da Prato, 1426가 간략하게 스케치 해 놓은 것을 보면, 55, 89, 144, 17(피보나치 수 34의 절반), 72(피보나치 수 144의 절반)와 같은 피보나치 수들이 등장한다. 실제로 이 돔 지붕은 1434년 건축가 브루넬레스키Filippo Brunelleschi, 1337-1446년가 건설하였는데, 그 높이가 91m에 이르고, 지름이 45.52m이다. 아쉬운 점은 이러한 수들이 황금 비율과는 연관성이 없다는 점이다.

이 대성당의 다른 공간들에서 역시 피보나치 수들이 발견된다. 하지만 가장 재미있는 사실인 것이, 그림 7-11에서 보는 것처럼 89 : 55 (= 1.6181818…의 비율이 등장한다는 점이다. 이것은 황금 비율 1.618033988…과 거의 비슷하다.

조금 더 현대에 지어진 건물들을 관찰해볼까? 프랑스-스위스 출신의 건축가 르 코르뷔지에Le Corbusier, 1887-1965[112]는 1946~1952년에 걸쳐 마르세이유Marseille 지방에 위니떼 다비따시용unites d'habitation이라는 집합 주택

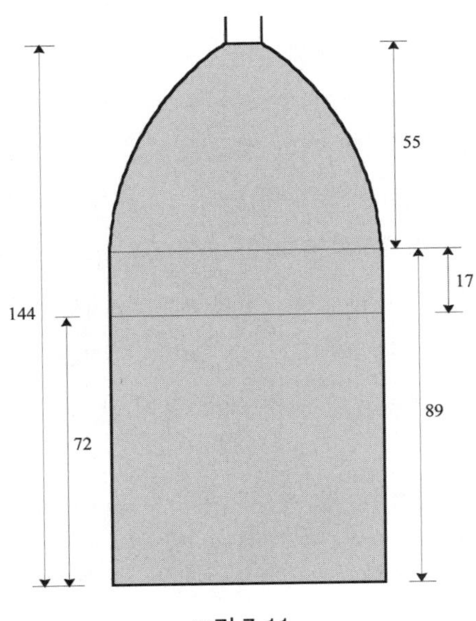

그림 7-11

그림 7-12

(그림 7-12)을 건립하였는데 다비따시용에서도 황금 비율이 등장한다. 건물이 탑을 기점으로 황금 비율로 나뉘어져 있다. 우연이라기 보다는 건축가의 특별한 디자인인 셈이다! 르 코르뷔지에는 자신의 건축물을 통하여 황금 비율의 아름다움을 보여주는 것이다.

이 뿐만 아니라, 그는 자신이 1948년 개발한 비율 이론에 기초하여 이 집합 주택의 모든 규격을 결정했다. 비율 이론은 그의 저서 『모듈러』The Modulor: A Harmonious Measure to the Human Scale Universally Applicable to Architecture and Mechanics[113] 에 실려 있고 예술 세계에 어느 정도 열풍을 불러 일으켰다. 그는 문 높이를 2.26m(7.4피트)[114]로 정했는데, 그 이유는 키가 1.83m(6피트)인 성인이 팔을 뻗었을 때 문 제일 위쪽이 닿을 수 있는 높이기 때문이다. 다음의 말을 인용해보자. "팔을 치켜든 사람은 몇몇 주요부분으로 공간을 분할한다. 팔, 명치solar plexus, 머리, 그리고 치켜든 팔의 맨 끝부분이 그것이다. 이것들에 의해 세 구간이 생기는데, 이것은 피보나

---

112) 르 코르뷔지에의 실제 이름은 샤를 에두아르 잔느레(Charles- Edouard Jeanneret)이다.

113) 르 코르뷔지에(Le Corbusier), The Modular: A Harmonious Measure to the Human Scale Universally Applicable to Architecture and Mechanics and Modular, 2 vols.(Basel: Birkhäuser, 2000).

114) 1미터 = 3.28 피트(feets)

치 수에 의해 결정된 황금 분할이다."

건축이나 공학분야에서 표준으로 사용되는 인간의 비례 모델을 제시한 모듈러Mdular 모델(그림 7-13)은 두 개의 밴드로 이루어져 있고, 각

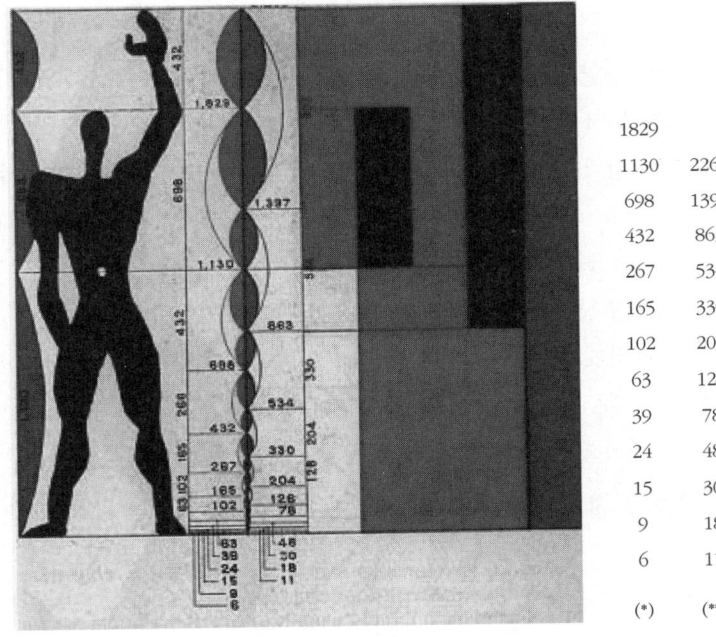

1829	
1130	2260
698	1397
432	863
267	534
165	330
102	204
63	126
39	78
24	48
15	30
9	18
6	11
(*)	(**)

그림 7-13

각의 밴드에 다음과 같은 두 수열이 명시되어 있다. 바로

I 6, 9, 15, 24, 39, 63, 102, 165, 267, 432, 698, 1130, 1829 와

II 11, 18, 30, 48, 78, 126, 204, 330, 534, 863, 1397, 2260

이다. 이 수열들을 다른 방법으로 해석하여 황금 비율 ø 와의 관계를 찾아보자.

I 수열의 각각의 항을 3으로 나누고, II 수열의 항을 6으로 나누

면 다음의 수열을 얻는다.

I -1 2, 3, 5, 8, 13, 21, 34, 55, 89, 144, $232\frac{2}{3}$. $376\frac{2}{3}$, $609\frac{2}{3}$

II-2 $1.8\bar{3}$, 3, 5, 8, 13, 21, 34, 55, 89, $143.8\bar{3}$, $232.8\bar{3}$, $376.8\bar{3}$

각각의 수열의 항을 반올림하여 자연수로 만들어보면, 정확히 피보나치수가 된다.

이러한 결과가 얻어지는 이유는 르 코르뷔지에가 제시한 수열 자체가 황금 비율 ø를 공비로 하는 등비수열 형태와 거의 유사하기 때문이다. 모듈러를 통해 르 코르뷔지에는 미적인 아름다움을 극대화시키는 규칙을 주장한 것이다.

르 코르뷔지에는 로마의 변호사이자, 공학자, 외교관이었던 마틸라 코스티에스쿠 기카Matila Costiescu Ghyka, 1881-1965[115]의 아이디어에 많은 영향을 받았다. 기카의 황금 비율에 관한 저서는 파치올리Luca Pacioli, 1445-1517[116]의 종교적인 관점과 아돌프 자이싱Adolf Zeising, 1810-1876[117]의 예술과 관련된 글을 아우르는 작품이었다. 기카는 황금 비율이 우주가 가진 근본적인 신비함이라 생각하였고 자연현상에서 많은 예를 찾았다. 르 코르뷔지에는 이에 깊은 영향을 받고 황금 비율의 개념에 대한 확실한 철학을 주거공간의 조화로운 디자인을 창조하는데 도입한 것이다.

---

115) Matila Ghyka ,Esthetique des proportions dans la nature et dans les arts(파리, 1927); Matila Ghyka, The Geometry of Art and Life (New York: Sheed and Ward, 1946; 재개정, New York: Dover Science Books, 1977)

116) 파치올리(Fra Luca Pacioli), Divina Proporzione- A Sudy of the Golden Section First Published in Venice in 1509(New York: Abaris Books, 2005)

117) 아돌프 자이싱(Adolf Zeising). Neue Lehre von den Proportionen des menschlichen Korpers(Leipzig:R.Weigel, 1854); 책 Der Goldene Schnitt는 Leopoldinisch Carolinischen Akademie의 지원으로 그의 사후에 인쇄되었다: Halle, 1884

그림 7-14

1947년 르 코르뷔지에는 뉴욕의 유엔(UN)본부(그림 7-14) 건축 위원회 소속이었다. 39층 짜리 이 건물의 설립 계획에 중책을 맡았다. 독자들이 사진에서 느낄 수 있을지 모르겠지만, 건물의 높이와 폭의 비율이 거의 1.618 : 1이다. 그렇다 UN 건물이 황금 비율의 자태를 하고 꼿꼿이 서 있는 것이다! 마지막 예로, 황금 비율이 두드러지게 나타나는 건물이 바로 하늘에서 본 워싱턴의 미국 국방부Pentagon다.(그림 7-15) 두 대각선이 서로를 황금 비율로 나누고 있는 것이 보이는

그림 7-15

가? 이것이 임의의 정오각형이 만족하는 성질이다.

건축분야에서 셀 수 없이 많은 황금 비율이 등장한다. 물론, 황금 비율은 피보나치 수가 관계되어 있다. 진부한 질문을 또 해본다 : 황금 비율이 나타나는 까닭은 우연일까? 아니면 의도된 것일까? 르 코르뷔지에는 의도적으로 건축 디자인에 황금 비율을 썼다. 고대 건축물들의 경우에도, 건축 과정에 수학자들이 참여했더라면, 디자인에 황금 비율의 개념을 의도적으로 도입했을 가능성을 생각해볼 수 있다. 어쨌든 황금 비율은 기하학적으로 가장 아름다운 비례이고 따라서 심미안이 좋은 사람들은 훌륭한 건축물들에서 황금 비율을 관찰할 기회가 많을지도 모른다.

피보나치 수와 조각품

황금 비율 ø를 사용하여 예술작품을 보다 '아름답고' 보기좋게 만들 수 있다. 황금 비율 ø는 또한, 피보나치 수와 연관되어 있다. 연속한 피보나치 수의 비율이 황금 비율로 근사된다는 점을 기억하자.

$$\frac{5}{3} = 1.666\cdots,\ \frac{8}{5} = 1,6,\ \frac{13}{8} = 1.625,\ \frac{21}{13} = 1,615\cdots$$

가장 작은 피보나치 수 두 개의 비율은 ø 참값에 비해 가장 오차가 큰 근사값이지만, 그 차이는 $\frac{1}{20}$, 즉 5퍼센트도 나지 않는다.

1509년 이탈리아 르네상스 시대의 학자 파치올리Fra Luca Pacioli, 약 1445-1517는 정다면체 연구에 관한 저서 『신성한 비례』De divina proportione[118)]에서 황금 분할의 중요성을 강조하였고, 이를 '신성한 비례'라 부르는 것을 주저하지 않았다. 신성함divina이라는 형용사를 사용한 것만 봐도 그가 황금 분할에서 느낀 심미안적 요소들을 얼마나 중요하게 느꼈는지 보여준다.

20세기 전반에 걸쳐, 황금 분할을 주제로 두 권의 저서가 출판되었다 : 1914년 발간된, 쿡Sir Theodore Andrea Cook 저서의 『삶의 곡선』The Curve of Life[119]과 1926년에 햄비치Jay Hambidge가 쓴 『역학 대칭 원리』The Elements of Dynamic Symmetry[120]가 그것이다. 이 책들 특히 두 번째 소개한 책은 예술 분야에 큰 영향을 주었다. 대칭성symmetry에는 두 형태 즉, 정적 대칭과 동적 대칭이 있다는 것이 햄비치의 주요한 발견이다. 그는 그리스 예술과 건축물들, 특히 파르테논 신전을 면밀히 분석하여, 그리스 디자인의 아름다운 비결이 바로 동적 대칭의 개념을 사용하였다는 것을 확신했다. 즉, 이런 디자인은 인간이나 식물이 성장할 때 보이는 대칭성에 기초하였다는 것이다.

하겐마이어Otto Hagenmaier[121]는 아폴로 벨베데레Apollo Belvedere(레오카레스Leochares의 모방작품. 로마의 바티칸 박물관에 있다.)[122]라는 작품이 황금 분할을 적극 반영한다고 주장하였다. 그림 7-16에 이 작품에서 어떠한 식으로 황금 비율이 드러나는지를 설명하였다.

뛰어난 수학자 클라인Felix Klein, 1849-1925은 아폴로 벨베데레 조각상의 미적 아름다움에 황금 비율 뿐만이 아니라 다른 어떤 수학적 원리가 숨

---

118) 파치올리(Luca Pacioli), 신성한 비례(De divina proportione) (베네치아(Venezia), 1509; 1896년 밀란(Milan)와 1961년 가드너 펠리컨(Gardner Pelican)에서 재인쇄되었다.

119) 런던(London), 1914; 재인쇄, 뉴욕(New York): Dover(도버),1979

120) (뉴욕, 도버, 1967). 역학 대칭은 열역학 법칙에 기반을 둔 개념이다.

121) 오토 하겐마이어(Otto Hagenmaier), Der Goldene Schnitt-Ein Harmoniegesetz und seine Anwendung (Grafeling, 독일: Moos & Partner, 1958); 2nd ed.(뮌헨: Moos Verlag, 1977)

어있을 것이라 생각하고 이를 설명하기 위한 연구에 몰두하여, 아폴로의 얼굴형태가 가우스 곡선Gaussian curve[123)]의 형태를 띤다는 중요한 발견을 하였다. 이것이 바로 아름다움을 자아내는 비밀이었던 것이다. 이것이 정말로 우리가 기대했던 수학적 원리였을까? 아닐수도 있겠지만, 미학의 신비로움에 대한 안목을 더 넓게 해준 것은 사실이다.

멜로스의 아프로디테The Aphrodite of Melos(또는 밀러의 비너스Venus de Milo라고도 부른다)는 파리의 르브르 박물관Louvre museum에 전시된 것으로써

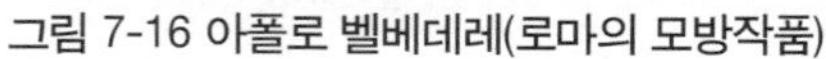

그림 7-16 아폴로 벨베데레(로마의 모방작품)

그림 7-17 멜로스의 아프로디테

---

122) 기원전 4세기 경의 아테네 조각가이다 ; 로마 모방작품은 15세기 말경 발굴 과정에서 발견되었다.

123) 가우스 곡선은 정규곡선(normal curve)를 뜻한다.

기원전 125년에 만들어진 것이다.(그림 7-17) 배꼽 부분이 전체 조각상을 황금 비율로 나누고 있다. 우연일까 아니면 의도적인 것일까? 확실한 결론은 없다.

1912년 후기 큐비즘Cubism 기간에 파리에서 자크비용Jacques Villon, 1875-1963[124)]을 중심으로 섹숑도르Section d'Or라는 예술가 모임이 결성되었다. 우선 이 모임의 이름 자체가 황금 분할에 대한 그들의 믿음을 나타내고 있다. 그들의 공식 목표는, 황금 분할을 명목상 사용하는 것이 아닌, 이론에 충실한 황금 분할을 작품 창조에 사용하는 것이었다. 프랑스 헝가리 태생 조각가이자 화가인 에티엔 베오티Etienne Beothy는 섹숑도르 모임에서 주로 다루었던 2차원 작품을 넘어서 3차원 영역의 작품으로 예술활동의 폭을 넓혔다. 자신의 모든 조각품들을 계획할 때, 자신의 황금 분할 이론을 도입하여 구체적인 작품 구상을 하였다. 작품에서 나타나는 대부분의 수치나 길이, 곡선 등에 황금 비율을 사용하였다.

1926년 베오티가 쓴 헝가리 버전의 『La Serie d'Or』[125)]의 머리말을 인용하면, "음악에 화성이 있다면, 미술에는 황금 비율이 있다… 음악이 화성으로 이루어진다면, 미술을 황금 비율을 통하여 이루어진다." 이 책의 끝머리에는 황금 비율은 가장 잘 표현하는 수열은 :

…0, 1, 1, 2, 3, 5, 8, 13, 21, 34, 55, 89, 144,…[126)]

라고 쓰여 있다.

---

124) 실제 이름은 가스통 뒤샹(Gaston Duchamp)으로, 프랑스 화가이자 그래픽 아티스트다.

125) Uwe Ruth, 에티엔 베오티(Etienne Beothy), Helga Muller-Hofstede, 에티엔 베오티(Etienne Beothy):Ein Klassiker der Bildhauerei-Retrospektive(조각 박물관, 마를(Marl), 독일, 1979년 전시 Dr.Uwe Ruth)

126) 에티엔 베오티, La Serie d'Or(파리: Edition Chanth, 1939)

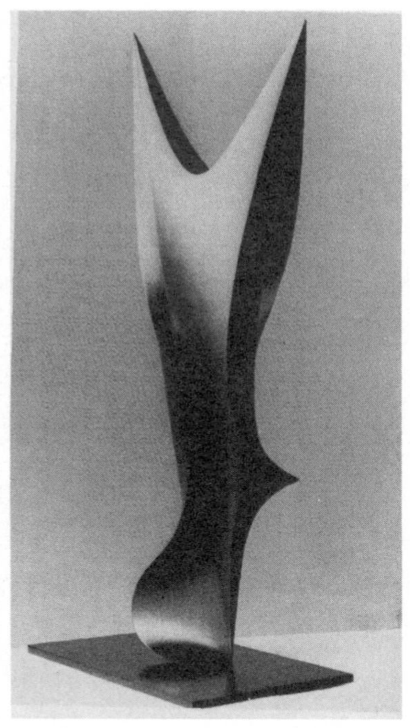

그림 7-18 © Uwe Rüth

베오티의 목재 조각품 Essor II(op.77)는 1936년에 만들어진 것으로써(독일 마를Marl의 조각 박물관 소재), 밑부분이 얇고 위로 꼬아지면서 올라오는 형태를 갖추고 있다.(그림 7-18) 마치 불꽃처럼 생겼다. 이 작품의 디자인에는 피보나치 수가 숨어있으며, 이것 때문에 굉장한 아름다움을 자아내고 있다.

1960년 미니멀리즘minimalist art 사조가 유행하면서, 피보나치수열이 각광받기 시작하였다. 팀 울리히Timm Ulrichs, 1940년 생의 몇몇 작품을 보면 황금분할에 전적으로 의존하고 있음을 알 수 있다. 그림 7-19의 조각품의 경우, 빵과 채소같은 것들을 ø의 비율로 정확히 잘라 전시해 놓았다. 또한 오토 하겐마이어의 저서 『황금 분할』The Golden Section[127]을 황금 비율

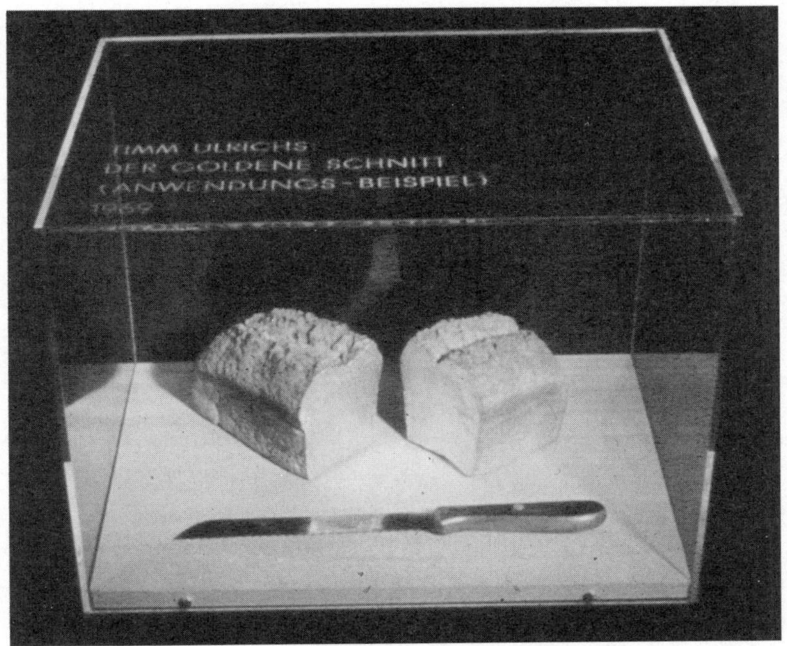

그림 7-19 팀 율리히, Der goldene Schnitt(Appication example) **1969.** © Timm Ulrichs

로 분할해 놓는 행위도 하였다.

1969년에 율리히는 다음과 같이 썼다. "빵이나 소시지, 피클같이 우리가 칼로 잘 썰어먹는 것들을 황금 비율로 자른 뒤, 거기에 금을 입혀 장식하였다."

독일 태생의 그래픽 예술가이자 건축가인 조 니마이어Jo Niemeyer, 1946년생는 황금 분할에 기초한 예술 세계를 선보였다. 자신의 예술 행위를 기하학적 구성geometric composition이라 칭할 정도였다. 니마이어는 계속 움직이며 창작활동을 하고 있다. 그의 작품 '지구 위 20걸음' 20 Steps around the Globe[128]은 숨막힐 정도로 대단한 대규모의 작품으로 1997년 완결되

---

127) Der Goldene Schnitt: Ein Harmoniegesetz und seine Anwendung, 2nd ed. (Grafeling, Germany: Moos & Partner, 1958)

었다. 역시 이 작품 구상의 핵심도 황금 분할이었다. 이 작품은 지구를 따라 돌면서, 고급 강철 기둥 20개를 설치한 것인데, 이 기둥들은 지구의 대원[129]을 따라 계산된 위치에 세워져 있다. 계산된 위치라 함은, 둘레가 40,023km 나 되는 대원을 어떠한 계산법을 사용하여, 20분할 한 것이다. 역시, 위치들을 결정하는 데는 황금 비율이 중요한 역할을 하고 있다.

1지점에서 2지점 사이의 거리는 .458m 이다. (그림 7-20)

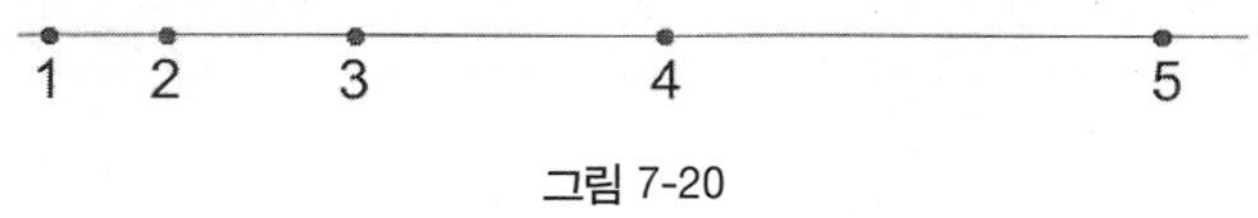

그림 7-20

2지점에서 3지점 사이의 거리는 ø · 458m = .741m 이다. 즉, 1지점으로부터 1.198m에 이르는 거리다.

3지점과 4지점 사이의 거리는 ø · 1.198m = 1.939m이다. 이것은 1지점으로부터 3.137m에 이르는 거리다.

4지점과 5지점 사이는 ø · 3.137m = 5.077m 이다. 즉 5지점은 1지점으로부터 8.214m 떨어져 있다.

이러한 원리로, 20번째 지점이 1지점과 일치하도록 20개의 지점을 정한다. (모든 원은 대원 위에 있다.)

니마이어는 더욱 정확한 지점을 위해 황금각[130]의 원리도 사용하였다.(그림 7-21)

첫 번째 기둥은 핀란드의 라플란드Lapland에 세워졌다. 여기는 스웨덴

---

128) Ulrich Grevsmuhl, 20 Punkte-20 Steps Ein Land-Art Projekt von 조 니마이어(Jo Niemeyer). 지구 위 20걸음을 보라. http://www.jo. niemeyer.com

129) 대원이란 구 위에 그릴 수 있는 가장 큰 원으로, 중심이 구의 중심과 같은 원을 말한다.

130) 황금각≈137.507 764 050°

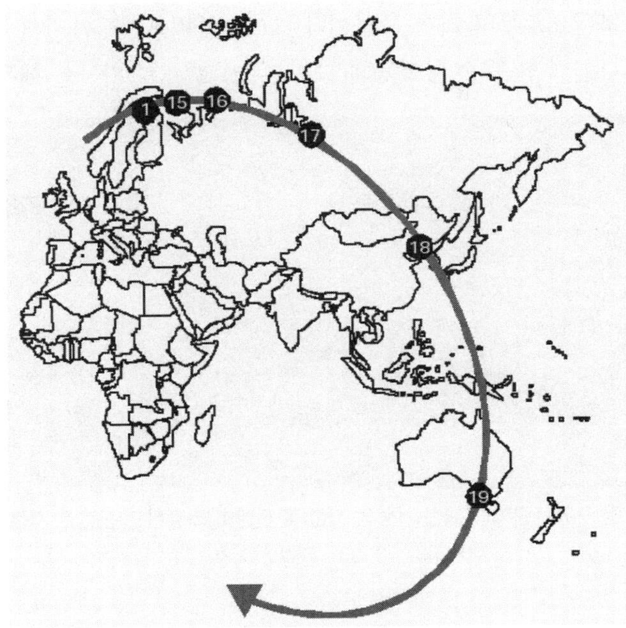

그림 7-21 기둥의 위치

1—12 로핀살미(Ropinsalmi), 라플란드(Lapland) 핀란드(Finland)
0-18km

13 카우토케이노(Kautokeino) 지역, 노르웨이(Norway)
47km

14 아날조카(Anarjokka), 노르웨이(Norway)
124km

15 피트카자비/니켈(Pitkajarvi/Nickel) 러시아(Russia)
325km

16 발트해(Barent Sea) 내부
851km

17 Noryj Urengoj 시베리아(Siberia), 러시아
2,229km

18 바오터우(Baotou) 네이멍구(Inner Mongolia) 자치구, 중국(China)
5,837km

19 웨스트 포트만(Western port Bay), 호주(Australia)
15,282km

20—1 로핀살미(Ropinsalmi), 라플란드(Lapland) 핀란드(Finland)
0-18km

국경과 북극으로부터 가까운 곳이다. 1지점부터 8지점까지의 기둥을 하나의 사진에 담을 수 있었는데(그림 7-22) 20개의 기둥을 세우며 떠

그림 7-22 1번째 세워진 기둥의 지점: 로핀살미/라플란드/핀란드 지점: 북위 68° 40' 06'' 동경 21° 36' 21''

나는 여행길인 '지구 위 20걸음' 프로젝트[131]와 이에 필요한 모든 데이터를 웹사이트 http://www.jo.niemeyer.com에서 확인할 수 있다.

이 방대한 업적을 소화하는 데는 단지 비율에 대한 개념만 있으면 된다는 것이 조 니마이어의 지론이다. "어떤 측량도 필요하지 않다. 비율만 있으면 된다."

이탈리아의 예술가 마리오 메르츠Mario Merz, 1925-2003는 그의 예술작품 몇 점을 통해 피보나치 수를 기념하였다. 그는 푸어아트poor art의 일인자로서 기존의 예술 사조에 비해 빈약한 재료를 쓰고, 간결한 표현을 위주로 한다. 푸어 아트는 미국의 미니멀리즘에 화답하기 위한 유럽

---

131) 지구 위의 정확한 지점에 대한 초안은 Ulrich Grevsmuhl 박사의 조언을 따랐으며, 요르그 파이퍼(Jorg Pfeiffer)가 컴퓨터 프로그램을 담당하였다. 지구 위 20걸음을 보라. http://www.jo.niemeyer.com.

의 예술 사조이다. 그에게 있어 피보나치 수는 예술활동의 빛과 같은 존재였다.

Fibonacci Napoli1971년 작와 Animali da 1 a 55가 가장 잘 알려진 그의 대표작이다. 또한 흑백 형식의 작품으로 유명한 아이비(Ivy)는 피보나치 수의 아름다움을 간결히 표현한 작품이다. (그림 7-23)

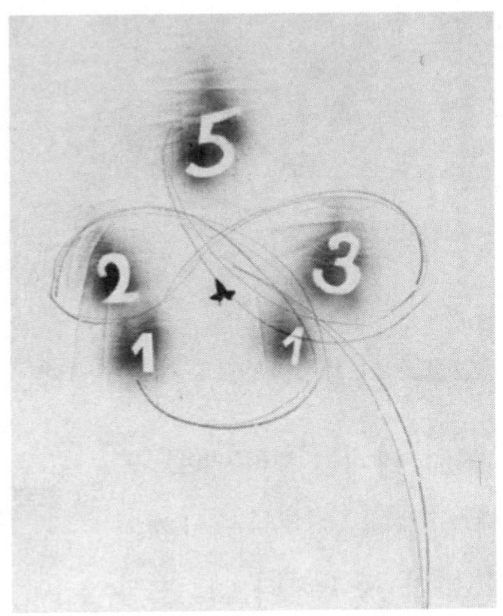

그림 7-23

메르츠는 피보나치 수를 접하면서, 이 수들의 강력함을 자연적인 현상으로 치부하였다. 자신의 특색있는 디자인 시스템의 효과에 대해 이러한 식으로 묘사하였다.[132] "피보나치 수는 빠른 팽창을 한다. 이 수들은 벽을 무르게 할만큼의 파워를 가지고 있다."

메르츠의 이글루 피보나치Igloo Fibonacci, 1970년 작라는 작품은 우선 8개의 대리석 판을 땅에 고정하고, 그 위에 놋쇠 파이프와 철 경첩을 사용하여 조립한 뒤, 끈끈한 테이프를 이용하여 흰색 숫자들을 붙여 놓은 작

132) 마리오 메르츠(Mario Merz), Die Fibonacci-Z뫼두 und die Kunst, 독일, 에센(Essen)의 폴크방 박물관(Folkwang Museum)의 마리오 메르츠 전시 카탈로그 발췌, 1979 p75.

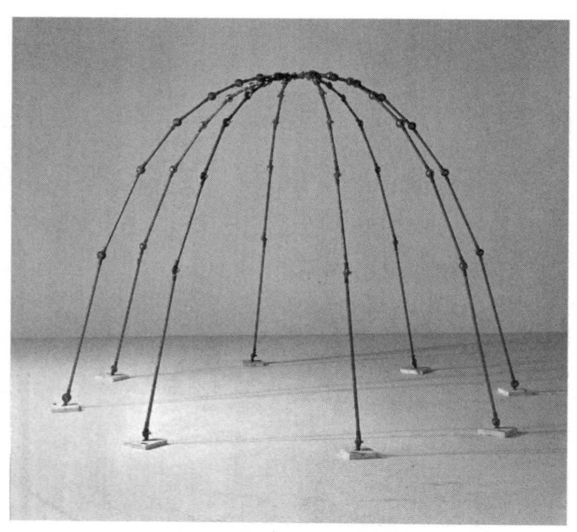

그림 7-24 볼프스부르크 예술 박물관

품이다. 이글루의 여덟 뼈대는 이음새를 통하여 서로 연결되어 있는데, 이 부분 사이의 거리에서 피보나치 수가 등장한다.(그림 7-24)

메르츠는 분명히 피보나치 수를 굉장히 좋아했을 것이다. 다른 증거로, 그가 디자인한 스위스 취리히Zurich의 중앙철도역의 넓은 홀에서도 피보나치 수가 발견된다. 또한 굴뚝을 디자인할 때도 이 수들을 이용했는데, 2001년 독일 우나Unna 지방의 국제 라이트 아트Light Art 센터의 52m짜리 굴뚝(그림 7-25)과, 1994년 핀란드 투르쿠Turku 지방의 굴뚝(그림 7-26)이 그것이다.

그림 7-25

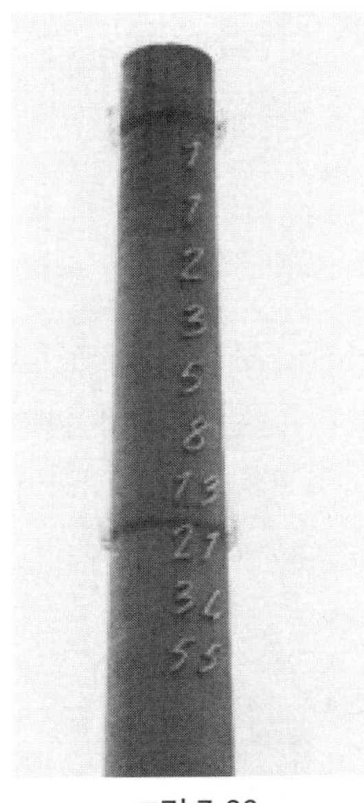

그림 7-26

오스트리아 예술가 헬무트 브룩Hellmut Bruch, 1926년 생도 피보나치 수에 많은 영향을 받았다. 그의 대다수의 작품들(그림 7-27, 7-28, 7-29)을 보면 구성품들 간의 상대적 길이가 피보나치 수와 연관이 있고, 이 때문에 가장 훌륭한 조화를 이루어 낼 수 있었다.

스테인리스 철로 만들어진 기둥들의 길이에서 피보나치수열의 몇몇 항이 보인다 .(89cm, 144cm, 233cm, 377cm, 610cm) 이 작품의 이름은 피보나치 오마주Hommage a Fibonacci로 피보나치 수에 대한 경의를 표현한 작품이다.

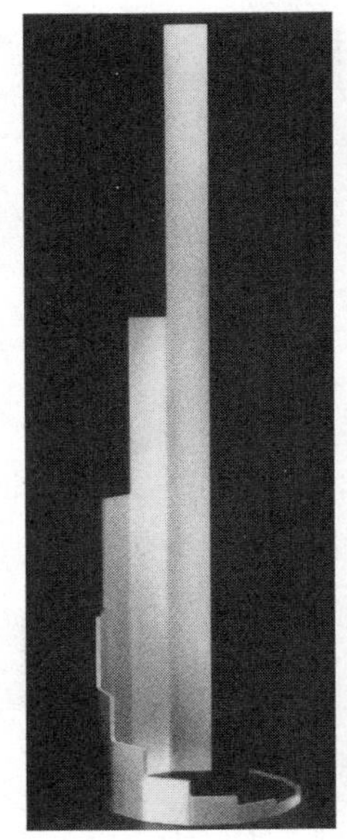

그림 7-27

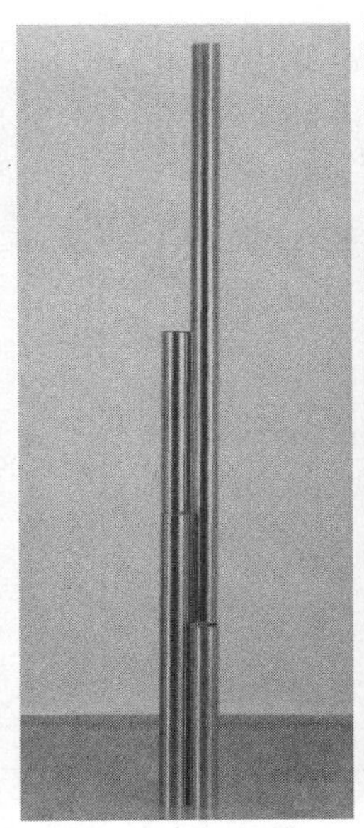

그림 7-28

그림 7-29

브룩이 말하기를 피보나치 수를 통하여 모든 형태, 다양한 성질의 작품을 보여주려 노력하였다고 한다. 더욱 중요한 사실은, 피보나치 수를 이용한 작품에 흥미를 느꼈을 뿐 아니라, 이 수들을 사용하여 자신의 예술적 영감을 높일 수 있었다는 것이다.

독일 조각가 클라우스 부리Claus Bury, 1946년 생는 자신의 작품을 피보나치의 사원Fibonacci's Temple이라는 이름으로 발표하였다. 1984년 독일 쾰른Cologne 지방에 위치한 이 작품은 가문비나무를 재료로 하며, 그 길이가 15m, 폭 6.3m, 중앙부분의 높이가 5.70m인 조형물이다.(그림 7-30)

그림 7-30

이 건축물을 준비하는 과정을 보고 있노라면, 부리도 이미 피보나치 수에 매력을 느끼고 있었고, 특히 르 코르뷔지에의 저서 『모듈러』(원서 241-42쪽 참고)에 깊은 감흥을 받았다는 사실을 알 수 있다. 부리가 이 작품을 진행하며 피보나치 수를 사용하였다는 사실을 도면을 통해 명확히 알 수 있다. (그림 7-31과 그림 7-32 참조)

피보나치수는 현대 예술에 많은 영감을 주었던 것이 사실이다. 하

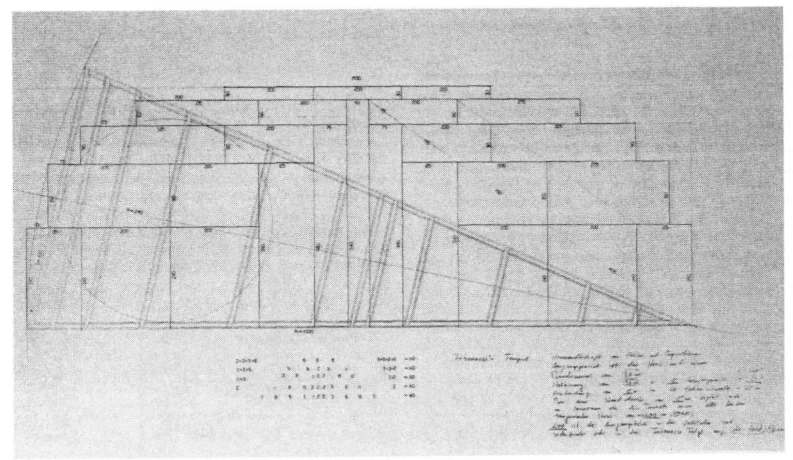

그림 7-31

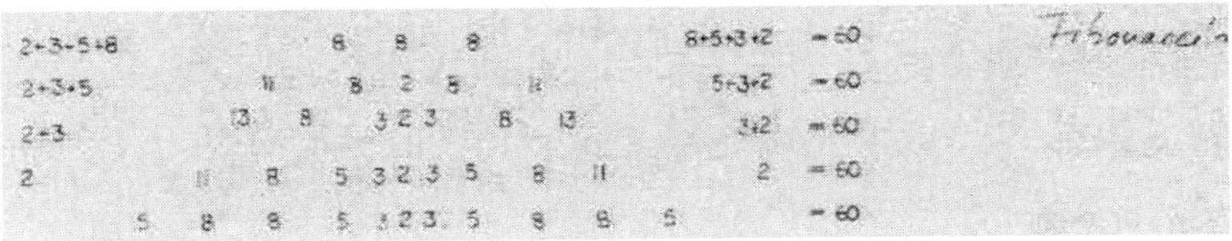

2+3+5+8　　8　8　8　　8+5+3+2　= 60　Fibonacci

2+3+5　　11　8　2　8　11　　5+3+2　= 60

2+3　　13　8　3 2 3　8　13　　3+2　= 60

2　　11　8　5　3 2 3　5　8　11　　2　= 60

5　8　8　5　3 2 3　5　8　8　5　　= 60

그림 7-32

지만 아직도 확신하지 못하는 것이, 고대 예술행위에서도 과연 피보나치수에 대한 자각이 있었냐는 점이다. 고대 사람들은 황금 비율에 대해서 알고 있었을까? 아니면 직관적인 감각으로 황금 비율을 만들어 낸 것인가? 2차원 그림속에서 답을 찾아보도록 하자.

명화 속의 피보나치 수

레오나르드 다 빈치Leonardo da Vinci, 1452-1519[133]의 비트루비안Vitruvian에 대한 해부학 관련 삽화가 파치올리Pacioli, 1445-1517, 프란체스코 수도외 수도승[134]의 저서 『신

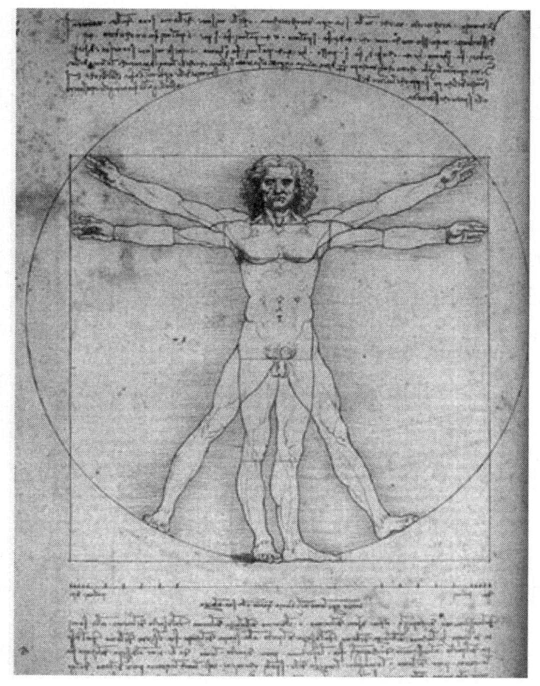

그림 7-33

성한 비례』에 실려 있다. 고대 로마의 건축가 비트루비우스Vitruvius, 기원전 84-27[135]는 자신의 글에서 인간 신체의 비율이 건축의 기본이라고 주장한 바가 있는데, 이 주장에 대한 파치올리의 동조를 뒷받침하기 위한 삽화였다. 이 그림에서, 정사각형의 한변의 길이와 원의 반지름의 비율은 거의 황금 비율과 같으며, 그 차이는 1.7퍼센트 밖에 나지 않는다.

독일의 유명한 화가이자 그래픽 아티스트인 알브레히트 뒤레Albrecht

---

133) 이탈리아 출신의 화가이자, 조각가, 건축가, 자연과학자, 공학자이다.

134) 파치올리(Luca Pacioli), 신성한 비례(De divina proportione) (베네치아, 1509; 1896년 밀란(Milan)에서 재인쇄, 1961년 가드너 펠리컨(Gardner Pelican)에서 재인쇄 되었다.)

135) 실제로 비트루 비우스 폴리오(Vitruvius Pollio)는 로마 군의 기술자이며 공학자였다. 건축과 도시공학 관련의 책을 10권 발행했으며, 비례 이론을 발전시키기도 했다.

Durer, 1471-1528 역시 비트루비우스에게 큰 영향을 받아 1523년에 『인체 비율에 관한 4가지 책』Four books on human Proportions이라는 저서를 남겼다. 기존의 이론을 깔끔하게 다듬고 비례에 관한 시스템으로 그것들을 다시 표현하였다. 인체의 여러 부분을 비율로 표시한 것을 측량의 단위로 사용하였다.

뒤레는 그의 책에서 심미안적인 설명을 배척하고 이론적인(그러니까 수학적인) 논리로 그의 아이디어를 기술하였다. 실제로 도형기하학에서의 그의 업적은 르네상스 시대의 몇몇 위대한 학자들에게 영향을 끼쳤는데, 그중에는 케플러Johannes Kepler, 1571-163나 갈릴레오 갈릴레이Galileo Galilei, 1564-1642와 같은 학자도 있다.

1500년 경 완성한 그의 초상화 작품을 보면, 자신의 머리카락을 웨이브로 그렸는데, 이 형태가 정삼각형을 이루고 있음을 볼 수 있다. 그림 7-34에서 확인해보라. 뒤레는 실제로 밑그림에 이 정삼각형과 또 다른 몇 개의 보조선도 그려 넣었다. 그림을 보면, 정삼각형의 밑변이 전체 그림을 황금 비율로 나누고 있다. 또한 이것과 반대 방향으

그림 7-34

로 턱의 위치가 그림을 다시 황금 비율로 나누고 있다.

하지만 뒤레가 정오각형을 그릴때에는 왜 황금 분할의 개념을 쓰지 않았는지는 불분명하다.[136] 29살 때의 자화상에는 황금 분할을 이용하였는데 말이다.

또 다른 고전 예술 작품은 보티첼리Sandro Botticelli의 비너스의 탄생The Birth of Venus, 1477년 작을 보자. 쿡Cook, 1867-1928은 황금 분할을 사용하여 이 그림을 분석했다. 그림 위에 여러 측정값들을 기재했는데, 이것들은 ø의 일곱 번째 거듭제곱까지이다.(그림 7-35)

앞에서도 언급했지만, 건축이나 조각분야에서 피보나치 수 즉, 황금 분할의 쓰임새가 과연 의식적인 것인가 아닌가하는 문제에 답을 해볼 차례다. 많은 학자들이 19세기에서 20세기에 걸쳐 황금 분할이 사용된 예술품들의 정보를 수집했다. 중요하고도 민감한 조사가 이루

그림 7-35

136) 뒤레(Durer)의 "정오각형" 작도법을 복습하고 싶은 독자들은 이책 000쪽을 보라. 실제로 약간의 오차가 있지만, 육안으로는 실제 정오각형과 구별할 수 없는 오각형의 작도법이다.

어졌다. 종종 예술품에서 황금 분할과 관련된 수를 발견하고 이것이 의도적인 쓰임이다라고 결론짓기도 했지만, 아닐수도 있기에 조심스러운 접근이 필요하다.

황금 분할이 등장하는 몇몇 예제를 더 분석해보자. 서구 문명의 예술 작품의 대명사라 할 수 있는 레오나르도 다 빈치 작 모나리자(그림 7-36)부터 시작하자. 이 그림은 1503년에서 1506년에 걸쳐 완성된 것으로 현재 파리의 루브르 박물관Louvre museum에 전시되어 있다. 프랑스 왕 프랑수아 1세Francois I는 15.3kg의 금을 이 그림에 지불하였다. 황금 분할의 관점으로 이 걸작을 분석해보자. 첫째, 모나리자의 얼굴 주변에 직사각형을 그리면 이것이 황금 직사각형이 됨을 알 수 있다. 그림 7-37에는 몇 개의 삼각형을 그려 놓았는데, 이 중 가장 큰 삼각형 2개는 황금 삼각형을 이루고 있다. 더욱이 그림 7-38을 보면 모나리자의 신체의 몇몇 지점으로 나뉜 황금 분할을 발견할 수 있다. 다빈치는 이전에 파치올리의 저서 『신성한 비례』에 철저히 황금 분할을 이용한 삽화를 그린 점으로 미루어보아, 황금 분할을 의식적으로 표현한 것으로 생각할 수 있다.

그림 7-36 그림 7-37 그림 7-38

그림 7-39

그림 7-40

또 다른 위대한 화가 라파엘로Raphael, 1483-1520의 경우, 자신의 작품 상시스트의 성모Sistine Madonna, 1513년 작를 통해 황금 분할을 표현하였다. 그림 7-39에 식스투스 2세Pope Sixtus II의 눈과 성바바라Saint Barbara의 머리를 잇는 수평선이 전체 그림을 황금 비율로 나눈다. 또한 성모마리아는 전체 그림을 이등분하고 있다. 그림 7-40에서는 특별히 골라진 점들을 잇는 선분들에서 황금 비율을 얻을 수 있는데, 역시 마리아의 자태가 황금 분할되고 있는 것을 알 수 있다. 정확히 네 사람의 얼굴을 포함하는 덧그려진 이등변삼각형의 밑변과 높이의 비율은 거의 황금 비율이다. 라파엘로가 의식적으로 황금 분할을 생각하여 이 그림을 완성했는지, 아니면 미적인 감각에 의존한 것 뿐인지는 그만이 알고 있을 것이다.

그림 7-41은 알바Madonna Alba, 1511-1513의 성모라는 작품 위에 덧그려진 정오각형을 나타내고 있다. 그림에서 풍기는 적절한 선형의 느낌을 따

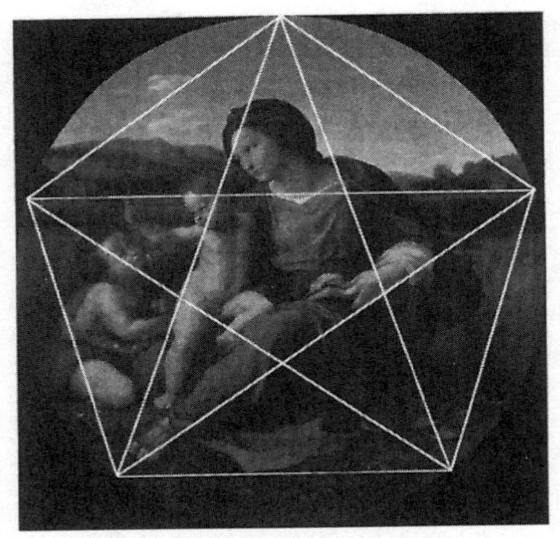

그림 7-41 내셔널 갤러리(National Gallery), 워싱턴

라가다 보면 얻어지는 도형인데, 여기서 다시 우리는 라파엘로가 황금 분할에 대해 강한 애착을 보이는 것을 느낄 수 있다. 독자들도 알다시피 정오각형에는 황금 분할이 숨어 있다.

이제 시점을 몇백 년 후로 당겨서 프랑스의 화가 조르주 쇠라George Seurat, 1859-1891의 작품을 들여다 볼 차례다. 이 화가는 엄격한 기하학적 구조를 사용하여 자신의 작품을 완성하는 것으로 유명하다. 색감을 아름답고 다양하게 쓰는 것보다는 자신의 작품에서 드러나는 기하학적인 구조가 주목받기를 원했던 화가이고, 이는 현대 미술의 토대를 제공하였다.

쇠라의 작품 서커스 퍼레이드Circus Parade, 1888년 작(뉴욕 메트로폴리탄 예술 박물관 소장, 그림 7-42)는 황금 분할의 절정이다. 계단 위 난간으로 이루어진 수평선과 그림 중간의 남자 바로 오른쪽 옆에 보이는 수직선이 전체 그림을 황금 분할하고 있다. 또 이 두 선과 그림 위 아홉 개의 전등 바로 밑의 수평선으로 둘러싸인 도형이 바로 황금 직사각형이 되고 있음을 느끼는 독자들도 있을 것이다. 심지어 황금 나선이

그림 7-42

이 그림 안에 보인다는 견해도 있다. 8×3(윗변 왼쪽변)[137] 단위 직사각형에서 쇠라가 피보나치 수와 황금 분할의 관계를 이미 알고 있었을 가능성이 엿보인다. 쇠라의 아스니에르 강에서의 해수욕Bathers at Asniers, 1883년 작(런던 테이트 갤러리Tate Gallery 소장, 그림 7-43)에서도 몇 개의 황금 직사각형을 찾을 수 있다.

앞서 등장한 독일의 그래픽 아티스트이자 건축가인 조 니마이어Jo Niemeyer, 1946년생는 황금 분할에 기초하여 작품의 계획을 세웠다. 심지어 자신의 작업세계를 기하학적 구성Geometric Compositions이라 칭하기도 하였다. 그림 7-44는 그의 작품 우스요키Utsjoki인데 몇몇 황금 분할을 발견할 수 있다.

베리에이션 VIVariation VI, 1987년 작(그림 7-45)를 보면, 작가가 직관에 의존하여 작품을 구성한 것이 아닌, 철저히 수학적 이론을 기반으로 작품

---

137) 왈저(H.Walser), 황금 분할(Der Goldene Schinitt)(라이프치히(Leipzig): EAG.LE, 2004). p.135.

그림 7-43

그림 7-44

구상을 하였다는 것을 알 수 있다. 심지어, 그림 7-45 스케치의 오른쪽에 황금 비율인 0.61803이 쓰여 있지 않은가? 니마이어의 작품엔 눈을 즐겁게 해주는 뭔가 특별한 것이 숨어 있었던 것이다.

니마이어는 자신의 예술활동을 2차원에만 국한시키지 않고, 3차원 영역의 작품활동도 하였다. 그림 7-47의 모듈론Modulon이라는 작품을

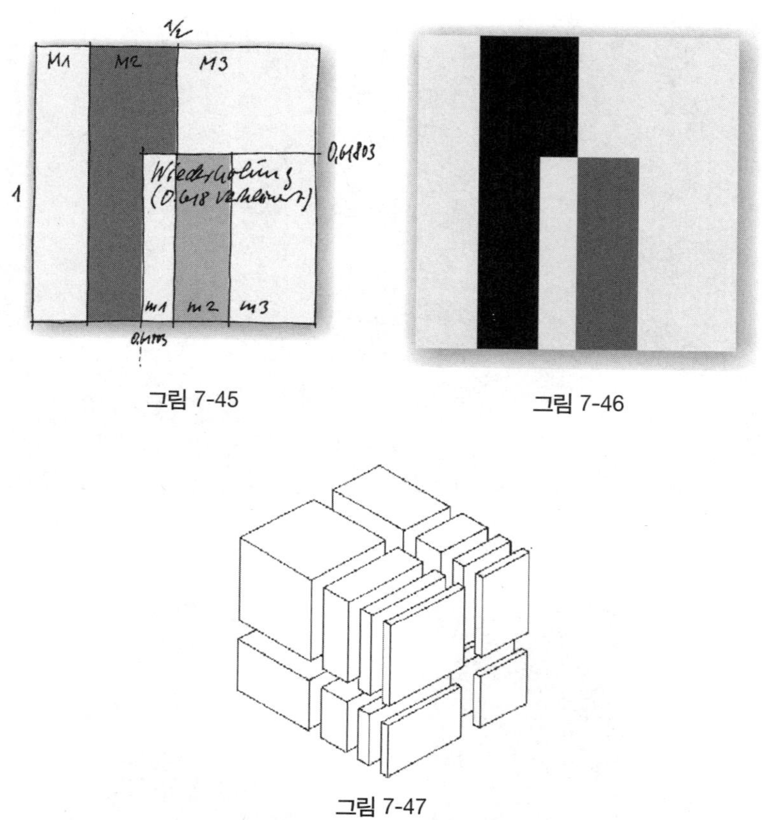

그림 7-45

그림 7-46

그림 7-47

보면, 수학적 이론이 뒷받침 되어 있음을 알 수 있다. 이 작품은 황금비율을 사용하여 하나의 블록을 16개의 조각으로 나눠 놓은 작품이다.(그림 7-48)

물체의 위치를 지정하거나, 순서를 정해 배열하는 것, 그룹으로 묶어 놓는 것, 공간을 채우는 등의 작업으로 무한가지의 물체의 모습을 표현한 반면, 색을 정하는 것은 원색(파란색, 빨간색, 노란색, 흰색, 검은색)으로 제한하였다. 모듈론은 1984년 이후로 뉴욕의 현대예술 박물관Museum of Modern Art에 전시되어 있으니, 그곳에서 만날 수 있다.

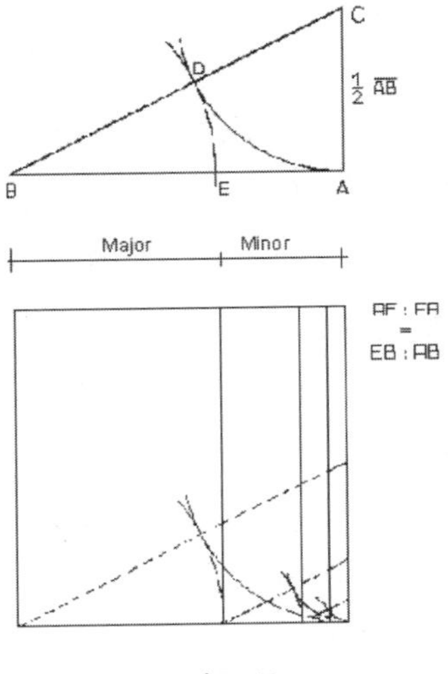

그림 7-48

아이슬란드 예술가 흐레인 프리드핀손Hreinn Fridfinnsson, 1943년 생의 작품은 황금 직사각형과 황금 나선으로 이루어져 있다. 그의 작품은 무제 Untitled, 1988년(파두츠Vaduz, 리히텐슈타인Liechtenstein 예술박물관 소재, 그림 7-49)를 보자. 이 작품은 철저히 황금 비율을 기반으로 이루어져 있다.

그림 7-49

피보나치 수를 자신의 작품에 도입한 또 다른 예로 독일의 여성 예술가 루네 밀즈Rune Mields, 1935년 생를 들 수 있다. 에볼루션 : 진보와 대칭 III&IVEvolution: Progression and Symmetry III and IV라는 작품이다.(그림 7-50) 밀즈는 이 작품에 피보나치 수를 표현하였다. 카탈로그에 쓰여있기를 "위를 향하는 선을 따라, 점차 진화하는 삼각형들을 그려넣었다. 이것은 그 유명한 피보나치수열이라 불리는 것이다. 피보나치는 이 수열에 대한 이론을 13세기 초에 발전시켰다. 대칭성을 사용하여 크기가 증가하는 삼각형을 디자인해보았다."[138]

다음은 황금 분할이 발견되는 작품의 목록이다. 독자들은 이 작품들을 직접 보고 과연 예술가가 황금 분할을 직관적으로 쓴 것인지, 아니면 어떤 의도를 가지고 쓴 것인지를 판단해보기 바란다. 대다수의 작품은 미술관련 서적이나, 인터넷에서 발견할 수 있고, 또 직접 여행을 다니며 만나보아도 좋다!

- 디오니시오스의 행진Dionysius' Procession[부조] (로마 알바니 공원Villa Albani 소재)
- 새에게 설교하는 성 프란키스쿠스St. Francis Preacing to the Birds[프레스코], 지오토 Giotto, 1266-1337[139] 作 (이탈리아 아씨시Assisi 성 프란체스코 성당Basilica San Francesco 소재)
- 트리니티Trinity[프레스코], 마사초Masaccio, 1401-1429[140] 作 (이탈리아 플로랑스Florence 산타마리아 노벨라Santa Maria Novella 소재)

---

138) 전시회를 위한 카탈로그에서 발췌 : 루네 밀즈(Rune Mields)-성스러운 비율(SANCTA RATIO) 링엔 쿤스트할레(Kunstverein Linge) 독일; 8월 17-11월: Buxus Verlag, 2005). p45.

139) 본명 지오토 디 본도네(Giotto di Vondone)로서 이탈리아 화가이자 건축의 대가였다.

140) 이탈리아 화가로서, 본명은 구이디(Tommaso di Giovanni di Simone Guidi)이고 르네상스 양식의 창시자로 알려졌다. 중앙 투시 원근법을 사용한 트리니티(Trini쇼) 프레스토는 벽화예술과 제단(altar)의 발전을 촉진시켰다.

141) 플랑드르(Flemish) 화가로서 로제르 디 레 파스투레(Roger de Le Pasture, 정확하진 않음)이라고도 불렸다.

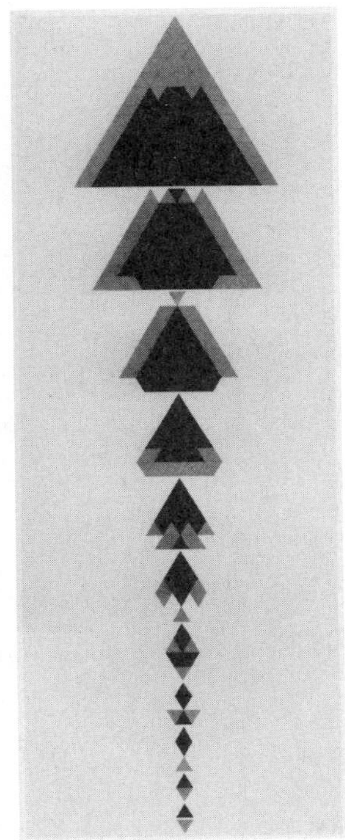

그림 7-50

- 십자가로부터의 강하The Deposition from the Cross, 바이덴Rogier van der Weyden, dir 1400-1464)[141] 作 (스페인 마드리드 프라도Prado 제단 소재)
- 그리스도의 세례The Baptism of Christ, 피에로 델라 프란체스카(Piero della Francesca, 1415/1420-1492)[142] 作 (런던 내셔널 갤러리National Gallery 소재)
- 성모와 아기예수Madonna and Child, 페루지노Pietro Perugino, 약 1455-1523[143] 作 (바티칸 박물관Vatican Museum, 로마 소재)
- 족제비를 안은 여인The Girl with the Ermine[그림], 레오나르도 다 빈치 作 (폴란드 크라쿠프Krakow,

---

142) 이탈리아 화가로서 본명은 피에트로 디 베네데토 프란체스키(Pietro di Benedetto dei Franceschi) 또는 피에트로 보르그리제(Pietro Borgliese)였다.

143) 본명은 피에트로 배누치(Pietro Vannucci)

내셔널 박물관 소재)

- 최후의 만찬The Last Supper[벽화], 레오나르도 다 빈치 作 (이탈리아 밀란Milan, 산타델라그라찌에Santa Maria delle Grazie 소재)
- 도니 마돈나Madonna Doni[원형 그림], 미켈란젤로Michelangelo, 1475-1564)[144)] 作 (이탈리아 플로랑스, 우피치 갤러리Uffizi Gallery 소재)
- 십자가에 못박힌 예수Crucifixion[그림], 라파엘로 作 (잉글랜드 런던 내셔널 갤러리)
- 아담과 이브Adam and Eve [패널화], 알브레히트 뒤레 作 (스페인 마드리드 프라도Prado 미술관)
- 아테네 학당The School of Athens[그림], 라파엘로 作 (로마 바티칸 미술관)
- 갈라테아의 승리The Triumph of Galatea[프레스코] , 라파엘로 作 (이탈리아 로마 빌라 파르네시나Villa Farnesina 소재)
- 아담과 이브Adam and Eve[동판화] 마르칸토니오 라이몬디(Marcantonio Raimondi)[145)] 作
- 자화상Self-portrait[그림], 렘브란트Rembrandt Harmensz van Rijn, 1606-1669 作, (잉글랜드 런던 내셔널 갤러리 소재)
- 겔메로다Gelmeroda, 라이오넬 파이닝거Lyonel Feininger, 1871-1956 作 (Gelmeroda Ⅷ는 뉴욕의 휘트니 Whitney 미술관 소재, Gelmeroda XII는 뉴욕 메트로폴리탄 예술 박물관 소재)
- Half a Giant Cup Suspended with an Inexplicable Appendage Five Meters Long살바도르 달리Salvador Dali, 1904-1989 作

다음은 황금 분할과 더불어 자주 거론되는 예술가들이다.

- 폴 시냑Paul Signac, 1863-1935
- 폴 세뤼지에Paul Serusier, 1864-1927
- 피에트 몬드리안Piet Mondrian, 1872-1944[146)]

144) 본명은 미켈란젤로 부오나로티(Mechelangelo Buonarroti). 미켈란젤로는 조각가이자, 화가, 건축가 그리고 시인이었다. 1508년 바티칸(Vatican)의 스위스 근위대(Swiss Guard)의 유니폼을 고안하기도 하였다.

145) 이탈리아 동판 조각사 (약 1480-1534년)

• 후앙그리Juan Gris, 1887-1927[147)]

• 오토 판코크Otto Pankok, 1893-1966[148)]

폴 세뤼지에는 이미 알고 있던 황금 분할의 개념을 작품의 스케치에도 표시해 놓을 정도였다. 하지만, 후앙그리, 몬드리안, 판코크는 황금 분할을 부정하였다.

20세기 말 역사학자 마그리트 느뵈Marguerite Neveux는 많은 작품을 소위 "황금 분할 리스트"에서 제외하여 ø 의 신봉자들에 많은 실망감을 안겨주었을 것이다. 느뵈는 엑스레이를 이용하여 다양한 작품을 조사하였는데 대다수 작품의 밑그림이 8분할을 한 뒤 시작되었다는 결론을 내렸다. 다른 많은 분할이 있었을 텐데도, 굳이 $\frac{5}{8}$라는 숫자가 종종 등장하는 걸로 봐서, 느뵈가 몇몇 작품을 "황금 분할 리스트"에서 제외시켰어도 이 작품들이 "거의 황금 분할"이라고 주장할 수 있지 않겠는가? 5, 8은 피보나치 수로써 이 비율의 거의 황금 비율과 근사하기 때문이다.

'신비로운' 황금 비율이 몇 세기에 걸쳐 예술영역에 많은 영향을 끼쳤다는 사실은 매우 흥미로운 사실이다. 이것이 의도적으로 쓰였든 직관적으로 쓰였든 말이다. 어찌되었든 서양 문화의 많은 대작들 안에 황금 비율의 개념이 광범위하게 스며들어 있었다는 것만큼은 누구도 부정할 수 없을 것 같다.

---

146) 자주 인용되는 작품으로 Composition with Gray and Light Brown(1918; 텍사스(Texas) 휴스턴(Houston) 파인 아트(Fine Arts) 박물관), Composition with Red Yellow Blue와 더불어 Painting I and Composition with Colored Areas and Gray Lines I(1918)이 있다.

147) 본명은 호세 빅토리아노 곤잘레스 페레즈(Jose Victoriano Gonzalez Perez)로 스위스 화가이자 그래픽 아티스트이다.

148) 독일 화가이자, 그래픽 아티스트, 목판 조각가.

384	79757008057644623350300078764807923712509139103039448418553259155159833079730688
385	1290495498782682332568833813028150124678356721901095525343555121389997818506160385
386	20880655793591285660718346006762293618034481129314900095290838054515765158589 1073
387	33785610781418108986406684137043794864818048348325855348726350193515547009205 1458
388	54666266575009394647125030143806088482852529477640755444017188248031312167794 2531
389	88451877356427503633531714280849883347670577825966610792743538441546859176999 3989
390	14311814393143689828065674442465597183052310730360736623676072668957817134479 36520
391	23157002128786440191418845870550585517819368512957397702950426513111250305217930509
392	37468816521930130019484520313016182700871679243318134326626499182070320186658670 29
393	60625818650716570210903366183566768218691047756275532029576925695182823238837975 38
394	98094635172646700230387886496582950919562726999593666356203424877253143425496645 67
395	158720453823363270441291252680149719138253777475586919838578035057243596666433462105
396	256815088996009970671679139176732670057816501755462864741983775449689110089831266 72
397	415535542819373241112970391856882389196070276511332063127764126022125076754165887 77
398	67235063181538321178464953103361505925388677826679492786974790147181418684
399	10878861746347564528976199228904974484499570547781269909975120274939392
400	17602368064501396646822694539241125077038438330449219188672599289657
401	2848122981084896117579889376814609956153800
402	46083597875350357822621588307387224638 57
403	7456482768619931899842048207553332420 01
404	12064842556154967682104207038292054883
405	19521325324774899581946255245845387303
406	31586167880929867264050462284137442187
407	5110749320570476684599671752998282949 1
408	8269366108663463411004717981412027167 9
409	1338011542923394009560438973441031011 7
410	2164948153789740350660910771582233728 5
411	3502959696713134360221349745023264740 2
412	5667907850502874710882260516605498468 7
413	9170867547216009071103610261628763208 9
414	1483877539771888378198587077823426167 7
415	2400964294493489285308948103986302488 65
416	3884841834265377663507535181809728656 423
417	6285806128758866948816483285796031145 081
418	1017064796302424461232401846760575980 1504
419	1645645409178311156114050175340179094 65857
420	2662710205480735617346452022100755074 809023
421	4308355614659046773460502197440934169 46760008
422	6971065820139782390806954219541689244 27662421 2
423	1127942143479882916426745641698262341 37442250 16

제8장_ 피보나치 수와 음악

인터넷에서 찾을 수 있는 피보나치 수

쇼팽 전주곡

이부분 형식

모차르트 피아노 소나타

베토벤 교향곡 제5번

바그너의 트리스탄과 이졸데 전주곡

바르톡의 현과 타악기와 첼레스타를 위한 음악

좋은 수학, 나쁜 음악

코다

이 장은 스테판 야블론스키Stephan Jablonski 박사가 기고한 글이다. 그는 작곡자이자 뉴욕 시티대학City university의 음악학과 주임교수로 재직 중이다.

인터넷에서 찾을 수 있는 피보나치 수

독자들이 이 책을 읽는 동안 인터넷 검색을 통해 피보나치 수와 음악의 관계에 대해 살펴볼 기회가 있었을지 모르겠다.[149] 몇몇 웹 사이트는 굉장히 흥미로운 이야기를 해주고 있지만, 대부분 혼란을 주거나 딱딱한 정보만을 나열하고 있다. 불행히도 독자가 습득하는 정보 대부분은 의미가 없거나 심지어 부정확하기까지 하다. 아마도 초등학생을 대상으로 피보나치 수와 음악에 관해 아주 쉽게 이해할 수 있게끔 쓴 글이 대부분이라 그럴 것이다. 피보나치 수와 음악사이에는 중

149) 혹자들은 "음악(music)"이라는 단어가 알파벳 순서대로 13번째인 m으로 시작하고, 또 듀이 십진분류법(Dewey Decimal System)에 따르면 음악에 해당하는 분류번호는 780으로, 이것의 소인수 분해는 2·2·3·5·13으로 나타내어지는데, 이것은 모두 피보나치 수다! 라고 우격다짐으로 피보나치 수와의 연관성을 주장하는 글을 본적도 있을 것이다. (멜빌 듀이(Melvil Dewey)에 관해서는 6장의 16번 주석을 참고하라.)

요한 관계가 있는데 아마 이런 글들에서는 일반적으로 다루지 않는 것이 대부분이다. 바이올린이 황금 분할을 적용하여 만든 18세기 이탈리아 악기라는 사실은 맞는 내용이지만, 8음계에 관한 내용은 전적으로 틀린 부분이 많다. 우리가 알고 있는 온음계diatonic scale는 8음계가 아니고, 7개의 음으로 이루어져 있다. 8번째 음은 첫 번째 음의 반복으로서 단지 옥타브만 하나 올라간 것이기 때문이다. 또한 피아노의 검은 건반은 2개와 3개로 나누어져 있어 사뭇 피보나치 수를 연상시키긴 하지만, 사실은 전혀 연관성이 없다.

그 다음 5:3(장6도)이나 8:5(단6도) 등의 듣기 좋은 화음이 피보나치 수와 관련 있다는 것도 사실은 오해다. 음악에는 우리가 듣기 좋은 화음이 매우 많은데, 위에서 언급한 화음들은 그중 거의 몇 안 되는 것들에 불과하다. 독자들 MP3안의 인기좋은 대중가요들의 기초 3화음인 장3도(5:4)나 단3도(6:5)는 어떻게 설명할 것인가? 끝으로 피보나치 수를 적용하여 만든 음의 높낮이pitch나 리듬은 처음 들을 때는 흥미를 자아낼 수 있으나, 두 번째에서는 영 감흥이 없는 것이 사실이다. 이제 피보나치 수가 음악에 미치는 정말 중요한 역할에 대해 논해보고자 한다.

작곡과정의 크게 두 영역에 적용되는 황금 분할의 개념 중 하나는 클라이막스의 위치와 관련되어 있고, 또 하나는 음악의 형태와 연관이 있다. 우선은 클라이막스에 관련된 이야기를 해볼까 한다. 초보자들도 이해하는 개념이므로, 행여 이것을 이해하려고 피아노 레슨까지 받을 필요는 없다.

쇼팽 전주곡Chopin Preludes

19세기 위대한 음악업적 중 하나로 쇼팽Frederic Chopin, 1810-1849의 전주곡 모음집을 들 수 있다. 이 책에는 24개의 빼어난 미니어처miniature가 수록되어 있고, 각각의 곡은 자신만의 독특한 색깔을 가지고 있다. 첫 번째 곡은 쇼팽 혼자 즐긴 흥미로운 게임의 결과이다. 그림 8-1은 오른손 반주의 기본적 맬로디 형태로써 설명을 위해 간략화한 것이다. (마지막 6마디를 제외한) 모든 마디는 두 음으로 이루어져 있으며 온음표whole note는 왼손 반주에 맞추어 연주되고, 반면 검은색 음표balck note는 그렇지 않다. 약 30초정도 연주되는 짧은 음악으로, 멜로디는 솔-라(G-A)음에서 시작되고, 다섯 마디째에는 미-레(E-D)까지 음이 올라가서 세 마디 동안 그 음 상태로 유지되다가 다시 9마디째에 솔-라(G-A)로 내려온다. 여기서부터 음은 점점 더 높게 올라가다 21 마디에서 레-도(D-C)로 정점을 찍는다. 그러다 25마디의 솔-라(G-A)까지 내려간다. 그 다음 미-레(E-D)로 음이 두 번 반복하여 높아지고, 마지막으로 다섯 개의 도(C)와 라-솔(A-G)음을 거쳐 끝맺음을 한다. 이 미니어처miniature의 클라이막스는 정확히 34마디의 황금 분할인 21번째에 등장한다. (기억이 나시는가? 바로 피보나치 수열의 숫자들이다! 또한 34 · .681 ≈ 21이다.)

클라이막스가 정확히 황금 분할의 위치에 등장하는 곡으로 전주곡 제9번 E장조가 있다. 12마디와 48비트로 이루어져 있는 곡이다. 8번째 마디의 시작부분인 29(48 · .681 ≈ 29)번째 비트에서 클라이막스가 일어난다. 이런 규칙을 보이는 곡들이 있는가 하면 이러지 않는 곡들도 있다. 어쨌든 클라이막스가 정확히 어디에 위치해야 한다는 것을 수학적 공식을 써서 정해야 할 의무는 없지만, 여전히 많은 경우에 거의 황금 분할의 비율에 위치해 있다. 대부분의 쇼팽 전주곡들은 황금 비율을 따르지 않는다. 하지만 이럼에도 불구하고 음악적으로는 완벽하다. 분명한 것은 황금 분할 ø의 개념이 음악적으로 훌륭한 작품을 만들어 주지 않는다는 것을 쇼팽은 알았을 것이다.

그림 8-2는 그림 8-1을 도식화 한 것인데, 음들 사이에서 클라이막스의 위치를 보여준다. 악보와 친하지 않은 독자들에게 도움이 될 것 같아 실었다.

그림 8-1 쇼팽 : 전주곡 제 1번 C장조(Prelude No.1 in C major)

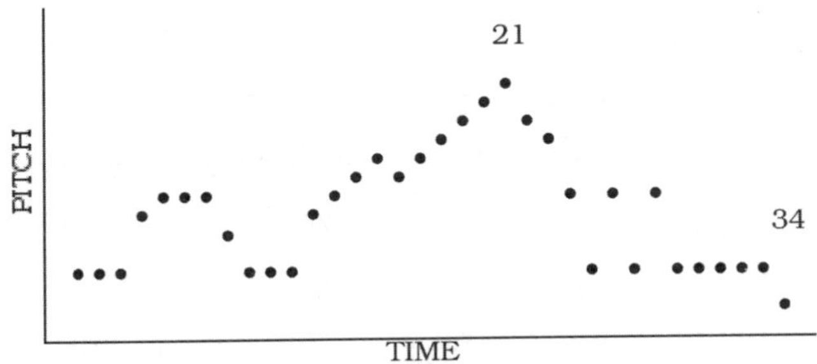

그림 8-2 쇼팽 : 전주곡 제 1번 C장조(Prelude No.1 in C major)

이부분 형식

이제 음악형식에 대해 이야기 해보겠다. 이제부터 할 이야기는 조금 부담이 되지만, 충분히 살펴볼 가치를 담고 있다. 이부분 형식bainary form이란 두 개의 악부로 이루어져 있는 음악 구조를 말한다. 이부분 형식에는 두 가지 종류가 있다. 두 악부가 상대적으로 비슷한 크기를 가지는 균등 이부분 형식equal binary form과 제2악부가 1악부보다 훨씬 방대한 비균등 이부분 형식unequal binary form이 그것이다. 오랫동안 작곡가들은 균등 이부분 형식의 작곡을 선호했다. 두 악부가 서로 모양새 좋게 균형을 맞추고 있기 때문이다. 비균등 이부분 형식을 사용한 작곡에서는 다음과 같은 질문이 떠오른다. 과연 두 악부를 상대적으로 어떻게 나누어야 훌륭한 작품이 될까? 바로 여기서 황금 분할의 개념이 등장한다.

흔히 위대한 작곡가라 하면 떠오르는 것이 뛰어난 영감과 창조력을 가지고, 다락방에 촛불을 켜놓고 홀로 앉아 자신의 뮤즈muse를 발산하고 있는 풍경이다. 이들의 작품 대부분은 굉장히 이성적이고 심사숙고의 과정을 거쳐 탄생한 몽상의 결과이다. 작곡의 과정에서 특별한 무언가를 말해주는 내면의 목소리가 들리는 순간이 있다. 이때 작곡가들은 수 년 간의 훈련과 경험을 바탕으로 체득화된 음악적 기술을 사용하여 잘 '작동하는' 음악을 만들어내게 된다. '작동한다' 라는 뜻은 일반적인 게임 계획단계에서 나오는 개념으로 자기 제한적인 성질을 갖고 있고, 부분 부분이 뒤범벅되어 버리지 않게끔 만드는 것을 말한다. 작곡이 어려운 이유는 순간적인 영감을 얻은 후 작곡을 하는 과정에서 부분 부분 뒤범벅되어 있는 것을 음악적으로 완전한 논리를 유지하게끔 조합해야 하기 때문이다. 중요한 사실은 음악 안에 매끄럽고 연속적인 이야기가 녹아 들어가 청중을 즐겁게 해줄 수 있어야 작곡이다. 작곡가들은 자신의 음악적 기술을 절차탁마하며 실력을 다지는 영리한 사람들이다. 악보를 그려나갈 때(몇몇 작곡가들은 컴퓨터를 사용하여) 음악으로 이야기를 풀어나가기 위해 소리와 묵음의 배합에 상당히 신중한 모습을 보인다. 꽤 자주, 작곡의 과정은 게임과 비슷한 성질을 띤다. 이 음악이라는 게임의 규칙 중 몇몇은 음악의 일반적인 스타일에서 비롯된 것도 있고, 특별한 작품 하나에서만 유일하게 사용되는 규칙들도 있다. 작곡가들은 작곡가 일 뿐아니라 화성학자이기도 하다. (음악을 게임이라 봤을 때) 그들은 종종 게임 플레이어이기도 하다.

모차르트 피아노 소나타

수많은 작곡가들이 행한 흥미로운 게임 중 하나가 음악의 형태를 결정하는데 있어서 황금 분할을 어떻게 연관지을까 하는 것이었다. 볼프강 아마데우스 모차르트Wolfgang Amadeus Mozart, 1756-1791는 숫자에 밝고 모든 종류의 게임을 좋아했으며, 특히 이것들을 음악에 적용하는 것에 관심이 많았다. 피아노 소나타를 작곡할 때 모차르트는 분명히 마음속에 황금 분할의 개념을 잘 사용하여 우아하고, 균형잡힌 작품을 작곡하는 방법에 대한 계획을 가지고 있었을 것이다. 모차르트 시대에는 피아노 독주 소나타는 3개의 악장movement 즉, 3개의 독립된 부분으로 이루어져 있었다. 첫 부분은 기운차고 활력이 넘친다. 두 번째 부분은 느리고 서정적으로 흐른다. 셋째 부분은 3개의 악장 중 가장 빠르며 신나는 결말로 이끈다.

더 논의를 진행시키기 전에 음악 이론이 평생을 진실과 아름다움을 추구하는데 바친 사람들에게는 굉장히 매력적인 학문이라는 것을 주지해주었으면 좋겠다. 왜냐하면 모차르트 음악 같은 작품은 한 번 이해한다 해서 진실과 아름다움이 쉬이 얻어지는 것이 아니기 때문이다. 아주 숙력된 음악 이론가들도 모차르트 소나타와 같은 음악을 연구해서 얻은 결론에 여전히 아쉬움을 표한다. 음악에 대한 완벽한 이해를 목표로 하더라도 항상 부족한 상태에서 결론을 내리게 된다. 음악 이론이라는 것은 물리나 수학에 비견될 정도로 복잡한데다가 심미적 요소도 가지고 있어서 신비한 마력을 가진 영역의 학문인 것 같다. 그런 의미에서 모차르트는 음악인이라기 보단 차라리 마술사처럼 보일 때가 왕왕 있다. 그의 피아노 소나타 첫 번째 악장의 형식을 연구할 때 이런 기분을 느낀다.

18세기 후반의 음악에 결정적인 기여를 한 것 중 하나가 바로 소나타 알레그로sonata-allegro형식이다. 소나타 알레그로라는 명칭은 모든 기악곡의 첫 번째 악장에서 독점적으로 쓰이는 형식이라는 데서 붙여졌는데, 이 기악곡들 모두 소나타의 한 형식으로 간주되기 때문이다.[150] 심포니symphony는 기본적으로 오케스트라orchestra를 위한 소나타이고 현악 4중주string quartet는 2대의 바이올린, 비올라, 첼로를 위한 소나타, 콘체르트concerto는 독주와 오케스트라의 협연을 위한 소나타이다. 소나타는 크게 두 기본 파트로 이루어지고 각각 구조의 첫 파트는 제시부exposition로써 음재료musical materials가 제시되는 부분이다. 이 부분은 반복됨으로써 박자가 너무 빨라 처음에는 거의 듣지 못하고 넘어가버린 부분을 다시 들을 수 있다. 반복이 끝나면 두 번째 파트인 전개부development와 재현부recapitulation로 넘어간다. 전개부는 말그대로 제시부의 음재료들이 변형되고 다져지며, 섞이게 된다. 대개 들썩들썩 흥미가 넘치는 부분이다. 전개부가 진행되며 긴장감이 고조되며 클라이막스로 청중을 이

150) 독주곡을 위한 작곡에는 키보드 연주를 염두에 둔 작곡들이 많고, 대개 3-4개의 독립 악장으로 구성되어 있으며 다양한 키(key), 음계(mood), 템포(tempo)의 변화가 일어난다.

끈다. 분위기가 가라앉을 때면 다시 음악의 첫 부분으로 돌아간다. 이른바 재현부의 시작인 것이다. 이 부분에서 연주자의 날랜 손재주가 가미된다. 그렇지 않으면 청중이 긴밀히 집중할 수 없어서 제시부와의 구별이 안 되고, 제시부의 반복으로밖에 들리지 않기 때문이다. 많은 부분이 변하지만 변화의 정도는 미묘하면서도 알아차리기도 힘들 정도다.

독자들이 굳이 알고 싶지 않은데도 소나타-알레그로 형식에 대해 가르치려 든 것 같다. 하지만 아는게 힘이다. 언젠가 직접 콘서트홀에서 심포니의 소나타 연주를 듣는 기회가 생긴다면, 어떻게 첫 악장이 만들어지는지 평소와는 다른 느낌으로 들을 수 있을 것이다. 앞서 말했듯 첫 악장은 이부분 형식에 위치하게 되는데 두 부분은 같은 크기를 갖지 않아도 상관없다. 이것이 중요한 요소이다. 모차르트와 동시대의 음악인들의 주된 질문도 어떻게 하면 크기가 다른 두 악부가 서로 균형을 이루어낼까 하는 것이었다. 이 질문에 피보나치 수열을 이용한 황금 평균인 $\frac{.6180339}{.3819661}$[151]이 적절한 답을 제공해준다.

바로크 시대Baroque period, 1600-1750의 많은 음악, 특히 무용 대부분은 균등 이부분 형식의 범주 안에 있다. 각 부분이 거의 비슷한 크기를 가지고, 비슷한 음악을 포함하며, 대개 반복구조를 가진다. 이 형식은 고전주의 시대classical period, 1750-1825에 접어들며 우리가 현재 소나타-알레그로라 알고 있는 형식으로 확장이 된다. 이것을 순환 이부분 형식rounded binary form이라 부르는데, 도입부가 두 번째 부의 후반부에서 반복되는 모양새를 갖추고 있기 때문이다. 마치 ‖: A :‖: A^1 A :‖ 이런식이다.

모차르트는 총 18개의 피아노 소나타를 작곡했고 한 곡을 제외하고는 모두 첫 악장에 소나타-알레그로 형식을 도입하였다. (남은 한 개

151) $\frac{1}{\phi} = 0.618033988\ldots$과 $\frac{F_{15}}{F_{17}} = \frac{610}{1597} = 0.3819661865\cdots$ 간의 비율이다.

의 작품에서는 주제와 변주곡theme and variation 형식을 사용했다.) 그림 8-3에서 보듯, 17개 중 6개의 작품(35%)이 정확히 황금 분할에 의해 나뉘어져 있는 것을 알 수 있다. 정확도 란에 'golden' 이라 표기해 놓았다. 또한 8개의 작품(47%)은 황금 비율과 거의 비슷한 비율로 나뉘어져 있고 -3에서 4까지의 숫자로 표시해 놓았다. 이 수치는 황금 분할값과의 변위를 말해준다. 3 작품(18%)은 황금 분할과는 꽤 거리가 있다. 전개부가 6, 8, 12만큼의 변위를 보이며 차이를 내고 있다. 전체적으로 통계적으로 봤을 때 황금 분할이 모차르트의 작품에 쓰였다는 것을 느낄 수 있다.

모차르트 소나타	키	총 마디	제시부	비율	정확도
No. 1, K. 279	C major	100	38	0.38	**golden**
No. 2, K. 280	F major	144	56	0.389	**golden**
No. 3, K. 281	Bb major	109	40	0.367	-2
No. 4, K. 282	Eb major	36	15	0.417	1
No. 5, K. 283	G major	120	53	0.442	8
No. 6, K. 284	D major	127	51	0.402	3
No. 7, K. 309	C major	156	59	0.378	**golden**
No. 8, K. 310	A minor	133	49	0.368	-1
No. 9, K. 311	D major	112	39	0.348	-3
No. 10, K. 330	C major	149	57	0.383	**golden**
No. 11, K. 331	A major	135	55	Theme & Var.	
No. 12, K. 332	F major	229	93	0.406	6
No. 13, K.333	Bb major	170	63	0.371	-1
No. 14, K.457	C minor	185	74	0.4	4
No. 15, K.545	C major	73	28	0.384	**golden**
No. 16, K.570	Bb major	209	79	0.378	**golden**
No. 17, K. 576	D major	160	58	0.363	-2
No. 18, K. 533	F major	240	103	0.429	12

그림 8-3 모차르트 피아노 소나타

정확히 황금 비율을 보이는 6개의 곡 중 하나인 모차르트 소나타 1번(K.279)의 전체 연주 량은 100마디이고 제시부가 38마디에서 끝난다. 이것은 첫 작품으로써 모차르트의 다분한 의도가 담겨 있는 것이 누가봐도 명백해 보인다. 다음과 같은 구성이다.

18세기 후반의 음악에 대해 조예가 있는 독자들은 하이든Franz Joseph Haydn, 1732-1809은 자신의 피아노 소나타에 황금 분할을 적용하였는지 여부

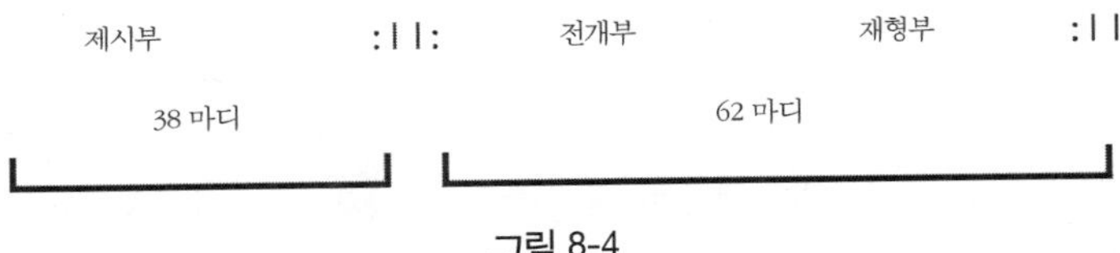

그림 8-4

가 궁금할 것이다. 어쨌든 하이든 역시 고전주의 시대의 거장 중 하나이므로 그의 소나타 알레그로 형식에 대해서 살펴보는 것도 흥미로운 일일 것이다. 하이든은 모차르트에 비해 그리 ø를 고수하지는 않았다. 앞서 살펴본 모차르트의 소나타의 개수와 똑같은 하이든의 작품을 임의의 선택하여 분석한 결과 단지 18퍼센트$\left(\frac{3}{17}\right)$의 작품만 황금분할을 따르고, 53퍼센트$\left(\frac{9}{17}\right)$는 거의 황금 분할과 큰 차이를 보이지 않으며, 29퍼센트$\left(\frac{5}{17}\right)$는 거리가 멀어졌다. 사실 해석하기 나름이긴 하다.

그렇다면 모차르트가 하이든보다 좋은 음악가일까? 통계적 분석에서 타당한 결론을 얻어낼 수 있는 것인가? 모차르트 악장의 평균 비율

하이든 소나타	키	총 마디	제시부	비율	정확도
No. 14, 1767	E major	84	30	0.357	-2
No. 15, 1767	D major	110	36	0.327	-6
No. 16, 1767	Bb major	116	38	0.327	-6
No. 17, 1767	D major	103	42	0.408	2
No. 19, 1773	C major	150	57	0.38	**golden**
No. 21, 1773	F major	127	46	0.362	-3
No. 25, 1776	G major	143	57	0.399	2
No. 26, 1776	Eb major	141	52	0.369	-2
No. 27, 1776	F major	90	31	0.344	-4
No. 31, 1778	D major	195	69	0.353	-6
No. 32, 1778	E minor	127	45	0.354	-4
No. 33, 1780	C major	172	68	0.395	2
No. 34, 1780	C# minor	100	33	0.33	-5
No. 35, 1780	D major	103	40	0.388	**golden**
No. 42, 1786	G minor	77	30	0.39	**golden**
No. 43, 1786	Ab major	112	38	0.339	-5
No. 49, 1793	Eb major	116	43	0.371	-1

그림 8-5 하이든의 피아노 소나타

은 $\frac{.389}{.611}$ 이고 하이든의 작품은 $\frac{.364}{.636}$ 이다. 하지만 모차르트 음악에서 겹세로줄의 위치는 —3에서 +12의 위치를 보이는 반면, 하이든의 작품에서는 단지 —6에서 2의 변위차밖에 보이질 않는다. 이러한 데이터를 다른 방법으로도 분석하여 결론을 얻을 수도 있다. 하지만 이러한 숫자들이 음악의 품격을 대변하기는 무리가 있어 보인다. 독자들에게 제안을 하나 할까 한다 : 앞서 언급한 두 거장의 34개의 작품을 쌍으로 들어보는 것이다. 모차르트의 작품을 감상하고 뒤이어 하이든의 작품을 듣는 식으로 말이다. 그리고 어떠한지 살펴보라. 물론 테스트가 끝난뒤에도 처음처럼 아무것도 못 느낄 독자들고 있을 것이겠지만, 이 기회에 그래도 최소한 많은 클래식을 섭렵했다는 생각에 뿌듯하지는 않을까?

베토벤 교향곡 제5번

교향곡 제5번의 첫 악장 시작 다섯 마디는 아마 클래식 음악에서 가장 유명한 멜로디일 것이다. 베토벤 애호가들도 이 작품이 서구 고전 음악에 끼친 특별하고 혁신적인 영향력을 잘 모르고 있다. 이 작품에 대해 다각도의 분석이 이루어졌으며 많은 이들에 의해 책이 발표되기도 하였다. 독자가 읽고 있는 이 책은 피보나치 수열에 관한 것이

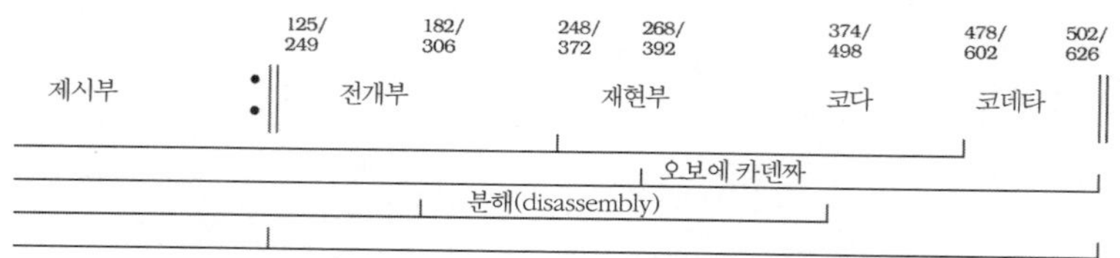

그림 8-6 베토벤 교향곡 제 5번, 첫 악장

므로 이 부분에 초점을 맞추어 설명을 해보도록 하겠다.(사실 쉽지 않을 수도 있다.)

베토벤 교향곡에 감탄하기 앞서, 이 음악이 모차르트와 하이든의 소나타와 다른 형태의 악장으로 이루어져 있음을 이해할 필요가 있다. 베토벤Ludwig van Beethoven, 1770-1827은 오스트리아 헝가리 음악 문화의 두 기둥인 모차르트와 하이든에 뒤이어 태어난 음악가로서 낭만주의 시대를 대표하는 가장 혁명적이고 영향력있는 작곡가이다. 놀라운 사실은 제시부, 전개부 그리고 재현부가 모두 같은 크기로써 이 세 부분에서는 황금 분할이 쓰이지 않았다는 점이다. 첫째 악장에서 결론에 이르는 대신, 재현부가 뜸들이지 않고 바로 코다coda[152]로 진입하는데, 코다는 제2의 전개부 형식을 취하기도 한다. 이는 그보다 앞선 작곡가들은 생각지 못한 것이었다. 또한 코다에 코데타codetta, 결미부를 덧붙임으로써 중요하고도 전례가 없던 다섯 번째 부분을 삽입하였다. 이 부분은 마치 배보다 배꼽이 더 큰 것처럼 충분히 크다! 즉, 4개의 부분이 아닌 5개의 부분으로 이루어진, 124에서 128마디의 음악이 탄생하는데, 이것은 소나타 알레그로 형식의 새로운 형태이다.

그림 8-6에서 보듯 새로운 형식의 확장된 소나타 알레그로 형식은 세 개의 황금 분할을 포함하고 이것들은 의도적으로 새로운 원리를 적용한 결과다. 첫째로, 재현부에 들어가기까지의 마디수는 코데타 부분을 제외한 전체의 황금 분할이다. 코데타를 제외하고 악보가 602마디의 길이를 가지고, 602 · .618≈372이다. 딱 들어맞지 않은가! 나머지 증거들도 원하는 결과를 뒷받침하고 있다. 수학적으로 정확히는 아니지만 음악적으로는 충분한 증거들이다.

---

152) 코다(coda)는 작곡 말미부에 붙여지는 것으로 만족스러운 끝맺음을 하기 위해 도입되는 부분이다.

제시부가 한 번 더 반복되고 나서 총 마디수(마디로는 124 · 2 = 248이다)는 거의 전체 악장$\left(\frac{248}{626} \approx .396\right)$의 황금 분할이 된다. 제시부 끝에 두 마디(123-24번째 마디)만 없었어도 그 비율$\left(\frac{244}{626} \approx .389\right)$은 더 정확해진다. 오차를 좀 더 허용한다면, 이것 역시 증거가 된다.

작곡 과정에서 굉장히 특별한 의미를 붙힐만한 지점이 두 곳 있다. 첫째는 전개부에서 발생하는데 4음표 모티프(곡 전체 혹은 부분을 통일시키는 요소로 나타나는 짧은 음절)가 2음표로 분리되고, 하나의 음표로 분리되기 시작한다. 306번째 마디에서 어느 정도 음의 손상없이 4음표 모티프의 분리가 일어난다. 이 마디는 재현부가 끝나는 498마디와 황금 분할이 된다.$\left(\frac{306}{498} \approx .614\right)$ 전체 교향곡에서 가장 고무적인 부분은 바로 재현부에 속해 있는 392마디다. 오보에를 제외한 전체 오케스트라의 연주가 멈춘다.(제시부에서도 비슷한 부분에서 모든 연주가 멈춘다.) 카덴짜$_{\text{cadenza}}$(협주곡에서 독주 연주자의 기량을 마음껏 발휘할 수 있도록 마련한 악곡의 한 부분이다. 모든 오케스트라가 연주를 멈추고 독주 연주자 혼자 연주하는 부분) 부분에서 오보에 독주가 이뤄지는 것은 전례가 없었고, 소나타-알레그로 형식에 익숙한 분위기에 신선한 충격을 주었다.

오보에 독주는 전체 악장(626 · .618 = 386마디)의 황금 분할 지점에서 단지 6마디밖에 떨어지지 않은 부분에서 시작한다.

"우와, 아깝다. 조금만 더 정확했으면." 독자들은 이렇게 생각할지 모른다. 그렇다. 베토벤이 카덴짜를 황금 분할의 부분에 배치시켰는지 여부는 우리 모두 알지 못한다. 하지만 감질날 정도로 가깝다. 아마도 작곡이 한창일 때, 마디의 가감이 일어나 우리가 지금 접하는 악보가 탄생한 것일 수도 있다. 끊임없이 자신의 음악을 편곡하는 것이

베토벤의 평상시 연습이었고, 거의 악보가 판독할 수 없는 수준에 이르러서야 편곡을 끝내고 복사 및 발행을 하였으니 말이다.

바그너의 트리스탄과 이졸데 전주곡

1850년대 후반, 바그너Richard Wagner, 1813-1883는 비극적인 사랑을 소재로 한 신화적 성격의 오페라를 쓰며 음악 작곡예술 분야의 큰 도약을 위한 계획을 세우고 있었다. 오늘날 음악 이론가들은 아직까지 이 혁명적인 작품의 구성에 대해 왈가왈부하고 있다. 하지만, 우리는 다른 주제에 대해서는 논하지 말고, 이 대작의 서막을 여는 전주곡을 중심으로 ø를 얻어볼 것이다.

바그너 역시 모차르트처럼 음악이라는 게임을 좋아하는 작곡가였다. 바그너가 게임을 좋아한다는 특이한 증거는 아마도 트리스탄Tristan 전주곡에서 중요한 키key와 관련하여 의도적으로 황금 분할을 사용하였다는 점이다. 키key란 음계scale 즉, 음note의 집합으로써 음악을 이루는 중요한 요소이다. 예를 들어 C장조C major는 C, D, E, F, G, A, B, C의 음으로 이루어진 음계이다. 피아노를 처음 배우는 아이들이 C장조 음계를 좋아하는 이유는 흰 건반으로만 이루어져 연주하기 쉬운 까닭이다. C장조의 음악은 이 안에 속해 있는 음을 사용하여 이루어지는데 마치 벽돌을 쌓아 건물을 짓는 것과 흡사하다. 악보의 시작부분에는 조표key signature라 불리는 것이 있다. 플랫(♭)이나 샵(#)을 표시해 둔 것으로 작곡자가 다음 음부터 일일이 플랫이나 샵 표시를 하지 않아도 되도록 약속해 놓는 기호이다. 즉, 간편화를 위한 음악 기호이다. 예를 들어 보표staff(음의 높고 낮음을 적는데 쓰이는 다섯줄과 음자리표)의 F선에 샵(#)이 그려져 있다면, 연주자는 F제자리(흰건반)가 아닌 F

샵(검은건반)을 치라는 뜻이다.

1850년대 당시 유럽 지식인들은 황금 분할의 개념에 익숙해져 있었다. 이즈음에 황금 분할이 다시 유행하기 시작한 때문이다. 바그너는 분명 황금 분할에 대해 알고 있었지만, 이 원리를 음악에 도입한다는 사실은 쉬쉬했을 것이다. 여느 작곡가처럼 자신 역시 음악의 마법을 청중들에게 말하길 꺼려했다. 음악 전문가들이 자신들의 악보를 가져다 면멸히 조사하여 숨어 있는 비밀코드를 파헤칠 수도 있다는 생각이 작곡가들 사이에는 있었다. 최근까지만해도 대부분의 바그너음악 전문가들은 황금 분할이 그의 작품에 적용되었는지 발견할 수 없었다. 140년 동안이나 베일이 벗겨지지 않았던 것이다.

전주곡 악보를 검토한 결과 매우 이상한 사실이 발견되었다. 조표에는 플랫이나 샵이 없다. 즉, 사용하는 음계가 C장조나 A 단조라는 의미다. 이 작품의 경우에는 A 단조이다. 43마디에서는 A장조 키가 아님에도 불구하고 조표가 A장조(샵 3개)로 바뀐다. 71마디에서는 다시 조표가 A 단조로 바뀐다. 놀라운 것은 이 아름다운 음악이 어떤 고정된 음조에 맞는 것이 아니라, 음조 변경이 빈번하게 일어난다는 사실이다. 왜 바그너는 이 작품에서 두 번의 조표를 애써 바꾸려 했을까? 조표를 쓰지 않고 키의 심한 변동이 일어나 보이고, 악구(음악 주제가 비교적 완성된 두 소절에서 네 소절 정도까지의 구분)의 중간에서 두 번의 변화가 발생한다. 이 현상을 차트로 표시하면 다음과 같다.

|--- 42마디 --- || --- 28마디 --- || --- 41마디 ---|

그림 8-7

친숙한가? 수학적으로 접근해볼 수 있겠는가? 70마디 끝에 오는 겹세로줄은 111마디를 거의 황금 분할과 비한 값$\left(\frac{70}{111} = .\overline{630}\right)$으로 나누고, 42마디 끝에 오는 겹세로줄은 처음 70마디를 거의 비슷한 비율$\left(\frac{42}{70} = .6\right)$로 나눈다. 이 음악을 키의 구조로 구성하는 많은 매력적인 방법 중 유일한 방법이다. 음악 도처에서 황금 분할의 적용사례가 발견된다. 그림 8-8의 다이어그램을 보자.

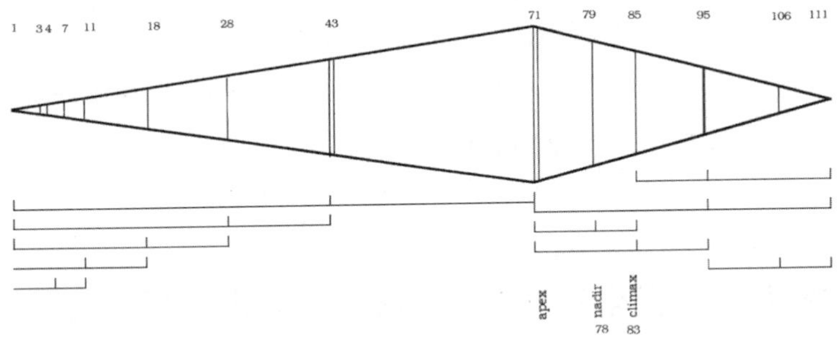

그림 8-8 바그너 : 트리스탄과 이졸데의 전주곡

독자들은 대부분 바그너의 반음계주의chromaticism나 중심음tonal center 변경에 관한 학자가 아니므로 위 그림에서 보이는 구분들에 대해 많은 의미를 부여하지 말고, 그냥 화성에 관련된 분류라고 쉽게 생각해도 무방하다. 그러나 확실한 것은 이 작품의 구조에 직결되는 중요한 구분점들이라는 것이다. 바그너의 의도가 보인다. 이 작품에 클라이막스는 어디있을까? 황금 분할 부분(68마디)이 아니고, 83마디에서 나타난다. 총 음악의 4분의 3지점 정도되는 곳이다. 기존음악들에 비해 훨씬 늦게 나타나고 있다.

다음의 사실들은 별난 음악가들이나, 따지기 좋아하는 수학자들에만 국한 되는 이야기다. 111마디 길이의 황금 분할 값은 68마디(111 · .618≈68.6)이다. 질문은 이렇다 : 바그너가 황금 분할 부분에 뭔가 특별한 메시지를 담아놓았을까? 답은 : 그렇다이다. 바그너는 70마디가 끝나고 겹세로줄을 그어놓았다. 68-69마디가 중요한 것이 63마디에서 시작한 A단조(E^9)의 딸림음이 끝나는 마지막 지점이다. 그리고 이 마지막 딸림음dominants[153]은 윗으뜸음supertonic B ø 뒤에 나온다. 이것이 이 작품에 등장하는 으뜸tonic[154]음 키(Am)에서의 ii-V 프로그레션ii-V progression이다! 69-71마디는 처음의 조표로 돌아갈 뿐아니라 E^9에서 C장조의 딸림음인 G^9로 넘어간다는 점에서 중요한 마디이다. 또한 정점으로 치닫는 부분이기도 하다. 이 부분은 처음 부분의 음정인 A-F 다이애드dyad[155]가 병행하여 되돌아가 멜로디나 베이스 라인 안에 스며드는 유일한 부분이기도 하다.

바르톡의 현과 타악기와 첼레스타를 위한 음악

하나의 주제가 각 성부 혹은 각 악기에 의해 정기적으로 규율적인 모방반복이 되면서 특정한 조성 법칙하에 이루어지는 악곡

1936년 바르톡Bela Bartok, 1881-1945이 챔버 오케스트라를 위한 음악을 하나 작곡해줄 것을 파울자허Paul Sacher, 1906-1999에게 의뢰받았을 때, 지휘자에게 뭔가 특별한 것을 선물해주기로 마음먹었다. 그가 만든 작품은 20세기 중대한 음악업적 중 하나인 현과 타악기와 첼레스타를 위한 음악Music for Strings, Percussion, and Celesta이었다. 합주에서 목관악기와 금관악기의 연주가 빠진 작품이다. 고로 이 작품에서 들을 수 있는 소리는 현악기 소리와 다양한 타악기 : 사이드 드럼side drum, 스네어 드럼snare drum, 심벌

153) 딸림음(dominants)는 어떤 음계의 5번째 음 또는, 그 음위에 쌓은 화음을 말한다.

154) 으뜸음(tonic)은 어떤 음계의 첫 번째 음을 말한다.

155) 다이애드(dyad)는(연속적으로, 또는 동시에 연주는) 두 음표를 말한다. 또한 인터벌(interval)이라고도 한다. 다이애드를 이루는 두 음이 주요 음일 때, 소리가 더 좋게 들린다.

즈cymbals, 탬탬tam-tam, 베이스 드럼bass drum, 팀파니tympani, 실로폰xylophone, 첼레스타celesta, 하프, 피아노 등의 소리이다. 이전에는 쓰이지 않았던 이 악기들은 이 작품 이후부터 등장한다. 소리가 굉장히 독특한 악기들이다. 이것이 바르톡의 업적이다.

음악은 크게 4악장으로 이루어져 있고, 첫 악장은 푸가fugue이다. 학교 음악 시간에 배운 것을 많이 잊어버렸을 독자들이 있을 것이므로 잠깐 복습해보면, 푸가fugue는 대위법(2개 이상의 멜로디가 동시에 등장)으로써 푸가의 주제(멜로디)에 대한 독주로 음악이 전개된다. 이 과정이 끝나면(단 몇 음 후나, 긴 멜로디 이후 어디서라도 상관없다) 또 다른 소리(악기)가 다른 음역대(더 높거나 낮은)로 앞부분을 모방한다. 이때 푸가의 주제가 또 다른 소리로 연주되는 것이고, 처음소리에 연속적으로 이 다른 소리가 동반된다. 푸가 대부분은 서너개의 음색을 가지고 있으며, 이들 각각의 소리로 제시부Exposition라 불리는 오프닝 파트에서 주제를 제시한다. 각각의 소리가 주제를 제시하고, 이 서너 개의 상대 소리가 어우러져 전개부development로 넘어간다. 전개부에서는 어떠한 것도 가능하다. 하나 이상의 음색이 도치되어 주제를 표현한다. 주제표현의 리듬이 변하거나, 잘게 잘려 음악 속에 녹아든다. 주제 제시에 있어서도 많은 오버래핑이 일어나는데, 이것을 스트레토stretto, 긴박하게라 부른다. 반드시 어떠한 형식을 따라야 한다라는 법칙이 없고, 작곡가의 상상력이나 창조성에 달려있다. 푸가는 바로크 시대에 크게 유행하였고, 바흐Gohann Sebastian Bach, 1685-1750는 의심할 여지없는 푸가의 거장이었다. 바흐 이후의 작곡가들은 이 복잡한 대위법 양식의 푸가에 손을 대기 시작하였지만, 19세기와 20세기에는 상대적으로 드물게 나타나고, 21세기인 지금까지도 많이 볼 수 없다. 푸가는 수평, 수직으로 동시에 맞아야 하는 마치 십자퍼즐과 같은 것이어서 쉬운 작업이 아니다.

바흐로부터 2세기 후, 바르톡은 그의 음악의 첫 악장에서 굉장한 푸가를 선보인다. 기존의 아이디어에 새로운 옷을 입혔다. 이른바 20세기의 슈퍼푸가super fugue다. 가장 놀랄만한 것은 푸가의 주제를 제시하는데 있어 A음(라)부터 시작하여 반음계chromatic scale(한 옥타브안의 모든 검은 건반, 흰 건반)의 모든 12음을 다 사용했다는 점이다. 클라이막스는 56번째 마디에 12번째 음(E 플랫)에서 일어나고, 이는 거의 황금분할$\left(\frac{56}{88} = .\overline{63}\right)$이다. 이 지점에서부터 곡의 끝까지 모든 12음이 다시 거꾸로 연주되며 A(라)로 끝맺음을 한다.

그림 8-9에서 주제의 엔트런스(푸가에서 어떤 성부聲部가 주제를 노래하기 시작하는 것)와 음의 높낮이 사이의 관계를 표시하고 있다. 첫 번째 주제제시는 A음에서 시작하고 두 번째는 5도 높은 E음에서 시작한다. 세 번째 엔트런스는 A보다 5도 낮은 D에서 시작하고, 이어서 E보다 5도높은 B음에서 시작하는 엔트런스가 따른다. 5도라는 패턴이 56마디까지 이어지고, 56마디에서는 모든 현악기가 E 플랫을 협주한다. 여기서부터 끝에 이르기까지 이것이 거꾸로 도치되서 진행된다.

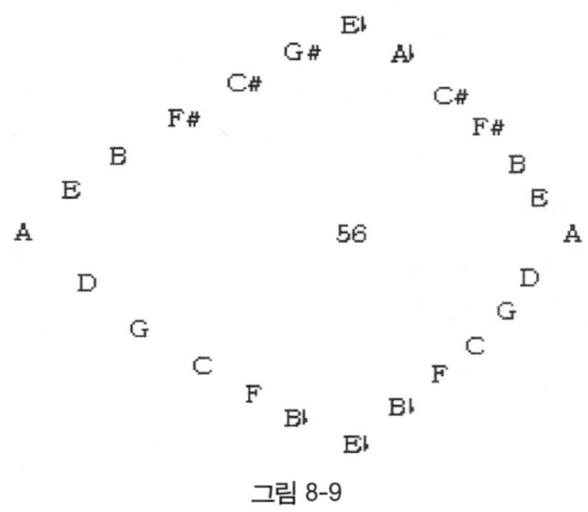

그림 8-9

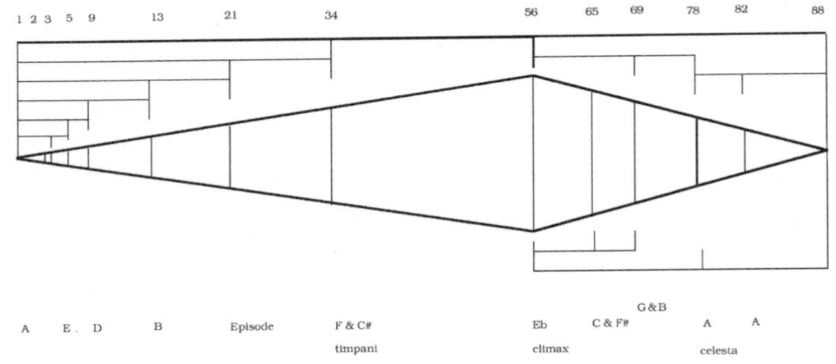

그림 8-10 바르톡 : 현과 타악기와 첼레스타를 위한 음악

독자들이 볼 때 그림 8-10은 그림 8-8과 이상하리만치 닮았다. 주된 차이점은 클라이막스의 위치인데, 바르톡은 77년전 사람인 바그너보다 더 전통주의자적인 성향이 강했다. 그림 8-10의 다이어그램은 황금 분할과 그것이 이 새로운 색깔을 지닌 음악의 주제 제시나 엔트런스와 어떤 연관이 있는지를 보여준다. 음의 높낮이를 제어하는 기법이나 황금 분할의 사용법을 봤을 때, 이 음악 작곡은 생각하기 힘들 정도로 복잡한 게임이었음이 명백하다. 이 음악의 악보에는 다른 종류의 게임들도 발견할 수 있으나, 이것을 설명하기에는 독자들의 음악에 대한 지식이나 참을성이 요구되므로 여기까지가 적당한 것 같다. 한 숟가락만 더 맛보자. 푸가의 주제는 작은 악구 4개로 이루어져 있고 각각은 원 음악의 미니어쳐 버전으로 오르내린다. 마지막 악구는 제1바이올린으로 연주된 2번째 악구가 제2바이올린에 의해 전위되어 연주됨을 들을 수 있다. 이렇게 동시적이고, 거울상 형태를 띤 음악 형식(A- E 플랫 - A)를 앞의 다이어그램에서 확인할 수 있다.

좋은 수학, 나쁜 음악

20세기 현대음악이 그리 좋은 반응을 얻지 못하는 이유는 아마도 많은 작곡가들이 작곡과정에서 숫자 관련된 게임에 푹 빠져있기 때문이 아닐까 한다. 모든 작곡자들이 작업을 하며 자기 자신과 마인드 게임을 하고 있는 것은 사실이지만, 피에르 불레즈Pierre Boulez, 1925년 생나 밀턴 배빗Milton Babbitt, 1916년 생을 포함한 세대의 음악 전문가들은 대개 사람은 감정의 동물이지 계산기가 아니라는 사실(성스러운 가슴이지 성스러운 뇌가 아니라는 것)을 더 이상 보지 못하는 것 같다. 이 시기에 너무 많은 작품들이 계산을 바탕으로 탄생하였지만 청중을 감동시키는 색조나, 무드, 열정, 음악적 이야기는 전혀 담겨 있지 않다.

아놀드 쉰베르그Arnold Schonberg, 1874-1951는 12음기법twelve-tone method, 1924년 창시을 적용하여 그의 음악적 파노라마를 19세기 낭만주의 사조에 듬뿍 스며들게 하였다. 그는 항상 낭만주의자였다. 온음계 시스템을 대신한 방법으로 사람들에게 익숙치 않았던 음악을 만들어낸 재기를 가지고 있었다. 그의 음악은 구시대적인 미적 가치관에 새로운 기술을 접목한 것이다. 이를 현 시대에 맞게 새로운 음 선택 기법note-picking system을 도입한 이가 바로 그의 제자였던 안톤 폰 베버른Anton von Webern, 1883-1945이었다. 오랫동안 베버른의 음악을 연주했던 사람들도 그 역시 낭만주의 사조를 따르고 있다는 것을 몰랐고, 이런 무지에서 비롯된 연주는 무미건조할 수밖에 없었다. 베버른은 쉰베르그에 비해 더 낭만주의적 성향을 감추어왔다. 그의 음악은 구성이 간결했는데, 연주는 마치 브람스Johannes Brahms, 1833-1897나 구스타프 말러Gustav Mahler , 1860-1911의 음악을 연주하는 방식 즉, 아주 적은 음으로 이루어진 음악이라는 것에 초점을 맞추어 연주하는 방식을 따를 수밖에 없었다.

낭만주의에 기초한 베버른의 음악 세계를 이해 못한 많은 젊은 작곡가들이 그를 추종하였고,우리도 수학적이고 구조적인 음악 창조를 할 수 있다, 또 잘 될 것이다라고 믿었다. 그런데 그러지 못했다.

수십 년 간 우리 가운데 신선한 음악을 찾아다니는 이들은 머리로 느끼기에 현란해 마지않는 콘서트를 너무 많이 접하였지만, 마음으로는 감흥을 거의 받지 못하였다. 매일 매일 시시 각각 엄청난 양의 음악적 데이터들이 아무런 의미를 주지 못하고 지나쳐 버린다. 이러한 음악에서 결핍된 것이 바로 겸손modesty이다. 모차르트는 그 누구보다 더 많은 음악활동을 하면서 조예가 깊은 전문가들에게만 느껴질 수 있을 정도만 계산을 사용하였다. 이 계산도 청중의 감성을 흔드는 서정적인 선율에 가려진다. 그의 음악은 우리가 홀로 즐기게 해주기도 하지만 한 번 그의 마법같은 능력에 호기심이 생기면, 어떻게 한 것이지 하며 한평생 이해하려고 애쓰게 된다.

음악은 감성에서 감성으로, 그리고 지성에서 지성으로의 커뮤니케이션이다. UNIVAC[156]과는 달리 인간이 어떤 존재인지 의미를 전달해주는 역할을 담당해야 한다. 작곡의 가장 어려운 부분은 감성과 지성의 균형을 맞추는 데 있다. 균형의 추가 기울어지면 자칫 아주 무의미한 결과를 초래하게 된다. 반면 미니멀리스트minimalist 작곡가 톰 존슨Tom Johnson, 1939년 생은 작곡과정에 있어서 수학적 계산 과정을 도입하여 미심쩍은 결과들을 도출해낸 음악가이다. 20세기 많은 예술 영역에서 휴머니즘 기피하는 예술인들이 등장하였는데, 그들의 예술 행위에는 감정이라는 개념을 없다. 다음의 글에서 존슨이 인간적 요소를 부정했다는 사실을 알 수 있다.

나는 종종 내 음악활동은 과거 낭만주의와 표현주의 음악에 대한 반

156) 유니박(UNIVAC)은 상용 자동 컴퓨터(UNIVersal Automatic Computer) 앞글자를 조합해 지어진 이름이다. 유니박(UNIVAC)은 1960년대를 통틀어 8대 컴퓨터 회사 중 하나였다.

작용임을 설명하려 한다. 좀 더 객관적인 것, 내 감정이 표출되지 않는 것, 청중의 마음을 가지고 장난치지 않는 것, 외적인 시각으로 바라보는 것을 추구하고 있다. 때때로 내가 미니멀리스트가 된 이유, 음악적 재료들을 최소로 사용하고 싶어하는 이유는 그럼으로써 멋대로 자기를 표현하는 실수를 최대한 줄이는 것이 나에게 도움이 되기 때문이라고 설명한다. 나는 가끔 이렇게 말하기도 하는데, "나는 음악을 찾길 원하는 것이지, 작곡을 원하는 것은 아니다."[157]

그의 이러한 철학은 존 케이지John Cage, 1912-1992에 의해 발전된 사상과 비슷하다. 존 케이지는 그 영향력이 컸던 사색가로서 그의 음악은 청중들로부터 전혀 호응을 받지 못했다. 존슨의 음악을 들어본 사람은 그가 얼마나 극명하게 미니멀주의를 선택하였는지를 느낄수 있다. 나라야나의 소Narayana's Cow라는 작품은 피보나치 수열을 사용하여 피치(음의 높낮이)를 생성하는 기법으로 작곡을 했지만 널리 호응을 얻지 못했다. 그의 음악이 인간의 감성을 자극하지 못하는 것에 실망하고 떠난 청중도 많았다. 청중들은 음악을 들으며 마치 야채 스낵을 먹는 것과 같은 느낌을 받았을 것이다. 처음에는 재기 넘치는 소리의 배열에 즐거워 하다가 한 한시간 정도 지나면 더 깊은 뭔가를 찾게 되는 것이다.

좋은 수학이 좋은 음악을 만드는 것은 아닌 것 같다.

코다Coda

여기까지 읽은 독자들은 열의가 넘치고 확고한 배움의 신념이 있는

157) http://www.ChronicleoftheNonPopRevolution,Kalvos.org/johness4.html

분들이다. 이 책은 원래 수학에 관한 내용을 담는 취지인데, 어쩌다보니 너무 음악이론의 세계로 빠지게 한 것 같다. 지금까지 황금 분할이 음악에 중요한 역할을 하였다는 것을 알았지만, 아직 남은 이야기가 있다. 이 장 첫 머리에서 밝혔다시피 피보나치 수와 바이올린의 관계를 살짝 언급한 것이 기억나는가? 아래의 바이올린의 사진을 보면 이 것의 비율이 ø와 관련이 있음을 알 수 있다. 장 안토니오 스트라디바리우스Antonio Stradivarius, 1644-1737는 가장 뛰어난 바이올린 명인인데 그가 만든 바이올린이 현재까지도 표준이 되고 있다. 바이올린의 비례나 부품들, 조립에 관한 것들이 세계의 바이올린 제조자들에게 연구되고 모방되어, 자유로운 소리가 가능하고, 콘서트홀 구석구석까지 소리가 퍼지는 악기를 만들고자 했다. 그의 이름이 붙은 바이올린이 가끔 시장에 나올 때, 그 가격은 몇백만 달러를 호가한다. 스타라디바리우스 바이올린을 사기엔 조금 돈이 모자르지만 수제 바이올린을 제작하고 싶다면 피보나치 비율로써 제작할 수 있다. 아래 조립설명서가 있으니 부디 좋은 바이올린을 만들길!

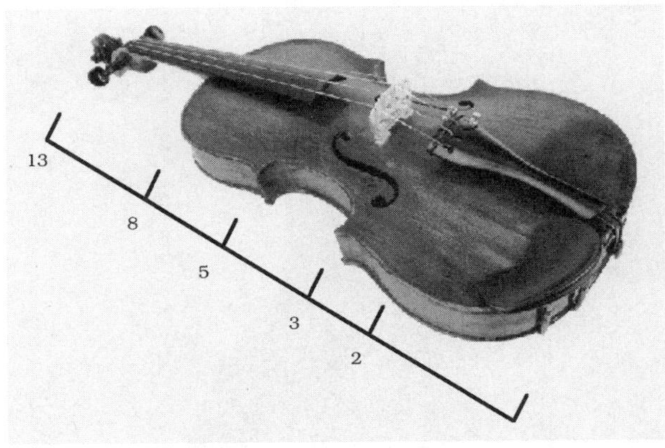

그림 8-11

385	129049549878268233256883381302815012467835672190109552534355121389997818506160385
386	208806557935912856607183460067622936180344811293149000952908380545157651585891073
387	337856107814181089864066841370437948648180483483258553487263501935155470092051458
388	546662665750093946471250301438060884828525294776407554440171882480313121677942531
389	884518773564275036335317142808498833476705778259666107927435384415468591769993989
390	1431181439314368982806567444246559718305231073036073662367607266895781713447936520
391	2315700212878644019141884587055058551781936851295739770295042651311250305217930509
392	3746881652193013001948452031301618270087167924331813432662649918207032018665867029
393	6062581865071657021090336618356676821869104775627553202957692569518282323883797538
394	9809463517264670023038788649658295091956272699959366635620342487725314342549664567
395	15872045382336327044129125268014971913825377475586919838578035057243596666433462105
396	25681508899600997067167913917673267005781650175546286474198377544968911008983126672
397	41553554281937324111297039185688238919607027651133206312776412602212507675416588777
398	67235063181538321178464953103361505925388677826679492786974790147181418684
399	108788617463475645289761992289049744844995705477812699099751202749393
400	17602368064501396646822694539241125077038438330449219188672599289657
401	284812298108489611757988937681460995615380
402	46083597875350357822621588307387224638
403	745648276861993189984204820755333242001
404	120648425561549676821042070382920548838
405	195213253247748995819462552458453873030
406	315861678809298672640504622841374421870
407	511074932057047668459967175299828294910
408	826936610866346341100471798141202716790
409	133801154292339400956043897344103101170
410	216494815378974035066091077158223372850
411	350295969671313436022134974502326474020
412	566790785050287471088226051660549846870
413	917086754721600907110361026162876320890
414	148387753977188837819858707782342616770
415	240096429449348928530894810398630248865
416	388484183426537766350753518180972865642
417	628580612875886694881648328579603114508
418	101706479630242446123240184676057598015040
419	164564540917831115611405017534017909465857
420	266271020548073561734645202210075507480902
421	430835561465904677346050219744093416946760
422	697106582013978239080695421954168924427662
423	112794214347988291642674564169826234137442250

제9장_ 비네의 공식

피보나치수열의 특정한 항에 위치한 수에 대해서 연구할 때 지금까지는 원시적으로 첫 항부터 일일이 계산해보는 방법을 썼다. 10번째 피보나치 수를 구하고자 한다면, 1항부터 10항까지수를 일일이 적어서, 10번째 수를 찾곤 하였다. 즉, 1, 1, 2, 3, 5, 8, 13, 21, 34, 55처럼 쭉 나열하여 55라는 10번째 수를 찾은 것이다. 그런데 이러한 방법은 '50번째 피보나치 수를 찾아라' 하는 질문에는 사용하기 다소 번잡스러운 방법이다. 독자들이 부록 A에 제시한 피보나치 수 목록을 참고하지 않는다면 50번째 피보나치 수를 찾는 과정은 그리 간단한 일이 아닐 것이다.

그런데 프랑스 수학자 자크 필립 마리 비네Jacques-Philippe-Marie Binet, 1786-1856는 특정한 피보나치 수를 첫째 항부터 일일이 써 볼 필요 없이 직접 구할 수 있는 공식을 발견하였다. 이 공식을 유도할 때 필요한 각각의 단계를 이해하기 위해 우선 기본적인 대수학 지식을 소개할 것이다. 또한 이 공식의 유도는 다소 복잡하다. 따라서 이 공식을 유도하는 과정이 어떠한 의미를 가지고 있는지 이해할 필요가 있다. 따라서 간단하고 우리에게 친숙한 제곱수square number 수열과 그에 관련된 점화식에 대해서 우선 어떻게 다루어지는지 연구하고, 이 아이디어를 피보나치

그림 9-1 자크 필립 마리 비네

수와 그 점화식에 적용할 것이다.

피보나치수열의 점화식은 $F_1 = 1$, $F_2 = 1$이고 $F_{n+2} = F_{n+1} + F_n$을 만족한다. 특정한 피보나치 수를 찾을 때 바로 전에 오는 두 개의 피보나치 수만 알면 위 점화식을 사용하여 구할 수 있는 것이다.

자, 이제 6번째 제곱수를 찾아보자. (제곱수란 1, 4, 9, 16, 25, 36, 49, 64, 81 등등의 수이다.) 간단히 36이라는 결과를 얻을 수 있다. 만일 118번째 제곱수를 찾으라는 질문에는 $118 \cdot 118 = 13{,}924$라는 답을 말할 수 있을 것이다. 이것이 바로 제곱수의 정의이다. 그렇다면 제곱수 수열이 만족하는 점화식은 무엇일까?

S_n을 n번째 제곱수라 하면 $S_1 = 1$을 만족한다. 나중에 자세히 보겠지만 제곱수 점화식은 $S_{n+1} = S_n + (2n+1)$을 만족한다. 이를 이용하여 다음을 얻는다.[158)]

158) $S_0 = 0$이라 정의해도 무방하다. 0 역시 완전제곱수이다.

$$S_1 = S_0+(2\cdot 0+1) = 0+1 = 1$$
$$S_2 = S_1+(2\cdot 1+1) = 1+3 = 4$$
$$S_3 = S_2+(2\cdot 2+1) = 4+5 = 9$$
$$S_4 = S_3+(2\cdot 3+1) = 9+7 = 16$$
$$S_5 = S_4+(2\cdot 4+1) = 16+9 = 25$$

즉, 어떤 특정한 제곱수를 얻기 위해서 바로 전의 제곱수에 이 제곱수가 위치한 항의 2배 더하기 1을 해주면 된다. 물론 독자들 중 이렇게 제곱수를 구하는 분들은 없을 것이다. 직접 제곱하면 금방 답이 나오니 말이다. 그러나 우리의 지금 목적은 제곱수 수열을 의미하는 점화식을 찾아내는 데 있으니 쉬운 것을 복잡하게 썼다 하더라도 조금 참아보자.

위의 사실로부터 1부터 시작하는 연속된 홀수의 합은 반드시 제곱수가 됨을 알 수 있다. 또 이로부터 제곱수열이 만족하는 점화식을 얻을 수 있다.

임의의 자연수 n에 대해서, $1+3+5+\cdots+(2n-1)+(2n+1) = (n+1)^2$이고 $(n+1)^2 = n^2+(2n+1)$이므로 앞에서 본 점화식이 만족함을 알 수 있다.

이 사실은 수학적 귀납법이라는 방법으로 쉽게 증명할 수도 있지만, 다음과 같이 기하학적으로 따져 볼 수도 있다.(그림 9-2)

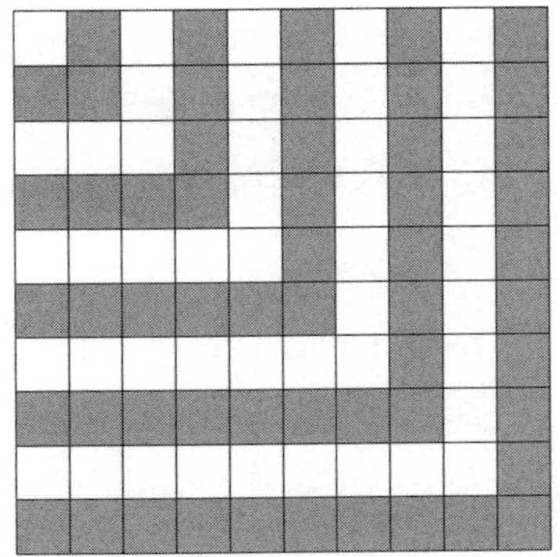

1 = 1
4 = 1 + 3
9 = 1 + 3 + 5
16 = 1 + 3 + 5 + 7
25 = 1 + 3 + 5 + 7 + 9
36 = 1 + 3 + 5 + 7 + 9 + 11
49 = 1 + 3 + 5 + 7 + 9 + 11 + 13
64 = 1 + 3 + 5 + 7 + 9 + 11 + 13 + 15
81 = 1 + 3 + 5 + 7 + 9 + 11 + 13 + 15 + 17
100 = 1 + 3 + 5 + 7 + 9 + 11 + 13 + 15 + 17 + 19

그림 9-2

이제 제곱수의 정의와 제곱수열(명확한 정의)이 만족하는 점화식에 대해 살펴보았다. 지금까지 이 책에서 피보나치 수는 점화식을 통해서만 드러났다. 이 장에서 드디어 자크 필립 마리 비네[159]라는 인물이 소개되는데, 바로 피보나치 수의 공식을 발견한 수학자이다. 수학분야에서 어떤 공식에 수학자 이름이 붙는 경우가 있는데 과연 그 수학자가 실제로 공식을 처음 발견했는지 여부는 종종 논쟁거리가 되곤 한다. 요즈음에도 수학자가 새로운 아이디어를 발견했다고 주장하더라도, 대개의 경우 그 사람의 공으로 돌리지 않는다. 학계의 입장은 종종 이렇다 : "독창적인 아이디어긴 하지만 이전에 누군가 이런 생각으로 연구를 하지 않았겠어?" 비네 공식의 경우도 그렇다. 비네가 이 공식을 발표했을 당시에는 학계가 모두 받아들였지만, 다음과 같은 주장들도 있었다. 드 무아브르Abraham de Moivre, 1777-1754가 1718년 이미 알고 있는 사실이었다, 니콜라스 베르누이Nicolaus Bernoulli I, 1687-1759도 1728년 발견한 사실이다, 또 사촌 다니엘 베르누이Daniel Bernoulli, 1700-1782[160]도 비네 이

---

159) "Memoire sure l'integration des equations lineaires aux diffeences finies d'um ordre quelconque, a coefficients variables," Comptes rendus de l'academie des sciences de Paris, vol. 17, 1843, p.563

전에 이미 이 공식을 알고 있었던 것이다, 등등 말이다. 오일러Leonhard Euler, 1707-1783 역시 이미 1765년에 이 사실을 알고 있었다는 설도 있다. 이러한 주장을 다 떠나서, 어쨌든 이 공식은 현재 비네의 공식Binet formula으로 알려져 있다.

천천히 비네의 연구 결과를 따라가 보자. 황금 비율 $\left(\frac{1}{x} = \frac{x}{x+1}\right)$에서부터 방정식 $x^2 - x - 1 = 0$이 얻어지고, 두 근은 $\varnothing$와 $-\frac{1}{\varnothing}$이다. 여기서 $\varnothing = \frac{\sqrt{5}+1}{2}$인 황금 비율이고, 따라서 $\frac{1}{\varnothing} = \frac{2}{\sqrt{5}+1} = \frac{\sqrt{5}-1}{2}$이다. 두 수의 합과 차를 각각 계산해보면,

$$\varnothing + \frac{1}{\varnothing} = \frac{\sqrt{5}+1}{2} + \frac{\sqrt{5}-1}{2} = \sqrt{5},\ \varnothing - \frac{1}{\varnothing} = \frac{\sqrt{5}+1}{2} - \frac{\sqrt{5}-1}{2} = 1$$

이다.

다음 단계로 $\varnothing$, $\frac{1}{\varnothing}$ 두 수의 거듭제곱의 합과 차를 각각 구하면 그림 9-3과 같다.

160) 베르누이(Bernoulli)가는 수학자 집안(3세대에 걸쳐 8명의 수학자 배출)으로 유명한 가문이지만, 그들 사이의 관계는 소원했다.

n	합		차	
1	$ø+\frac{1}{ø}$	$=\mathbf{1}\sqrt{5}$	$ø-\frac{1}{ø}$	$=1$
2	$ø^2+\frac{1}{ø^2}$	$=3$	$ø^2-\frac{1}{ø^2}$	$=\mathbf{1}\sqrt{5}$
3	$ø^3+\frac{1}{ø^3}$	$=\mathbf{2}\sqrt{5}$	$ø^3-\frac{1}{ø^3}$	$=4$
4	$ø^4+\frac{1}{ø^4}$	$=7$	$ø^4-\frac{1}{ø^4}$	$=\mathbf{3}\sqrt{5}$
5	$ø^5+\frac{1}{ø^5}$	$=\mathbf{5}\sqrt{5}$	$ø^5-\frac{1}{ø^5}$	$=11$
6	$ø^6+\frac{1}{ø^6}$	$=18$	$ø^6-\frac{1}{ø^6}$	$=\mathbf{8}\sqrt{5}$
7	$ø^7+\frac{1}{ø^7}$	$=\mathbf{13}\sqrt{5}$	$ø^7-\frac{1}{ø^7}$	$=29$
8	$ø^8+\frac{1}{ø^8}$	$=47$	$ø^8-\frac{1}{ø^8}$	$=\mathbf{21}\sqrt{5}$
9	$ø^9+\frac{1}{ø^9}$	$=\mathbf{34}\sqrt{5}$	$ø^9-\frac{1}{ø^9}$	$=76$
10	$ø^{10}+\frac{1}{ø^{10}}$	$=123$	$ø^{10}-\frac{1}{ø^{10}}$	$=\mathbf{55}\sqrt{5}$

그림 9-3

그림 9-3에서 나타나는 수들을 다시 피보나치 수(F_n)와 루카스 수(L_n)을 사용하여 표현하면 그림 9-4와 같은 결과를 얻는다.

n	합		차	
1	$\varnothing + \frac{1}{\varnothing}$	$= \mathbf{1}\sqrt{5} = F_1\sqrt{5}$	$\varnothing - \frac{1}{\varnothing}$	$= 1 = L_1$
2	$\varnothing^2 + \frac{1}{\varnothing^2}$	$= 3 = L_2$	$\varnothing^2 - \frac{1}{\varnothing^2}$	$= \mathbf{1}\sqrt{5} = F_2\sqrt{5}$
3	$\varnothing^3 + \frac{1}{\varnothing^3}$	$= \mathbf{2}\sqrt{5} = F_3\sqrt{5}$	$\varnothing^3 - \frac{1}{\varnothing^3}$	$= 4 = L_3$
4	$\varnothing^4 + \frac{1}{\varnothing^4}$	$= 7 = L_4$	$\varnothing^4 - \frac{1}{\varnothing^4}$	$= \mathbf{3}\sqrt{5} = F_4\sqrt{5}$
5	$\varnothing^5 + \frac{1}{\varnothing^5}$	$= \mathbf{5}\sqrt{5} = F_5\sqrt{5}$	$\varnothing^5 - \frac{1}{\varnothing^5}$	$= 11 = L_5$
6	$\varnothing^6 + \frac{1}{\varnothing^6}$	$= 18 = L_6$	$\varnothing^6 - \frac{1}{\varnothing^6}$	$= \mathbf{8}\sqrt{5} = F_6\sqrt{5}$
7	$\varnothing^7 + \frac{1}{\varnothing^7}$	$= \mathbf{13}\sqrt{5} = F_7\sqrt{5}$	$\varnothing^7 - \frac{1}{\varnothing^7}$	$= 29 = L_7$
8	$\varnothing^8 + \frac{1}{\varnothing^8}$	$= 47 = L_8$	$\varnothing^8 - \frac{1}{\varnothing^8}$	$= \mathbf{21}\sqrt{5} = F_8\sqrt{5}$
9	$\varnothing^9 + \frac{1}{\varnothing^9}$	$= \mathbf{34}\sqrt{5} = F_9\sqrt{5}$	$\varnothing^9 - \frac{1}{\varnothing^9}$	$= 76 = L_9$
10	$\varnothing^{10} + \frac{1}{\varnothing^{10}}$	$= 123 = L_{10}$	$\varnothing^{10} - \frac{1}{\varnothing^{10}}$	$= \mathbf{55}\sqrt{5} = F_{10}\sqrt{5}$

그림 9-4

피보나치 수에 초점을 맞추어 관찰하면 $\varnothing = \frac{\sqrt{5}+1}{2}$와 $\frac{1}{\varnothing} = \frac{\sqrt{5}-1}{2}$의 거듭제곱의 합과 차의 계수에서 한 칸씩 건너서 피보나치 수가 등장하고 있다. 즉 차이에서는 짝수 거듭제곱의 결과에서 피보나치 수가 나타나고, 합에서는 홀수 거듭제곱의 결과에서 나타난다. 이러한 현상을 조정하기 위해 -1의 거듭제곱을 도입하자. 즉, -1을 홀수번 거듭제곱하면 음수이고, 짝수번 거듭제곱하면 양수라는 사실을 이용한다. 그러면 다음과 같이 조정된 식으로 표현 가능하다.

$$\varnothing^n - (-1)^n \frac{1}{\varnothing^n} = \varnothing^n - \left(-\frac{1}{\varnothing}\right)^n$$

그림 9-4에서 보듯이 모든 피보나치 수에 $\sqrt{5}$가 곱해져 있는 것이

각각의 결과이므로 피보나치 수만을 얻기 위해서 위의 식을 $\sqrt{5}$로 나누어 주면 되겠다. 따라서

$$F_n = \frac{1}{\sqrt{5}}\left[\varnothing^n - \left(-\frac{1}{\varnothing}\right)^n\right]$$

이 과정을 그림 9-5로 나타내었다.

n	$\varnothing^n - \left(-\frac{1}{\varnothing}\right)^n$		$\frac{1}{\sqrt{5}}\left[\varnothing^n - \left(-\frac{1}{\varnothing}\right)^n\right]$	$= F_n$
1	$\varnothing - \left(-\frac{1}{\varnothing}\right)$	$= 1\sqrt{5}$	$\frac{1}{\sqrt{5}}\left[\varnothing - \left(-\frac{1}{\varnothing}\right)\right]$	$= 1$
2	$\varnothing^2 - \left(-\frac{1}{\varnothing}\right)^2$	$= 1\sqrt{5}$	$\frac{1}{\sqrt{5}}\left[\varnothing^2 - \left(-\frac{1}{\varnothing}\right)^2\right]$	$= 1$
3	$\varnothing^3 - \left(-\frac{1}{\varnothing}\right)^3$	$= 2\sqrt{5}$	$\frac{1}{\sqrt{5}}\left[\varnothing^3 - \left(-\frac{1}{\varnothing}\right)^3\right]$	$= 2$
4	$\varnothing^4 - \left(-\frac{1}{\varnothing}\right)^4$	$= 3\sqrt{5}$	$\frac{1}{\sqrt{5}}\left[\varnothing^4 - \left(-\frac{1}{\varnothing}\right)^4\right]$	$= 3$
5	$\varnothing^5 - \left(-\frac{1}{\varnothing}\right)^5$	$= 5\sqrt{5}$	$\frac{1}{\sqrt{5}}\left[\varnothing^5 - \left(-\frac{1}{\varnothing}\right)^5\right]$	$= 5$
6	$\varnothing^6 - \left(-\frac{1}{\varnothing}\right)^6$	$= 8\sqrt{5}$	$\frac{1}{\sqrt{5}}\left[\varnothing^6 - \left(-\frac{1}{\varnothing}\right)^6\right]$	$= 8$
7	$\varnothing^7 - \left(-\frac{1}{\varnothing}\right)^7$	$= 13\sqrt{5}$	$\frac{1}{\sqrt{5}}\left[\varnothing^7 - \left(-\frac{1}{\varnothing}\right)^7\right]$	$= 13$
8	$\varnothing^8 - \left(-\frac{1}{\varnothing}\right)^8$	$= 21\sqrt{5}$	$\frac{1}{\sqrt{5}}\left[\varnothing^8 - \left(-\frac{1}{\varnothing}\right)^8\right]$	$= 21$
9	$\varnothing^9 - \left(-\frac{1}{\varnothing}\right)^9$	$= 34\sqrt{5}$	$\frac{1}{\sqrt{5}}\left[\varnothing^9 - \left(-\frac{1}{\varnothing}\right)^9\right]$	$= 34$
10	$\varnothing^{10} - \left(-\frac{1}{\varnothing}\right)^{10}$	$= 55\sqrt{5}$	$\frac{1}{\sqrt{5}}\left[\varnothing^{10} - \left(-\frac{1}{\varnothing}\right)^{10}\right]$	$= 55$

그림 9-5

이 공식을 검증하려면 이미 알고 있는 점화식 $F_{n+2} = F_{n+1} + F_n$에 직접

대입하여 옳은지 확인해보면 될 것이다. 비네 공식을 증명하려면 수학적 귀납법이라는 테크닉이 필요하다. (부록 B에 증명을 실었다.)

공식의 자리에 직접 숫자를 대입하면 다음과 같은 실수가 포함된 공식 얻는다.

$$F_n = \frac{1}{\sqrt{5}}\left[\varnothing^n - \left(-\frac{1}{\varnothing}\right)^n\right] = \frac{1}{\sqrt{5}}\left[\left(\frac{\sqrt{5}+1}{2}\right)^n - \left(-\frac{1}{\frac{\sqrt{5}+1}{2}}\right)^n\right]$$

$$= \frac{1}{\sqrt{5}}\left[\left(\frac{1+\sqrt{5}}{2}\right)^n - \left(\frac{1-\sqrt{5}}{2}\right)^n\right]$$

이제 이 공식을 사용하여 특정한 피보나치 수 하나를 찾아보자. 이 방법으로 찾을 수 없는 큰 수 즉, 점화식을 써서 일일이 나열하여 구하기 벅찬, 예를 들어 128번째 피보나치수를 찾아보자. 비네의 공식에 간단히 $n = 128$을 대입하면,

$$F_{128} = \frac{1}{\sqrt{5}}\left[\varnothing^{128} - \left(-\frac{1}{\varnothing}\right)^{128}\right] = \frac{1}{\sqrt{5}}\left[\left(\frac{1+\sqrt{5}}{2}\right)^{128} - \left(\frac{1-\sqrt{5}}{2}\right)^{128}\right]$$

$$= 251,728,825,683,549,488,150,424,261$$

(독자들은 부록 A의 표를 참고하여 이 수가 맞는지 확인해보아도 된다.)

따라서 F_n의 일반항은 비네의 공식

$$F_n = \frac{1}{\sqrt{5}}\left[\varnothing^n - \left(-\frac{1}{\varnothing}\right)^n\right] = \frac{1}{\sqrt{5}}\left[\left(\frac{1+\sqrt{5}}{2}\right)^n - \left(\frac{1-\sqrt{5}}{2}\right)^n\right]$$

을 이용하여 구할 수 있다.

잠깐 여유를 가지고 이 아름다운 공식을 보라. 임의의 피보나치 수 F_n을 구하는데, 공식에서 등장하는 무리수 $\sqrt{5}$가 계산 과정에서 사라지고, 자연수인 피보나치 수가 나온다. 비네의 공식은 피보나치 수와 황금 비율 $\varnothing$을 이어주는 연결고리인 셈이다.

이쯤에서 비네의 공식이 실제적으로 계산에 쓰일 수 있는지 의아해하는 독자들이 있을 수도 있겠다. 계산의 양이 방대하기 때문에 좀 더 큰 피보나치 수들을 찾기 위해서는 컴퓨터를 사용해야 하는 것이 정답이다. 비네의 공식으로 인해 피보나치 수를 구하는 방법을 두 가지 알게 되었다. 하나는 공식이고 다른 하나는 점화식이다. 마치 앞서 제곱수열에서 살펴보았던 것과 같다.

루카스 수에 관한 비네의 공식

찾고자 하는 루카스 수를 일일이 점화식에 의해 나열하지 않고 찾는 공식도 위와 유사하다. 그림 9-4를 참고하여 피보나치 수에 대해 했던 과정을 루카스 수에 초점을 맞추면 루카스 수에 관한 비네의 공식을 얻을 수 있다. 그림 9-4에서 n이 홀수일 때 $\varnothing^n - \frac{1}{\varnothing^n}$에서 루카스 수가 나타나고, n이 짝수일 때에는 $\varnothing^n + \frac{1}{\varnothing^n}$에서 나타난다. 이것을 (앞에서 했던 과정을 이용하여) 수학적으로 나타내면 다음과 같다.

$$L_n = \varnothing^n + (-1)^n \frac{1}{\varnothing^n}$$

즉, 모든 $n \in \mathrm{N}$[161]에 대하여

161) 이것은 n이 임의의 자연수라는 뜻이다. 여기서는 n이 0일 때도 성립한다.

$$L_n = \varnothing^n + (-1)^n \left(\frac{1}{\varnothing}\right)^n = \varnothing^n + \left(-\frac{1}{\varnothing}\right)^n = \left(\frac{1+\sqrt{5}}{2}\right)^n + \left(\frac{1-\sqrt{5}}{2}\right)^n$$

이다.

몇 가지 n을 예로 들어 , 이 공식이 맞는지를 확인해보자. 하나의 홀수와 하나의 짝수일 때의 예를 들어보자.

$n=3$일 때,

$$L_3 = \varnothing^3 + (-1)^3 \frac{1}{\varnothing^3}$$

$$= \varnothing^3 + \left(-\frac{1}{\varnothing}\right)^3$$

$$= \varnothing^3 - \frac{1}{\varnothing^3} = 4$$

(자세한 계산은 그림 9-4를 참고하면 된다.)

$n=6$일 때,

$$L_6 = \varnothing^6 + (-1)^6 \frac{1}{\varnothing^6}$$

$$= \varnothing^6 + \frac{1}{\varnothing^6} = 18$$

n이 작아서 계산이 단순해 보인다면 조금더 큰 루카스 수 L_{11}을 비네의 공식을 이용해서 구하자.

$$L_{11} = \varnothing^{11} + (-1)^{11} \left(\frac{1}{\varnothing}\right)^{11} = \varnothing^{11} - \frac{1}{\varnothing^{11}}$$

$$= \left(\frac{\sqrt{5}+1}{2}\right)^{11} - \left(\frac{\sqrt{5}-1}{2}\right)^{11} = \frac{89\sqrt{5}+199}{2} - \frac{89\sqrt{5}-199}{2}$$

$$= 199$$

따라서 루카스 수열을 일일이 나열해볼 필요없이 (이 과정은 정말 끔찍한 작업이다) 바로 공식에 의해 임의의 루카스 수를 구할 수 있다. 따라서 피보나치 수와 더불어 루카스 수를 구하는 데도 이처럼 비네의 공식을 쓸 수 있다.

특정한 피보나치 수는 어떻게 구할까?

독자가 25번째 피보나치 수를 알고 있다고 하자. 이때 바로 다음 피보나치 수인 26번째 항을 어떻게 알 수 있을까? 물론 24번째 수를 모른다는 전제하에서 말이다. 비네의 공식을 쓸 수도 있지만, 여기서는 더 간단한 다른 방법을 제시하려 한다. 연속된 두 피보나치 수의 비율은 거의 황금 비율 $\phi \approx 1.618$과 같다는 것을 이용한다. 즉,

$$\frac{F_{26}}{F_{25}} \approx 1.61803399$$

따라서 $F_{26} \approx 1.61803399 \cdot F_{25}$이고 반올림하여 답을 유추할 수 있다. 즉, 26번째 피보나치 수는 25번째 수에 1.61803399를 곱하여 반올림한 값이 75,025 · 1.61803399≈121,393.0001이므로 반올림하면 121,393이므로 이것이 답이라는 결론을 낼 수 있다. 이 방법은 바로 전 항의 피보나치 수 하나만 알고 있을 때 사용 가능한 방법으로, 첫 번째 항을 제외한 모든 피보나치 수의 값 $F_n(n>1)$을 구할 수 있다.

피보나치 수를 구하는 또 다른 방법

피보나치 수를 구하는 방법은 앞에서 살펴본 몇 가지가 있다. 만일 컴퓨터나 계산기를 가지고 있다면, 다음의 또 다른 방법이 있다. 천 번째 피보나치 수 F_{1000}을 구한다고 생각해보자. 정의에 입각하여 계산기를 사용한다 하더라도 너무 방대한 작업이다. 즉, $F_0 = 0$; $F_1 = 1$과 점화식 $F_n = F_{n-1} + F_{n-2}(n>1)$을 사용한다면, F_{1000}앞에 오는 999개의 숫자를 모두 구하는 수고를 해야 할 것이다. 보다 효율적인 방법이 없을까?

다음의 두 관계식[162)]을 생각해보자.

$$F_{2n-1} = F_{n-1}^2 + F_n^2,\ F_{2n} = F_n(2F_{n-1} + F_n)$$

이 두 관계식을 사용하면 F_{2n}과 F_{2n-1}을 계산할 때는 단지 F_n, F_{n-1}의 값만 필요하다는 사실을 알 수 있다. 아래는 F_{1000}을 구하는 알고리즘이다.

F_{1000}을 계산하기 위해 : F_{500}과 F_{499}를 찾아야 한다.
F_{500}와 F_{499}를 계산하기 위해 : F_{250}과 F_{249}를 찾아야 한다.
F_{250}와 F_{249}를 계산하기 위해 : F_{124}와 F_{125}을 찾아야 한다.
F_{124}와 F_{125}를 계산하기 위해 : F_{61}, F_{62}, F_{63}을 찾아야 한다.
F_{61}, F_{62}, F_{63}을 계산하기 위해 : F_{30}, F_{31}, F_{32}를 찾아야 한다.
F_{30}, F_{31}, F_{32}을 계산하기 위해 : F_{14}, F_{15}, F_{16}을 찾아야 한다.
F_{14}, F_{15}, F_{16}을 계산하기 위해 : F_6, F_7, F_8을 찾아야 한다.
F_6, F_7, F_8을 계산하기 위해 : F_2, F_3, F_4를 찾아야 한다.

---

162) 첫 번째 관계식 1장 9번 항목에 있다. 두 번째 관계식은 처음 접하지만, 참인 명제이다. 증명은 부록 B에 있다.

F_2, F_3, F_4을 계산하기 위해 : F_0, F_1, F_2를 찾아야 한다.
$F_1 = F_2 = 1$이고 $F_0 = 0$이다.

물론 22개의 피보나치 수를 계산해야 하지만, 999개의 수를 모두 계산하는 것보다는 작업량이 훨씬 적지 않은가!

피보나치 수 테스트

반대의 상황을 생각해보자. 하나의 수가 주어져 있고, 이 수가 피보나치 수인지 아닌지를 알고 싶다. 피보나치 수 여부를 가리는 흥미로운 테스트가 있어 소개할까 한다. 다음과 같다.

n이 피보나치 수일 (필요)충분조건은 $5n^2+4$
또는 $5n^2-4$가 완전 제곱수인 것이다.[163)]

증명은 생략하기로 한다. 우선 $n=5$인 경우를 예로 들어보면 $5 \cdot 5^2 - 4 = 125 - 4 = 121$이므로 완전제곱수 11^2이다. 따라서 5는 위의 테스트를 통과하므로 피보나치 수이다. 실제로 $F_5 = 5$이다. $n=8$인 경우 $5 \cdot 8^2 + 4 = 320 + 4 = 324$이므로 완전제곱수 18^2이다. 따라서 8 역시 테스트를 통과했고, 피보나치 수가 된다. 실제로 $F_6 = 8$이다. 그렇다면 4는 피보나치 수가 아니므로 위의 테스트를 통과하지 않아야 된다. 즉, $5n^2 \pm 4$가 완전제곱수가 아니어야 되는데 $n=4$일 때, $5 \cdot 4^2 + 4 = 84$이고 $5 \cdot 4^2 - 4 = 76$이므로 둘 다 완전제곱수가 아니다. 몇 가지 다

163) 이 명제의 뜻은 다음과 같다. 만일 $5n^2+4$ 또는 $5n^2-4$이 완전제곱수면 n은 피보나치 수이다. 그리고 역으로 만일, n이 피보나치 수라면 $5n^2+4$나 $5n^2-4$은 완전제곱수이다.

른 예를 통하여 정말로 이 테스트가 맞는지를 확인해보라.

앞 장까지 피보나치 수를 특정한 점화식을 가지고 연구를 했지만, 이 장에서 피보나치 수 각각을 직접 계산할 수 있는 공식을 알았다. 독자 여러분들은 이제 관심있는 피보나치 수를 찾을 수 있고, 또 주어진 수가 실제로 피보나치 수인지 아닌지 여부를 판가름하는 테스트도 할 수 있을 것이다.

384 79757008057644623350300078764807923712509139103039448418553259155159833079730688
385 129049549878268233256883381302815012467835672190109552534355121389997818506160385
386 208806557935912856607183460067622936180344811293149000952908380545157651585891073
387 337856107814181089864066841370437948648180483483258553487263501935155470092051458
388 546662665750093946471250301438060884828525294776407554440171882480313121677942531
389 884518773564275036335317142808498833476705778259666107927435384415468591769993989
390 1431181439314368982806567444246559718305231073036073662367607266895781713447936520
391 2315700212878644019141884587055058551781936851295739770295042651311250305217930509
392 3746881652193013001948452031301618270087167924331813432662649918207032018665867029
393 6062581865071657021090336618356676821869104775627553202957692569518282323883797538
394 9809463517264670023038788649658295091956272699959366635620342487725314342549664567
395 15872045382336327044129125268014971913825377475586919838578035057243596666433462105
396 25681508899600997067167913917673267005781650175546286474198377544968911008983126672
397 41553554281937324111297039185688238919607027651133206312776412602212507675416588777
398 6723506318153832117846495310336150592538867782667949278697479014718141868439
399 1087886174634756452897619922890497448449957054778126990997512027493939
400 1760236806450139664682269453924112507703843833044921918867259928965
401 2848122981084896117579889376814609956153800
402 460835978753503578226215883073872246385
403 745648276861993189984204820755333242001
404 1206484255615496768210420703829205488
405 1952132532477489958194625524584538730
406 3158616788092986726405046228413744218
407 5110749320570476684599671752998282949
408 8269366108663463411004717981412027167
409 1338011542923394009560438973441031011
410 2164948153789740350660910771582233728
411 3502959696713134360221349745023264740
412 5667907850502874710882260516605498468
413 9170867547216009071103610261628763208
414 1483877539771888378198587077823426167
415 2400964294493489285308948103986302488
416 3884841834265377663507535181809728656
417 6285806128758866948816483285796031145
418 1017064796302424461232401846760575980
419 1645645409178311156114050175340179094
420 2662710205480735617346452022100755074
421 4308355614659046773460502197440934169
422 6971065820139782390806954219541689244
423 11279421434798829164267456416982623413

제10장_ 피보나치 수와 프랙탈

이 내용은 센트럴 미시간 대학Central Michigan University에 재직중인 수학교수 애나 루시아 디아스Ana Lucia B.Dias 박사가 집필해주셨다.

독자들은 기하학 하면 어떤 것들이 떠오르는가? 최근 개정된 수학 교육과정을 배우고 있는 어린 독자가 아니라면 아마 직선, 원, 정사각형 내지 직사각형 정도를 배운 기억이 떠오를 것이다. 정확히 말하자면 고대 그리스 수학자 유클리드가 정립한 도형들과 관계식을 배우는 것인데, 이 역사는 2000년이 더 되었다. 소위 유클리드 기하학이라고 불리는 이 학문에서는 점, 선, 면과 원, 다각형(이것들을 기하학적 도형geometrical figure라 부른다)에 대해서 다룬다. 독자들은 자전거 바퀴에서 원을 발견하거나, 이 책을 읽고 있는 책상에서 직사각형을 본다. 결국 사람들에 의해 인위적으로 만들어진 물체들에서 이런 기하학적 도형들을 찾을 수 있는 것이다. 그렇다면 자연현상에서 부드러운 곡면이나, 직선, 곡선들은 얼마나 자주 발견되는가?

자연현상에서 발견되는 것들은 종종 불규칙적이다. 이것들은 보통 매끈하지 않고, 그 표면이나 가장자리가 들쭉날쭉한 경우가 많다. 예를 들어 가구점에 진열된 나무 탁자에서는 매끄러운 분위기가 나지만, 야생의 나무 껍질이나 침엽수의 가시들, 또는 솔방울은 거친 느낌이 난다. 아니면 우리나라의 들쭉날쭉한 해안선을 생각해보라. 원(중심에서부터 거리가 일정한 점들의 자취)과 같은 부드러운 곡선과 대조된다. 따라서 유클리드 기하학이 인간의 창조물을 관찰하는 데는 유용하지만, 자연의 물체나 자연 현상을 분석하기에는 부족한 점이 없지 않다.

19세기 말에 줄리아Gaston Julia, 1893-1978, 파투Pierre Fatou, 1878-1929, 칸토르Georg Cantor, 1845-1918와 같은 수학자들은 자연현상을 잘 반영하는 곡선을 연구하였다. 그때 당시 학자들은 이러한 기하학이 기이하고, 병리학적이라 여겨 깊게 연구하진 않았지만, 현재는 수학자든 비수학자든 프랙탈 기하학이 주는 아름다움에 큰 관심을 갖고 있다. 그림 10-1은 컴퓨터를 사용하여 만든 프랙탈 이미지이다.

수학자 만델브로Benoit Mandelbrot 1924년 생는 1980년 컴퓨터를 이용하여 줄

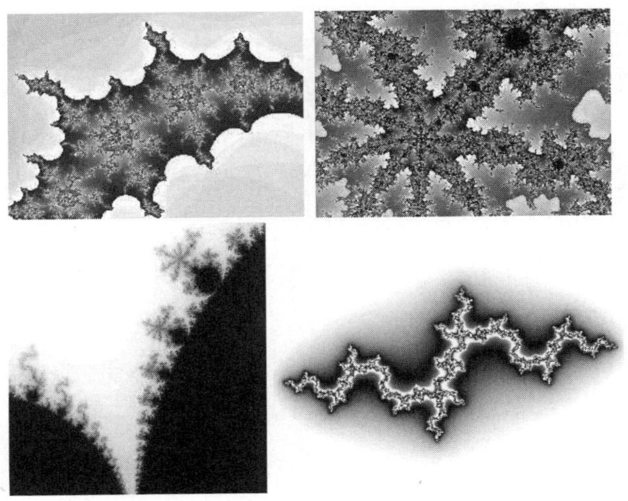

그림 10-1 프랙탈 이미지

그림 10-2

리아가 제시한 도형을 얻었는데, 이는 기괴하다기 보단 아름답다. 그는 이 도형의 들쭉날쭉한 생김새와 반복되는 패턴이 자연현상에서 자주 발견된다는 것을 밝혔다.(그림 10-2) 이 도형을 라틴어 fractus(깨짐, 부서짐이라는 뜻)를 어원으로 하는 프랙탈fractal이라 정의하였다.

그림 10-2에서 왼쪽의 그림들은 실제 자연현상의 사진들이고, 오른쪽은 프랙탈 모델이다.

피보나치 수가 몇몇 프랙탈을 연구하는데도 등장하는 사실은 꽤 흥미롭다. 이 장에서는 두 가지 프랙탈의 예를 들어 피보나치 수가 어떻게 등장하는지를 알아볼 것이다. 피보나치 수의 생성 과정과 프랙탈의 생성과정이 전혀 관련이 없는데도 말이다. 피보나치 수는 역시 매력이 있다.

프랙탈의 특징 중에 자기 유사성self-similarity이라는 것이 있다. 기하학적인 패턴이 부분적으로 작아지면서 계속 반복되는 성질이다.

이렇게 반복되는 기하학적인 도형, 또는 점의 집합을 프랙탈의 시드seed라 부를 것이다.

시드와 그 시드를 사용한 생성 과정이 정해지면 프랙탈을 만들 수 있다. 처음에 시드를 그리고, 생성과정을 따라 시드를 계속 그려가는 방식이다. 이런 관점으로 프랙탈은 반복iteration이라 불리는 연속된 과정으로 만들어지는 것이라 정의할 수 있다.

프랙탈이 만들어질 때 그 생성과정은 재귀적으로 반복된다. 즉, 반복의 입력값이 바로 전단계의 출력값이 되는 식이다. 단, 첫 번째 반복 단계에는 입력값을 시드로 사용한다. 보통 지금 단계의 과정을 그릴 때 바로 전단계보다 계산이 복잡해지는데, 이래서 컴퓨터 프로그램이 프랙탈을 얻는데 큰 도움을 줄 수 있는 것이다.

이상적인 프랙탈은 무한 반복의 과정을 필요로 하지만, 실제로 컴퓨터를 사용하거나 하면 유한번의 과정밖에 계산할 수가 없다. 컴퓨터나 계산기를 써서 우리가 원하는 만큼의 반복을 시행하므로써 서로 다른 단계의 프랙탈들을 생성해낼 수 있다. 또는 수학적인 기법을 사용하여 무한반복을 했을 때 얻어지는 프랙탈 모양을 유추할 수도 있다.

프랙탈과 피보나치 수의 관계를 살펴보기 앞서, 위에서 언급한 과정을 가지고 프랙탈의 전형적인 예인 코흐 눈송이 곡선Koch snowflake, 1994)[164]을 만들어보자.(그림 10-3)

이 프랙탈의 시드는 정삼각형이다. 프랙탈은 반복의 과정을 통해서 만들어지므로, 각각의 반복의 결과를 프랙탈 생성 단계라 부르자.

164) 스웨덴 수학자 코흐(Helge von Koch, 1870-1924)의 이름을 붙인 도형이다.

그림 10-3 코흐 눈송이 곡선의 생성 과정

생성 과정 이렇다. 각 단계에 나타나는 직선을 삼등분해서 중간 것을 지우고, 길이가 같은 두 선분(즉 원래 직선의 $\frac{1}{3}$)을 지운 선분이 있는 위치에 60도 각도로 세모꼴을 이루도록 세운다.(정삼각형 모양으로) 그림 10-3에서 이 과정을 확인할 수 있다.

각각의 선분에 이러한 생성 과정을 반복하면 다음 단계가 얻어진다. 그림 10-4에서 처음 두 번의 반복 과정을 보라. 이제 주어진 정삼각형의 세 변에서 이 과정을 시행해보자.

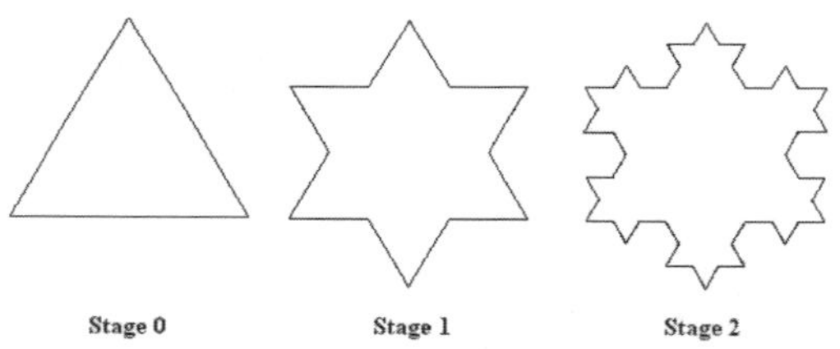

그림 10-4 코흐의 눈송이 곡선

위 프랙탈의 세 번째 단계를 직접 그려볼 수도 있고, 컴퓨터 프로그램을 사용할 수도 있다. 2단계 그림의 각각의 선분에서 생성 과정을 적용하면 된다. 전 단계보다는 복잡한 과정을 필요로 한다. 첫 번째 단계에서는 세 개의 변에 생성 과정을 적용하고, 두 번째 단계에서는 12개의 변에 이 과정을 적용한다. 세 번째 단계에서는 48번의 적용이 필요하다. 과정이 증가하는 모습을 그림 10-5의 표에 적어놓았다. 각각의 단계에서 하나의 변은 세모꼴 모양이 생기면서 4개의 변으로 바뀌고 다음 단계로 넘어간다. 따라서 이 단계에서 몇 개의 선분이 있는

단계(n)	선분의 개수 (S_n)
0	3
1	$12 = 4 \cdot 3$
2	$48 = 4 \cdot 12$
3	$192 = 4 \cdot 48$
n	$S_n = 4 \cdot S_{n-1}$

그림 10-5

지 안다면, 거기에 4배한 수만큼의 선분이 다음 단계에서 등장하는 것이다. 이를 점화식으로 표현하면 $S_n = 4 \cdot S_{n-1}$이다. 이를 풀면, $S_n = 3 \cdot 4^n$이다. 여기서 S_n은 n단계에서 나타나는 선분의 개수이고, S_{n-1}은 n-1단계에서 나타나는 개수이다.

이렇게 각각의 선분이 삐죽삐죽한 선분으로 바뀌고, 선분의 개수가 빠르게 증가하는 것이 프랙탈이 가지고 있는 주요 성질 즉, 들쭉날쭉한 모양과 자기 유사성질이다. 들쭉날쭉한 부분을 돋보기로 들여다보면 거기서 똑같은 모양의 더 작은 돌출부위들을 관찰할 수 있고, 이 부분을 확대해보면 큰 돌출부위들과 거의 흡사하다.

다른 유명한 프랙탈로써 시에르핀스키 삼각형Sierpinski gasket, 1915[165)]이 있다.(그림 10-6) 이것 역시 정삼각형을 시드로 한다. 삼각형의 세 변의 중점을 이어 4개의 정삼각형으로 나눈뒤 중간 삼각형을 제거하는 것을 하나의 반복과정으로 한다. 즉, 넓이의 $\frac{1}{4}$이 없어지는 것이다. 이

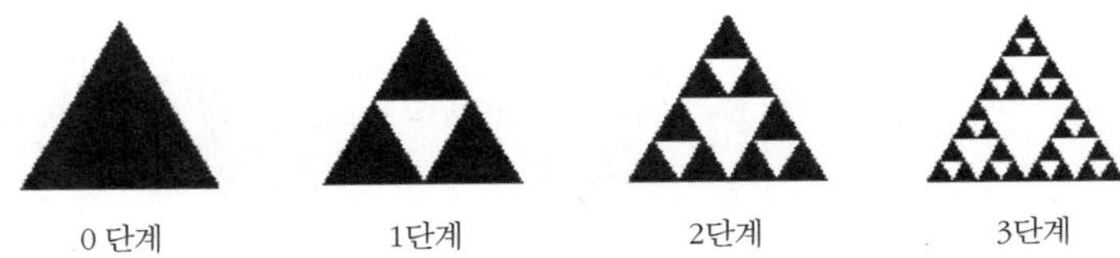

그림 10-6 시에르핀스키 삼각형 프랙탈

165) 폴란드 수학자 시에르핀스키(Wasclaw Sierpinski, 1892-1969)의 이름을 땄다.

과정을 계속 반복하여 프랙탈을 만든다 : 각각의 삼각형을 4등분하여 안쪽의 삼각형을 없애는 과정을 반복하면 프랙탈의 두 성질 즉, 거칠고 삐죽삐죽한 도형을 얻을 뿐만 아니라 자기 유사성의 성질을 가진 도형을 얻는다.

자, 이제 우리의 주인공 피보나치 수를 만날때가 되었다. 최근에 발견된 프랙탈 그로스만 트러스Grossman Truss[166]를 연구하다보면 전혀 관계가 없을 것 같은 피보나치 수가 등장한다. 이 프랙탈의 형성 과정을 보자. 직각이등변삼각형을 시드로 한다. 직각 이등변 삼각형이란 두 변의 길이가 같고, 그 사이의 끼인각이 직각인 삼각형을 말한다.(그림 10-7)

그림 10-7 그로스만 트러스의 0단계

직각에서 대변으로 수직선을 내린다. 그런 다음 만나는 점에서 원래 수직선에 시계방향 쪽을 택하여 다시 수직선을 내린다. 그러면 이 두 새로운 직선에 의해 삼각형 하나가 만들어 지는데, 그것을 없앤다. 이것이 생성 과정 중 첫 번째 단계다. 원래의 직각이등변 삼각형이 두 개로 쪼개지고, 그 사이에 삼각형 모양의 빈 공간이 생긴 모습이다.

166) 그로스만 트러스의 생성과정과 성질에 대한 분석은 그로스만(George W.Grossman)의 논문 "Construction of Fractals by Orthogonal Projection Using Fibonacci sequence," 피보나치 계간지(Fibonacci Quartely 35, no.3 (8월, 1997년): 206-24를 참고하라.

이 그림을 주의깊게 보면 쪼개진 삼각형들 역시 직각 이등변 삼각형이라는 것을 알 수 있다. 원래 시드와 비슷한 모양을 가지긴 하지만 다른 위치에 배열 되어 있다.(그림 10-8)

그림 10-8. 그로스만 트러스의 1단계

두 번째 단계를 살펴볼까? 각 단계에서 나타나는 가장 큰 삼각형에 대해서 위의 과정을 반복하면 된다. 단계 1 그림을 보자. (물론 중간의 회색 삼각형은 비어 있는 공간이고, 검은 삼각형들이 단계1에서 남은 도형이다.) 이 도형은 두 개의 서로 크기가 다른 삼각형으로 되어 있다. 따라서 두 번째 단계를 얻으려면 이 도형의 가장 큰 삼각형을 잡고 그 영역에 대해서만 위의 생성 과정을 반복해주는 것이다. 두 번째 단계를 거치면 그림 10-9를 얻는다.

두 번째 단계 프랙탈에서는 또 다른 빈 공간이 생긴다. 남은 공간들은 어떤가? 삼각형들의 크기가 같은가? 10-9의 검은 도형을 보면 두 번째 단계에는 크기가 다른 두 삼각형이 있다. 큰 것 두 개와 작은 것 하나 말이다. 따라서 다음 단계로 진행하려면, 큰 삼각형 두 개에 대해서 생성 과정을 반복하면 된다.

각 단계에서 제일 큰 삼각형들에 대해서 생성 과정을 반복한다는 것을 염두에 보고 프랙탈을 만들어 보면 꽤 좋은 모양의 도형이 생기

그림 10-9 그로스만 트러스의 2단계

는데, 이 도형을 관찰하면 그림 10-9의 도형이 작은 규모로 서로 다른 위치에 반복해서 나타난다. 이 프랙탈의 8단계를 그림 10-10에 그려 놓았다.

다시 그림 10-9로 돌아가 보면, 크기가 다른 두 삼각형으로 이루어져 있다는 것은 앞에서 언급하였다. 그러면 큰 삼각형의 개수와 작은 삼각형의 개수는 각각 몇 개일까? 감을 잡기 위해 몇 단계를 더 진행해보자. 4단계 과정까지 밟은 그림 10-11을 보자. 음영으로 구분해 놓은 삼각형의 크기는 두 종류이다. 개수를 헤아리기 쉽도록 서로 다른 음영처리를 해 놓았다.

그림 10-11에서 큰 삼각형 5개, 작은 삼각형 3개가 발견된다. 이것

그림 10-10 그로스만 트러스의 8단계

그림 10-11 그로스만 트러스의 4단계

그림 10-12 그로스만 트러스의 5단계
어두운 부분으로 표시한 큰 삼각형이 8개,
좀 더 밝은 부분으로 표시한 작은 삼각형이 5개 등장한다.

은 각각 피보나치수열의 5번째, 4번째 수이다.

한 단계 더 진행시켜 볼까? 큰 삼각형은 8개, 작은 삼각형은 5개가 등장한다.(그림 10-12)

그림 10-10을 뚫어지게 보자. 21개의 작은 삼각형, 34개의 큰 삼각형이 발견된다. 이러한 패턴은 무한정 계속된다. 그로스만 트러스의 크기가 같은 삼각형의 개수에서 피보나치 수가 발견된다.

또 다른 관찰에서 피보나치 수를 발견할 수 있다. 이번에는 각 단계에서 없어지는 삼각형들(이것을 빈 삼각형이라 하자)에 관심을 가져

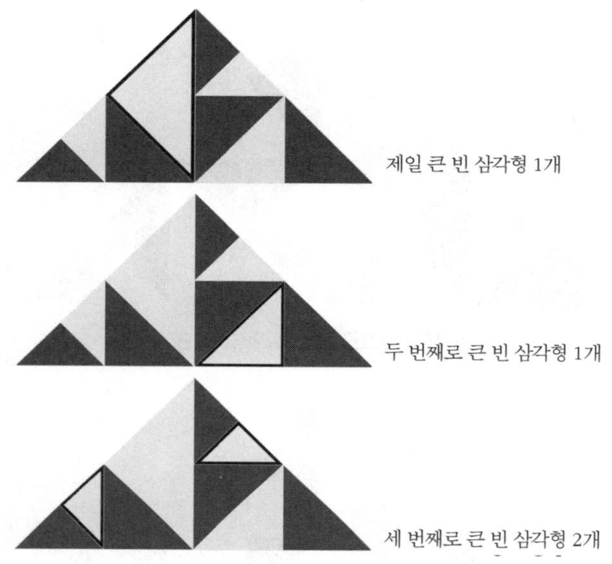

그림 10-13 그로스만 트러스 3단계의 빈 삼각형의 개수

보자. 각 단계에서 몇 개의 빈 삼각형이 나오고, 크기가 같은 것들은 몇 개씩 있을까?

그림 10-13에 3단계를 그려 놓았다. 이 단계에서 빈 삼각형의 서로 다른 몇 개의 크기가 나올까? 가장 큰 삼각형은 1개 있다. 두 번째로 큰 삼각형 역시 1개이다. 제일 작은 삼각형은 2개 나온다. 패턴이 어떻게 될까?

한 단계씩 행할 때 마다 서로 다른 크기의 빈 삼각형이 각각 몇 개가 나오는지 감이 잡히는가? 염두에 둘 것은 어떤 단계에서 빈 삼각형이었으면 그 이후의 단계에서는 계속 빈삼각형이다. 그리고 각 단계가 진행 될수록 더 작은 빈삼각형이 태어나는 것이다. 그럼 각 단계에서 탄생하는 빈 삼각형은 몇 개인가?

몇 단계를 더 진행하여 보면, 그림 10-13에서 알 듯 말 듯했던 패턴이 놀라운 결과로 드러난다. 그림 10-14는 5단계에서 크기가 다른 삼

그림 10-14 그로스만 트러스 5단계의 빈 삼각형의 개수

각형이 각각 몇 개인지를 보여준다.

또 피보나치 수다! 그로스만 트러스에서 각 단계에 남아 있는 삼각형에서 두 피보나치 수를 발견하고, 더 나아가 한 단계에서 빈 삼각형의 개수를 헤아리면 아예 피보나치수열을 얻는 것이다. 더 엄밀히 말하면 n단계 후의 그로스만 트러스에서는 첫 항부터 n번째 피보나치 수 모두를 찾을 수 있는 것이다!

이 프랙탈이 정말 놀라운 것은 피보나치 수를 만들어 내는 관계식과 직접적으로 연관이 없다는 것이다.

그로스만 트러스의 형성 과정이 피보나치 수에 대한 힌트를 주는 것도 아니다. 자연현상과 인간의 창조물(프랙탈 같은 것)에서 동시에 등장하는 이 피보나치수열은 생각을 하면 할수록 신비롭고 놀랍다. 과연 수학의 본질이 무엇인가가 의아스러워지는 대목이다. 수학적 모델들은 인간의 독립적인 창조물들임에도 어떻게 그 사이의 관계식이 필연적으로 따라 나오게 되는 것일까.

드바네이Robert Devaney[167]는 놀라운 방법으로 또 다른 프랙탈 안에서 피보나치 수를 발견하였다. 바로 가장 유명한 프랙탈 중의 하나인 만델브로 집합Mandelbrot set에서다.(그림 10-15)

우선 만델브로 집합이 무엇인가 살펴보자. 이것은 하도 유명해서

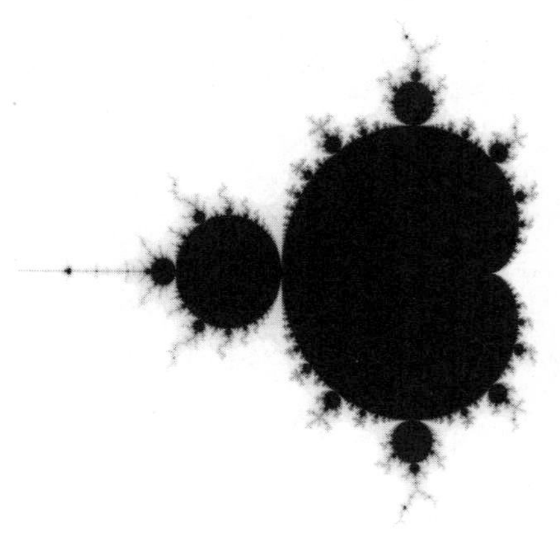

그림 10-15

167) 이것에 대한 설명은 드바네이의 "The Fractal Geometry of the Mandelbrot set" 에 있고, 이는 Fractals, Graphics, and Mathemetics Education, Michael Frame, Benoit Mandelbrot 저(Washington, DC: Mathematical Association of America, 2002), pp. 61-68에 있다.

'프랙탈의 상징' 이라는 별명을 가지고 있을 정도다. 일반인뿐 아니라 프랙탈 전문가가 보기에도 이 도형에는 기묘한 아름다움이 있다. 이것의 이미지는 어떻게 만들어지는가? 우리가 지금까지 살펴봤던 여느 프랙탈처럼 시드와 생성규칙, 또 무한 반복에 의해 만들어질 것이다. 차이점이 있다면 지금까지의 프랙탈이 기하적이었다면, 만델브로 집합은 수의 집합이다. 독자가 그림 10-15에서 보는 그림은 단순히 점들의 집합을 복소 평면complex plane[168]에 나타낸 것이다.

그렇다면 어떤 숫자가 만델브로 집합의 원소인지 아닌지 알 수 있을까? 각각의 수에 대해서 테스트를 해봐야 하나 이 엄청난 작업은 컴퓨터가 없인 불가능하다. 뿐만 아니라 유한시간 안에 계산을 해내야 한다. 실제로 만델로브Benoit Mandelbrot의 능력과 IBM왓슨 연구소Watson Research Senter의 좋은 환경이 결합하여 1920년 줄리아가 처음 제시한 이 집합에 대한 연구가 가능하였다.

만델브로 집합은 시드, 생성규칙, 반복의 요소에 덧붙여 수를 테스트 하는 과정이 더 필요하다. 테스트에 필요한 수를 c라 하자.

이 프랙탈의 시드는 숫자 0으로써 삼각형도 아니고 직선도 아닌 그냥 숫자이다. 만델브로 집합이 수의 집합체이기 때문이다. 규칙은 이렇다 : 입력값을 제곱하여 c를 더하는 것으로, 이것을 기호로 표시하면 x^2+c이다.

숫자 $c=1$에 대한 테스트를 실시해 보자. 그렇다면 우리의 규칙은 x^2+1이다.

시드 0을 입력값으로 시작하여 몇 번의 반복 과정을 거쳐 보자. 각각의 출력값이 다음 단계의 입력값이 된다.

168) 복소 평면이란 실수축과 허수축으로 이루어진 2차원 평면을 뜻한다.

$0^2+1=1$

$1^2+1=2$

$2^2+1=5$

$5^2+1=26$

$26^2+1=677$

$677^2+1=458{,}330$

이러한 식이다. 이러한 과정을 반복하면 결과값들은 계속 커진다. 이 수열은 유계가 아니다. 이럴 때 우리는 이것을 '무한대로 간다' 라 말한다.

다른 수 $c=0$으로 테스트를 해볼까? 이때 우리의 규칙은 x^2+0이 된다.

같은 시드인 0에서 출발하여 몇 번의 반복 과정을 해 보아도 그 결과값들은 0 이다.

처음 반복 단계 : $0^2+0=0$

두 번째 반복 단계 : $0^2+0=0$

각각의 숫자 c에 대해 테스트(반복되는 규칙)를 통하여 결과값이 무한대로 가는지 여부를 알 수 있다. 결과값이 무한대로 다가가는 c들은 만델브로 집합의 원소가 아니다. 이것들을 제외한 다른 숫자들은 만델브로 집합의 원소가 된다. 만델브로 집합은 테스트를 거쳐 통과한 원소들을 점으로 찍어 표현한 것이다.[169] 만델브로 집합의 이미

---

169) 사실 그림10-15의 만델브로 집합은 근사치에 불과하다. 실제로 어떤 숫자 c가 만델브로 집합의 원소인지 아닌지는 확실히 알 수 없다. 확실히 알고 싶으면 무한번의 연산을 통한 테스트를 해야 되는데, 세상에서 가장 빠른 컴퓨터라 할지라도 유한번의 연산밖에 할 수 없기 때문이다. 하지만 충분히 많은 계산을 반복했을 때는 더 좋은 근사값을 찾을 수 있다. 그래도 참 값과는 오차가 있기 마련이다.

지를 이해하려면 여기에 사용된 코드를 이해하는 것이 중요하다. 가장 많이 쓰이는 코드는 색을 사용하는 것인데, 만델브로 집합의 원소인 점들은 검은색으로 찍고, '무한대로 벗어나는' 속도를 측정해 각기 다른 색으로 점을 표현한다. 즉, 원점에서 특정한 거리까지 도달하는데 몇 번의 반복이 필요한지에 따라 각기 다른 색을 사용하여 표현하는 것이다. 전통적으로 쓰이는 다른 방법으로는 만델브로 집합의 원소들은 검은색으로, 그 밖의 점은 흰색 이렇게 두 가지로 표현하는 방법도 있다.

이제 만델브로 집합의 이미지를 몇 가지 범주로 분류하여 살펴보자. 이미지의 핵심이라 할 수 있는 하트 모양의 그림이 보인다. 이것을 주 심장형 곡선main cardioid[170]이라 부른다. 또한 많은 부산물들이 보이는데, 이것들은 벌브bulb라 부른다. 주심장형 곡선에 직접 달라붙어 있

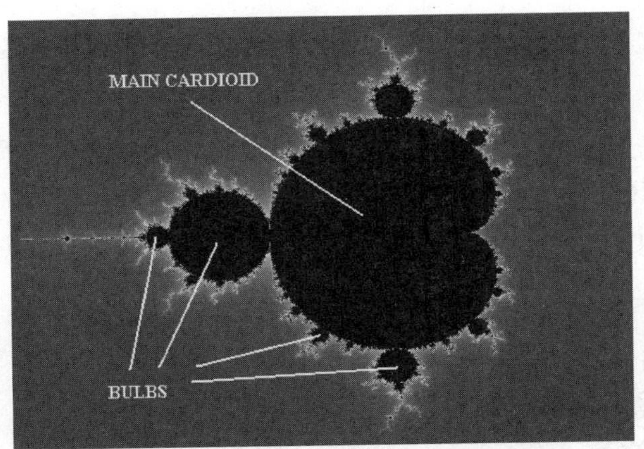

그림 10-16 만델브로 집합에 나타나는 주 심장형 곡선과 벌브

170) 심장형 곡선이란, 고정된 원이 있고, 이 원과 반지름이 같은 원이 고정된 원을 따라 돌 때, 한 점이 그리는 자취 방정식이다.

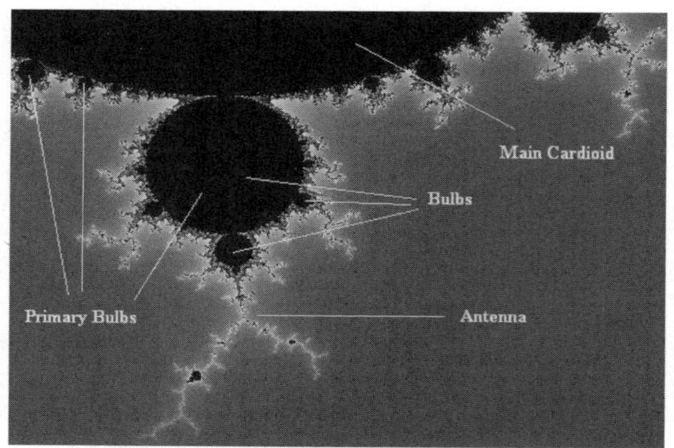

그림 10-17 구체적으로 표현한 만델브로 집합

는 벌브들을 프라이머리 벌브primary bulb라 한다. 프라이머리 벌브에도 역시 더 작은 규모의 많은 부산물들이 붙어 있다. 그림 10-18에서는 안테나antennas라 불리는 것들을 확인해보자.

안테나 중에 제일 긴 것을 주안테나main antenna라 한다. 끝으로 주안테나는 몇 개의 스포크spoke로 이루어진다.(그림 10-18) 주안테나를 이루는 스포크의 개수는 부산물들마다 다르며, 이 개수를 벌브의 주기period라 부른다. 벌브의 주기를 알려면 안테나를 이루는 스포크들이 몇 개인지 세어야 된다. 프라이머리 벌브에서 안테나의 교차지점까지 이르

그림 10-18 주안테나와 스포크

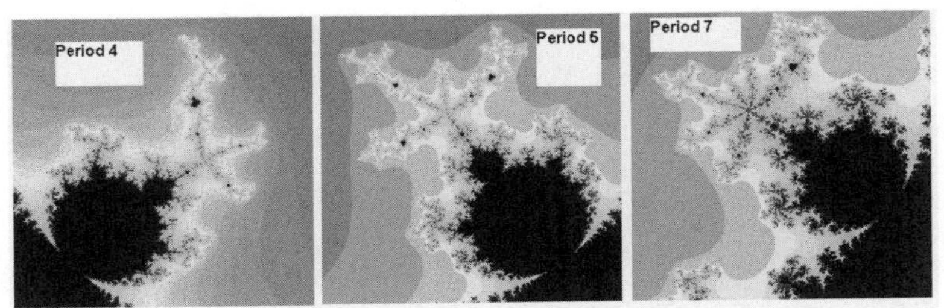

그림 10-19 주안테나를 이루는 스포크의 개수를 세서 주기를 구한다

는 스포크도 빼놓지 말고 세자. 그림 10-19에 여러 프라이머리 벌브와 주기를 표시해 놓았다.

만델브로 집합에서 피보나치 수는 어떠한 식으로 등장할까? 주심장형곡선은 주기가 1일 것이다. 그리고 가장 큰 프라이머리 벌브의 주안테나를 이루는 스포크의 개수를 세서 주기를 구한다. 주심장형 곡선, 그리고 몇몇 큰 프라이머리 벌브들의 주기를 그림 10-20에 표현하였다.

주기 1짜리 벌브와 2짜리 벌브 사이에 나타나는 가장 큰 벌브는 주

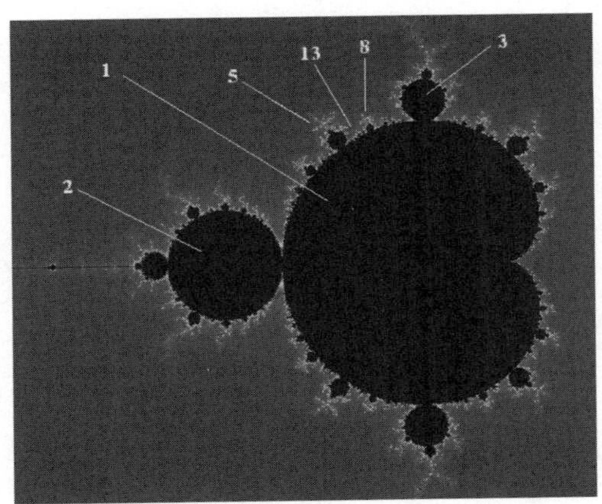

그림 10-20 만델브로집합에서 나타나는 피보나치 수

기를 3으로 가진다. 또 주기 2짜리 벌브와 주기 3짜리 벌브 사이의 가장 큰 벌브의 주기는 5이다. 주기 5짜리와 3짜리사이의 가장 큰 벌브의 주기는 8이다. 와우! 피보나치 수의 등장이다. 왜 이런 현상이 벌어질까? 쉽게 설명되지 않는 부분이다. 피보나치 수는 프라이머리 벌브의 주기와 직접적 관련는 없지만, 다시 한 번 피보나치수열의 신비스럽고 놀라운 등장에 감동을 받는다.

피보나치 수들은 또 어디서 만나게 될까? 독자들이 숫자를 헤아리는데 관심을 붙인다면, 우리가 생각할 수 있는 아주 다양한 것들(씨앗, 해안의 돌출부위, 삼각형 등등)을 헤어리는데서 반드시 피보나치 수열이 또 나타나지는 않을까?

아마도 피보나치수열을 발견하므로써 신기해할 일들이 많이 벌어질 것 같다. 피보나치 수는 도처에 널려 있다. 주의 깊은 관찰력으로 피보나치 수를 찾아보자!

384 79757008057644623350300078764807923712509139103039448418553259155159833079730688
385 129049549878268233256883381302815012467835672190109552534355121389997818506160385
386 208806557935912856607183460067622936180344811293149000952908380545157651585891073
387 337856107814181089864066841370437948648180483483258553487263501935155470092051458
388 546662665750093946471250301438060884828525294776407554440171882480313121677942531
389 884518773564275036335317142808498833476705778259666107927435384415468591769993989
390 1431181439314368982806567444246559718305231073036073662367607266895781713447936520
391 2315700212878644019141884587055058551781936851295739770295042651311250305217930509
392 3746881652193013001948452031301618270087167924331813432662649918207032018665867029
393 6062581865071657021090336618356676821869104775627553202957692569518282323883797538
394 9809463517264670023038788649658295091956272699959366635620342487725314342549664567
395 15872045382336327044129125268014971913825377475586919838578035057243596666433462105
396 25681508899600997067167913917673267005781650175546286474198377544968911008983126672
397 41553554281937324111297039185688238919607027651133206312776412602212507675416588777
398 6723506318153832117846495310336150592538867782667949278697479014718141868439
399 10878861746347564528976199228904974484499570547781269909975120274939392
400 176023680645013966468226945392411250770384383304492191886725992896575
401 284812298108489611757988937681460995615380
402 4608359787535035782262158830738722463857
403 745648276861993189984204820755333242001
404 12064842556154967682104207038292054883
405 19521325324774899581946255245845387303
406 31586167880929867264050462284137442187
407 51107493205704766845996717529982829491
408 82693661086634634110047179814120271679
409 13380115429233940095604389734410310117
410 21649481537897403506609107715822337285
411 35029596967131343602213497450232647402
412 56679078505028747108822605166054984687
413 91708675472160090711036102616287632089
414 148387753977188837819858707782342616776
415 240096429449348928530894810398630248865
416 3884841834265377663507535181809728656423
417 6285806128758866948816483285796031145081
418 10170647963024244612324018467605759801504
419 164564540917831115611405017534017909465857
420 2662710205480735617346452022100755074809023
421 43083556146590467734605021974409341694676008
422 6971065820139782390806954219541689244276624212
423 1127942143479882916426745641698262341374422501

에필로그

에필로그

독자들은 수학 분야를 통틀어 가장 유명한 수열로 손꼽히는 피보나치수열과의 여행을 막 마쳤다. 여행 중 경험한 것 이외에 다른 새로운 현상에서도 피보나치 수를 찾아내고 싶은 열망이 생긴 독자들도 있을 것이다. 놀라운 것은 피보나치 수가 아직도 여러 현상에서 지속적으로 그 모습을 들어낸다는 사실이다. 그 현상들이 조금 인위적이고, 일부러 상황설정을 해 놓은 예들이라 할지라도, 이 수열이 여기저기서 등장한다는 사실에 대해선 누구도 의심하지 않을 것이다.

독자들은 식물원과 명화, 명곡 속에서도 피보나치 수를 접할 기회가 있었다. 서방 세계에 힌두 · 아라비아 숫자체계를 보급한 피사의 레오나르도 즉, 피보나치Fibonacci의 독창적인 업적과 피보나치수열의 파워는 그 맥을 같이한다. 피보나치 수는 황금 비율과 아주 밀접한 관련을 가지며 여러 현상에 모습을 드러낸다. 수학의 모든 분야를 통틀어 피보나치 수보다 많이 다뤄지는 수학적 개념도 없을 것이다. 심지어 주식시장에서 투자와 관련된 이론에서도 등장하고 있으니 말이다.

피보나치 수는 수학적인 아름다움이 무엇인지에 대한 답이 되었을 뿐만 아니라, 우리가 살고 있는 사회 현상에서도 아름다움이 무엇인지를 설명해주고, 아름다움을 결정하는 중요한 요소로써 작용한다. 피보나치수열로부터 황금 비율의 값을 얻어낼 수 있는데, 고금을 막론한 많은 예술 작품에서 이 황금 비율을 찾을 수 있다. 예술가나 작곡가들 중 몇몇은 황금 비율을 다른 이들에 비해 중요하게 여기지 않는 이유는 예술이나 음악은 수학적 공식 그 이상의 뭔가가 있기 때문이다. 하지만 예술에서 황금 비율의 중요함을 부정할 수 없다. 우리는 피보나치 수가 가지고 있는 아름다움 때문에 놀라고, 새로운 영역에 숨어있는 피보나치 수를 새로이 발견했을 때 또 놀란다. 수학자들은 1963년 피보나치 학회Fibonacci Association를 설립하여 수학분야 안팎에서 발견되는 피보나치 수를 찾는데 공을 들이고, 분기별로 논문을 발표하였다.

피보나치 수는 기억하기도 매우 쉽다, 만일 기억력에 자신이 없다면, 예를 들어 처음 12개의 피보나치 수(F_{12}은 $12^2 = 144$이다.)도 못 외우겠다면 덧셈의 과정을 통해서 얻어나갈 수도 있고, 매우 큰 피보나치 수의 경우에는 비네의 공식Binet frmula을 써서 간편히 얻을 수도 있다. 조심해야 할 것은 어떠한 분야를 연구하는 과정에서 피보나치 수를 억지로라도 찾아내려는 허풍이 있어서는 안 된다는 것이다. 음악이 아름다운 이유가 모두 피보나치 수와 연관이 있지 않으며, 예술의 아름다움이 황금 비율에 전적으로 의존하지는 않는다는 것을 앞서 살펴보았다. 그러나 객관적인 눈으로 들여다보고, 피보나치 수를 강제적으로 이끌어 내려 노력하지 않아도, 이들 분야에 피보나치 수가 어떠한 기능을 하고 있다는 것은 엄연한 사실이다. 자연현상에 나타나는 피보나치 수도 무수히 많으니, 피보나치 수를 인위적으로 끄집어내려는 노력은 그리 필요하지 않다.

새로운 분야에서 피보나치 수를 찾아내고픈 지적 호기심에 눈을 뜬 독자들이 많아졌으면 하는 바람이다. 아울러 과학의 여러 분야 중 가장 중요하고도 아름다운 수학에 조금은 더 친숙해졌길, 그리고 수학을 더 사랑하는 계기가 되었으면 하는 바람이다. 여러분의 귀에도 낯설지 않은 독일 수학자 가우스Carl Friedrich Gauss, 1777-1855가 말했다.

"수학은 과학의 여왕이다." Queen of science

책을 마치며

하우프트만Herbert A. Hauptman

나는 수십년간 피보나치 수의 매력에 흠뻑 빠져 있었다. 다른 사람들에게 피보나치 수에 대해 설명을 할 때, 지금까지 발견된 내용이 아닌 새로운 것들을 다루기로 마음먹었다. 만일 누군가 피보나치 수에 대해서 새로운 발견을 해서 수학자들한테 "이 발견이 새로운 것인가요?" 하면, 아마 수학자들은 다음과 같이 애기할 것이다. "글쎄요. 한 번도 보지 못한 내용이긴 하지만, 누군가가 그것에 관해 논문을 발표하지 않았다는 뜻은 아닐겁니다." 1963년 이래로 피보나치 학회에서 분기별로 발간하는 저널을 통해 무수히 많은 관계식을 도출해 내었다. 이 지면을 통해 나는 나만의 몇몇 "발견"을 쓸 것이고, 독자들이 이를 바탕으로 좀 더 깊은 통찰력을 가지고 다른 발견들을 할 수 있기를 희망하는 바이다.

1. 몇몇 사실들

가장 기본적인 개념 중에 하나인 것부터 시작해보자. 숫자 1을 생각하자. 이와 더불어 우리가 가장 중요하다고 생각하는 연산자인 덧셈 연산을 생각하자. 이것을 통해 이 책에서 가장 중요하게 다루어 왔던, 아주 아름답고도 훌륭한 수열, 피보나치수열 1, 1, 2, 3, 5, 8, 13,…을 얻는다. 독자들이 이미 알고 있듯이, 처음 두 항 뒤에 수들은 바로 전의 두 개의 숫자를 합해서 얻어진다. 아주 간단한 원리 아닌가? 그럼에도 이 수열은 대단한 성질들을 가지고 있다. 우리가 지금까지 본 것처럼 말이다. 이제 조금은 다른 관점에서 피보나치수열과 나눗셈의 성질에 대해서 간단히 소개할 것이고, 흥미있는 이론들을 언급할 것이다. 독자들이여 읽을 준비가 되었는가?

1.1 표기

n번째 피보나치 수를 F_n이라 쓴다. 즉, $F_1 = 1$, $F_2 = 1$, $F_3 = 2$, $F_4 = 3$, $F_5 = 5$이다.

1.2 짝수인 피보나치 수

간단한 질문을 해보자. 어떠한 피보나치 수들이 2로 나누어 지는가? 피보나치 수들을 적어놓은 표를 참고하면 F_3, F_6, F_9, F_{12}, F_{15}, … 등등이 짝수인 것을 관찰할 수 있다. 사실 이것들 외에는 짝수가 없다. 따라서 독자들은 짝수인 피보나치 수가 F_3, F_6, F_9, F_{12}, F_{15}, … 밖에 없다는 추측을 할 수 있다. 이제 아래 첨자 3, 6, 9, 12, 15, …를 보면, 이것은 첫째항과 공차가 모두 3인 등차수열이라는 것까지 알 수 있다. 즉, 모든 첨자들이 3의 배수인 셈이다. 그렇다면, 이 발견을 이용하여 3의 배수인 피보나치 수들도 찾을 수 있을까 하는 질문이 생긴다.

1.3 3으로 나뉘어지는 피보나치 수

다시 표를 참고하면, 3으로 나누어 떨어지는 피보나치 수는 $F_4 = 3$, $F_8 = 21$, $F_{12} = 144$, $F_{16} = 987$, $F_{20} = 6{,}765$, … 라는 것을 확인할 수 있다. 첨자를 살펴보면, 4, 8, 12, 16, 20, …으로서 첫째항과 공차가 모두 4인 등차수열이다. 즉, 모든 첨자가 4의 배수라는 것이다. 따라서 3의 배수인 피보나치 수는 그 항이 4의 배수에 위치해 있는 것이라는 추측을 할 수 있다.

1.4 4로 나누어 떨어지는 피보나치 수

패턴이 명확해졌다. 4로 나누어 떨어지는 피보나치 수는 $F_6 = 8$, $F_{12} = 144$, $F_{18} = 2{,}584$, $F_{24} = 46{,}368$, …이다. 첨자가 이루는 수열을 보면, 첫째항과 공차가 모두 6인 등차수열이다. 따라서 4의 배수인 피보나치 수들의 항은 모두 6으로 나누어 떨어진다.

1.2, **1.3**, **1.4**에서 우리는 다음과 같은 결론을 내릴 수 있다 : 5로 나누어 떨어지는(6, 7로 나누어 떨어질 때의 경우는) 피보나치 수 F_n의 첨자 n은 5로 나누어 떨어진다(12, 8로 나누어 떨어진다)라는 사실을 알 수 있다. 즉, 모든 5의 배수(12, 8의 배수) n에 대해 성립한다.

2. 마이너 모듈러 $m(n)$

이 절에서는 전 절에서 관찰했던 내용을 일반화시켜볼 것이다. n을 임의의 자연수라 하자. 그리고 n으로 나누어 떨어지는 피보나치 수

F_x의 항 x가 무수히 많다고 가정하자. 그러면 이러한 x 중에 가장 작은 값은 분명 n에 따라 결정될 것이다. 이것을 마이너 모듈러minor modulus라 정의하고 기호로 $m(n)$이라 쓰기로 한다. 즉, $m(n)$은 F_x가 n의 배수가 되는 가장 작은 자연수 x이다. 앞에서 살펴본 내용대로라면 $m(2) = 3$, $m(3) = 4$, $m(4) = 6$, $m(5) = 5$, $m(6) = 12$, $m(7) = 8$이다. 마이너 모듈러 $m(n)$의 몇몇 결과를 더 구해보면 표 1과 같다. 독자들

Table of $m(n)$, $1 \le n \le 100$

n	$m(n)$	n	$m(n)$	n	$m(n)$	n	$m(n)$	n	$m(n)$
1	1	21	8	41	20	61	15	81	108
2	3	22	30	42	24	62	30	82	60
3	4	23	24	43	44	63	24	83	84
4	6	24	12	44	30	64	48	84	24
5	5	25	25	45	60	65	35	85	45
6	12	26	21	46	24	66	60	86	132
7	8	27	36	47	16	67	68	87	28
8	6	28	24	48	12	68	18	88	30
9	12	29	14	49	56	69	24	89	11
10	15	30	60	50	75	70	120	90	60
11	10	31	30	51	36	71	70	91	56
12	12	32	24	52	42	72	12	92	24
13	7	33	20	53	27	73	37	93	60
14	24	34	9	54	36	74	57	94	48
15	20	35	40	55	10	75	100	95	90
16	12	36	12	56	24	76	18	96	24
17	9	37	19	57	36	77	40	97	49
18	12	38	18	58	42	78	84	98	168
19	18	39	28	59	58	79	78	99	60
20	30	40	30	60	60	80	60	100	150

표 1

이 최소한 $n = 200$일 때까지 모든 $m(n)$을 구해보면 몇 가지 추측을 확신할 수 있게 될 것이다.

여기서 다음과 같은 중요한 추측을 할 수 있다 : n이 임의의 자연수이고 n의 마이너 모듈러를 $m = m(n)$이라 하자. 그러면 F_x가 n의 배수일 필요충분조건은 바로 x가 m으로 나누어 지는 것이다.

마이너 모듈러 $m(n)$은 자체로도 다양하고 흥미로운 성질들을 가지고 있다. 우선 논점을 좀 벗어나서 소수prime number에 대해 간략히 설명을 할 것이다. 이것은 후에 이론전개 과정에서 특별한 역할을 하는 수이다.

3. 소수

정의

모든 자연수(>1)는 자기자신과 1을 약수로 가진다. 만일 약수가 이것들밖에 없다면 그 수를 소수prime라 정의한다. 즉, 17이라는 수는 1과 17이외에 약수를 가지지 않으므로 소수이다. 마찬가지로 2, 3, 5, 7, 11, 13 도 소수이다. 유클리드의 증명에 따르면 소수의 개수는 무한히 많다. 반면에 $6 = 2 \cdot 3$이나 $8 = 2^3$은 소수가 아니다. 왜냐하면 6은 2를 약수로 갖고(이것 이외에 1, 3, 6도 약수이다), 8역시 2로 나누어 떨어지기 때문이다. (8의 다른 약수로는 1, 4, 8 이 있다.) 이러한 수들을 합성수composite라 한다. 처음 몇 개의 합성수를 써 보면 4, 6, 8, 9, 10 등등이 있다. 당연히 2를 제외한 모든 소수는 홀수이다.

4. p가 소수이고 k가 자연수일 때 $m(p^k)$의 값

소수의 거듭제곱에 대한 마이너 모듈러는 특별히 중요한 의미를 가진다. 표 1을 참고하여 다음의 그럴듯한 추측을 할 수 있다.

4.1 $m(2^1) = m(2) = 3,\ k = 1$

$m(2^2) = m(4) = 6,\ k = 2$

$m(2^{\mathrm{k}}) = 3 \cdot 2^{k-2},\ k>2$일 때,

4.2 $m(5^k) = 5^k$

4.3 만일 p가 홀수인 소수이면 $m(p^k) = p^{k-1}m(p)$이다.

4.1을 예를 들어서 확인해보자.

$k = 1$일 때, $F_3 = 2$이므로 2의 배수이고 따라서 F_x가 $2^1 = 2$로 나누어 떨어지는 가장 작은 x는 $x = 3$이므로 정의에 의하여 $m(2) = 3$이다.

$k = 2$일 때, $F_6 = 8$이므로 2^2의 배수이고 따라서 F_x가 $2^2 = 4$로 나누어 떨어지는 가장 작은 x는 $x = 6$이므로 정의에 의하여 $m(2^2) = 6$이다.

$k = 3$일 때, $F_6 = 8$이므로 2^3의 배수이고 따라서 F_x가 $2^3 = 8$로 나누어 떨어지는 가장 작은 x는 $x = 6$이므로 정의에 의하여 $m(2^3) = 6$이다.

$k = 4$일 때, $F_{12} = 144$이므로 2^4의 배수이고 따라서 F_x가 $2^4 = 16$로 나누어 떨어지는 가장 작은 x는 $x = 12$이므로 정의에 의하여 $m(2^4) = 12$이다.

$k = 5$일 때, $F_{24} = 46{,}368$이므로 2^5의 배수이고 따라서 F_x가 $2^5 = 32$로 나누어 떨어지는 가장 작은 x는 $x = 24$이므로 정의에 의하여 $m(2^5) =$

24이다.

$k=6$일 때, $F_{48}=4,807,526,976$이므로 2^6의 배수이고 따라서 F_x가 $2^6=64$로 나누어 떨어지는 가장 작은 x는 $x=48$이므로 정의에 의하여 $m(2^6)=48$이다.

다음으로 **4.2**를 확인하기 위해 $k=1$일 때, $F_5=5$이고, 이것은 5로 나누어 떨어진다. 그리고 F_x가 5의 배수가 되기 위한 가장 작은 x는 $x=5$이다. 따라서 $m(5)=5$이다.

$k=2$일 때, $F_{25}=5^2\cdot 3,001$이고, 이것은 5^2로 나누어 떨어진다. 그리고 F_x가 5^2의 배수가 되기 위한 가장 작은 x는 $x=25$이다. 따라서 $m(5^2)=5^2$이다.

$k=3$일 때, $F_{125}=5^3\cdot 3,001\cdot 158,414,167,964,045,700,001$이고, 이것은 5^3으로 나누어 떨어진다. 그리고 F_x가 5^3의 배수가 되기 위한 가장 작은 x는 $x=125$이다. 따라서 $m(5^3)=5^3$이다.

$k=4$일 때, $F_{625}=5^4\cdot P$로 쓸 수 있다. 여기서 P는 5개 소수의 곱이다. 그리고 이것은 5^4이므로 나누어떨어지고, F_x가 5^4의 배수가 되기 위한 가장 작은 x는 $x=5^4$이다. 따라서 $m(5^4)=5^4$이다.

마지막으로, 소수 $p=3, 5, 7$과 $k=1, 2, 3$에 대해 **4.3**을 확인하여 보자. $k=1, 2, 3$일 때 소수 $p=11, 13, 17, 19$에 대한 확인은 독자들이 즐겁게 해보라.

각각의 경우를 표1과 피보나치 수의 표에서 확인해서 **4.3**이 맞는지 살펴보자.

$p=3$, $k=2$일 때,

$m(3) = 4$, $m(3^2) = 12 = 3^1 \cdot m(3) = 3 \cdot 4$

$p = 3$, $k = 3$일 때,

$m(3) = 4$, $m(3^3) = 36 = 3^2 \cdot \mathrm{m}(3) = 9 \cdot 4$

$p = 3$, $k = 4$일 때,

$m(3) = 4$, $m(3^4) = 108 = 3^3 \cdot m(3) = 27 \cdot 4$

$p = 5$, $k = 2$일 때,

$m(5) = 5$, $m(5^2) = 25 = 5^1 \cdot m(5) = 5 \cdot 5$

$p = 5$, $k = 3$일 때,

$m(5) = 5$, $m(5^3) = 125 = 5^2 \cdot m(5) = 25 \cdot 5$

$p = 5$, $k = 4$일 때,

$m(5) = 5$, $m(5^4) = 625 = 5^3 \cdot m(5) = 125 \cdot 5$

$p = 7$, $k = 2$일 때,

$m(7) = 8$, $m(7^2) = 56 = 7^1 \cdot m(7) = 7 \cdot 8$

$p = 7$, $k = 3$일 때,

$m(7) = 8$, $m(7^3) = 7^2 \cdot m(7) = 49 \cdot 8 = 392$

이고 표에서 $x = 392$일 때, F_x는 $7^3 = 343$으로 나누어 떨어지고 이것이 최소의 x라는 것을 알 수 있다.

5. $p = 10n \pm 1$, $q = 10n \pm 3$꼴의 소수(n은 자연수)

소수 p를 10으로 나누었을 때, 나머지가 1이나 9가 나오는 경우에는 이를 $10n \pm 1$ 꼴의 소수라 말한다. 즉, 어떤 자연수 n이 존재하여 $p = 10n \pm 1$의 형태로 쓸 수 있다. 몇가지 예를 들어 보면 $p = 11, 19, 29, 31, 41, 59, 61, 71, 79$ 등이 있다. $11 = 10 \cdot 1 + 1$, $19 = 10 \cdot 2 - 1$, $29 = 10 \cdot 3 - 1$, $31 = 10 \cdot 3 + 1$ 등으로 표현이 가능하기 때문이다. $10n$

± 1 꼴의 소수의 마지막 자리수는 1이거나 9임에 주목하자.

반면에 소수 q를 10으로 나눈 나머지가 3 또는 7이라 하자. 그러면 이 소수를 $10n\pm3$꼴의 소수라 부르고 이때에는 어떤 정수 n이 존재하여 $q=10n\pm3$이라 쓸 수 있다. 이러한 소수의 예를 들면 $q=3, 7, 13, 17, 23, 37, 43, 47, 53$ 등등이 있다. 당연히 마지막 자리수는 3 또는 7일 것이다.

5를 제외한 모든 홀수인 소수는 $p=10n\pm1$ 형태이거나, $q=10n\pm3$ 형태이다. 이러한 형태의 소수들이 가지는 중요한 성질을 5.1과 5.2에 설명하였다. 독자들이 직접 확인해보라.

5.1 p가 $10n\pm1$ 형태의 소수이면 $m(p)$는 $p-1$을 나눈다.

표 1을 참고하여 $p=11, 19, 29, 31, 41, 59, 61, 71, 79, 89$ 인 경우에 대해서 확인해보길 바란다.

5.2 q가 $10n\pm3$ 형태의 소수이면 $m(q)$는 $q+1$을 나눈다.

표 1을 참고하여 $q=3, 7, 13, 17, 23, 37, 43, 47, 53, 67, 73, 83, 97$ 인 경우에 대해서 확인해 보자.

6. 간단한 연습문제

각각의 자연수 $n=2, 3, 4, \cdots$에 대해서, 표 1을 참고하여 다음의 수열을 계산하여 보자.

$n, m(n), m(m(n)), m(m(m(n))),\cdots$

독자들이 얻은 결론은 무엇인가?

7. 최대공약수

아래 8절에서는 놀라운 정리에 대해서 소개할까 하는데, 그 전에 약간의 사전지식이 필요한다. 두 자연수 r과 s의 최대공약수를 $g = (r, s)$라 표기하기로 한다.

이때 r과 s의 공약수(공통된 약수)는 g를 나누는 성질을 가지고 있다. 따라서 $r = 30$이고 $s = 75$인 경우에는 $g = (30, 75) = 15$가 된다. 이때 15를 30과 75의 최대공약수라고 한다. 5는 30과 75의 공약수이므로 다시 이것의 최대공약수인 15를 나누게 된다. 그렇지만 5가 공약수 중 가장 큰 것은 아닌다.

만일 r과 s가 1 이외에 공약수를 가지지 않으면 r과 s가 서로 소라 부르고, 이것을 기호로 $(r, s) = 1$이라 쓴다.

8. 놀라운 정리

피보나치 수에 관한 4가지 놀라운 성질로써 결론을 맺을까 한다. 앞의 4절에서 $m(2^k)$와 p가 홀수인 소수일 때의 $m(p^k)$에 대해서 고찰한 바가 있다. 이것은 n이 어떤 소수의 거듭제곱으로 표현되었을 때 $m(n)$를 계산하는 방법에 대해 설명해주는 공식이다. 이제 다시 표1을 참고하여 임의의 자연수 n에 대해서 $m(n)$에 관련된 어떤 공식이 있는지 알아볼 차례다. 만일 $m(n)$이 서로 소인 r과 s에 대해서 $m(rs)$로 표현된다면, 이것을 다시 $m(r)$과 $m(s)$로 쪼개서 표현가능한 공식이 있다는 것이다. 공식은 다음과 같다.

만일 $(r, s) = 1$이면, 다음이 성립한다.

$$m(rs) = \frac{m(r)m(s)}{(m(r),\ m(s))}$$

이것을 풀어 해석해보면 r과 s가 서로 소 즉, 공통된 약수가 1밖에 없으면, $m(rs)$의 값은 $m(r)$과 $m(s)$의 곱을 이것들의 최대공약수로 나눈 값과 같다는 정리이다. 독자들은 표 1을 이용하여 맞는지 여부를 확인해보기 바란다. 이 공식의 강점은 $m(n)$을 계산할 때, n을 적절히 서로 소인 수들의 곱으로 표현하여 결국은 $m(2^k)$, $m(p^k)$(p는 홀수인 소수)의 값을 사용하여 결과값을 얻을 수 있다는 것이다.

이제 마이너 모듈러 $m(n)$에 관련된 아이디어를 다시 한 번 요약해 보자.

n을 임의의 자연수라 하자. 이때 F_x가 n으로 나누어 떨어지는 x는 무한히 많다. 이 중에 가장 작은 x는 n의 값에 따라 결정될 것이다. 이 x를 n의 마이너 모듈러라 하고 기호로 $m(n)$으로 쓴다. 즉 $m(n)$은 F_x가 n의 배수가 되는 가장 작은 x로 정의된다.

n을 임의의 자연수라 하자. 그러면 F_x가 n의 배수가 될 필요충분조건은 바로 x가 $m(n)$의 배수라는 것이다. 다른 말로 하자면, 다음의 합동식 $F_x \equiv 0 \pmod n$의 모든 해 x는 $x \equiv 0 \pmod{m(n)}$으로 주어진다는 것이다.

또한 p가 소수일 때, $m(p^k)$에 대해서 다음이 성립한다.

1. $m(2) = 3$, $m(4) = 6$ 이고 $k>2$일 때, $m(2^k) = 3 \cdot 2^{k-2}$
2. $m(5^k) = 5^k$
3. p가 홀수인 소수이면, $m(p^k) = m^{k-1}m(p)$
4. 만일 p가 $10n \pm 1$ 형태의 소수이면 $m(p)$는 $p-1$을 나눈다.

5. 만일 p가 $10n\pm3$ 형태의 소수이면 $m(q)$는 $q+1$을 나눈다.

또한 놀라운 정리로써 $(r, s)=1$인 r, s에 대해서

$$m(rs) = \frac{m(r)m(s)}{(m(r),\ m(s))}$$

이 성립한다.

이제 $m(x)=x$라는 방정식에 눈을 돌려 보자. 이 방정식은 무수히 많은 해를 가진다. 모든 해들은 다음과 같은 것들이다.

$x = 1, 5, 25, 125, 635, \cdots, 5^k, k=1,2,3, \cdots$

$x = 12, 60, 300, 1500, 7500, \cdots, 12\cdot5^k, k=0,1,2,3, \cdots$

이러한 방정식 $m(x)=x$의 해를 원시수라 부른다.

앞서 언급한 수열 $m(n)$, $m(m(n))$, $m(m(m(n)))$, …를 생각하자. n이 임의의 자연수일 때, 이 수열은 정확히 원시수만큼의 개수 이후로는 똑같은 수가 계속해서 나온다. 이것이 피보나치 수의 놀라운 성질 중 두 번째이다.

함수 $m(n)$의 그래프를 그려보면 자못 충격적이기까지 하다. 다시 한 번 복습을 하자. n을 임의로 주어진 자연수라 하면 $n \mid F_x$인 가장 작은 수 $x \in \mathbf{N}$를 n의 마이너 모듈러 $m(n)$이라 정의하였다.

우선 표1을 다시 들여다보면 수의 분포가 굉장히 '중구난방' 이고 따라서 그래프를 그려도 패턴이 드러나지 않게 된다.(그림 1)

그래프의 점들을 관찰하면 마치 '파리가 땅으로 떨어지는' 모습을 하고 있다. 1사분면의 절반 아래쪽에 점들이 집중되어 있지 않은가.

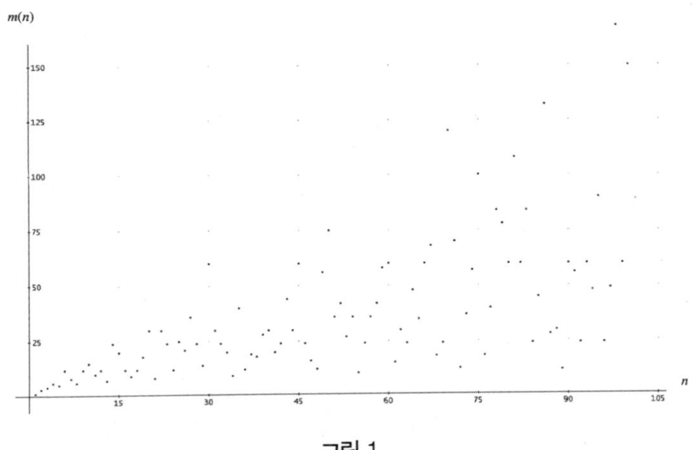

그림 1

즉, 왼쪽 아래에서 오른쪽 위를 연결한 대각 직선 아래에 점들이 분포되어 있다. 이 점들을 선으로 연결해 보아도 어떤 패턴도 찾기가 힘들다.

하지만 표1을 $n = 3{,}200$일 때까지 계산하여 그래프에 그려보면, 원

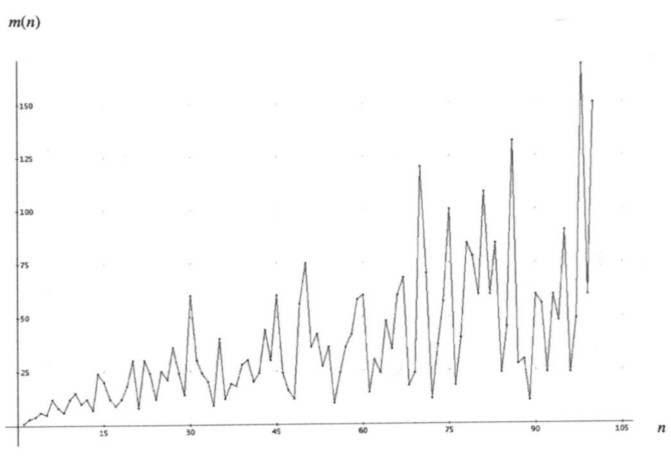

그림 2

그림 3

점에서 뻗어나가는 직선의 형태를 관찰 할 수 있다. 이것은 꽤나 놀랄 만할 결과로써 피보나치 수의 놀라운 성질 세 번째가 되겠다.(그림 3)

따라서 처음 몇 개의 관찰로 패턴이 드러나지 않는다 하더라도, 패턴을 발견할 때까지 연구를 계속 해볼 필요가 있다. 정말 피보나치 수에는 무궁무진한 아름다움이 숨겨져 있다. 독자들이여 각자 피보나치 수의 숨겨진 다른 매력을 찾아보자.

글을 마치며

이 글에서 피보나치 수와 나눗셈에 관련된 몇 가지 사실을 고찰하면서 마이너 모듈러 $m(n)$에 대해 언급하였다. 그렇다면 자연스레 다음과 같은 질문이 떠오른다 : 특정한 수 n으로 나누었을 때 일정한 나머지 $r(r \neq 0)$를 갖는 피보나치 수들에 대한 질문 말이다. 독자들이 직접 연구해보고, 흥미로운 발견을 해보기 바란다. 쉽진 않겠지만, 혹시 아는가? 좋은 발견으로 수학자의 반열에 오를 수 있을지 말이다.

이 책을 읽는 동안 굉장히 흥미롭고 많은 정보를 얻을 수 있었으며, 피보나치 수에 관련된 새로운 관계식을 연구해 보겠다는 의지가 새록새록 생겼다. 내 전공은 결정학crystallography으로써, 이 분야에서 노벨상Nobel Prize 수상이라는 큰 기쁨을 느끼기도 하였다. 하지만 이 분야와 피보나치 수와의 관계를 알기 전까지는 내 연구 활동은 불완전하다고 느꼈다. 내 연구 주제는 다음과 같은 것들이다 : 결정crystal이라는 것은 수학적으로 점(원자)들이 갖는 3중 주기성을 띠는 배열(혹은 3중 주기 함수, 전자밀도 함수)이다. 그러므로 결정은 대칭과 관련된 특정한 요소들을 갖게 된다. 예를 들어 대칭심center of symmetry이나, 거울면mirror plane, 2-회전축two-fold rotation axis과 같은 것들이다. 이러한 대칭의 요인들은 3중 주기 구조를 가지게 되지만, 반면에 금지대칭구조forbidden symmetry를 띠게 된다. 이러한 예로 5-대칭 요소를 들 수 있다.

결정은 알루미늄과 망간의 합금으로 화학식으로는 Al_6Mn이다. 1984년에 결정이 금지 5-대칭 구조를 가진다는 것이 발견되었을 때, 결정학자들은 딜레마에 빠지게 되었다. 결국 결정 합금이 새로운 상태의 물질(이것을 준결정quasi-crystal이라 하며, 결정의 성질과 비결정의 성질을 동시에 갖고 있는 것으로 유리와 같은 물질을 의미한다)의 성질을 띠게 된다는 인식으로 이 딜레마를 보완할 수 있었다.

비결정은 준격자quasi-lattice로 설명할 수 있다. 예를 들어 1차원의 경우, 피보나치 격자는 길이가 a, b인 두 기본 벡터로 만들어 낼 수 있는데, 다음과 같은 규칙이 있다. $S_{n+1} = S_{n-1}S_n$, $n = 1, 2, 3, \cdots$

여기서 $S_0 = a$, $S_1 = b$, $a = \varnothing b$, $\varnothing = \dfrac{\sqrt{5}+1}{2} = 1.618034\cdots$이다.

그러면 실제로,

$$S_0 = a,\ S_1 = b,\ S_2 = ab,\ S_3 = ab^2,\ S_4 = a^2b^3,\ S_5 = a^3b^5,\ S_6 = a^5b^8,\ \cdots$$

를 확인할 수 있다.

이러한 피보나치 격자를 통해, 피보나치수열이 가지는 관계식을 명확히 얻을 수 있다. 이것이 내가 말하는 피보나치 수의 네 번째 놀라운 성질이다.

자주 언급한 사항이지만, 다시 한 번 말하고자 한다. 바로 가장 추상적이고 수학적으로 정의된 개념이 실제 세상의 현상을 설명하는 도구가 되는 것을 여실히 보여주고 있다는 사실이다. 몇몇 독자들은 피보나치 수의 영역을 대하는 나의 열정을 접하며, 조금은 도전의식이 생겼을지도 모른다. 많은 이들이 각자의 분야에서 이 양서를 접하고, 피보나치 수와 그것들의 흥미로운 관계에 대해 좀 더 깊게 탐구해보는 계기가 되었으면 한다. 이제부터 당신은 무한한 흥미를 주는 주제를 선물받았고, 아름다운 수학 세계를 탐험할 입장권을 얻은 셈이다!

부록 A

처음 500개 피보나치 수, 처음 200개 피보나치 수의 소인수분해

n	F_n	자릿수	소인수분해
1	1	(1)	unit
2	1	(1)	unit
3	2	(1)	prime
4	3	(1)	prime
5	5	(1)	prime
6	8	(1)	2^3
7	13	(2)	prime
8	21	(2)	3·7
9	34	(2)	2·17
10	55	(2)	5·11
11	89	(2)	prime
12	144	(3)	$2^4\cdot 3^2$
13	233	(3)	prime
14	377	(3)	13·29
15	610	(3)	2·5·61
16	987	(3)	3·7·47
17	1597	(4)	prime
18	2584	(4)	$2^3\cdot 17\cdot 19$
19	4181	(4)	37·113
20	6765	(4)	3·5·11·41
21	10946	(5)	2·13·421
22	17711	(5)	89·199
23	28657	(5)	prime
24	46368	(5)	$25\cdot 3^2\cdot 7\cdot 23$
25	75025	(5)	$5^2\cdot 3001$
26	121393	(6)	233·521
27	196418	(6)	2·17·53·109
28	317811	(6)	3·13·29·281
29	514229	(6)	prime
30	832040	(6)	$2^3\cdot 5\cdot 11\cdot 31\cdot 61$
31	1346269	(7)	557·2417
32	2178309	(7)	3·7·47·2207
33	3524578	(7)	2·89·19801
34	5702887	(7)	1597·3571
35	9227465	(7)	5·13·141961
36	14930352	(8)	$2^4\cdot 3^3\cdot 17\cdot 19\cdot 107$
37	24157817	(8)	73·149·2221
38	39088169	(8)	37·113·9349
39	63245986	(8)	2·233·135721
40	102334155	(9)	3·5·7·11·41·2161
41	165580141	(9)	2789·59369
42	267914296	(9)	$2^3\cdot 13\cdot 29\cdot 211\cdot 421$
43	433494437	(9)	prime
44	701408733	(9)	3·43·89·199·307
45	1134903170	(10)	2·5·17·61·109441
46	1836311903	(10)	139·461·28657
47	2971215073	(10)	prime
48	4807526976	(10)	$25\cdot 3^2\cdot 7\cdot 23\cdot 47\cdot 1103$
49	7778742049	(10)	13·97·6168709
50	12586269025	(11)	$5^2\cdot 11\cdot 101\cdot 151\cdot 3001$
51	20365011074	(11)	2·1597·6376021
52	32951280099	(11)	3·233·521·90481
53	53316291173	(11)	953·55945741

n	F_n	Number of digits	Factors for the first 200
54	86267571272	(11)	2^{3}·17·19·53·109·5779
55	139583862445	(12)	5·89·661·474541
56	225851433717	(12)	3·7^{2}·13·29·281·14503
57	365435296162	(12)	2·37·113·797·54833
58	591286729879	(12)	59·19489·514229
59	956722026041	(12)	353·2710260697
60	1548008755920	(13)	2^{4}·3^{2}·5·11·31·41·61·2521
61	2504730781961	(13)	4513·555003497
62	4052739537881	(13)	557·2417·3010349
63	6557470319842	(13)	2·13·17·421·35239681
64	10610209857723	(14)	3·7·47·1087·2207·4481
65	17167680177565	(14)	5·233·14736206161
66	27777890035288	(14)	2^{3}·89·199·9901·19801
67	44945570212853	(14)	269·116849·1429913
68	72723460248141	(14)	3·67·1597·3571·63443
69	117669030460994	(15)	2·137·829·18077·28657
70	190392490709135	(15)	5·11·13·29·71·911·141961
71	308061521170129	(15)	6673·46165371073
72	498454011879264	(15)	25·3^{3}·7·17·19·23·107·103681
73	806515533049393	(15)	9375829·86020717
74	1304969544928657	(16)	73·149·2221·54018521
75	2111485077978050	(16)	2·5^{2}·61·3001·230686501
76	3416454622906707	(16)	3·37·113·9349·29134601
77	5527939700884757	(16)	13·89·988681·4832521
78	8944394323791464	(16)	2^{3}·79·233·521·859·135721
79	14472334024676221	(17)	157·92180471494753
80	23416728348467685	(17)	3·5·7·11·41·47·1601·2161·3041
81	37889062373143906	(17)	2·17·53·109·2269·4373·19441
82	61305790721611591	(17)	2789·59369·370248451
83	99194853094755497	(17)	prime
84	160500643816367088	(18)	2^{4}·3^{2}·13·29·83·211·281·421·1427
85	259695496911122585	(18)	5·1597·9521·3415914041
86	420196140727489673	(18)	6709·144481·433494437
87	679891637638612258	(18)	2·173·514229·3821263937
88	1100087778366101931	(19)	3·7·43·89·199·263·307·881·967
89	1779979416004714189	(19)	1069·1665088321800481
90	2880067194370816120	(19)	2^{3}·5·11·17·19·31·61·181·541·109441
91	4660046610375530309	(19)	13^{2}·233·741469·159607993
92	7540113804746346429	(19)	3·139·461·4969·28657·275449
93	12200160415121876738	(20)	2·557·2417·4531100550901
94	19740274219868223167	(20)	2971215073·6643838879
95	31940434634990099905	(20)	5·37·113·761·29641·67735001
96	51680708854858323072	(20)	2^{7}·3^{2}·7·23·47·769·1103·2207·3167
97	83621143489848422977	(20)	193·389·3084989·361040209
98	135301852344706746049	(21)	13·29·97·6168709·599786069
99	218922995834555169026	(21)	2·17·89·197·19801·18546805133
100	354224848179261915075	(21)	3·5^{2}·11·41·101·151·401·3001·570601
101	573147844013817084101	(21)	743519377·770857978613
102	927372692193078999176	(21)	2^{3}·919·1597·3469·3571·6376021
103	1500520536206896083277	(22)	519121·5644193·512119709
104	2427893228399975082453	(22)	3·7·103·233·521·90481·102193207
105	3928413764606871165730	(22)	2·5·13·61·421·141961·8288823481
106	6356306993006846248183	(22)	953·55945741·119218851371
107	10284720757613717413913	(23)	1247833·8242065050061761
108	16641027750620563662096	(23)	2^{4}·3^{4}·17·19·53·107·109·5779·11128427
109	26925748508234281076009	(23)	827728777·32529675488417
110	43566776258854844738105	(23)	5·11^{2}·89·199·331·661·39161·474541
111	70492524767089125814114	(23)	2·73·149·2221·1459000305513721
112	114059301025943970552219	(24)	3·7^{2}·13·29·47·281·14503·10745088481
113	184551825793033096366333	(24)	677·272602401466814027129
114	298611126818977066918552	(24)	2^{3}·37·113·229·797·9349·54833·95419
115	483162952612010163284885	(24)	5·1381·28657·2441738887963981
116	781774079430987230203437	(24)	3·59·347·19489·514229·1270083883
117	1264937032042997393488322	(25)	2·17·233·29717·135721·39589685693
118	2046711111473984623691759	(25)	353·709·8969·336419·2710260697
119	3311648143516982017180081	(25)	13·1597·159512939815855788121
120	5358359254990966640871840	(25)	25·3^{2}·5·7·11·23·31·41·61·241·2161·2521·20641
121	8670007398507948658051921	(25)	89·97415813466381445596089
122	14028366653498915298923761	(26)	4513·555003497·5600748293801
123	22698374052006863956975682	(26)	2·2789·59369·68541957733949701
124	36726740705505779255899443	(26)	3·557·2417·3010349·3020733700601
125	59425114757512643212875125	(26)	5^{3}·3001·158414167964045700001
126	96151855463018422468774568	(26)	2^{3}·13·17·19·29·211·421·1009·31249·35239681
127	155576970220531065681649693	(27)	27941·5568053048227732210073
128	251728825683549488150424261	(27)	3·7·47·127·1087·2207·4481·186812208641
129	407305795904080553832073954	(27)	2·257·5417·8513·39639893·433494437
130	659034621587630041982498215	(27)	5·11·131·233·521·2081·24571·14736206161
131	1066340417491710595814572169	(28)	prime
132	1725375039079340637797070384	(28)	2^{4}·3^{2}·43·89·199·307·9901·19801·261399601
133	2791715456571051233611642553	(28)	13·37·113·3457·42293·351301301942501
134	4517090495650391871408712937	(28)	269·4021·116849·1429913·24994118449
135	7308805952221443105020355490	(28)	2·5·17·53·61·109·109441·1114769954367361
136	11825896447871834976429068427	(29)	3·7·67·1597·3571·63443·23230657239121
137	19134702400093278081449423917	(29)	prime
138	30960598847965113057878492344	(29)	2^{3}·137·139·461·691·829·18077·28657·1485571
139	50095301248058391139327916261	(29)	277·2114537501·85526722937689093
140	81055900096023504197206408605	(29)	3·5·11·13·29·41·71·281·911·141961·12317523121
141	131151201344081895336534324866	(30)	2·108289·1435097·142017737·2971215073
142	212207101440105399533740733471	(30)	6673·46165371073·688846502588399
143	343358302784187294870275058337	(30)	89·233·8581·1929584153756850496621
144	555565404224292694404015791808	(30)	25·3^{3}·7·17·19·23·47·107·1103·103681·10749957121
145	898923707008479989274290850145	(30)	5·514229·349619996930737079890201
146	1454489111232772683678306641953	(31)	151549·9375829·86020717·11899937029
147	2353412818241252672952597492098	(31)	2·13·97·293·421·3529·6168709·347502052673
148	3807901929474025356630904134051	(31)	3·73·149·2221·11987·54018521·81143477963
149	6161314747715278029583501626149	(31)	110557·162709·4000949·85607646594577
150	9969216677189303386214405760200	(31)	2^{3}·5^{2}·11·31·61·101·151·3001·12301·18451·230686501
151	16130531424904581415797907386349	(32)	5737·2811666624525811646469915877

n	F_n	Number of digits	Factors for the first 200
152	26099748102093884802012313146549	(32)	3·7·37·113·9349·29134601·1091346396980401
153	42230279526998466217810220532898	(32)	2·17^2·1597·6376021·7175323114950564593
154	68330027629092351019822533679447	(32)	13·29·89·199·229769·988681·4832521·9321929
155	110560307156090817237632754212345	(33)	5·557·2417·21701·12370533881·61182778621
156	178890334785183168257455287891792	(33)	2^4·3^2·79·233·521·859·90481·135721·12280217041
157	289450641941273985495088042104137	(33)	313·11617·7636481·10424204306491346737
158	468340976726457153752543329995929	(33)	157·92180471494753·32361122672259149
159	757791618667731139247631372100066	(33)	2·317·953·55945741·97639037·229602768949
160	1226132595394188293000174702095995	(34)	3·5·7·11·41·47·1601·2161·2207·3041·23725145626561
161	1983924214061919432247806074196061	(34)	13·8693·28657·612606107755058997065597
162	3210056809456107725247980776292056	(34)	2^3·17·19·53·109·2269·3079·4373·5779·19441·62650261
163	5193981023518027157495786850488117	(34)	977·4892609·33365519393·32566223208133
164	8404037832974134882743767626780173	(34)	3·163·2789·59369·800483·350207569·370248451
165	13598018856492162040239554477268290	(35)	2·5·61·89·661·19801·86461·474541·518101·900241
166	22002056689466296922983322104048463	(35)	35761381·6202401259·99194853094755497
167	35600075545958458963222876581316753	(35)	18104700793·1966344318693345608565721
168	57602132235424755886206198685365216	(35)	25·3^2·7^2·13·23·29·83·167·211·281·421·1427·14503·65740583
169	93202207781383214849429075266681969	(35)	233·337·89909·104600155609·126213229732669
170	150804340016807970735635273952047185	(36)	5·11·1597·3571·9521·1158551·12760031·3415914041
171	244006547798191185585064349218729154	(36)	2·17·37·113·797·6841·54833·5741461760879844361
172	394810887814999156320699623170776339	(36)	3·6709·144481·433494437·313195711516578281
173	638817435613190341905763972389505493	(36)	1639343785721·389678749007629271532733
174	1033628323428189498226463595560281832	(37)	2^3·59·173·349·19489·514229·947104099·3821263937
175	1672445759041379840132227567949787325	(37)	5^2·13·701·3001·141961·17231203730201189308301
176	2706074082469569338358691163510069157	(37)	3·7·43·47·89·199·263·307·881·967·93058241·562418561
177	4378519841510949178490918731459856482	(37)	2·353·2191261·805134061·1297027681·2710260697
178	7084593923980518516849609894969925639	(37)	179·1069·1665088321800481·22235502640988369
179	11463113765491467695340528626429782121	(38)	21481·156089·3418816640903898929534613769
180	18547707689471986212190138521399707760	(38)	2^4·3^3·5·11·17·19·31·41·61·107·181·541·2521·109441·10783342081
181	30010821454963453907530667147829489881	(38)	8689·422453·8175789237238547574551461093
182	48558529144435440119720805669229197641	(38)	13^2·29·233·521·741469·159607993·689667151970161
183	78569350599398894027251472817058687522	(38)	2·1097·4513·555003497·14297347971975757800833
184	127127879743834334146972278486287885163	(39)	3·7·139·461·4969·28657·253367·275449·9506372193863
185	205697230343233228174223751303346572685	(39)	5·73·149·2221·1702945513191305556907097618161
186	332825110087067562321196029789634457848	(39)	2^3·557·2417·63799·3010349·35510749·4531100550901
187	538522340430300790495419781092981030533	(39)	89·373·1597·10157807305963434099105034917037
188	871347450517368352816615810882615488381	(39)	3·563·5641·2971215073·6643838879·4632894751907
189	1409869790947669143312035591975596518914	(40)	2·13·17·53·109·421·38933·35239681·955921950316735037
190	2281217241465037496128651402858212007295	(40)	5·11·37·113·191·761·9349·29641·41611·67735001·87382901
191	3691087032412706639440686994833808526209	(40)	4870723671313·757810806256989128439975793
192	5972304273877744135569338397692020533504	(40)	2^8·3^2·7·23·47·769·1087·1103·2207·3167·4481·11862575248703
193	9663391306290450775010025392525829059713	(40)	9465278929·1020930432032326933976826008497
194	15635695580168194910579363790217849593217	(41)	193·389·3299·3084989·361040209·56678557502141579
195	25299086886458645685589389182743678652930	(41)	2·5·61·233·135721·14736206161·88999250837499877681
196	40934782466626840596168752972961528246147	(41)	3·13·29·97·281·5881·6168709·599786069·61025309469041
197	66233869353085486281758142155705206899077	(41)	15761·25795969·227150265697·717185107125886549
198	107168651819712326877926895128666735145224	(42)	2^3·17·19·89·197·199·991·2179·9901·19801·1513909·18546805133
199	173402521172797813159685037284371942044301	(42)	397·436782169201002048261171378550055269633
200	280571172992510140037611932413038677189525	(42)	3·5^2·7·11·41·101·151·401·2161·3001·570601·9125201
201	453973694165307953197296969697410619233826		
202	734544867157818093234908902110449296423351		
203	1188518561323126046432205871807859915657177		
204	1923063428480944139667114773918309212080528		
205	3111581989804070186099320645726169127737705		
206	5034645418285014325766435419644478339818233		
207	8146227408089084511865756065370647467555938		
208	13180872826374098837632191485015125807374171		
209	21327100234463183349497947550385773274930109		
210	34507973060837282187130139035400899082304280		
211	55835073295300465536628086585786672357234389		
212	90343046356137747723758225621187571439538669		
213	146178119651438213260386312206974243796773058		
214	236521166007575960984144537828161815236311727		
215	382699285659014174244530850035136059033084785		
216	619220451666590135228675387863297874269396512		
217	1001919737325604309473206237898433933302481297		
218	1621140188992194444701881625761731807571877809		
219	2623059926317798754175087863660165740874359106		
220	4244200115309993198876969489421897548446236915		
221	6867260041627791953052057353082063289320596021		
222	11111460156937785151929026842503960837766832936		
223	17978720198565577104981084195586024127087428957		
224	29090180355503362256910111038089984964854261893		
225	47068900554068939361891195233676009091941690850		
226	76159080909572301618801306271765994056795952743		
227	123227981463641240980692501505442003148737643593		
228	199387062373213542599493807777207997205533596336		
229	322615043836854783580186309282650000354271239929		
230	522002106210068326179680117059857997559804836265		
231	844617150046923109759866426342507997914076076194		
232	1366619256256991435939546543402365995473880912459		
233	2211236406303914545699412969744873993387956988653		
234	3577855662560905981638959513147239988861837901112		
235	5789092068864820527338372482892113982249794889765		
236	9366947731425726508977331996039353971111632790877		
237	15156039800290547036315704478931467953361427680642		
238	24522987531716273545293036474970821924473060471519		
239	39679027332006820581608740953902289877834488152161		
240	64202014863723094126901777428873111802307548623680		
241	103881042195729914708510518382775401680142036775841		
242	168083057059453008835412295811648513482449585399521		
243	271964099255182923543922814194423915162591622175362		
244	440047156314635932379335110006072428645041207574883		
245	712011255569818855923257924200496343807632829750245		

n	F_n
246	1152058411884454788302593034206568772452674037325128
247	1864069667454273644225850958407065116260306867075373
248	3016128079338728432528443992613633888712980904400501
249	4880197746793002076754294951020699004973287771475874
250	7896325826131730509282738943634332893686268675876375
251	12776523572924732586037033894655031898659556447352249
252	20672849399056463095319772838289364792345825123228624
253	33449372971981195681356806732944396691005381570580873
254	54122222371037658776676579571233761483351206693809497
255	87571595343018854458033386304178158174356588264390370
256	141693817714056513234709965875411919657707794958199867
257	229265413057075367692743352179590077832064383222590237
258	370959230771131880927453318055001997489772178180790104
259	600224643828207248620196670234592075321836561403380341
260	971183874599339129547649988289594072811608739584170445
261	1571408518427546378167846658524186148133445300987550786
262	2542592393026885507715496646813780220945054040571721231
263	4114000911454431885883343305337966369078499341559272017
264	6656593304481317393598839952151746590023553382130993248
265	10770594215935749279482183257489712959102052723690265265
266	17427187520417066673081023209641459549125606105821258513
267	28197781736352815952563206467131172508227658829511523778
268	45624969256769882625644229676772632057353264935332782291
269	73822750993122698578207436143903804565580923764844306069
270	119447720249892581203851665820676436622934188700177088360
271	193270471243015279782059101964580241188515112465021394429
272	312718191492907860985910767785256677811449301165198482789
273	505988662735923140767969869749836918999964413630219877218
274	818706854228831001753880637535093596811413714795418360007
275	1324695516964754142521850507284930515811378128425638237225
276	2143402371193585144275731144820024112622791843221056597232
277	3468097888158339286797581652104954628434169971646694834457
278	5611500259351924431073312796924978741056961814867751431689
279	9079598147510263717870894449029933369491131786514446266146
280	14691098406862188148944207245954912110548093601382197697835
281	23770696554372451866815101694984845480039225387896643963981
282	38461794961234640015759308940939757590587318989278841661816
283	62232491515607091882574410635924603070626544377175485625797
284	100694286476841731898333719576864360661213863366454327287613
285	162926777992448823780908130212788963731840407743629812913410
286	263621064469290555679241849789653324393054271110084140201023
287	426547842461739379460149980002442288124894678853713953114433
288	690168906931029935139391829792095612517948949963798093315456
289	1116716749392769314599541809794537900642843628817512046429889
290	1806885656323799249738933639586633513160792578781310139745345
291	2923602405716568564338475449381171413803636207598822186175234
292	4730488062040367814077409088967804926964428786380132325920579
293	7654090467756936378415884538348976340768064993978954512095813
294	12384578529797304192493293627316781267732493780359086838016392
295	20038668997554240570909178165665757608500558774338041350112205
296	32423247527351544763402471792982538876233052554697128188128597
297	52461916524905785334311649958648296484733611329035169538240802
298	84885164052257330097714121751630835360966663883732297726369399
299	137347080577163115432025771710279131845700275212767467264610201
300	222232244629420445529739893461909967206666939096499764990979600
301	359579325206583560961765665172189099052367214309267232255589801
302	581811569836004006491505558634099066259034153405766997246569401
303	941390895042587567453271223806288165311401367715034229502159202
304	1523202464878591573944776782440387231570435521120801226748728603
305	2464593359921179141398048006246675396881836888835835456250887805
306	3987795824799770715342824788687062628452272409956636682999616408
307	6452389184720949856740872794933738025334109298792472139250504213
308	10440185009520720572083697583620800653786381708749108822250120621
309	16892574194241670428824570378554538679120491007541580961500624834
310	27332759203762391000908267962175339332906872716290689783750745455
311	44225333398004061429732838340729878012027363723832270745251370289
312	71558092601766452430641106302905217344934236440122960529002115744
313	115783425999770513860373944643635095356961600163955231274253486033
314	187341518601536966291015050946540312701895836604078191803255601777
315	303124944601307480151388995590175408058857436768033423077509087810
316	490466463202844446442404046536715720760753273372111614880764689587
317	793591407804151926593793042126891128819610710140145037958273777397
318	1284057871006996373036197088663606849580363983512256652839038466984
319	2077649278811148299629990130790497978399974693652401690797312244381
320	3361707149818144672666187219454104827980338677164658343636350711365
321	5439356428629292972296177350244602806380313370817060034433662955746
322	8801063578447437644962364569698707634360652047981718378070013667111
323	14240420007076730617258541919943310440740965418798778412503676622857
324	23041483585524168262220906489642018075101617466780496790573690289968
325	37281903592600898879479448409585328515842582885579275203077366912825
326	60323387178125067141700354899227346590944200352359771993651057202793
327	97605290770725966021179803308812675106786783237939047196728424115618
328	157928677948851033162880158208040021697730983590298819190379481318411
329	255533968719576999184059961516852696804517766828237866387107905434029
330	413462646668428032346940119724892718502248750418536685577487386752440
331	668996615388005031531000081241745415306766517246774551964595292186469
332	1082459262056433063877940200966638133809015267665311237542082678938909
333	1751455877444438095408940282208383549115781784912085789506677971125378
334	2833915139500871159286880483175021682924797052577397027048760650064287
335	4585371016945309254695820765383405232040578837489482816555438621189665
336	7419286156446180413982701248558426914965375890066879843604199271253952
337	12004657173391489668678522013941832147005954727556362660159637892443617
338	19423943329837670082661223262500259061971330617623242503763837163697569
339	31428600503229159751339745276442091208977285345179605163923475056141186
340	50852543833066829834000968538942350270948615962802847667687312219838755

n	F_n
341	82281144336295989585340713815384441479925901307982452831610787275979941
342	133133688169362819419341682354326791750874517270785300499298099495818696
343	215414832505658809004682396169711233230800418578767753330908886771798637
344	348548520675021628424024078524038024981674935849553053830206986267617333
345	563963353180680437428706474693749258212475354428320807161115873039415970
346	912511873855702065852730553217787283194150290277873860991322859307033303
347	1476475227036382503281437027911536541406625644706194668152438732346449273
348	2388987100892084569134167581129323824600775934984068529143761591653482576
349	3865462327928467072415604609040860366007401579690263197296200323999931849
350	6254449428820551641549772190170184190608177514674331726439961915653414425
351	10119911756749018713965376799211044556615579094364594923736162239653346274
352	16374361185569570355515148989381228747223756609038926650176124155306760699
353	26494272942318589069480525788592273303839335703403521573912286394960106973
354	42868634127888159424995674777973502051063092312442448224088410550266867672
355	69362907070206748494476200566565775354902428015845969798000696945226974645
356	112231541198094907919471875344539277405965520328288418022089107495493842317
357	181594448268301656413948075911105052760867948344134387820089804440720816962
358	293825989466396564333419951255644330166833468672422805842178911936214659279
359	475420437734698220747368027166749382927701417016557193662268716376935476241
360	769246427201094785080787978422393713094534885688979999504447628313150135520
361	1244666864935793005828156005589143096022236302705537193166716344690085611761
362	2013913292136887790908943984011536809116771188394517192671163973003235747281
363	3258580157072680796737099989600679905139007491100054385837880317693321359042
364	5272493449209568587646043973612216714255778679494571578509044290696557106323
365	8531073606282249384383143963212896619394786170594625964346924608389878465365
366	13803567055491817972029187936825113333650564850089197542855968899086435571688
367	22334640661774067356412331900038009953045351020683823507202893507476314037053
368	36138207717265885328441519836863123286695915870773021050058862406562749608741
369	58472848379039952684853851736901133239741266891456844557261755914039063645794
370	94611056096305838013295371573764256526437182762229865607320618320601813254535
371	153083904475345790698149223310665389766178449653686710164582374234640876900329
372	247694960571651628711444594884429646292615632415916575771902992555242690154864
373	400778865046997419409593818195095036058794082069603285936485366789883567055193
374	648473825618649048121038413079524682351409714485519861708388359345126257210057
375	1049252690665646467530632231274619718410203796555123147644873726135009824265250
376	1697726516284295515651670644354144400761613511040643009353262085480136081475307
377	2746979206949941983182302875628764119171817307595766156998135811615145905740557
378	4444705723234237498833973519982908519933430818636409166351397897095281987215864
379	7191684930184179482016276395611672639105248126232175323349533708710427892956421
380	11636390653418416980850249915594581159038678944868584489700931605805709880172285
381	18828075583602596462866526311206253798143927071100759813050465314516137773128706
382	30464466237021013443716776226800834957182606015969344302751396920321847653300991
383	49292541820623609906583302538007088755326533087070104115801862234837985426429697
384	79757008057644623350300078764807923712509139103039448418553259155159833079730688
385	129049549878268233256883381302815012467835672190109552534355121389997818506160385
386	208806557935912856607183460067622936180344811293149000952908380545157651585891073
387	337856107814181089864066841370437948648180483483258553487263501935155470092051458
388	546662665750093946471250301438060884828525294776407554440171882480313121677942531
389	884518773564275036335317142808498833476705778259666107927435384415468591769993989
390	1431181439314368982806567444246559718305231073036073662367607266895781713447936520
391	2315700212878644019141884587055058551781936851295739770295042651311250305217930509
392	3746881652193013001948452031301618270087167924331813432662649918207032018665867029
393	6062581865071657021090336618356676821869104775627553202957692569518282323883797538
394	9809463517264670023038788649658295091956272699959366635620342487725314342549664567
395	15872045382336327044129125268014971913825377475586919838578035057243596666433462105
396	25681508899600997067167913917673267005781650175546286474198377544968911008983126672
397	41553554281937324111297039185688238919607027651133206312776412602212507675416588777
398	67235063181538321178464953103361505925388677826679492786974790147181418684399715449
399	108788617463475645289761992289049744844995705477812699099751202749393926359816304226
400	176023680645013966468226945392411250770384383304492191886725992896575345044216019675
401	284812298108489611757988937681460995615380088782304890986477195645969271404032323901
402	460835978753503578222621588307387224638576447208679708287320318854254461644824834357
403	745648276861993189984204820755333242001144560869101973859680384188513887852280667477
404	1206484255615496768210420703829205488386909032955899056732883572731058504300529011053
405	1952132532477489958194625524584538730388053593825001030592563956919572392152809678530
406	3158616788092986726405046228413744218774962626780900087325447529650630896453338689583
407	5110749320570476684599671752998282949163016220605901117918011486570203288606148368113
408	8269366108663463411004717981412027167937978847386801205243459016220834185059487057696
409	13380115429233940095604389734410310117100995067992702323161470502791037473665635425809
410	21649481537897403506609107715822337285038973915379503528404929519011871658725122483505
411	35029596967131343602213497450232647402139968983372205851566400021802909132390757909314
412	56679078505028747108822605166054984687178942898751709379971329540814780791115880392819
413	91708675472160090711036102616287632089318911882123915231537729562617689923506638302133
414	148387753977188837819858707782342616776497854780875624611509059103432470714622518694952
415	240096429449348928530894810398630248865816766629995398430467886660501606381291569970858
416	388484183426537766350753518180972865642314621443875164454555847769482631352751675692037
417	628580612875886694881648328579603114508131388106874704297602636435532791990880832689122
418	1017064796302424461232401846760575980150446009550749868752158484205015423343632508381159
419	1645645409178311156114050175340179094658577397657624573049761120640548215334513341070281
420	2662710205480735617346452022100755074809023407208374441801919604845563638678145849451440
421	4308355614659046773460502197440934169467600804865999014851680725486111854012659190521721
422	6971065820139782390806954219541689244276624212074373456653600330331675492690805039973161
423	11279421434798829164267456416982623413744225016940372471505281055817787346703464230494882
424	18250487254938611555074410636524312658020849229014745928158881386149462839394269270468043
425	29529908689737440719341867053506936071765074245955118399664162441967250186097733500962925
426	47780395944676052274416277690031248729785923474969864327823043828116713025492002771430968
427	77310304634413492993758144743538184801550997720924982727487206270083963211589736272393893
428	125090700579089545268174422433569433531336921195894847055310250098200676237081739043824861
429	202401005213503038261932567177107618332887918916819829782797456368284639448671475316218754
430	327491705792592583530106989610677051864224840112714676838107706466485315685753214360043615
431	529892711006095621792039556787784670197112759029534506620905162834769955134424689676262369
432	857384416798688205322146546398461722061337599142249183459012869301255270820177904036305984
433	1387277127804783827114186103186246392258450358171783690079918032136025225954602593712568353
434	2244661544603472032436332649584708114319787957314032873538930901437280496774780497748874337
435	3631938672408255859550518752770954506578238315485816563618848933573305722729383091461442690

n	F_n
436	5876600217011727891986851402355662620898026272799849437157779835010586219504163589210317027
437	9508538889419983751537370155126617127476264588285666000776628768583891942233546680671759717
438	15385139106431711643524221557482279748374290861085515437934408603594478161737710269882076744
439	24893677995851695395061591712608896875850555449371181438711037372178370103971256950553836461
440	40278817102283407038585813270091176624224846310456696876645445975772848265708967220435913205
441	65172495098135102433647404982700073500075401759827878315356483347951218369680224170989749666
442	105451312200418509472233218252791250124300248070284575192001929323724066635389191391425662871
443	170623807298553611905880623235491323624375649830112453507358412671675285005069415562415412537
444	276075119498972121378113841488282573748675897900397028699360341995399351640458606953841075408
445	446698926797525733283994464723773897373051547730509482206718754667074636645528022516256487945
446	722774046296497854662108306212056471121727445630906510906079096662473988285986629470097563353
447	1169472973094023587946102770935830368494778993361415993112797851329548624931514651986354051298
448	1892247019390521442608211077147886839616506438992322504018876947992022613217501281456451614651
449	3061719992484545030554313848083717208111285432353738497131674799321571238149015933442805665949
450	4953967011875066473162524925231604047727791871346061001150551747313593851366517214899257280600
451	80156870043596115037168387733153212558390773036997994982822265466351650895155533148342062946549
452	12969654016234677976879363698546925303566869175045860499432778293948758940882050363241320227149
453	20985341020594289480596202471862246559405946478745659997715004840583924030397583511583383173698
454	33954995036828967457475566170409171862972815653791520497147783134532682971279633874824703400847
455	54940336057423256938071768642271418422378762132537180494862787975116607001677217386408086574545
456	88895331094252224395547334812680590285351577786328700992010571109649289972956851261232789975392
457	143835667151675481333619103454952008707730339918865881486873359084765896974634068647640876549937
458	232730998245927705729166438267632598993081917705194582478883930194415186947590919908873666525329
459	376566665397603187062785541722584607700812257624060463965757289279181083922224988556514543075266
460	609297663643530892791951979990217206693894175329255046444641219473596270869815908465388209600595
461	985864329041134079854737521712801814394706432953315510410398508752777354792040897021902752675861
462	1595161992684664972646689501703019021088600608282570556855039728226373625661856805487290962276456
463	2581026321725799052501427023415820835483307041235886067265438236979150980453897702509193714952317
464	4176188314410464025148116525118839856571907649518456624120477965205524606115754507996484677228773
465	6757214636136263077649543548534660692055214690754342691385916202184675586569652210505678392181090
466	10933402950546727102797660073653500548627122340272799315506394167390200192685406718502163069409863
467	17690617586682990180447203622188161240682337031027142006892310369574875779255058929007841461590953
468	28624020537229717283244863695841661789309459371299941322398704536965075971940465647510004531000816
469	46314638123912707463692067318029823029991796402327083329291014906539951751195524576517845992591769
470	74938658661142424746936931013871484819301255773627024651689719443505027723135990224027850523592585
471	121253296785055132210628998331901307849293052175954107980980734350044979474331514800545696516184354
472	196191955446197556957565929345772792668594307949581132632670453793550007197467505024573547039776939
473	317445252231252689168194927677674100517887360125535240613651188143594986671799019825119243555961293
474	513637207677450246125760857023446893186481668075116373246321641937144993869266524849692790595738232
475	831082459908702935293955784701120993704369028200651613859972830080739980541065544674812034151699525
476	1344719667586153181419716641724567886890850696275767987106294472017884974410332069524504824747437757
477	21758021274948561167136724264256888805952197244764196009662673020986249554951397614199316858899137282
478	3520521795081009298133389068150256767486070420752187588072561774116509929361729683723821683646575039
479	5696323922575865414847061494575945648081290145228607189038829076215134884313127297923138542545712321
480	9216845717656874712980450562726202415567360565980794777111390850331644813674856981646960226192287360
481	14913169640232740127827512057302148063648650711209401966150219926546779697987984279570098768737999681
482	24130015357889614840807962620028350479216011277190196743261610776878424511662841261217058994930287041
483	39043184998122354968635474677330498542864661988399598709411830703425204209650825540787157763668286722
484	63173200356011969809443437297358849022080673265589795452673441480303628721313666802004216758598573763
485	102216385354134324778078911974689347564945335253989394162085272183728832930964492342791374522266860485
486	165389585710146294587522349272048196587026008519579189614758713664032461652278159144795591280865434248
487	267605971064280619365601261246737544151971343773568583776843985847761294583242651487586965803132294733
488	432995556774426913953123610518785740738997352293147773391602699511793756235520810632382557083997728981
489	700601527838707533318724871765523284890968696066716357168446685359555050818763462119969522887130023714
490	1133597084613134447271848482284309025629966048359864130560049384871348807054284272752352079971127752695
491	1834198612451841980590573354049832310520934744426580487728496070230903857873047734872321602858257776409
492	2967795697064976427862421836334141336150900792786444618288545455102252664927332007624673682829385529104
493	4801994309516818408452995190383973646671835537213025106017041525333156522800379742496995285687643305513
494	7769790006581794836315417026718114982822736329999469724305586980435409187727711750121668968517028834617
495	12571784316098613244768412217102088629494571867212494830322628505768565710528091492618664254204672140130
496	20341574322680408081083829243820203612317308197211964554628215486203974898255803242740333222721700974747
497	32913358638779021325852241460922292241811880064424459384950843991972540608783894735358997476926373114877
498	53254932961459429406936070704742495854129188261636423939579059478176515507039697978099330699648074089624
499	86168291600238450732788312165664788095941068326060883324529903470149056115823592713458328176574447204501
500	139423224561697880139724382870407283950070256587697307264108962948325571622863290691557658876222521294125

부록 B | 피보나치 관련식들에 대한 증명

제1장 내용

다음에 나오는 몇몇 증명은 수학적 귀납법mathematical induction이라 불리는 방법을 사용하였다. 수학적 귀납법에 대해 간단히 알아보자.

수학적 귀납법이란?

아래 그림처럼 일렬로 세워진 무한개의 도미노를 생각하자.

그림 B-1

이 도미노를 모두 쓰러뜨리고 싶으면 다음의 두 방법을 사용할 수 있다.

(1) 각각의 도미노를 일일이 쓰러뜨리거나 ;

(2) 첫 번째 도미노를 쓰러뜨린다. 그런 다음, 만일 임의의 도미노 하나를 쓰러뜨렸을 때, 바로 뒤의 도미노가 자동적으로 쓰러진다는 것만 확실히 보이면 된다.

첫째 방법은 비효율적일 뿐 아니라 모든 도미노를 쓰러뜨릴 수 있다는 보장이 없다. (왜냐하면 도미노의 개수가 무한히 많으므로 끝이 없기 때문이다.) 반면 두 번째 방법은 모든 도미노를 쓰러뜨릴 수 있다는 것이 보장된다. 하나의 도미노를 쓰러뜨리면 자동적으로 그 다음 도미노가 쓰러진다는 것이 확실하기 때문에 첫 번째 도미노가 쓰러진다면 두 번째 도미노가 자동적으로 쓰러질 것이고, 따라서 세 번째, 네 번째, … 모두 쓰러질테니 말이다.

두 번째 방법과 유사한 논리가 바로 수학적 귀납법의 원리이다.

자연수 n에 관련된 어떤 명제가 모든 n에 대하여 참이라는 것은 다음과 같이 보이면 된다.

(a) $n=1$일 때 명제가 성립함을 보인다.

(b) 임의의 자연수 k에 성립함을 가정하고, 이 가정하에 $k+1$일 때 역시 명제가 성립함을 보인다.

이제, 앞의 장들에서 직관적으로 다룬 내용들에 대해 몇 가지 증명을 해 보자.

1. (본문 35쪽) 처음 몇 개의 피보나치 수를 11로 나눈 나머지만 적어보면 다음과 같다.

$$1, 1, 2, 3, 5, 8, 2, 10, 1, 0, \underline{1, 1, 2, 3, 5, 8, 2, 10, 1, 0}, \cdots$$

따라서 나머지는 10을 주기로 순환하는 것을 알 수 있다. 11로 나눈 나머지가 무엇이냐에 따라서 11의 배수인지 아닌지를 알 수 있기 때문에, 수열

$$1, 1, 2, 3, 5, 8, 2, 10, 1, 0, 1, 1, 2, 3, 5, 8, 2, 10, 1, 0, \cdots$$

에서 임의의 연속된 10개의 숫자의 합이 11의 배수임을 증명하기만 하면 된다. 다음과 같이 생각해보자. 이 수열의 주기가 정확히 10이므로 임의의 연속된 10개의 숫자를 뽑는다 하더라도 그 안에는 반드시 다음의 10개의 수 1, 1, 2, 3, 5, 8, 2, 10, 1,0 가 들어 있게 된다.

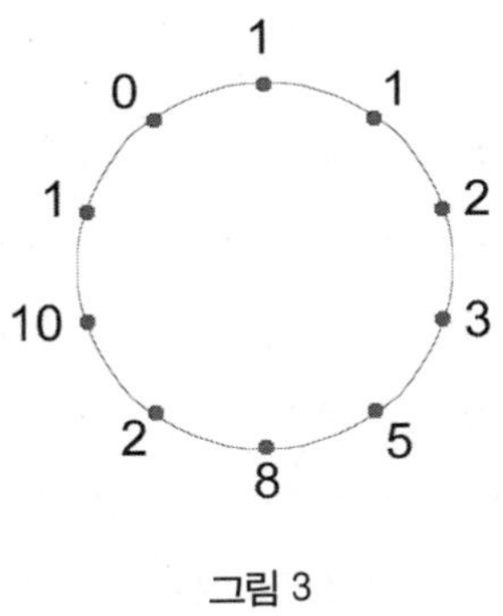

그림 3

10개의 숫자를 원위에 시계방향으로 순서대로 배열해 보자. 그렇다면 이 원위를 계속 돌면서 위의 수열을 얻을 수 있다. 시작점이 어디이든지 간에 10개의 수가 모두 헤아려진다. 예를 들어 $5+8+2+10+1+0+\underline{1+1+2+3}$을 구해도 시작점이 중요하진 않다. 세어지지 않은 것들은 다음 바퀴를 돌면서 모두 포함되기 때문이다. 원 위에 정확히 10개의 수가 있으므로 10개를 더하면, 원 위에 있는 모든 수가

더해지는 것이다.

10개의 수의 합이 33이므로 이것은 명백히 11로 나누어 떨어진다. 따라서 10개의 연속된 피보나치 수의 합은 11의 배수임이 증명되었다.

2. (본문 36쪽)수학적 귀납법을 쓰자. $F_1=1$과 $F_2=1$이 서로 소임은 자명하다. 이제, F_k와 F_{k+1}이 서로 소라 가정하자.(수학적 귀납법 가정) 이제 F_{k+1}과 F_{k+2}가 1보다 큰 공약수를 가진다 하고, 이것을 b라 하자. 그러면, $F_k=F_{k+2}-F_{k+1}$이므로 F_k 역시 b를 약수로 가질 것이다. 따라서 b는 F_k와 F_{k+1}의 공약수가 된다. 그런데 귀납법 가정에서 이들은 서로 소라 하였다. (즉, 1이외에 어떤 공약수도 가지지 않는다.) 따라서 F_{k+1}과 F_{k+2}는 1 이외에 공약수를 가질 수 없다는 것에 모순이고, 따라서 서로 소임이 증명되었다.

3. (본문 36쪽)합성수 번째에 위치한 피보나치 수는 $F_4=3$을 제외하고 모두 합성수임을 증명하여 보자. 이것을 보이기 위해 일반적으로 m이 n으로 나누어지면, F_m이 F_n으로 나뉘어진다는 사실 즉, 임의의 n과 k에 대하여 F_{nk}가 F_n으로 나누어 짐을 증명해보자.

k에 대한 수학적 귀납법을 쓰자. $k=1$일 때, $F_{n\cdot 1}$이 F_n으로 나누어 짐은 자명하다. 이제 F_{np}가 F_n으로 나뉘어 진다고 가정하자.(수학적 귀납법 가정) 이제 $k=p+1$일 때도 사실임을 즉, $F_{n(p+1)}$이 F_n으로 나뉘어짐을 증명하면 된다. 뒷부분 8번째 증명 중간에 나오는 도움정리 ($F_{m+n}=F_{m-1}F_n+F_mF_{n-1}$)를 우선 써 보면, 다음을 얻는다.

$$F_{n(p+1)}=F_{np+n}=F_{np-1}F_n+F_{np}F_{n+1}$$

그런데 이것은 F_n의 배수이다. 왜냐하면, $F_{np-1}F_n$과 $F_{np}F_{n+1}$이 모두 F_n으로 나누어지기 때문이다. (귀납법 가정에 의해 F_{np}는 F_n의 배수이므로 $F_{np}F_{n+1}$ 역시 F_n의 배수이다.) 따라서 수학적 귀납법에 의해 증명되었다.

만일 n이 합성수라면 $n=ab$ (a, b는 1보다 큰 자연수)라 쓸 수 있고, 따라서 F_n은 F_a로 나누어 떨어진다 (당연히 F_b로 나누어 떨어지기도 한다.) 또한 $n>2$이면 F_n은 그 전에 나오는 피보나치 수들 보다는 당연히 크다. (피보나치수열은 증가수열이므로) 따라서 $n=4$일 때는 2보다 크므로 F_a가 F_n보다 작다. 이제 F_n이 합성수라면 F_a가 1이 아님을 보여야 할 것이다. (합성수는 1이나 자기자신이 아닌 약수를 가지고 있어야 하기 때문에) 그런데 $F_a=1$인 경우는 $a=1$이거나 $a=2$인 경우이다. 그런데 앞에서 a, b는 1이 아니라 하였으므로(n이 합성수) $a=2$일 수밖에 없다. 따라서 $b=2$이다. 즉, $n=4$인 경우이다. 따라서 F_4는 합성수가 아닐 가능성이 있는데, 실제로 $n=4$이면 $F_n=3$이므로 합성수가 아니다.

5. (본문 39쪽)수학적 귀납법으로 증명한다. $n=1$일 때는 $F_2=F_3-1$이 성립함을 보이면 되는데, $1=2-1$이므로 맞는 명제이다. 이제 $n=k$일 때, 명제가 참이라고 가정하자. 즉,

$$F_2+\cdots+F_{2k}=F_{2k+1}-1$$

이 성립함을 가정하자. $n=k+1$일 때,

$$\begin{aligned}
&(F_2+\cdots+F_{2k})+F_{2k+2}\\
&=F_{2k+1}-1+F_{2k+2}\\
&=(F_{2k+1}+F_{2k+2})-1\\
&=F_{2k+3}-1\\
&=F_{2(k+1)+1}-1
\end{aligned}$$

이므로 $n=k+1$일 때도 성립함을 알 수 있다. 따라서 증명되었다.

6. (본문 40쪽) 수학적 귀납법을 쓰자. $n=1$일 때 $F_1=F_2$는 참인 명제이다. ($F_1=F_2=1$이므로) $n=k$일 때 성립가정하자. 즉,

$$F_1+\cdots+F_{2k-1}=F_{2k}$$

가 성립한다고 하자. $n=k+1$일 때를 계산하면,

$$\begin{aligned}&(F_1+\cdots+F_{2k-1})+F_{2k+1}\\&=F_{2k}+F_{2k+1}\\&=F_{2k+2}\\&=F_{2(k+1)}\end{aligned}$$

이므로 이 때에도 성립하므로 수학적 귀납법에 의해 증명이 끝났다.

7. (본문 42쪽) 수학적 귀납법을 쓰자. $n=1$일 때, $F_1^2=F_1\cdot F_2$임을 보이면 되는데, 이는 $1^2=1\cdot 1$이므로 당연히 성립한다. $n=k$일 때 성립을 가정하자. 즉,

$$F_1^2+\cdots+F_k^2=F_kF_{k+1}$$

이 참이라 하면, $n=k+1$일 때,

$$\begin{aligned}&(F_1^2+\cdots+F_k^2)+F_{k+1}^2\\&=F_kF_{k+1}+F_{k+1}^2\\&=F_{k+1}(F_k+F_{k+1})\\&=F_{k+1}F_{k+2}\end{aligned}$$

이므로 $n=k+1$일 때도 성립한다. 따라서 수학적 귀납법 가정에 의하여 증명이 끝났다.

8. (본문 43쪽) 인수분해를 사용하여,

$$\begin{aligned} &F_k^2 - F_{k-2}^2 \\ &= (F_k - F_{k-2})(F_k + F_{k-2}) \\ &= F_{k-1}(F_k + F_{k-2}) \\ &= F_{k-1}F_k + F_{k-1}F_{k-2} \\ &= F_{k-1}F_{k-2} + F_kF_{k-1} \end{aligned}$$

이 성립한다. 우선 다음의 유용한 도움정리를 증명하자.

도움정리. $F_{m+n} = F_{m-1}F_n + F_mF_{n+1}$

도움정리의 증명

n에 관한 수학적 귀납법을 쓰자. (사실 이 증명에는 '강한 수학적 귀납법'이 쓰인다. $n=k+1$의 경우를 증명하기 위해 $n=k-1$과 $n=k$ 두 경우를 귀납적으로 가정한다. 그러면 앞에서 소개한 수학적 귀납법과 달리 $n=1$일 때와 $n=2$일 때 두 명제가 참이라는 것을 우선 증명해야 한다.)

$n=1$일 때는, $F_{m+1} = F_{m-1}F_1 + F_mF_2$을 증명하면 된다. 즉, $F_1 = F_2 = 1$이므로 $F_{m+1} = F_{m-1} + F_m$을 보이면 되는데, 이것은 피보나치 수가 만족하는 관계식 그 자체이므로, 자명히 성립한다.

$n=2$일 때는 $F_{m+2} = F_{m-1}F_2 + F_mF_3$을 증명하면 된다. 즉, $F_2 = 1$, $F_3 = 2$

이므로 $F_{m+2}=F_{m-1}+2F_m$을 증명하면 된다. 그런데,

$$F_{m-1}+2F_m=(F_{m-1}+F_m)+F_m=F_{m+1}+F_m=F_{m+2}$$

이므로 이 명제도 참이다.

이제, $n=k-1$일 때와 $n=k$일 때를 가정하자. 즉,

$$F_{m+k-1}=F_{m-1}F_{k-1}+F_mF_k \text{ 와 } F_{m+k}=F_{m-1}F_k+F_mF_{k+1}$$

임을 가정하자.(귀납법 가정) 그러면,

$$\begin{aligned}
&F_{m-1}F_{k+1}+F_mF_{k+2}\\
&=F_{m-1}(F_{k-1}+F_k)+F_m(F_k+F_{k+1})\\
&=F_{m-1}F_{k-1}+F_{m-1}F_k+F_mF_k+F_mF_{k+1}\\
&=F_{m-1}F_k+F_mF_{k+1}+F_{m-1}F_{k-1}+F_mF_k\\
&=F_{m+k}+F_{m+k-1}\\
&=F_{m+k+1}
\end{aligned}$$

이다. 정리하면, $F_{m-1}F_{k+1}+F_mF_{k+2}=F_{m+k+1}$이 성립하고, 이것은 $n=k+1$인 경우를 뜻하므로 증명되었다.

이 도움정리를 사용하여 8번 항목의 증명을 계속하자. $m=k$, $n=k-2$을 대입하면, $F_{k-1}F_{k-2}+F_kF_{k-1}=F_{k+k-2}=F_{2k-2}$이므로 $F_k^2-F_{k-2}^2=F_{2k-2}$를 얻고, 따라서 증명되었다.

9. (본문 44쪽) $F_n^2+F_{n+1}^2=F_{2n+1}$ 즉, 연이어진 위치 n, $n+1$에 있는 피보나치 수를 제곱하여 합하면 $2n+1$번째 항의 피보나치 수와 같아진다는 사실을 증명하여 보자.

증명

8번 항목의 도움정리를 이용하여 증명할 수 있다. $m=n+1$, $n=n$을 대입하자. 그러면 $F_{2n+1}=F_nF_n+F_{n+1}F_{n+1}$ 즉, $F_{2n+1}=F_n^2+F_{n+1}^2$이므로 우리가 원하는 결과를 얻는다.

10. (본문 45쪽) $F_{n+1}^2-F_n^2=F_{n-1}\cdot F_{n+2}$의 증명

이것은 인수분해 공식 $a^2-b^2=(a+b)(a-b)$와 피보나치 수의 정의를 이용하면 다음과 같이 쉽게 구할 수 있다.

$$F_{n+1}^2-F_n^2=(F_{n+1}+F_n)(F_{n+1}-F_n)=F_{n+2}\cdot F_{n-1}$$

11. (본문 45쪽) $n\geq 1$일 때, $F_{n-1}F_{n+1}=F_n^2+(-1)^n$의 증명

수학적 귀납법을 쓴다.

$n=1$일 때 : $P(1)$: $F_0F_2=F_1^2+(-1)^1$; 즉, $0\cdot 1=1^2-1=0$이므로 성립

$n=k$일 때 : $P(k)$: $F_{k-1}F_{k+1}=F_k^2+(-1)^k$의 성립을 가정하자.

$P(k+1)$: $F_kF_{k+2}=F_{k+1}^2+(-1)^{k+1}$이 참인지를 증명하자.

$$\begin{aligned}
F_kF_{k+2}-F_{k+1}^2 &= F_k(F_{k+1}+F_k)-F_{k+1}^2\\
&= F_kF_{k+1}+F_k^2-F_{k+1}^2\\
&= F_k^2+F_{k+1}(F_k-F_{k+1})\\
&= F_k^2-F_{k+1}F_{k-1}\\
&= (-1)(F_{k+1}F_{k-1}-F_k^2)\\
&= (-1)(-1)^k\\
&= (-1)^{k+1}
\end{aligned}$$

따라서 $P(k+1)$ 역시 성립한다.

12. (본문 46쪽) 임의의 n, m에 대하여 F_{mn}이 F_m으로 나누어짐을 보이자. n에 관한 수학적 귀납법을 쓸 것이다.

$n=1$일 때, $F_{1 \cdot m}$이 F_m의 배수임을 자명하다. 따라서 참이다. 이제 F_{mp}가 F_m의 배수임을 가정하자. (귀납법 가정, $n=p$일 때) $n=p+1$일 때를 증명하기 위해, $F_{m(p+1)}$이 F_m의 배수임을 보이자. 8번 항목의 도움정리를 적용하면,

$$F_{m(p+1)} = F_{mp+m} = F_{mp-1}F_m + F_{mp}F_{m+1}$$

이고 우변의 모든 항이 F_m의 배수이다. (귀납법 가정에 의해 F_{mp}가 F_m의 배수) 따라서 $F_{m(p+1)}$ 역시 F_m의 배수이다. 따라서 수학적 귀납법으로 증명되었다.

13. (본문 50쪽) 수학적 귀납법을 사용한다. $n=1$일 때, $L_1 = L_3 - 3$은 $1 = 4 - 3$에서 바로 참임을 알 수 있다. 이제 $n=k$일 때 즉,

$$L_1 + L_2 + \cdots + L_k = L_{k+2} - 3$$

을 가정하자. $n=k+1$일 때,

$$\begin{aligned} &L_1 + L_2 + \cdots + L_k + L_{k+1} \\ &= L_{k+2} - 3 + L_{k+1} \\ &= L_{k+3} - 3 \end{aligned}$$

이므로 명제가 성립한다. 따라서 증명되었다.

14. (본문 52쪽) 수학적 귀납법을 사용한다. $n=1$일 때 $L_1^2 = L_1L_2-2$인데 이것은 $1^2 = 1\cdot3-2=1$이므로 참이다. $n=k$일 때, 즉

$$L_1^2+L_2^2+\cdots+L_k^2 = L_kL_{k+1}-2$$

를 가정하고, $n=k+1$일 때를 계산하면,

$$\begin{aligned}&L_1^2+L_2^2+\cdots+L_k^2+L_{k+1}^2\\&=L_kL_{k+1}-2+L_{k+1}^2\\&=L_{k+1}(L_k+L_{k+1})-2\\&=L_{k+1}L_{k+2}-2\end{aligned}$$

가 성립하므로 $n=k+1$일 때도 참이다. 따라서 증명되었다.

제4장 내용

헤론의 황금 분할 작도법 (그림 4-7)

$AB=r$, $BC=CD=\frac{r}{2}$이고 $AD=AE=x$이다. $\triangle ABC$에 피타고라스 정리를 적용하면, $AC^2=AB^2+BC^2$다.

따라서 $(AD+CD)^2=\left(x+\frac{r}{2}\right)^2=r^2+\left(\frac{r}{2}\right)^2$ 즉, $x^2+rx+\frac{r^2}{4}=r^2+\frac{r^2}{4}$이고, $x^2+rx-r^2=0$을 얻는다.

이것의 근은

$$x_{1,2}=-\frac{r}{2}\pm\sqrt{\frac{r^2}{4}+r^2}=-\frac{r}{2}\pm\sqrt{\frac{5r^2}{4}}=-\frac{r}{2}\pm\frac{r}{2}\sqrt{5}=-\frac{r}{2}(1\pm\sqrt{5})$$

이다. x는 양수이어야 하므로, $x=-\frac{r}{2}(1+\sqrt{5})$는 답이 될 수 없다. 따라서,

$$x=-\frac{r}{2}(1-\sqrt{5})=\frac{\sqrt{5}-1}{2}\cdot\frac{r}{2}=\frac{1}{\phi}\cdot\frac{r}{2},\ \text{즉},\ x\approx.618033988\cdot\frac{r}{2}$$

이다. 따라서,

$$\frac{AE}{BE}=\frac{x}{r-x}=\frac{\frac{\sqrt{5}-1}{2}\cdot\frac{r}{2}}{r-\frac{\sqrt{5}-1}{2}\cdot\frac{r}{2}}=\frac{\frac{\sqrt{5}-1}{2}\cdot\frac{r}{2}}{\frac{4r}{4}-\frac{\sqrt{5}-1}{2}\cdot\frac{r}{2}}=\frac{(\sqrt{5}-1)\cdot\frac{r}{4}}{(4-\sqrt{5}+1)\cdot\frac{r}{4}}$$

$$=\frac{\sqrt{5}-1}{3-\sqrt{5}}=\frac{\sqrt{5}-1}{3-\sqrt{5}}\cdot\frac{3+\sqrt{5}}{3+\sqrt{5}}=\frac{3\sqrt{5}+5-3-\sqrt{5}}{9-5}=\frac{2\sqrt{5}+2}{4}$$

$$=\frac{2(\sqrt{5}+1)}{4}=\frac{\sqrt{5}+1}{2}$$

$$=\phi\approx 1.618033988$$

이다. 그리고

$AB=r,\ AE=BE=BC=CD=\frac{r}{2}$이고, $AD=AE=x=\frac{\sqrt{5}-1}{2}\cdot\frac{r}{2}$

이다.

그림 4-8에서 황금 분할 작도

$$AB=a,\ AC=\frac{a}{2},\ BC=CD\text{이고 }AD=AE=x$$

$\triangle ABC$에 피타고라스 정리를 적용하면, $BC^2=AB^2+AC^2$을 만족한다. 따라서,

$$BC = CD = \sqrt{\frac{5a^2}{4}} = a\frac{\sqrt{5}}{2},$$

$$x = AE = AD = CD - AC = a\frac{\sqrt{5}}{2} - \frac{a}{2} = a \cdot \frac{\sqrt{5}-1}{2}$$ 이고

$$BE = a - x = a\frac{3-\sqrt{5}}{2}$$

따라서,

$$AE : BE = x : (a-x) = \frac{a \cdot \frac{\sqrt{5}-1}{2}}{a \cdot \frac{3-\sqrt{5}}{2}} = \frac{\sqrt{5}-1}{3-\sqrt{5}}$$

$$= \frac{\sqrt{5}-1}{3-\sqrt{5}} \cdot \frac{3+\sqrt{5}}{3+\sqrt{5}} = \frac{3\sqrt{5}+5-3-\sqrt{5}}{9-5} = \frac{2\sqrt{5}+2}{4}$$

$$= \frac{2(\sqrt{5}+1)}{4} = \frac{\sqrt{5}+1}{2}$$

$$= \varnothing \approx 1.618033988$$

이다.

($AB = a$, $AC = \frac{a}{2}$, $BC = CD$이고, $AD = AE = x = a \cdot \frac{\sqrt{5}-1}{2}$ 이고

$AD = AE = x = a \cdot \frac{\sqrt{5}-1}{2}$ 이다)

그림 4-9에서 황금 분할 작도

$AB = 2\text{cm}$ 이고 $BC = 1\text{cm}$ 인 직각삼각형 $\triangle ABC$을 그리자. 그러면 피타고라스 정리에 의해 $AC = \sqrt{5}\text{cm}$이다.

삼각형에서 두 변 사이의 끼인 각의 이등분선이 남은 한 변을 나누는 비율이 처음 두 변의 길이 비와 같다는 사실을 이용하면,

$$\frac{AP}{PB} = \frac{\sqrt{5}}{1}$$

을 얻고 또한 각의 이등분선 $\overline{CQ}$가 변 $\overline{AB}$를 외분하는 비율은

$$\frac{AQ}{QB} = \frac{\sqrt{5}}{1}$$

이다.

이제 점 P가 선분 $\overline{AB}$를 황금 비율(역수)로 나눈다는 것을 보이자.

위에서 얻은 등식에 의해,

$$\frac{1}{\sqrt{5}} = \frac{PB}{AP} = \frac{PB}{AB-PB} = \frac{PB}{2-PB},$$

즉, $PB\sqrt{5} = 2-PB$ 이므로,

$$PB = \frac{2}{\sqrt{5}+1} = \frac{\sqrt{5}-1}{2}$$

를 얻는다. 즉, PB는 황금 비율의 역수와 같다. ($PB = \frac{1}{\varnothing}$)

점 Q는 선분 $\overline{AB}$를 황금 비율로 외분한다는 것도 다음과 같이 보일 수 있다.

위에서 얻은 등식을 사용하여

$$\frac{1}{\sqrt{5}} = \frac{QB}{AQ} = \frac{QB}{AB+QB} = \frac{QB}{2+QB},$$

즉, $QB\sqrt{5} = 2+QB$이므로

$$QB = = \frac{2}{\sqrt{5}-1} = \frac{\sqrt{5}+1}{2}$$

이다. 따라서 QB는 황금 비율($\varnothing$)이 된다.

참고로, 직각삼각형 $\triangle PCQ$에서 CB는 PB와 QB의 기하평균, 즉,

$$\frac{CB}{PB} = \frac{QB}{CB}$$을 만족하므로

$$\frac{1}{\frac{\sqrt{5}-1}{2}} = \frac{\frac{\sqrt{5}+1}{2}}{1}$$

을 얻는데, 이것은 당연한 결과일 수 밖에 없다.

제6장 내용

서로 다른 피보나치 수들의 합

임의의 자연수 n인 서로 다른 피보나치 수들의 유한합으로 표현가능하다.

증명

F_k를 n을 넘지 않는 가장 큰 피보나치 수라하자. 그러면 $n = F_k + n_1$이고, $n_1 \le F_k$이다. F_{k1}을 n_1을 넘지 않는 가장 큰 피보나치 수라 하면, $n = F_k + F_{k1} + n_2$, $n \ge F_k > F_{k1}$을 만족한다. 이 과정을 반복하면,

$n = F_k + F_{k1} + F_{k2} + \cdots$를 얻고, $n \ge F_k > F_{k1} > F_{k2} \cdots$이다. 이 수열은 단조감소하는 양수열이므로 반드시 유한과정안에 끝나게 된다. 따라서 증

명 끝.

피보나치 수로 피타고라스 짝 만드는 방법에 대한 증명

a, b, c, d를 연이어진 피보나치 수라 하자. 그러면 $c=a+b$이고, $d=c+b=a+b+b=a+2b$이다. 즉, a, b, $a+b$, $a+2b$가 연이어진 4개의 피보나치 수가 된다.

피보나치 수에서 피타고라스 짝 만드는 방법을 따라,

$$A=2bc=2b(a+b)=2ab+2b^2$$
$$B=ad=a(b+a+b)=a^2+2ab$$
$$C=b^2+c^2=b^2+(a+b)^2=a^2+2ab+2b^2$$

를 얻는다.

이 세 수가 피타고라스 짝이 되는지 알아보기 위하여 피타고라스 정리를 만족하는지 살피면,

$$A^2=(2ab+2b^2)^2=4a^2b^2+8ab^3+4b^4$$
$$B^2=(a^2+2ab)^2=a^4+4a^3b+4a^2b^2$$
$$C^2=(a^2+2ab+2b^2)^2=a^4+4a^3b+8a^2b^2+8ab^3+4b^4$$

이므로 $A^2+B^2=C^2$이 성립한다.

일반적으로, 어떤 제곱수에서 d만큼 더하거나 빼도 다시 제곱수가 나오는 경우를 구해보자. 즉, 등차수열을 이루고 공차가 d인 세 제곱수를 구하는 문제이다.

다음의 제곱수들을 보라.

$$(a^2-2ab-b^2)^2 = a^4-4a^3b+2a^2b^2+4ab^3+b^4$$
$$(a^2+b^2)^2 = a^4+2a^2b^2+b^4$$
$$(a^2+2ab-b^2)^2 = a^4+4a^3b+2a^2b^2-4ab^3+b^4$$

이 세수는 등차수열을 이루고 공차가
$d = 4a^3b-4ab^3 = 4ab(a^2-b^2)$임을 알 수 있다.
만일 $a = 5$, $b = 4$라면, $d = 720$이고 따라서 세 제곱수는

$$(a^2+b^2)^2 = 41^2,\ 41^2-720 = 31^2,\ 41^2+720 = 49^2$$

과 같은 식으로 얻는다. 이 수들을 12^2으로 나누면 피보나치 해를 얻을 수 있다.

하나의 해가 얻어지면 이로부터 다른 무수히 많은 해들을 구할 수 있다. 만일 $a = 41^2 = 1{,}681$, $b = 720$을 잡으면,

$$d = 5(24 \cdot 41 \cdot 49 \cdot 31)^2 = 11{,}170{,}580{,}662{,}080 \text{ 이고}$$

$$(a^2+b^2)^2 = 11{,}183{,}412{,}793{,}921 \text{ 이므로}$$

$$x = \left(\frac{11{,}183{,}412{,}793{,}921}{2{,}234{,}116{,}132{,}416}\right)^2$$

일 때 $x-5$, x, $x+5$는 세 항이 모두 제곱으로 표현되는 등차수열이다.

89의 성질에 대한 증명

$$10^{n+1} = 89 \cdot (F_1 \cdot 10^{n-1} + F_2 \cdot 10^{n-2} + \cdots + F_{n-1} \cdot 10 + F_n) + 10F_{n+1} + F_n \quad \text{(VI)}$$

$n = 1$일 때는 (VI)가 참임은 이미 보였다.

$$10^{1+1} = 89(F_1 \cdot 10^{1-1}) + 10F_{1+1} + F_1 = 89 \cdot (1 \cdot 1) + 10 \cdot 1 + 1$$
$$= 89 + 10 + 1 = 100$$

즉, $10^2 = 89 + 10 + 1$ (I)이므로 참이다.

$k \geq 1$에 대해서, $10^{k+1} = 89 \cdot (F_1 \cdot 10^{k-1} + F_2 \cdot 10^{k-2} + \cdots + F_{k-1} \cdot 10 + F_k) + 10F_{k+1} + F_k$ 가 성립한다고 하자.

여기에 10을 곱해서 (I)을 대입하면, 다음을 얻는다 :

$$\begin{aligned}
10^{k+2} &= 89 \cdot (F_1 \cdot 10^k + F_2 \cdot 10^{k-1} + \cdots + F_k \cdot 10) + 10^2 F_{k+1} + 10F_k \\
&= 89 \cdot (F_1 \cdot 10^k + F_2 \cdot 10^{k-1} + \cdots + F_k \cdot 10) + (89 + 10 + 1)F_{k+1} + 10F_k \\
&= 89 \cdot (F_1 \cdot 10^k + F_2 \cdot 10^{k-1} + \cdots + F_k \cdot 10 + F_{k+1}) + 10F_{k+1} + F_{k+1} + 10F_k \\
&= 89 \cdot (F_1 \cdot 10^k + F_2 \cdot 10^{k-1} + \cdots + F_k \cdot 10 + F_{k+1}) + 10(F_{k+1} + F_k) + F_{k+1} \\
&= 89 \cdot (F_1 \cdot 10^k + F_2 \cdot 10^{k-1} + \cdots + F_k \cdot 10 + F_{k+1}) + 10F_{k+2} + F_{k+1}
\end{aligned}$$

계산 과정 중에 점화식 $F_{k+2} = F_{k+1} + F_k$가 쓰였다.

따라서 k일 때 성립을 가정하면, $k+1$일 때 역시 성립하므로 수학적 귀납법에 의하여 등식 (VI)는 모든 자연수 n에 대하여 성립한다.

(VI)의 양변을 $89 \cdot 10^{n+1}$로 나누면, 다음을 얻는다.

$$\frac{1}{89} = \frac{F_1}{10^2} + \frac{F_2}{10^3} + \frac{F_3}{10^4} + \cdots + \frac{F_{n-1}}{10^n} + \frac{F_n}{10^{n+1}} + \frac{10F_{n+1} + F_n}{10^{n+1}}$$
$$= \frac{F_1}{10^2} + \frac{F_2}{10^3} + \frac{F_3}{10^4} + \cdots + \frac{F_{n-1}}{10^n} + \frac{F_n}{10^{n+1}} + \frac{10F_{n+1} + F_n}{10^{n+1}} + \cdots$$

이고 여기서 $\lim_{n \to \infty} \frac{10F_{n+1} + F_n}{10_{n+1}} = 0$을 얻는다.

제9장 내용

비네의 공식 증명

비네의 공식 $F_n = \frac{1}{\sqrt{5}}\left[\varnothing^n - \left(-\frac{1}{\varnothing}\right)^n\right]$에 대한 증명은 $\varnothing^n$과 $\frac{1}{\varnothing^n}$에 관련된 형태를 찾는 것과 연관이 있다. 그림 4-2에 $\varnothing^n \cdot 10$에 대해서 $\varnothing^n$이 어떻게 표시되는지 설명해 놓았다. 이것을 일반화시키면,

$$\varnothing^n = F_n\varnothing + F_{n-1} \ (1)$$

이라 예상할 수 있다.

수학적 귀납법을 사용하여 이것을 증명해 보자.

$n = 2$일 때, 위 식은 $\varnothing^2 = F_2\varnothing + F_1 = \varnothing + 1$을 의미하고 이것은 참인 명제이다.

$n = k$일 때 성립을 가정하자(귀납법 가정). 즉,

$$\varnothing^k = F_k\varnothing + F_{k-1} \ (2)$$

을 가정하자. 이제 $k+1$일 때 참임을 보이면 된다. 즉,

$\varnothing^{k+1} = F_{k+1} + F_k$가 성립함을 보이면 된다.

(2)의 양변에 $\varnothing$를 곱하면 $\varnothing^{k+1} = F_k\varnothing^2 + F_{k-1}\varnothing$이고, $\varnothing^2 = \varnothing + 1$이므로,

$$\varnothing^{k+1} = F_k\varnothing^2 + F_{k-1}\varnothing = F_k(\varnothing + 1) + F_{k-1}\varnothing = (F_k + F_{k-1})\varnothing + F_k = F_{k+1}\varnothing + F_k$$

가 성립하므로 원하는 식을 얻는다.

비슷한 방법으로

$$\frac{1}{\varnothing^{n}}=(-1)^{n}\left(F_{n-1}-F_{n}\cdot\frac{1}{\varnothing}\right)\ (3)$$

를 증명하자.

우선, $\frac{1}{\varnothing^{2}}$을 구하자. $\varnothing^{2}=\varnothing+1$을 두 번 사용하면 된다.

$$\frac{1}{\varnothing^{2}}=\frac{1}{\varnothing+1}=\frac{1}{\varnothing+1}\cdot\frac{\varnothing-1}{\varnothing-1}=\frac{\varnothing-1}{\varnothing^{2}-1}=\frac{\varnothing-1}{\varnothing}=1-\frac{1}{\varnothing}$$

이다. 그런데,

$$(-1)^{2}\left(F_{1}-F_{2}\cdot\frac{1}{\varnothing}\right)=1-\frac{1}{\varnothing}=\frac{1}{\varnothing^{2}}$$

이므로 $n=2$일 때 (3)식이 성립한다.

$n=k$일 때 성립을 가정하자. (수학적 귀납법 가정) 즉,

$$\frac{1}{\varnothing^{k}}=(-1)^{k}\left(F_{k-1}-F_{k}\cdot\frac{1}{\varnothing}\right)\ (4)$$

가 참이라 하자. 이때,

$$\frac{1}{\varnothing^{k+1}}=(-1)^{k+1}\left(F_{k}-F_{k+1}\cdot\frac{1}{\varnothing}\right)$$

를 증명하면 된다.

(4)의 양변에 $\frac{1}{\varnothing}$를 곱하면,

$$\frac{1}{\varnothing^{k+1}}=(-1)^{k}\left(F_{k-1}\cdot\frac{1}{\varnothing}-F_{k}\cdot\frac{1}{\varnothing^{2}}\right)$$

이고 $\frac{1}{\varnothing^{2}}=1-\frac{1}{\varnothing}$이므로

$$\frac{1}{\phi^{k+1}} = (-1)^k\left(F_{k-1}\cdot\frac{1}{\phi} - F_k\cdot\left[1-\frac{1}{\phi}\right]\right)$$

$$= (-1)^k\left(\left[F_{k-1}+F_k\right]\cdot\frac{1}{\phi} - F_k\right)$$

$$= (-1)^k\left(F_{k+1}\cdot\frac{1}{\phi} - F_k\right) = (-1)^{k+1}\left(F_k - F_{k+1}\cdot\frac{1}{\phi}\right)$$

이므로 (3)이 성립한다.

비네의 공식을 유도하기 위해 (3)의 양변에 $(-1)^n$을 곱하여 다시 쓰면,

$$\frac{(-1)^n}{\phi^n} = \left(-\frac{1}{\phi}\right)^n = (-1)^{2n}\left(F_{n-1} - F_n\cdot\frac{1}{\phi}\right) = F_{n-1} - F_n\cdot\frac{1}{\phi}$$

이다. (—1의 짝수번 거듭제곱은 1이다.)

(1)과 위의 식을 정리하면,

$$\phi^n = F_n\phi + F_{n-1}$$

$$\left(-\frac{1}{\phi}\right)^n = F_{n-1} - F_n\cdot\frac{1}{\phi}$$

이다. 첫째 식에서 두 번째 식을 빼면,

$$\phi^n - \left(-\frac{1}{\phi}\right)^n = F_n\phi + F_n\cdot\frac{1}{\phi} = F_n\left(\phi + \frac{1}{\phi}\right)$$

이다. $\phi + \frac{1}{\phi} = \sqrt{5}$이므로,

$$\phi^n - \left(-\frac{1}{\phi}\right)^n = \sqrt{5}F_n$$

을 얻고 따라서 증명이 끝났다.

(계산기나 컴퓨터를 사용하여)
특정 피보나치 수를 계산하는 또 다른 방법

$F_{2n} = F_n(2F_{n-1} + F_n)$을 증명하자.

다음의 사실을 적용하자.

도움정리. $F_{m+n} = F_{m-1}F_n + F_mF_{n+1}$(이 증명은 항목 8에 있다.)

위 도움정리에 $m = n$을 대입하면, 좌변은 $F_{m+n} = F_{n+n} = F_{2n}$이고, 우변은 $F_{m-1}F_n + F_mF_{n+1} = F_{n-1}F_n + F_nF_{n+1} = F_n(F_n + F_{n+1})$이므로 $F_{2n} = F_n(F_{n-1} + F_{n+1})$을 만족한다.

그런데 $F_{n+1} = F_{n-1} + F_n$이므로 $F_{2n} = F_n(F_{n-1} + F_{n+1}) = F_n(F_{n-1} + F_{n-1} + F_n) = F_n(2F_{n-1} + F_n)$을 얻는다.